ACAA 中国数字艺术教育联盟
Autodesk 中国教育管理中心
全国高等职业教育土建类专业应用型人才培养规划教材

AutoCAD 2014 室内设计项目教程

杜　娟　主　编

秦烽慧　凌小莲　刘　月　副主编

胡仁喜　主　审

電子工業出版社

Publishing House of Electronics Industry

北京 • BEIJING

内 容 简 介

本书以AutoCAD 2014为软件平台，讲述各种CAD室内设计的绘制方法。具体包括熟悉AutoCAD的基本操作、绘制简单的室内设计单元、熟练运用基本绘图工具、绘制复杂的室内设计单元、灵活运用辅助绘图工具、绘制别墅室内设计图、绘制住宅室内设计图、绘制咖啡吧室内设计图8部分内容。全书内容翔实，图文并茂，语言简洁，思路清晰。

本书可作为高等职业院校土建类专业的教学用书，也可作为从事室内设计工作的工程技术人员的自学教材或培训教材。

未经许可，不得以任何方式复制或抄袭本书之部分或全部内容。
版权所有，侵权必究。

图书在版编目（CIP）数据

AutoCAD 2014室内设计项目教程/杜娟主编. —北京：电子工业出版社，2015.6
全国高等职业教育土建类专业应用型人才培养规划教材
ISBN 978-7-121-26128-2

Ⅰ. ①A… Ⅱ. ①杜… Ⅲ. ①室内装饰设计－计算机辅助设计－AutoCAD 软件－高等职业教育－教材 Ⅳ. ①TU238-39

中国版本图书馆CIP数据核字（2015）第111445号

策划编辑：王昭松（wangzs@phei.com.cn）
责任编辑：郝黎明
印　　刷：北京七彩京通数码快印有限公司
装　　订：北京七彩京通数码快印有限公司
出版发行：电子工业出版社
　　　　　北京市海淀区万寿路173信箱　邮编　100036
开　　本：787×1 092　1/16　印张：16.5　字数：422.4千字
版　　次：2015年6月第1版
印　　次：2023年1月第8次印刷
定　　价：48.00元

凡所购买电子工业出版社图书有缺损问题，请向购买书店调换。若书店售缺，请与本社发行部联系，联系及邮购电话：（010）88254888，88258888。

质量投诉请发邮件至zlts@phei.com.cn，盗版侵权举报请发邮件至dbqq@phei.com.cn。

本书咨询联系方式：（010）88254015，wangzs@phei.com.cn，QQ：83169290。

前　　言

室内设计是指对建筑物的内部空间进行的环境和艺术设计。室内设计作为独立的综合性学科，于20世纪60年代初形成，在世界范围内逐渐开始出现室内设计的概念，开始强调室内设计的功能性，追求造型的单纯化，并综合考虑经济性、实用性和耐久性。室内装饰设计与人的生活密切相关，室内设计水平的高低直接影响居住与工作环境质量的好坏。现代室内设计是根据建筑空间的使用性质和所处环境，运用物质技术手段和艺术处理手法，从内部把握空间，设计其形状和大小。为了满足人们在室内能舒适地生活和活动的需要，应从整体考虑环境和用具的布置。室内设计的根本目的，在于创造满足物质与精神两方面需要的空间环境。因此，室内设计具有物质功能和精神功能的两重性，设计在满足物质功能合理的基础上，更重要的是要满足精神功能的要求，要通过风格、意境和情趣来满足人的审美要求。

本书以AutoCAD 2014为软件平台，详细介绍了室内设计的绘制过程。全书分为8部分，包括熟悉AutoCAD的基本操作、绘制简单的室内设计单元、熟练运用基本绘图工具、绘制复杂的室内设计单元、灵活运用辅助绘图工具、绘制别墅室内设计图、绘制住宅室内设计图、绘制咖啡吧室内设计图。全书含丰富的室内设计实例，每一个实例都配有详细的操作图示和文字说明；读者可以现场模拟绘制，身临其境地感受AutoCAD制图软件的强大功能，通过循序渐进的学习，做到融会贯通。

一、本书特色

市面上 AutoCAD 室内设计的学习书籍比较多，但读者想要挑选一本自己中意的书却很困难，本书的编写力图体现以下四大特色。

1．项目驱动，目标明确

本书根据教育部关于高职高专项目化教学推广的最新要求，在深入理解项目化教学思想精髓的基础上，采取项目驱动的方式组织内容，所有知识都在项目任务实施过程中进行潜移默化地灌输，使读者学习起来目标明确，有的放矢，增强学习的兴趣。

2．内容全面，剪裁得当

本书定位为一本针对AutoCAD 2014在室内设计领域应用功能全解的教材与自学结合指导书。全书内容全面具体，不留死角，适合各种不同需求的读者。但是，项目化教学在实施的过程中有一个缺陷需要特别注意，那就是实例对知识应用的片面性容易造成知识点本身的割裂，因此本书在编写过程中，精心设计任务实例，注意知识应用的代表性，尽量覆盖AutoCAD绝大部分知识点。同时为了在有限的篇幅内提高知识集中程度，又对所讲述的知识点进行了精心剪裁。

3．实例丰富，步步为营

作为 AutoCAD 专业软件在室内设计领域应用的工具书，我们力求避免空洞的介绍和描述，而是步步为营，逐个对知识点采用室内设计实例进行演绎，这样读者在实例操作过程中就牢固地掌握了软件功能。实例的种类也非常丰富，既有知识点讲解的小实例，又有几个知识点或全章知识点综合的综合实例，最后章节还有完整实用的工程案例。各种实例交错讲解，达到巩固读者理解的目标。

4．例解与图解配合使用

与同类书比较，本书一个最大的特点是"例解+图解"：所谓"例解"是指抛弃传统的基础知识点的铺陈的讲解方法，而是采用直接实例引导加知识点拨的方式进行讲解，这种方式讲解使本书操作性强，可以以最快的速度抓住读者，避免枯燥。"图解"是指多图少字，图文紧密结合，大大增强了本书的可读性。

二、本书组织结构和主要内容

本书以最新的 AutoCAD 2014 版本为演示平台，全面介绍 AutoCAD 室内设计从基础到实例的全部知识，帮助读者从入门走向精通。全书共分为 8 部分。

项目一　熟悉 AutoCAD 的基本操作；

项目二　绘制简单的室内设计单元；

项目三　熟练运用基本绘图工具；

项目四　绘制复杂的室内设计单元；

项目五　灵活运用辅助绘图工具；

项目六　绘制别墅室内设计图；

项目七　绘制住宅室内设计图；

项目八　绘制咖啡吧室内设计图。

三、本书源文件

本书所有实例操作需要的原始文件和结果文件、上机实验的原始文件和结果文件以及教学视频，请广大读者登录网址 www.hxedu.com.cn 或www.sjzswsw.com下载使用和学习。

五、致谢

本书由渤海船舶职业学院杜娟任主编，南通航运职业技术学院秦烽慧、南宁学院凌小莲、渤海船舶职业学院刘月任副主编。其中，杜娟编写了项目一和项目六，秦烽慧编写了项目八，凌小莲编写了项目四，刘月编写了项目七，渤海船舶职业学院的李莉编写了项目二，渤海船舶职业学院的王金鑫编写了项目三和项目五。AutoCAD 中国认证考试中心首席专家胡仁喜博士审校了全稿。

此外，闫聪聪、孟培、王培合、王义发、王玉秋、王敏、王渊峰、康士廷、王艳池等对本书的编写提供了大量帮助，值此图书出版发行之际，向他们表示衷心的感谢。

由于时间仓促，加上编者水平有限，书中不足之处在所难免，望广大读者联系www.sjzswsw.com或发送邮件到 win760520@126.com 进行批评指正，编者将不胜感激。

编　者

于 2015 年 3 月

目　　录

项目一　熟悉 AutoCAD 的基本操作

【学习情境】

到目前为止，读者还没有正式接触到 AutoCAD 2014 软件，对软件的操作环境、基本操作功能等还没有基本地了解。

在项目中，我们通过几个简单的任务循序渐进地学习使用 AutoCAD 2014 绘图的基本知识。了解如何设置图形的系统参数，熟悉建立新的图形文件、打开已有文件的方法等。为后面的学习做好准备。

【能力目标】

- 掌握操作环境设置。
- 掌握文件管理。
- 熟悉基本输入操作。
- 熟悉显示控制操作。

【课时安排】

2 课时（讲课 1 课时，练习 1 课时）

任务一　设置操作环境

【任务背景】

操作任何软件之前首先要对该软件的基本界面进行感性的认识，并熟悉基本的参数设置，从而为后面的操作做好准备。

AutoCAD 2014 为用户提供了交互性良好的 Windows 风格操作界面，也提供了方便的系统定制功能，用户可以根据需要和喜好灵活地设置绘图环境。

本任务只要求读者熟悉 AutoCAD 2014 软件的基本界面布局，对各个区域的功能范畴。为了便于读者后面进行绘图，在本任务中可以试着设置十字光标的大小和绘图窗口颜色等最基本的参数。

【操作步骤】

1. 熟悉操作界面

（1）双击桌面快捷图标或在计算机上依次按路径选择“开始”→“所有程序”→“Autodesk”→“AutoCAD 2014 简体中文（Simplified Chinese）”菜单选项，系统打开如图 1-1 所示的 AutoCAD 操作界面。

（2）单击界面右下角的“切换工作空间”按钮，打开“工作空间”选择菜单，从中选择“AutoCAD经典”选项，如图1-2所示，系统转换到AutoCAD经典界面，如图1-3所示。

该界面是AutoCAD显示和编辑图形的区域，一个完整的AutoCAD操作界面，包括标题栏、菜单栏、工具栏、绘图区、十字光标、坐标系、命令行、状态栏、模型与布局标签、滚动条、快速访问工具栏和状态托盘等。

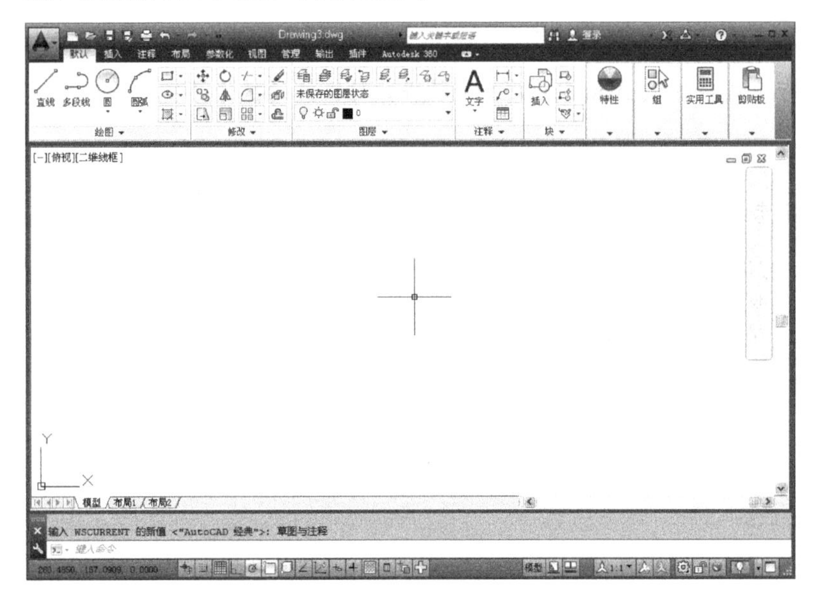

图1-1　默认界面

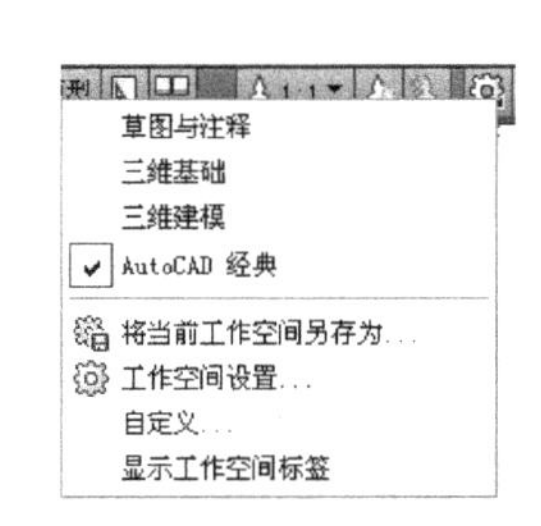

图1-2　“工作空间”选择菜单

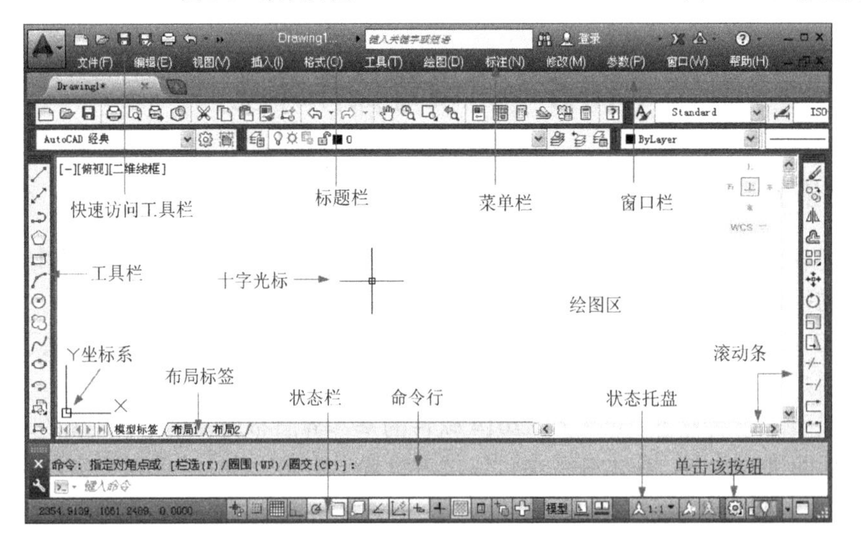

图1-3　AutoCAD 2014经典界面

2．设置绘图系统

一般来讲，使用AutoCAD 2014的默认设置就可以绘图，但为了使用用户的定点设备或打印机，以及为提高绘图的效率，AutoCAD推荐用户在开始作图前先进行必要的设置。具体操作如下。

在命令行输入 preferences，或者执行“工具”→“选项”菜单命令，或者在空白处右击，在弹出的快捷菜单中选择“选项”命令，打开【选项】对话框。用户可以在该对话框中进行相应的设置。下面就其中主要的选项卡做一下说明，其他选项设置，在后面用到时再做具体说明。

（1）系统设置。打开【选项】对话框中“系统”选项卡，如图 1-4 所示。该选项卡用来设置 AutoCAD 系统的有关特性。其中“常规选项”选项组确定是否选择系统配置的有关基本选项。

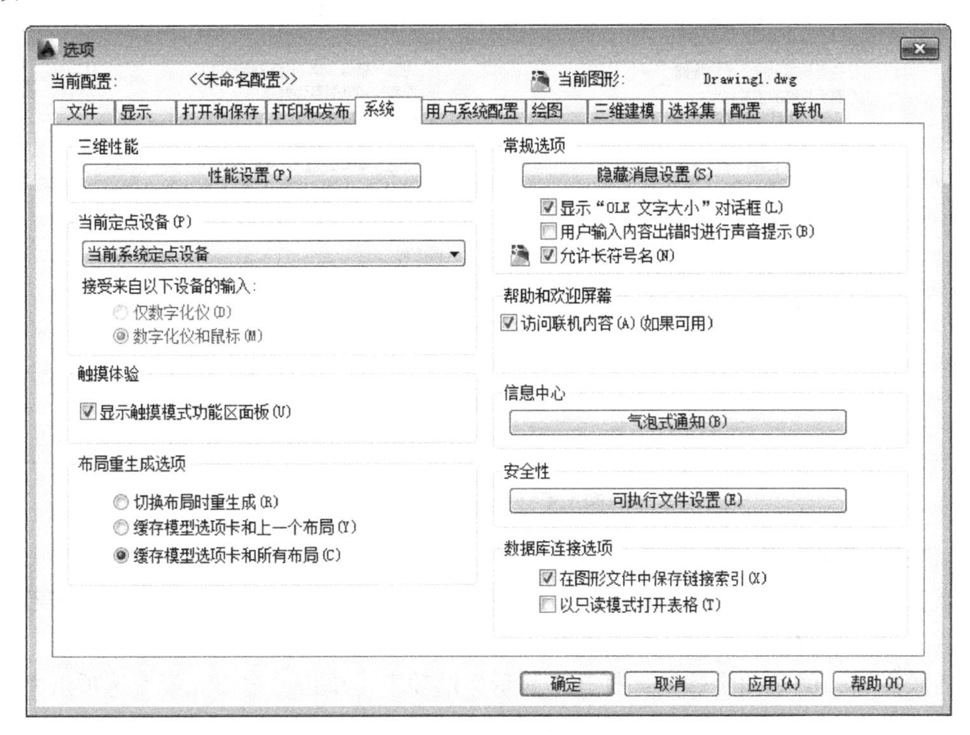

图 1-4　“系统”选项卡

（2）显示设置。打开【选项】对话框中的“显示”选项卡，如图 1-5 所示，该选项卡用来控制 AutoCAD 窗口的外观，如屏幕菜单、屏幕颜色、光标大小、滚动条显示与否、固定命令行窗口中文字的行数、AutoCAD 的版面布局设置、各实体的显示分辨率以及 AutoCAD 运行时的其他各项性能参数的设定等。其中部分设置介绍如下。

① 修改图形窗口中十字光标的大小。

系统预设的光标的长度为屏幕大小的百分之五，用户可以根据绘图的实际需要更改其大小。改变光标大小的方法为：

在“十字光标大小”区域中的编辑框中直接输入数值，或者拖动编辑框右侧的滑块，即可对十字光标的大小进行调整，如图 1-5 所示。

此外，还可以通过设置系统变量 CURSORSIZE 的值，实现对其大小的修改。命令行提示如下：

```
命令:↙
输入 CURSORSIZE 的新值 <5>:
```

在提示下输入新值即可，默认值为5%。

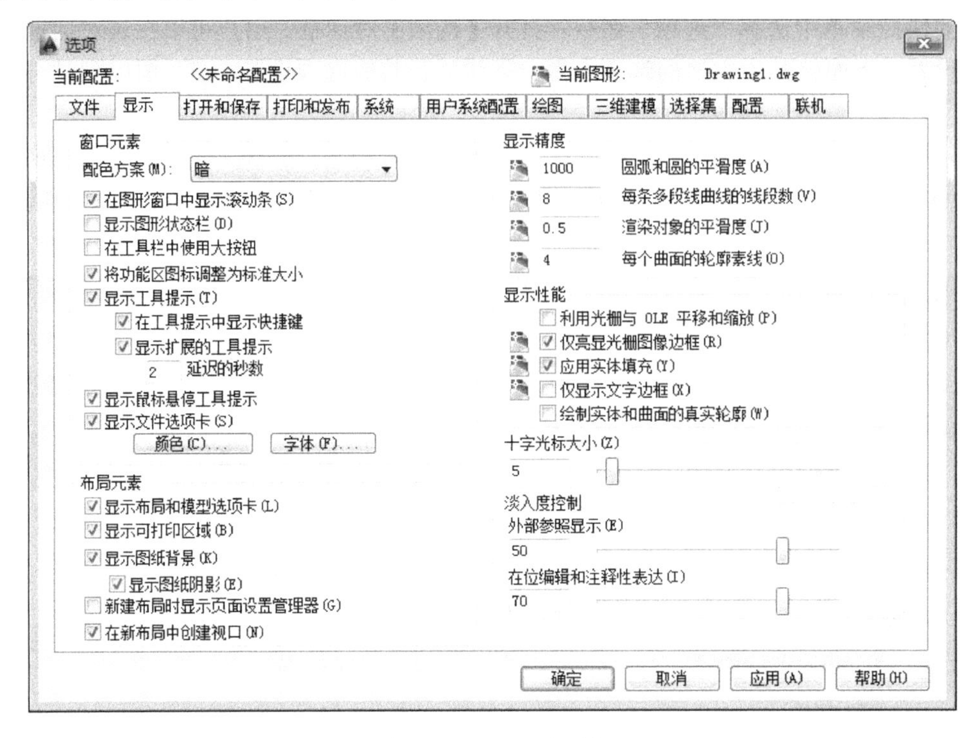

图1-5 “显示”选项卡

② 修改绘图窗口的颜色。

在默认情况下，AutoCAD的绘图窗口是黑色背景、白色线条，这不符合绝大多数用户的习惯，因此修改绘图窗口颜色是大多数用户都需要进行的操作。

修改绘图窗口颜色的步骤为：打开“显示”选项卡，单击“窗口元素”选项组中的“颜色”按钮，打开【图形窗口颜色】对话框。在“颜色”下拉列表中选择需要的窗口颜色，然后单击“应用并关闭”按钮，此时AutoCAD的绘图窗口颜色即变成了窗口背景色，通常按视觉习惯选择白色为窗口颜色。

③ 设置工具栏。

工具栏是一组图标型工具的集合，把光标移动到某个图标处，稍停片刻即在该图标一侧显示相应的工具提示，同时在状态栏中，显示对应的说明和命令名，此时，单击图标也可以启动相应的命令。在默认情况下，显示绘图区顶部的“标准”工具栏、“样式”工具栏、“特性”工具栏以及“图层”工具栏（如图1-6所示）和位于绘图区左侧的“绘图”工具栏、右侧的“修改”工具栏和“绘图次序”工具栏（如图1-7所示）。

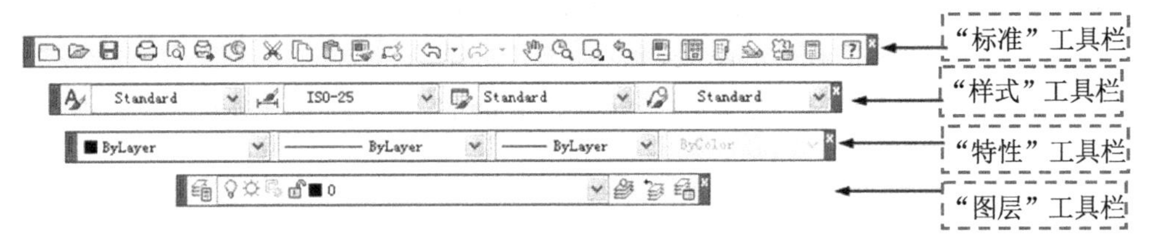

图1-6 默认情况下绘图区顶部的工具栏

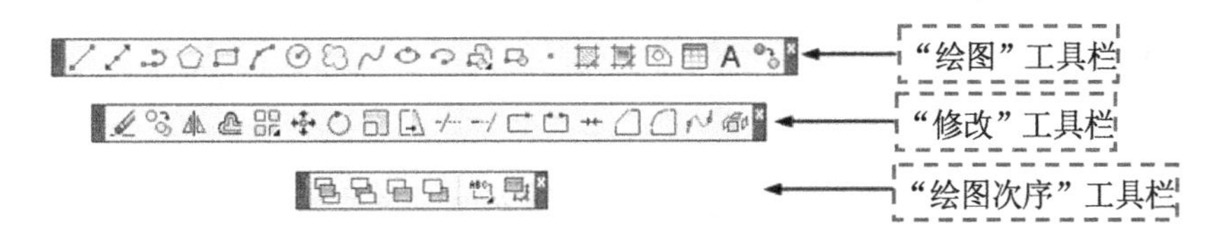

图 1-7　“绘图”“修改”和“绘图次序”工具栏

a．调出工具栏。将光标放在任一工具栏的非标题区右击，打开单独的工具栏标签。单击某个未在界面显示的工具栏名，便可打开该工具栏；反之，关闭工具栏。

b．工具栏的“固定”“浮动”与“打开”。工具栏可以在绘图区“浮动”（如图 1-8 所示），此时显示该工具栏标题，并可关闭该工具栏，用鼠标拖动“浮动”工具栏到图形区边界，使它变为“固定”工具栏，此时工具栏标题隐藏。也可以把“固定”工具栏拖出，使它成为“浮动”工具栏。

在有些图标的右下角有一个黑色小三角，单击该按钮会打开相应的工具栏，如图 1-9 所示，将光标移动到某一图标上单击，该图标就被设置为当前图标。

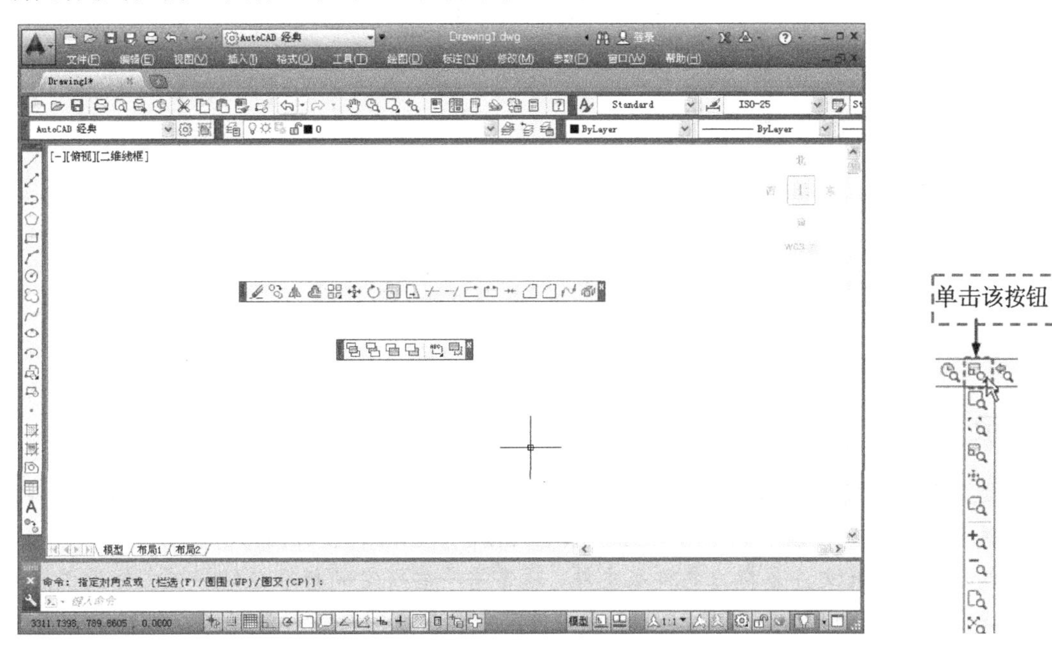

图 1-8　“浮动”工具栏　　　图 1-9　打开工具栏

任务二　管理文件

【任务背景】

本任务将介绍有关文件管理的一些基本操作方法，包括新建文件、打开已有文件、保存文件、另存文件等，这些都是使用 AutoCAD 2014 绘图最基础的知识。

【操作步骤】

1. 新建文件

在命令行输入 NEW（或 QNEW），或者执行“文件”→“新建”菜单命令，或者单击“标准”工具栏中的“新建”按钮，打开如图 1-10 所示的【选择样板】对话框。选择一个样板文件（系统默认的是 acadiso.dwt 文件），系统便从选择的图形样板中创建新图形。如果选择的是默认的 acadiso.dwt 文件，打开的界面如图 1-1 所示。

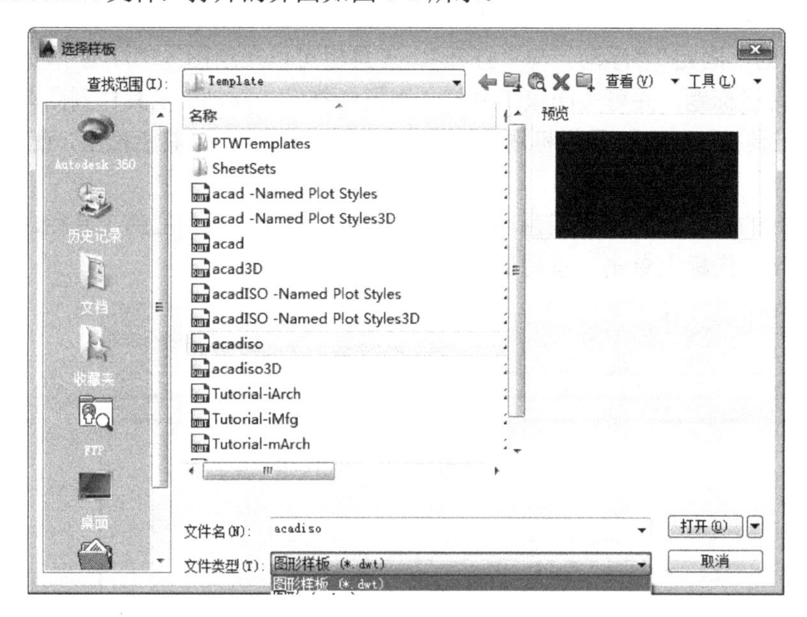

图 1-10 【选择样板】对话框

提示

样板文件是系统提供的预设好各种参数或进行了初步的标准绘制（比如，图框）的文件。

在文件类型下拉列表框中有后缀分别是.dwt、.dwg 和.dws 的 3 种图形样板。

一般情况下，.dwt 文件是标准的样板文件，通常将一些规定的标准性的样板文件设成.dwt 文件；.dwg 文件是普通的样板文件；而.dws 文件是包含标准图层、标注样式、线型和文字样式的样板文件。

2. 保存文件

在命令行输入 QSAVE（或 SAVE），或者执行“文件”→“保存”菜单命令，或者单击“标准”工具栏中的“保存”按钮，若文件已命名，则系统自动保存；若文件未命名（即为默认名 drawing1.dwg），则系统打开【图形另存为】对话框（如图 1-11 所示），在“保存于”下拉列表中选择保存文件的路径；在“文件名”文本框中输入文件名；在“文件类型”下拉列表中指定保存文件的类型后，单击“保存”按钮保存文件。

3. 打开文件

在命令行输入 OPEN，或者执行“文件”→“打开”菜单命令，或者单击“标准”工具栏中的“打开”按钮，打开【选择文件】对话框（如图 1-12 所示），找到刚才保存的文件，单击“打开”按钮，打开该文件。

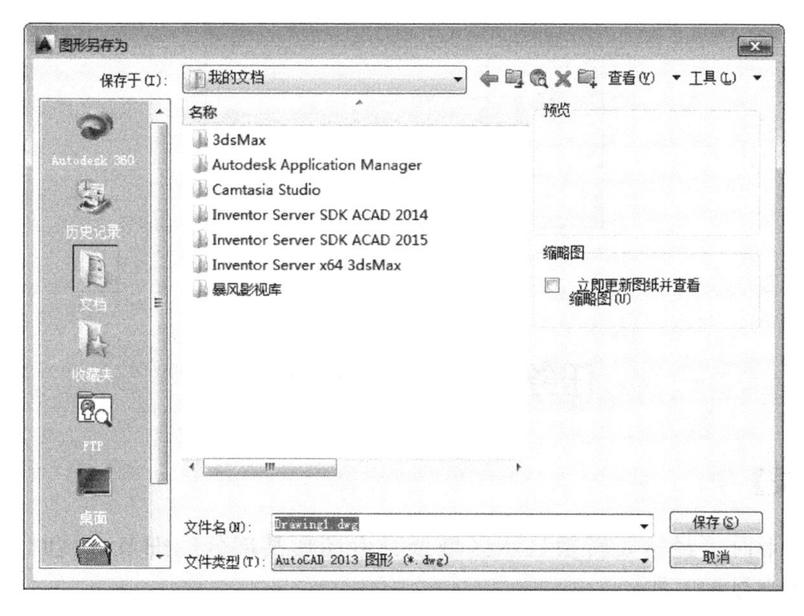

图 1-11 【图形另存为】对话框

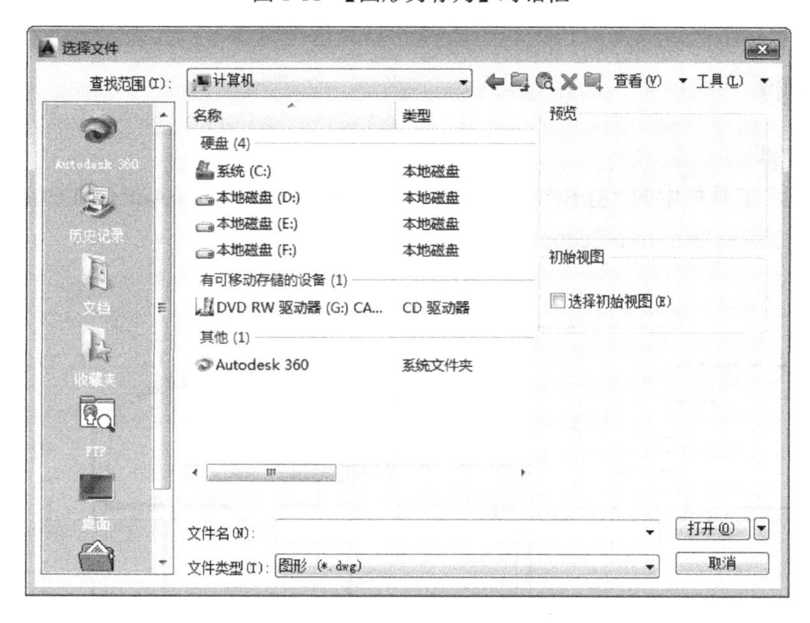

图 1-12 【选择文件】对话框

4. 另存文件

在命令行输入 SAVEAS，或者执行“文件”→“另存为”菜单命令，打开如图 1-11 所示的【图形另存为】对话框，为刚才打开的文件重命名，指定路径进行保存。

5. 退出系统

在命令行输入 QUIT（或 EXIT），或者执行“文件”→“关闭”菜单命令，或者单击 AutoCAD 操作界面右上角的“关闭”按钮 ，若用户对图形所做的修改尚未保存，则会出现如图 1-13 所示的系统警告对话框。单击“是”按钮系统将保存文件，然后退出；单击“否”按钮系统将不保存文件。若用户对图形所做的修改已经保存，则直接退出。

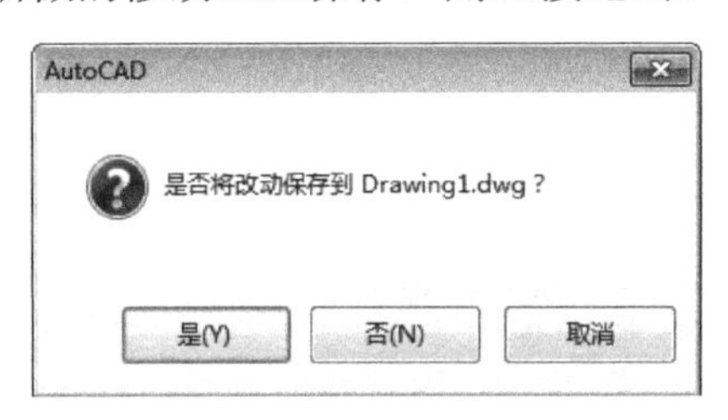

图 1-13　系统警告对话框

任务三　查看图纸细节

【任务背景】

在绘制图形时，经常要转换显示区域或查看图形某部分的细节，这时候就需要用到 AutoCAD 的图形显示工具。

本任务将介绍利用 AutoCAD 2014 的平移和缩放两种显示工具对图形进行查看的具体方法，方便读者在具体绘图过程中转换显示区域和查看图形细节。

【操作步骤】

1. 打开文件

单击“标准”工具栏中的“打开”按钮，打开“C:/Program Files/AutoCAD2014/Sample/Sheet Sets/Architectural/Res/Building Section”文件，如图 1-14 所示。

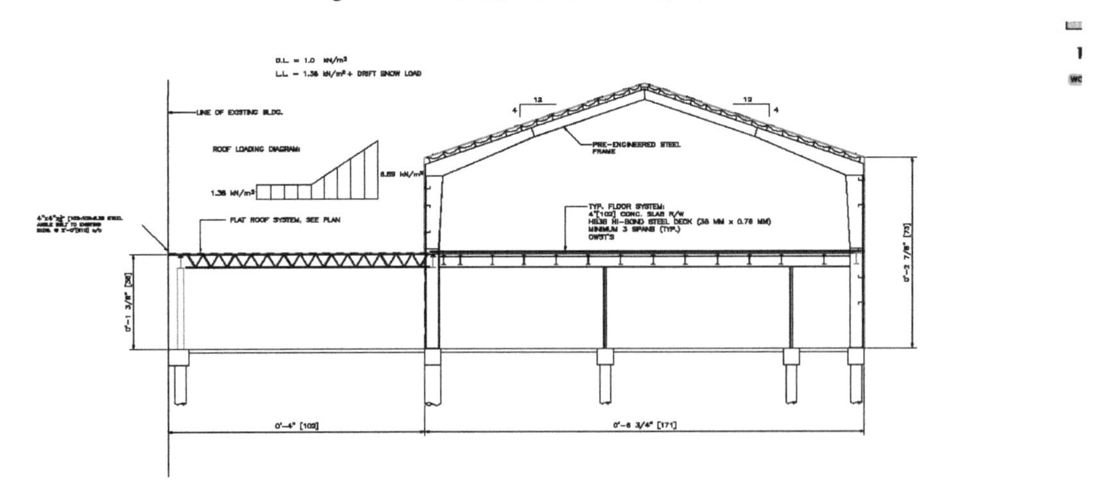

图 1-14　打开文件

2. 平移图形

在命令行输入 PAN，或者执行“视图”→“平移”→“实时”菜单命令，或者单击“标准”工具栏中的“实时平移”按钮，用鼠标单击选中图形，然后移动手形光标就可以平移图形了。

3．缩放图形

（1）实时缩放。在命令行输入 Zoom，或者执行“视图”→“缩放”→“实时”菜单命令，或者单击“标准”工具栏中的“实时缩放”按钮，或者右击，在弹出的快捷菜单中选择“缩放”命令。此时绘图平面中出现缩放标记，向上拖动鼠标，将图形进行实时放大。

（2）窗口缩放。单击“标准”工具栏“缩放”下拉列表中的“窗口缩放”按钮，用鼠标拖出一个缩放窗口，如图 1-15 所示。单击确认，窗口缩放结果如图 1-16 所示。

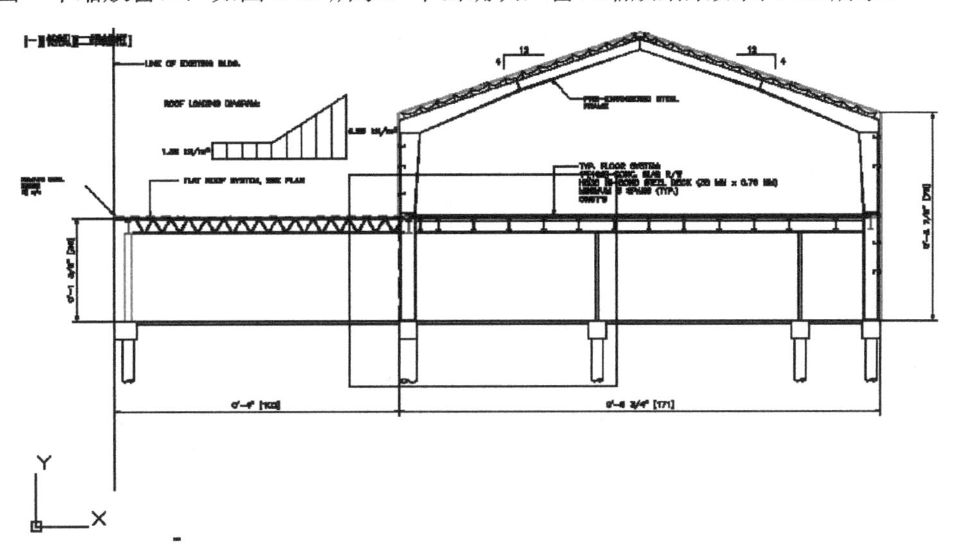

图 1-15　缩放窗口

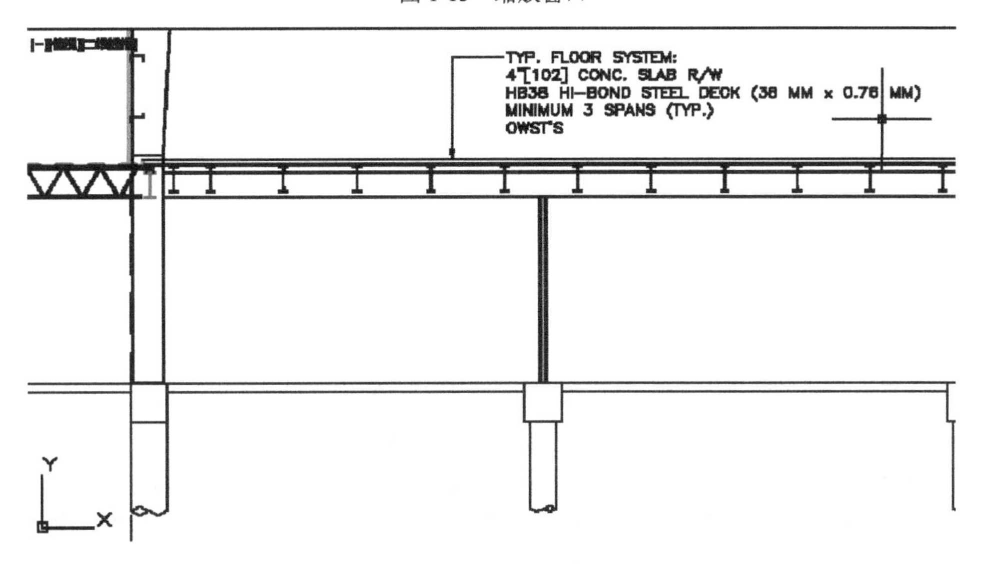

图 1-16　窗口缩放结果

（3）中心缩放。单击“标准”工具栏“缩放”下拉列表中的“中心缩放”按钮，根据要查看的图形的大体位置，指定一个缩放中心点，如图 1-17 所示。在命令行提示下输入 2X 为缩放比例，缩放结果如图 1-18 所示。

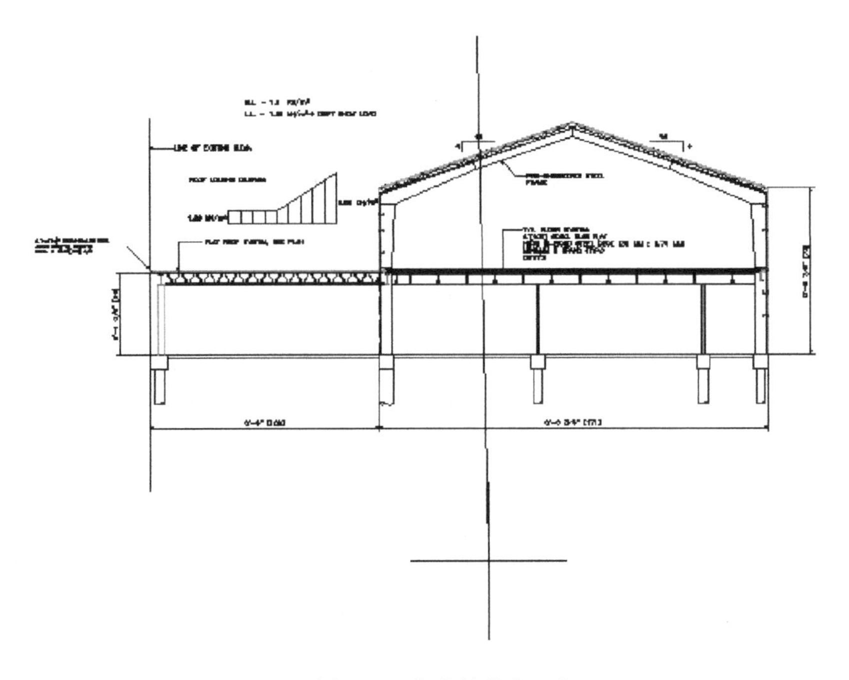

图 1-17　指定缩放中心点

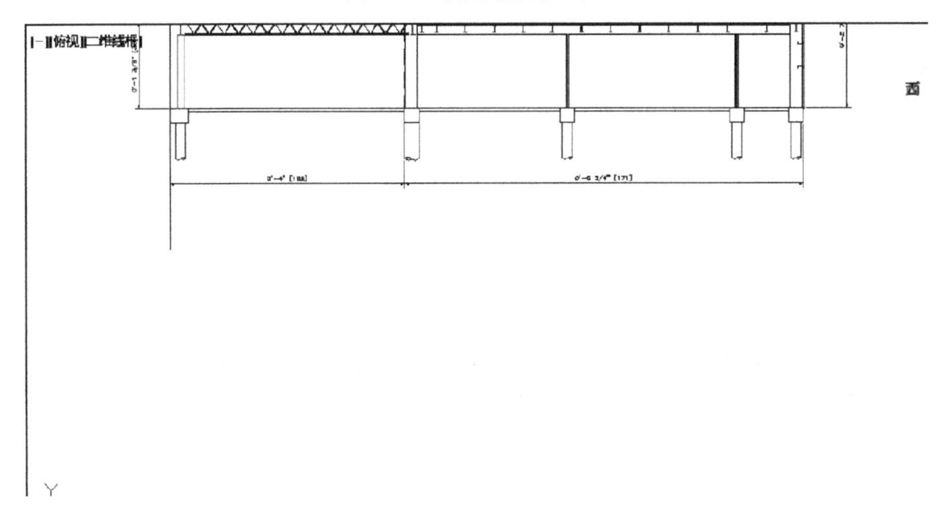

图 1-18　中心缩放结果

（4）缩放上一个。单击“标准”工具栏中“缩放”下拉列表中的“缩放上一个”按钮，系统自动返回上一次缩放的图形窗口，即中心缩放前的图形窗口。

（5）动态缩放。单击“标准”工具栏“缩放”下拉列表中的“动态缩放”按钮，此时，图形平面中会出现一个中心有小叉的显示范围框，如图 1-19 所示。单击会出现右边带箭头的缩放范围显示框，如图 1-20 所示。按住鼠标左键并拖动，带箭头的范围框大小会发生变化，如图 1-21 所示。释放鼠标，范围框又变成带小叉的形式，可以再次按住鼠标左键平移显示框，如图 1-22 所示。

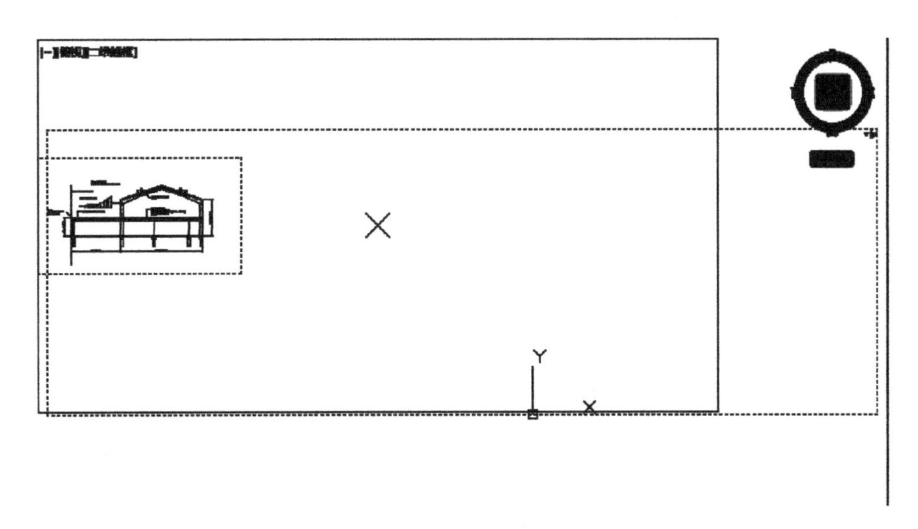

图 1-19　动态缩放范围窗口

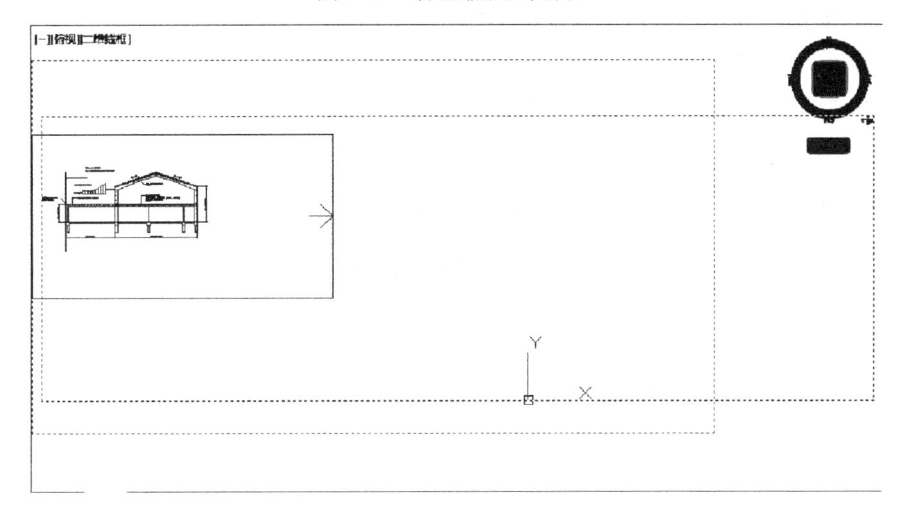

图 1-20　右边带箭头的缩放范围显示框

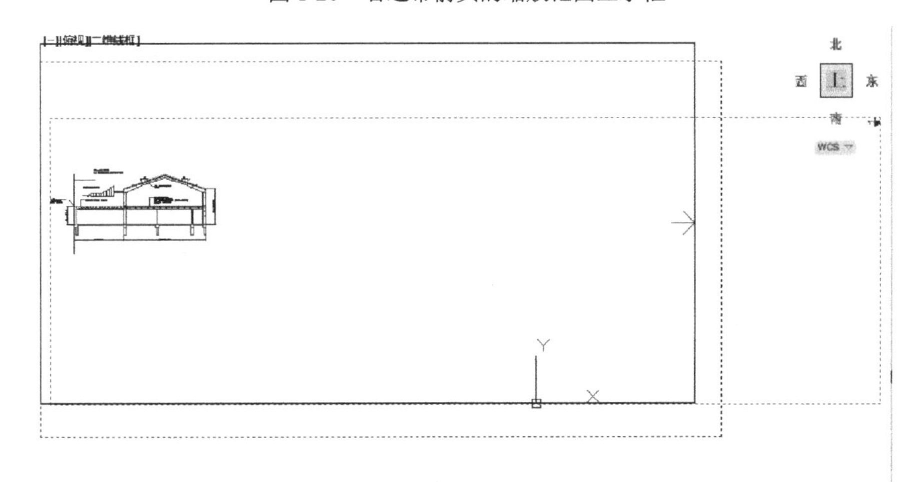

图 1-21　变化的范围框

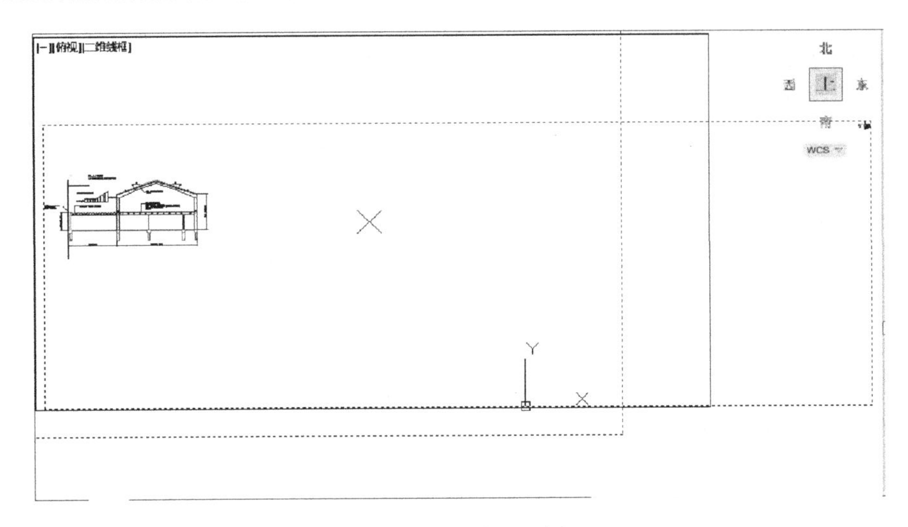

图 1-22　平移显示框

按【Enter】键，则系统显示动态缩放后的图形，如图 1-23 所示。

（6）全部缩放。单击“标准”工具栏“缩放”下拉列表中的“全部缩放”按钮，系统将显示全部图形画面，最终结果如图 1-24 所示。

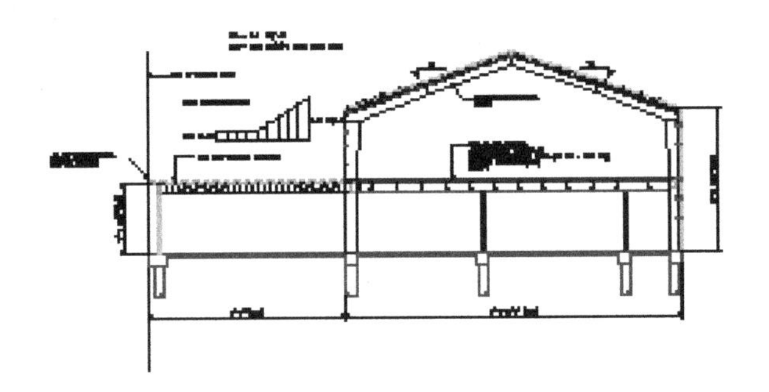

图 1-23　动态缩放结果

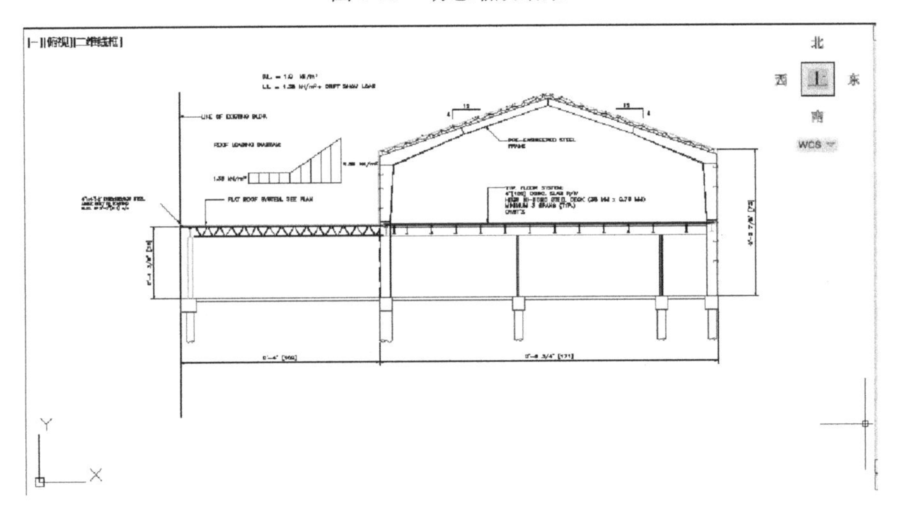

图 1-24　全部缩放图形

（7）缩放对象。单击“标准”工具栏“缩放”下拉列表中的“缩放对象”按钮，并框选如图 1-25 所示的范围，对对象进行缩放，最终结果如图 1-26 所示。

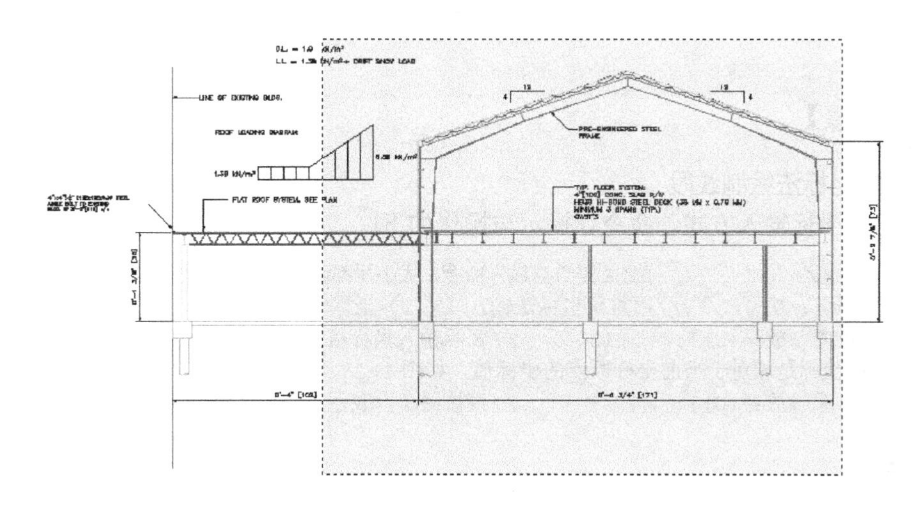

图 1-25　选择对象

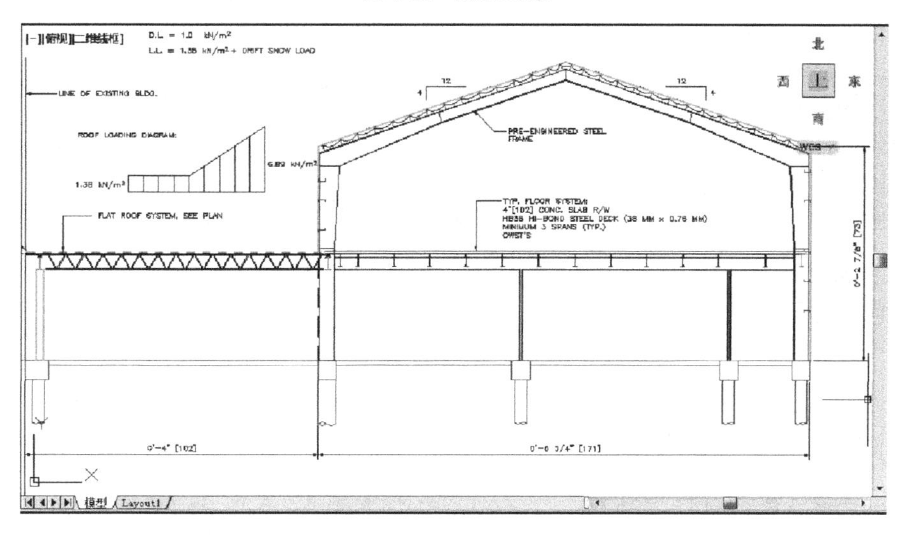

图 1-26　缩放对象结果

任务四　绘制一条线段

【任务背景】

为了便于绘制图形，AutoCAD 提供了尽可能多的命令输入方式，读者可以选择自己习惯的方式进行快速绘图。在指定数据点的具体坐标等参数时，AutoCAD 设置了一些固定的格式，只有遵守这些格式输入数值，系统才能准确识别。

在 AutoCAD 2014 中，点的坐标可以用直角坐标、极坐标、球面坐标和柱面坐标表示，每一种坐标表示又分别具有两种坐标输入方式：绝对坐标和相对坐标。其中直角坐标和极坐标的表示方法最为常用。

本任务将通过绘制一条线段介绍利用 AutoCAD 2014 绘图时具体的命令输入方式和数值输入格式。

【操作步骤】

1. 直角坐标法绘制线段

（1）绝对坐标输入方式。命令行提示与操作如下：

```
命令：LINE↙              //LINE是“直线”命令，大小写都可以，AutoCAD不区分大小写，↙表示回车
指定第一个点：0,0↙       //用直角坐标法输入（X,Y）坐标值
指定下一点或［放弃(U)］：15,18↙      //表示输入坐标值为（15,18）的点，此为绝对坐标输入方式，表示该点的坐标是相对于当前坐标原点的坐标值，如图1-27（a）所示
指定下一点或［放弃(U)］：↙          //直接回车，表示结束当前命令
```

注意

分隔数值一定要用西文状态下的逗号，否则系统不会准确输入数据。

（2）相对坐标输入方式。命令行提示与操作如下：

```
命令：L↙                            //L是“直线”命令的快捷输入方式，与完整命令输入方式等效
指定第一个点:0,0↙
指定下一点或［放弃(U)］：@10,20↙     //此为相对坐标输入方式，表示该点的坐标是相对于前一点的坐标值，如图1-27（c）所示
指定下一点或［放弃(U)］：↙          //如果输入U，表示放弃上步的操作
```

2. 极坐标法绘制线段

（1）绝对坐标输入方式。

单击“绘图”菜单中的“直线”命令，命令行提示与操作如下：

```
命令：_line↙                        //line命令前加“_”，表示是“直线”命令的菜单或工具栏输入方式，和命令行输入方式等效
指定第一个点:0,0↙
指定下一点或［放弃(U)］：25<50↙      //此为绝对坐标输入方式下，极坐标法输入数值的方式，25表示该点到坐标原点的距离，50表示该点至原点的连线与X轴正向的夹角，如图1-27（b）所示
指定下一点或［放弃(U)］：↙
```

（2）相对坐标输入方式。

单击“绘图”工具栏中的“直线”按钮，命令行提示与操作如下：

```
命令：_line↙
指定第一个点:8,6↙
指定下一点或［放弃(U)］：@25<45↙       //此为相对坐标输入方式下，极坐标法输入数值的方式，25表示该点到前一点的距离，45表示该点至前一点的连线与X轴正向的夹角，如图1-27（d）所示
指定下一点或［放弃(U)］：↙
```

若看不清绘制的线段，可以在当前命令执行的过程中执行一些显示控制命令，比如单击“标准”工具栏中的“实时平移”按钮，命令行提示与操作如下：

```
命令: '_pan
```

按【Esc】或【Enter】键，或右击，在弹出的快捷菜单中选择相应的选项退出。

提示

命令行前面加一个“'”符号，表示此命令为透明命令，所谓透明命令是指在别的命令执行过程中可以用随时插入执行的命令，执行完透明命令后，系统回到前面执行的命令过程中，不影响原命令的执行。

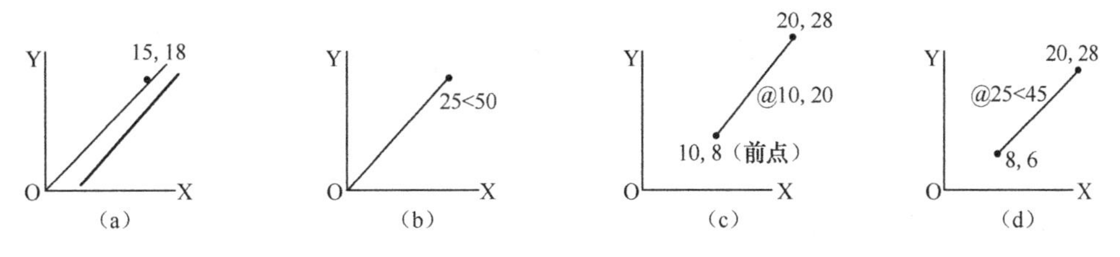

图 1-27　数据输入方法

3．直接输入长度值绘制线段

（1）在命令行右击，在弹出的快捷菜单中的“最近使用的命令”子菜单中选择需要的命令，如图 1-28 所示。“最近使用的命令”子菜单中保存最近使用的六个命令，如果经常重复使用六次操作以内的命令，这种方法就比较方便。

（2）在命令行提示如下：

```
命令: _line
指定第一点:                  //在屏幕上指定一点
指定下一点或 [放弃(U)]:
```

此时在绘图区移动鼠标指明线段的方向，但不要单击确认，如图 1-29 所示，然后在命令行输入 10，即在指定方向上绘制了长度为 10mm 的线段。

4．动态数据输入

（1）单击状态栏中的按钮，打开动态输入功能，可以在屏幕上动态地输入参数数据。

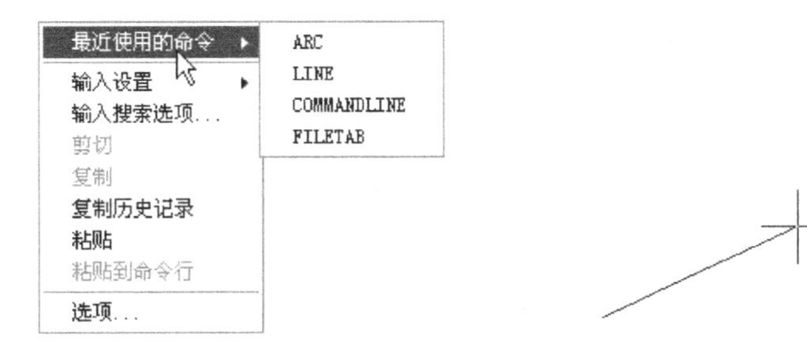

图 1-28　“最近使用的命令”子菜单　　　　图 1-29　绘制直线

例如，绘制直线时，在光标附近会动态地显示“指定第一点”以及后面的坐标框，当前显示的是光标所在位置，输入数据时，两个数据之间以逗号隔开，如图 1-30 所示。指定第一点后，系统动态显示直线的角度，同时要求输入线段的长度值，如图 1-31 所示，其输入效果与“@长度<角度”方式相同。

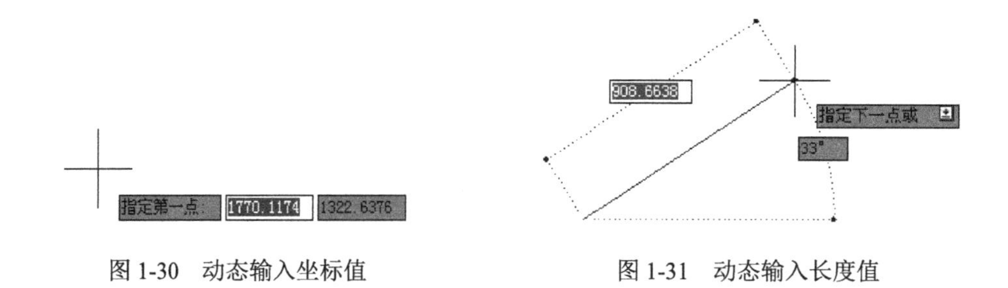

图 1-30　动态输入坐标值　　　　图 1-31　动态输入长度值

模拟试题与上机实验 1

1. 选择题

（1）调用 AutoCAD 命令的方法有（　　）。

A. 在命令窗口输入命令名　　B. 在命令窗口输入命令缩写字

C. 选择下拉菜单中的菜单选项　　D. 单击工具栏中的对应图标

（2）正常退出 AutoCAD 的方法有（　　）。

A. QUIT 命令　　B. EXIT 命令

C. 单击屏幕右上角的“关闭”按钮　　D. 直接关机

（3）如果想要改变绘图区域的背景颜色，应该（　　）。

A. 在【选项】对话框“显示”选项卡中的“窗口元素”选项区域中，单击“颜色”按钮，在弹出的对话框中进行修改。

B. 在 Windows 的【显示属性】对话框的“外观”选项卡中单击“高级”按钮，在弹出的对话框中进行修改

C. 修改 SETCOLOR 变量的值

D. 在“特性”面板的“常规”选项区域中修改“颜色”值

（4）下面哪个选项将图形进行动态放大？（　　）

A. ZOOM/（D）　　B. ZOOM/（W）　　C. ZOOM/（E）　　D. ZOOM/（A）

（5）取世界坐标系的点（70，20）作为用户坐标系的原点，则用户坐标系的点（-20，30）的世界坐标为（　　）。

A.（50，50）　　B.（90，-10）　　C.（-20，30）　　D.（70，20）

（6）绘制一条起点坐标为（57，79），长度为 173，与 X 轴正向的夹角为 71° 的线段。将线段分为 5 等份，从起点开始的第一个等分点的坐标为（　　）。

A. X = 113.3233　Y = 242.5747　　B. X = 79.7336　Y = 145.0233

C. X = 90.7940　Y = 177.1448　　D. X = 68.2647　Y = 111.7149

2. 上机实验题

实验 1　熟悉操作界面。

◆ 目的要求

操作界面是用户绘制图形的平台，操作界面的各个部分都有其独特的功能，熟悉操作界面有助于读者方便快速地进行绘图。本实验要求了解操作界面各部分的功能，掌握改变绘图窗

口颜色和光标大小的方法，能够熟练地打开、移动和关闭工具栏。

◆ 操作提示

（1）启动 AutoCAD 2014，进入绘图界面。

（2）调整操作界面大小。

（3）设置绘图窗口的颜色和光标大小。

（4）打开、移动和关闭工具栏。

（5）尝试同时利用命令行、下拉菜单和工具栏绘制一条线段。

实验 2　数据输入。

◆ 目的要求

AutoCAD 2014 人机交互的最基本内容就是数据输入。本实验要求读者灵活熟练地掌握各种数据输入方法。

◆ 操作提示

（1）在命令行输入“LINE”命令。

（2）输入起点的直角坐标方式下的绝对坐标值。

（3）输入下一点的直角坐标方式下的相对坐标值。

（4）输入下一点的极坐标方式下的绝对坐标值。

（5）输入下一点的极坐标方式下的相对坐标值。

（6）用鼠标直接指定下一点的位置。

（7）按下状态栏中的“正交”按钮，用鼠标拉出下一点的方向，在命令行输入一个数值。

（8）按下状态栏中的“动态输入”按钮，拖动鼠标，系统会动态显示角度，拖动到选定角度后，在长度文本框中输入长度值。

（9）回车结束绘制线段的操作。

实验 3　查看平面图的细节。

打开“C:/Program Files/AutoCAD2014/Sample/Sheet Sets/Architectural/Res/Structural Base1”文件，使用平移工具和缩放工具移动和缩放图形。

◆ 目的要求

本实验要求读者能够熟练使用各种平移和缩放工具来灵活地显示图形。

◆ 操作提示

（1）利用平移工具对图形进行平移。

（2）综合利用各种缩放工具对图形细节进行缩放观察。

项目二　绘制简单的室内设计单元

【学习情境】

到目前为止，读者只是了解了 AutoCAD 的基本操作环境，熟悉了基本的命令和数据输入方法，还不知道如何具体地绘制各种室内图形，本项目就来解决这个问题。

AutoCAD 提供了大量的绘图工具，可以帮助用户完成各种简单室内图形的绘制。具体包括：点、直线，圆和圆弧、椭圆和椭圆弧，平面图形，图案填充，多段线、样条曲线和多线的绘制与编辑等工具。

【能力目标】

- 掌握直线类命令。
- 掌握圆类图形命令。
- 掌握平面图形命令。
- 掌握图案填充命令。
- 掌握多段线、样条曲线与多线命令。
- 熟悉文字输入。
- 熟悉表格功能。

【课时安排】

10 课时（讲课 4 课时，练习 6 课时）

任务一　绘制标高符号

【任务背景】

所有室内设计图形均由一些直线和曲线等图形单元组成，本任务将通过标高符号的绘制过程来熟练掌握绘制最简单图形单元——直线的“直线”命令的操作方法，也开始逐步了解简单室内设计单元的绘制方法。标高符号绘制流程如图 2-1 所示。

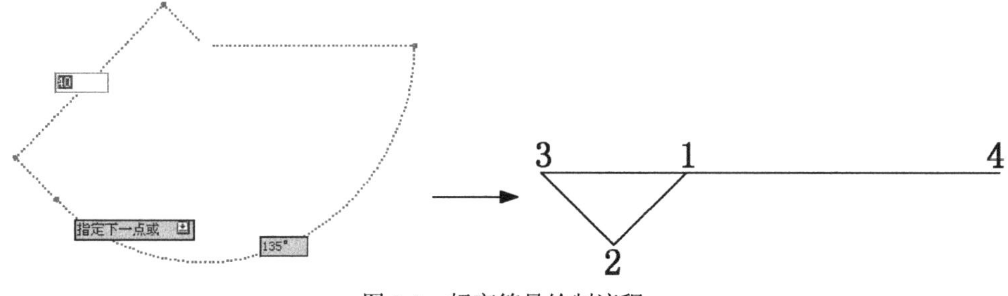

图 2-1　标高符号绘制流程

【操作步骤】

在命令行输入 LINE 命令，或者选择“绘图”菜单中的“直线”命令，或者单击“绘图”工具栏中的“直线”按钮，绘制连续线段，命令行提示与操作如下：

```
命令: _line ↙
指定第一点: 100,100↙                                //第 1 点
指定下一点或 [放弃(U)]: @40,-135↙
指定下一点或 [放弃(U)]: u↙                          //输入错误，取消上次操作
指定下一点或 [放弃(U)]: @40<-135↙                   //第 2 点，也可以按下状态栏上“动态输入”按
                                    钮，在鼠标位置为 135 °时，动态输入 40，如图 2-2 所示，下同
指定下一点或 [放弃(U)]: @40<135↙                    //第 3 点，相对极坐标数值输入方法，此方法便
                                                                        于控制线段长度
指定下一点或 [闭合(C)/放弃(U)]: @180,0↙             //第 4 点，相对直角坐标数值输入方法，此方法
                                                          便于控制坐标点之间的正交距离
指定下一点或 [闭合(C)/放弃(U)]: ↙                   //回车结束直线命令
```

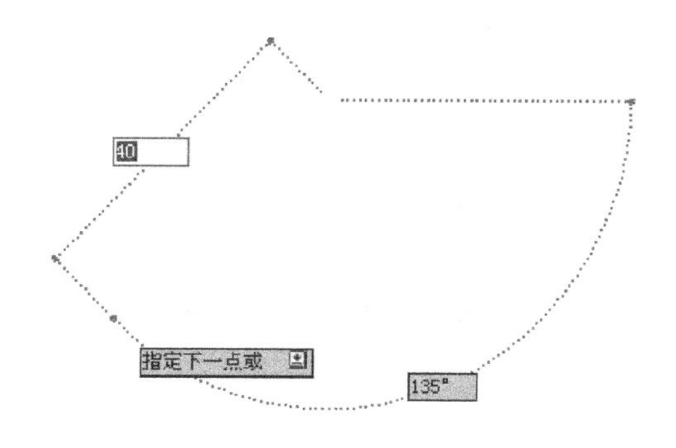

图 2-2　动态输入

结果如图 2-1 所示。

【知识点详解】

在绘制直线的命令行提示中，各选项含义如下。

（1）若采用按【Enter】键响应“指定第一个点”提示，系统会把上次绘制图线的终点作为本次图线的起始点。若上次操作为绘制圆弧，按【Enter】键响应后绘制通过圆弧终点并与该圆弧相切的直线段，该线段的长度为光标在绘图区指定的一点与切点之间线段的距离。

（2）在“指定下一点”提示下，用户可以指定多个端点，从而绘出多条直线段。其中，每一段直线是一个独立的对象，可以进行单独的编辑操作。

（3）绘制两条以上的直线段后，若采用输入选项“C”响应“指定下一点”提示，系统会自动连接起始点和最后一个端点，从而绘出封闭的图形。

（4）若采用输入选项“U”响应提示，则删除最近一次绘制的直线段。

（5）若设置正交方式（按下状态栏中的“正交”按钮），则只能绘制水平线段或垂直线段。

（6）若设置动态数据输入方式（按下状态栏中的“动态输入”按钮），则可以动态输入

坐标或长度值，效果与非动态数据输入方式类似。除了特别需要，以后不再强调，只按非动态数据输入方式输入相关数据。

任务二 绘制桌布

【任务背景】

本任务以绘制桌布为例来学习“点”相关命令。具体的绘制流程如图 2-3 所示。

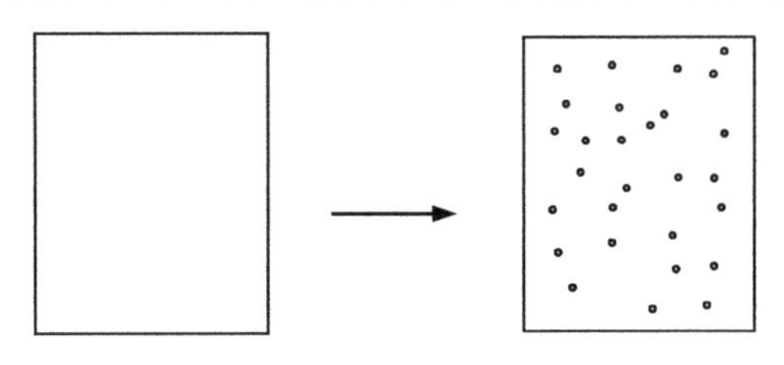

图 2-3 桌布绘制流程

【操作步骤】

（1）在命令行输入 DDPTYPE 命令，或者选择“格式”菜单中的“点样式”命令，在弹出的【点样式】对话框中选择如图 2-4 所示的样式。

（2）单击“绘图”工具栏中的“直线”按钮，绘制桌布外轮廓线。命令行提示与操作如下：

```
命令: _line ↙
指定第一点: 100，100↙
点无效              //这里之所以提示输入点无效，是因为分隔坐标值的逗号不是在西文状态下输入的
指定第一点: 100,100↙
指定下一点或 [放弃(U)]: 900,100↙
指定下一点或 [放弃(U)]: @0,800↙
指定下一点或 [闭合(C)/放弃(U)]: u↙
指定下一点或 [放弃(U)]: @0,1000↙
指定下一点或 [闭合(C)/放弃(U)]: @-800,0↙
指定下一点或 [闭合(C)/放弃(U)]: c↙
```

绘制结果如图 2-5 所示。

（3）在命令行输入 POINT 命令，或者选择“绘图”菜单中的“点”→“单点（或多点）”命令，或者单击“绘图”工具栏中的“点”按钮，绘制桌布内装饰点。命令行提示与操作如下：

```
命令: point↙
当前点模式: PDMODE=33  PDSIZE=20.0000
指定点:        //在绘图区域单击
```

绘制结果如图 2-6 所示。

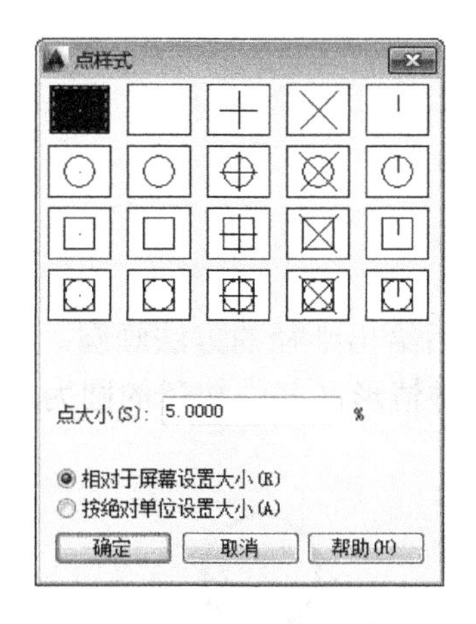

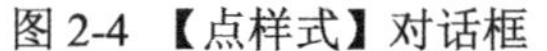
图 2-4 【点样式】对话框

图 2-5　桌布外轮廓线

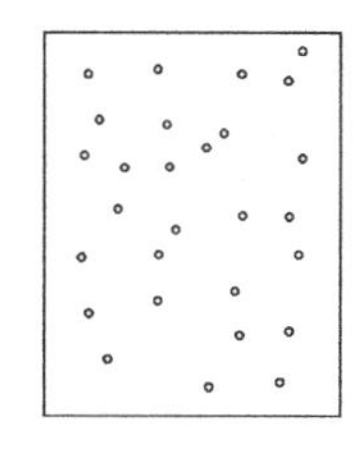
图 2-6　绘制装饰点

任务三　绘制擦背床

【任务背景】

本任务将通过擦背床的绘制过程来熟练掌握“圆”命令的操作方法，具体的绘制流程如图 2-7 所示。

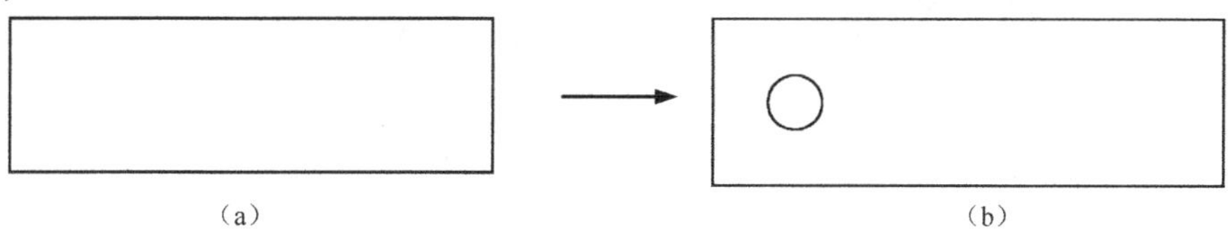

图 2-7　擦背床绘制流程

【操作步骤】

（1）单击“绘图”工具栏中的“直线”按钮，取适当的尺寸，绘制矩形外轮廓，如图 2-8 所示。

（2）在命令行输入 CIRCLE 命令，或者选择“绘图”菜单中的“圆”→“圆心、半径”命令，或者单击“绘图”工具栏中的“圆”按钮，在绘图区域中的适当位置绘制一个半径为 5mm 的圆，命令行提示与操作如下：

```
命令: _circle
指定圆的圆心或 [三点(3P)/两点(2P)/切点、切点、半径(T)]:（在图中适当位置指定一点）
指定圆的半径或 [直径(D)]:5
```

最终结果如图 2-9 所示。

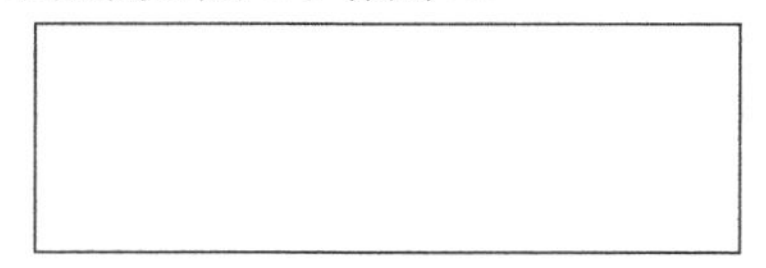
图 2-8　绘制矩形外轮廓

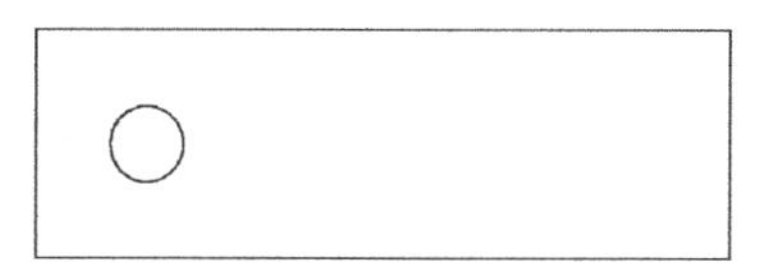
图 2-9　绘制圆

【知识点详解】

在绘制圆的命令行提示中，各选项含义如下。

（1）三点(3P)：用指定圆周上三点的方法画圆。

（2）两点(2P)：指定直径的两端点画圆。

（3）切点、切点、半径(T)：按先指定两个相切对象，后给出半径的方法画圆。如图 2-10 所示给出了以“切点、切点、半径”的方式绘制圆的各种情形（其中加黑的圆为最后绘制的圆）。

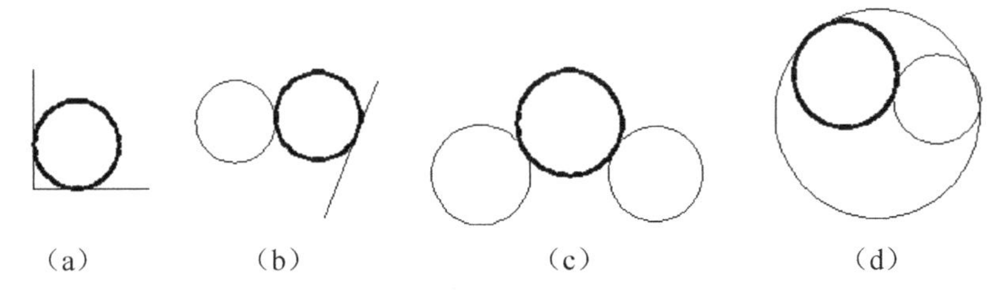

图 2-10　圆与另外两个对象相切的各种情形

（4）选择菜单栏中的“绘图”→“圆”命令，子菜单中多了一种“相切、相切、相切”的方法，当选择此方式时（如图 2-11 所示），命令行提示：

```
指定圆上的第一个点：_tan 到：              //指定相切的第一个圆弧
指定圆上的第二个点：_tan 到：              //指定相切的第二个圆弧
指定圆上的第三个点：_tan 到：              //指定相切的第三个圆弧
```

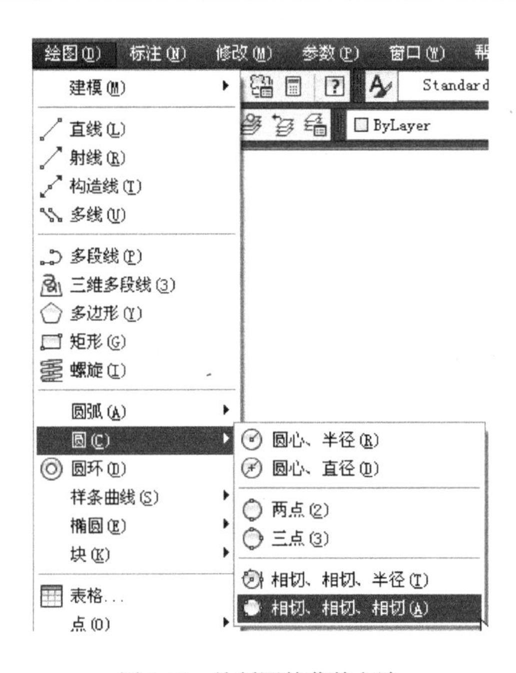

图 2-11　绘制圆的菜单方法

任务四　绘制小靠背椅

【任务背景】

圆弧是圆的一部分，也可以说是另外一种曲线，本任务将通过小靠背椅的绘制过程来熟练掌握“圆弧”命令的使用方法，具体的绘制流程如图 2-12 所示。

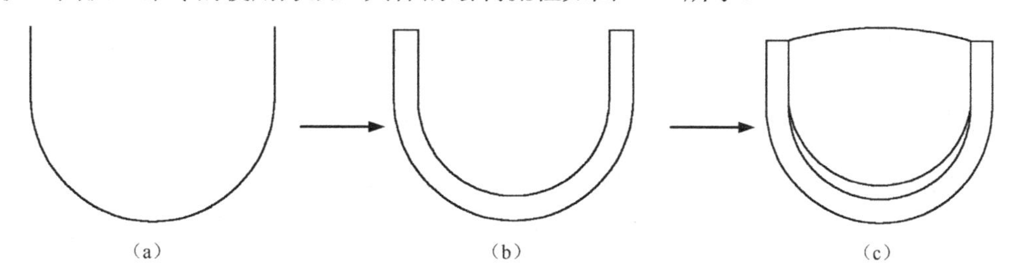

图 2-12　小靠背椅绘制流程图

【操作步骤】

（1）单击“绘图”工具栏中的“直线”按钮，任意指定一点为线段起点，以点（@0,-140）为终点绘制一条线段。

（2）在命令行输入 ARC 命令，或者选择“绘图”菜单中的“圆弧”→“起点、端点、终点”命令，或者单击“绘图”工具栏中的“圆弧”按钮，绘制圆头部分圆弧，命令行提示与操作如下：

```
命令: _arc
指定圆弧的起点或 [圆心(C)]:                    //选择上步绘制的直线的下端点
指定圆弧的第二个点或 [圆心(C)/端点(E)]: @250,-250↙
指定圆弧的端点: @250,250↙
```

结果如图 2-13 所示。

（3）单击“绘图”工具栏中的“直线”按钮，以刚绘制圆弧的右端点为起点，以点（@0,140）为终点绘制一条线段。结果如图 2-14 所示。

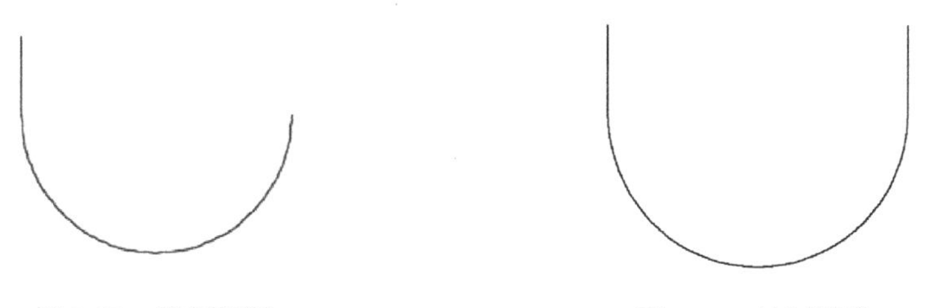

图 2-13　绘制圆弧　　　　图 2-14　绘制线段

（4）单击“绘图”工具栏中的“直线”按钮，分别以刚绘制的两条线段的上端点为起点，以点（@50,0）和（@-50,0）为终点绘制两条线段。结果如图 2-15 所示。

（5）单击“绘图”工具栏中的“直线”按钮和“圆弧”按钮，以刚绘制的两条水平线的两个端点为起点和终点绘制线段和圆弧。结果如图 2-16 所示。

（6）再以如图 2-16 所示图形内部两条竖线的上下两个端点分别为起点和终点，以适当位置处的一点为中间点，绘制两条圆弧，最终结果如图 2-17 所示。

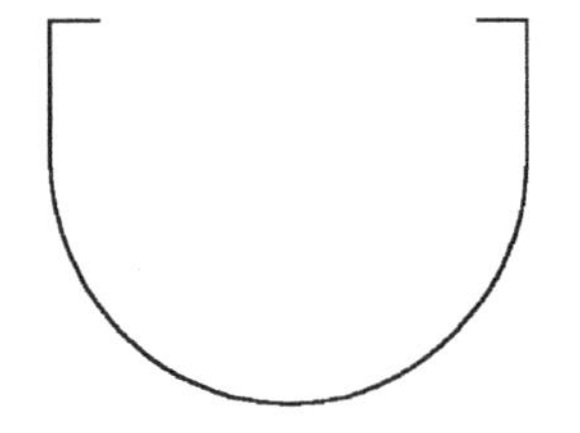

图 2-15　绘制两条线段

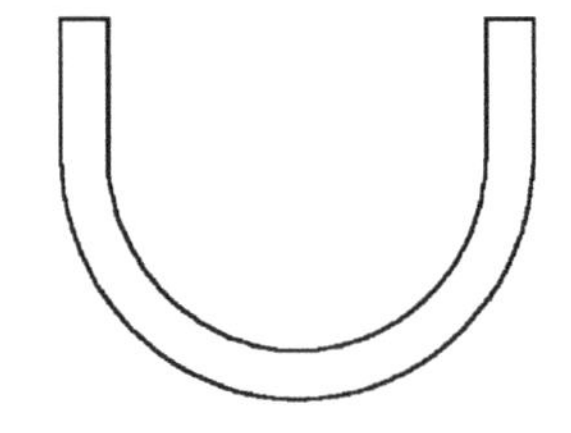

图 2-16　绘制线段和圆弧

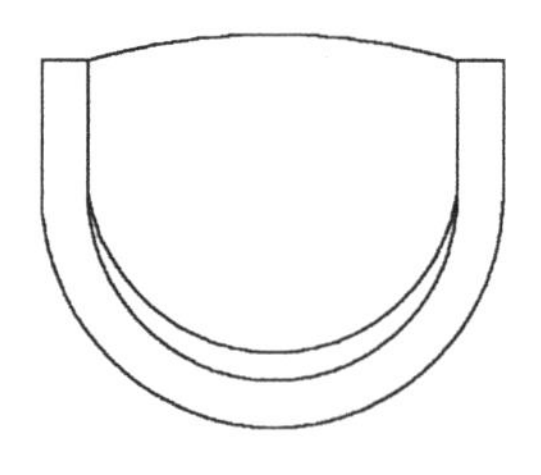

图 2-17　绘制两条圆弧

注意

绘制圆弧时，注意圆弧的曲率是遵循逆时针方向的，所以在采用指定圆弧两个端点和半径的模式时，需要注意端点的指定顺序，否则有可能导致圆弧的凹凸形状与预期的相反。

【知识点详解】

在绘制圆弧的命令行提示中，各选项含义如下。

（1）用命令行的方式绘制圆弧时，可以根据系统提示选择不同的选项，具体功能和使用“绘图”菜单下“圆弧”子菜单提供的 11 种方式相似。这 11 种方式如图 2-18 所示。

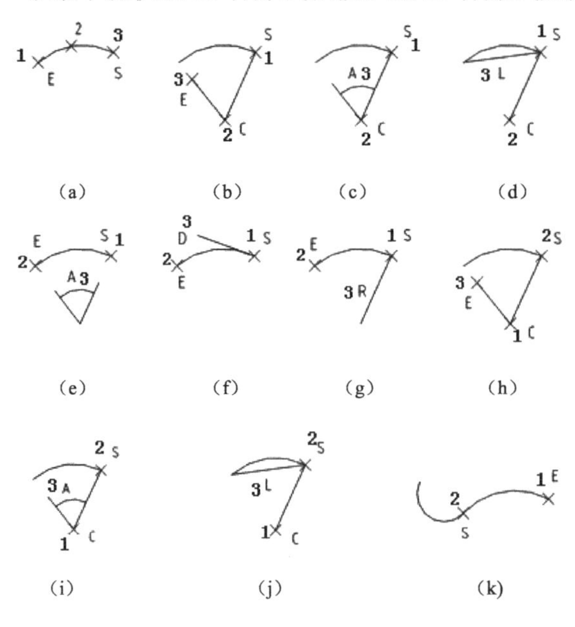

图 2-18　11 种绘制圆弧的方法

（2）需要强调的是使用“继续”方式绘制的圆弧与上一线段或圆弧相切，因此继续画圆弧段只提供端点即可。

任务五　绘制盥洗盆

【任务背景】

椭圆是绘图过程中经常用到的另一种特殊曲线，本任务将通过盥洗盆的绘制过程来熟练掌握“椭圆”命令的操作方法，首先利用前面学到的知识绘制水龙头和旋钮，然后利用“椭圆”和“椭圆弧”命令绘制洗脸盆的内沿和外沿。绘制流程图如图 2-19 所示。

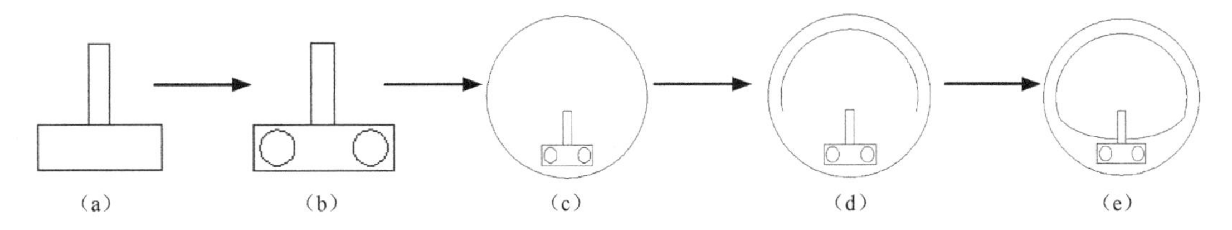

图 2-19　盥洗盆绘制流程图

【操作步骤】

（1）单击“绘图”工具栏中的“直线”按钮，绘制水龙头图形，如图 2-20 所示。

（2）单击“绘图”工具栏中的“圆”按钮，绘制两个水龙头旋钮，如图 2-21 所示。

图 2-20　绘制水龙头　　　　图 2-21　绘制水龙头旋钮

（3）在命令行输入 ELLIPSE 命令，或者选择“绘图”菜单中的“椭圆”命令，或者单击“绘图”工具栏中的“椭圆”按钮，绘制脸盆外沿。命令行提示与操作如下：

```
命令: _ellipse↙
指定椭圆的轴端点或 [圆弧(A)/中心点(C)]:          //用鼠标指定椭圆轴端点
指定轴的另一个端点:                              //用鼠标指定另一端点
指定另一条半轴长度或 [旋转(R)]:                  //用鼠标在绘图区域中拉出另一半轴长度
```

绘制结果如图 2-22 所示。

（4）在命令行输入 ELLIPSE 命令，或者选择“绘图”菜单中的“椭圆”命令，或者单击“绘图”工具栏中的“椭圆”按钮，或者单击“绘图”工具栏中的“椭圆弧”按钮，绘制脸盆的部分内沿。命令行提示与操作如下：

```
命令: _ellipse↙
指定椭圆的轴端点或 [圆弧(A)/中心点(C)]: _a↙
指定椭圆弧的轴端点或 [中心点(C)]: C↙
指定椭圆弧的中心点:                    //单击状态栏中的“对象捕捉”按钮，捕捉刚才绘制
                                         的椭圆中心点，关于“捕捉”，后面进行介绍
指定轴的端点:                          //适当指定一点
```

```
指定另一条半轴长度或 [旋转(R)]: R↙
指定绕长轴旋转的角度:                         //用鼠标指定椭圆轴端点
指定起始角度或 [参数(P)]:                     //用鼠标拉出起始角度
指定终止角度或 [参数(P)/包含角度(I)]:         //用鼠标拉出终止角度
```

绘制结果如图 2-23 所示。

（5）单击“绘图”工具栏中的“圆弧”按钮，绘制脸盆其他部分内沿。最终结果如图 2-24 所示。

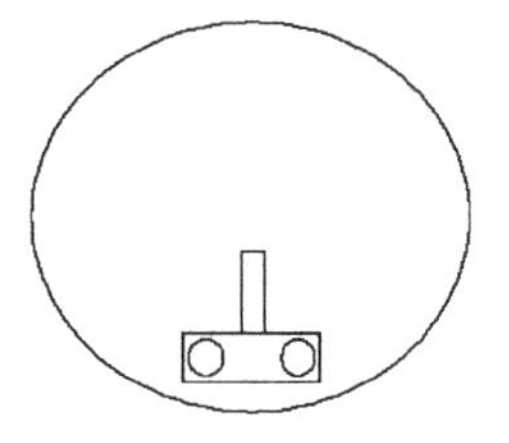
图 2-22　绘制脸盆外沿

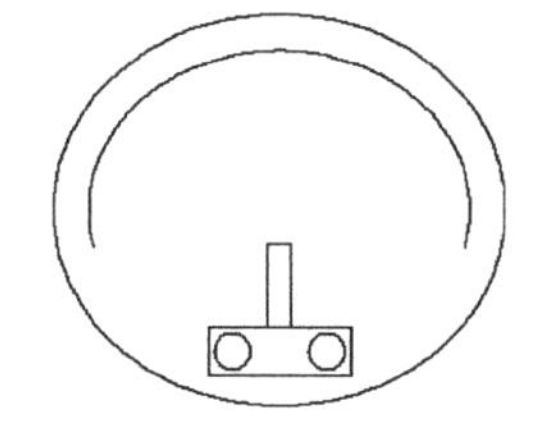
图 2-23　绘制脸盆部分内沿

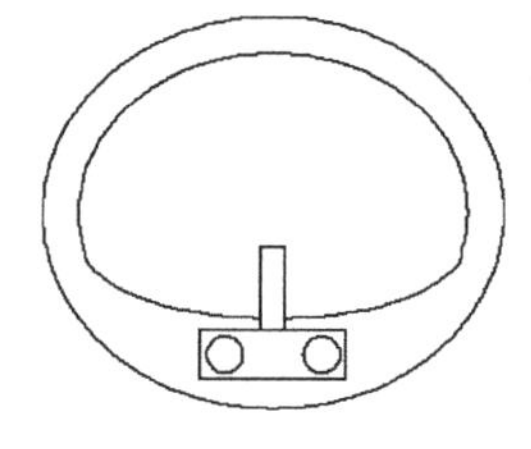
图 2-24　绘制其他内沿

【知识点详解】

在绘制椭圆的命令行提示中，各选项含义如下。

（1）指定椭圆的轴端点：根据两个端点定义椭圆的第一条轴。第一条轴的角度确定了整个椭圆的角度。第一条轴既可定义椭圆的长轴也可定义短轴。

（2）旋转(R)：通过绕第一条轴旋转圆来创建椭圆。相当于将一个圆绕椭圆轴翻转一个角度后的投影视图。

（3）中心点(C)：通过指定的中心点创建椭圆。

（4）圆弧(A)：该选项用于创建一段椭圆弧。与“绘图”工具栏中的“椭圆弧”功能相同。其中第一条轴的角度确定了椭圆弧的角度。第一条轴既可定义椭圆弧长轴也可定义椭圆弧短轴。选择该项，系统继续提示：

```
指定椭圆弧的轴端点或 [中心点(C)]:             //指定端点或输入 C
指定轴的另一个端点:                           //指定另一端点
指定另一条半轴长度或 [旋转(R)]:               //指定另一条半轴长度或输入 R
指定起始角度或 [参数(P)]:                     //指定起始角度或输入 P
指定终止角度或 [参数(P)/包含角度(I)]:
```

其中各选项含义如下。

① 角度：指定椭圆弧端点的两种方式之一，光标与椭圆中心点连线的夹角为椭圆端点位置的角度，如图 2-25 所示。

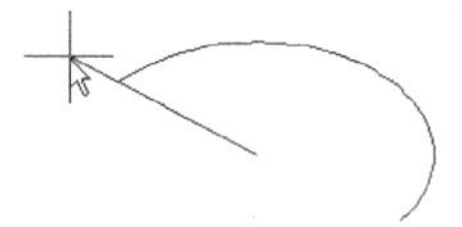
图 2-25　椭圆弧

② 参数(P)：指定椭圆弧端点的另一种方式，该方式同样是指定椭圆弧端点的角度，但通过以下矢量参数方程式创建椭圆弧：

$$p(u) = c + a^* \cos(u) + b^* \sin(u)$$

其中，c 是椭圆的中心点，a 和 b 分别是椭圆的长轴和短轴，u 为光标与椭圆中心点连线的夹角。

③ 包含角度(I)：定义从起始角度开始的包含角度。

任务六　绘制单扇平开门

【任务背景】

矩形是一种最简单的组合图形符号，可以看成是线段的组合，本任务将通过单扇平开门的绘制过程来熟练掌握“矩形”命令的操作方法，也进一步了解简单室内设计单元的绘制方法，绘制流程图如图 2-26 所示。

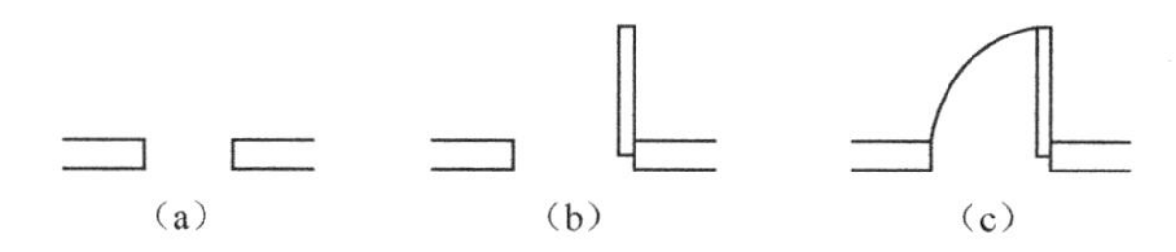

（a）　　（b）　　（c）

图 2-26　单扇平开门绘制流程图

【操作步骤】

（1）单击“绘图”工具栏中的“直线”按钮，绘制门框，命令行提示与操作如下：

```
命令: LINE↙
指定第一点: 0,0↙
指定下一点或 [放弃(U)]: 100,0↙
指定下一点或 [放弃(U)]: 100,50↙
指定下一点或 [闭合(C)/放弃(U)]: 0,50↙
指定下一点或 [闭合(C)/放弃(U)]: ↙        //结果如图 2-27 所示
命令: _line
指定第一点: 440,0↙
指定下一点或 [放弃(U)]: @-100,0↙         //相对直角坐标数值输入方法，此方法便于控制线段的长度
指定下一点或 [放弃(U)]: @0,50↙
指定下一点或 [闭合(C)/放弃(U)]: @100,0↙
指定下一点或 [闭合(C)/放弃(U)]: ↙
```

结果如图 2-28 所示。

图 2-27　绘制左门框　　图 2-28　绘制右门框

（2）在命令行输入 RECTANG，或者选择“绘图”菜单中的“矩形”命令，或者单击“绘图”工具栏中的“矩形”按钮，绘制门。命令行提示与操作如下：

```
命令: _rectang↙
指定第一个角点或 [倒角(C)/标高(E)/圆角(F)/厚度(T)/宽度(W)]: 340, 25↙
指定另一个角点或 [面积(A)/尺寸(D)/旋转(R)]: 335, 290↙
```

结果如图 2-29 所示。

（3）单击“绘图”工具栏中的“圆弧”按钮，绘制圆弧。命令行提示与操作如下：

```
命令: _arc 指定圆弧的起点或 [圆心(C)]: 335,290↙
指定圆弧的第二个点或 [圆心(C)/端点(E)]: e↙
指定圆弧的端点: 100,50↙
指定圆弧的圆心或 [角度(A)/方向(D)/半径(R)]: 340,50↙
```

最终结果如图 2-30 所示。

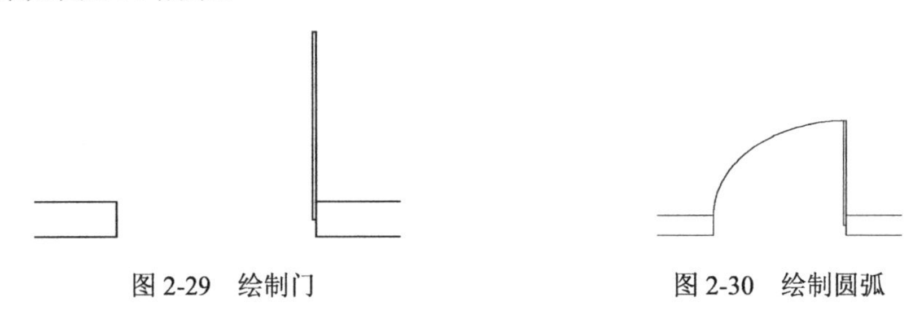

图 2-29　绘制门　　　　图 2-30　绘制圆弧

【知识点详解】

在绘制矩形的命令行提示中，各选项含义如下。

（1）第一个角点：通过指定两个角点确定矩形，如图 2-31（a）所示。

（2）倒角(C)：指定倒角距离，绘制带倒角的矩形，如图 2-31（b）所示，每一个角点的逆时针和顺时针方向的倒角可以相同，也可以不同，其中第一个倒角距离是指角点逆时针方向的倒角距离，第二个倒角距离是指角点顺时针方向的倒角距离。

（3）标高(E)：指定矩形标高（Z 坐标），即把矩形画在标高为 Z，和 XOY 坐标面平行的平面上，并作为后续矩形的标高值。

（4）圆角(F)：指定圆角半径，绘制带圆角的矩形，如图 2-31（c）所示。

（5）厚度(T)：指定矩形的厚度，如图 2-31（d）所示。

（6）宽度(W)：指定线宽，如图 2-31（e）所示。

（7）尺寸(D)：使用长和宽创建矩形。第二个指定点将矩形定位在与第一角点相关的四个位置之一内。

（8）面积（A)：指定面积和长或宽创建矩形。选择该项，系统提示：

```
输入以当前单位计算的矩形面积 <20.0000>:              //输入面积值
计算矩形标注时依据 [长度(L)/宽度(W)] <长度>:         //回车或输入 W
输入矩形长度 <4.0000>:                               //指定长度或宽度
```

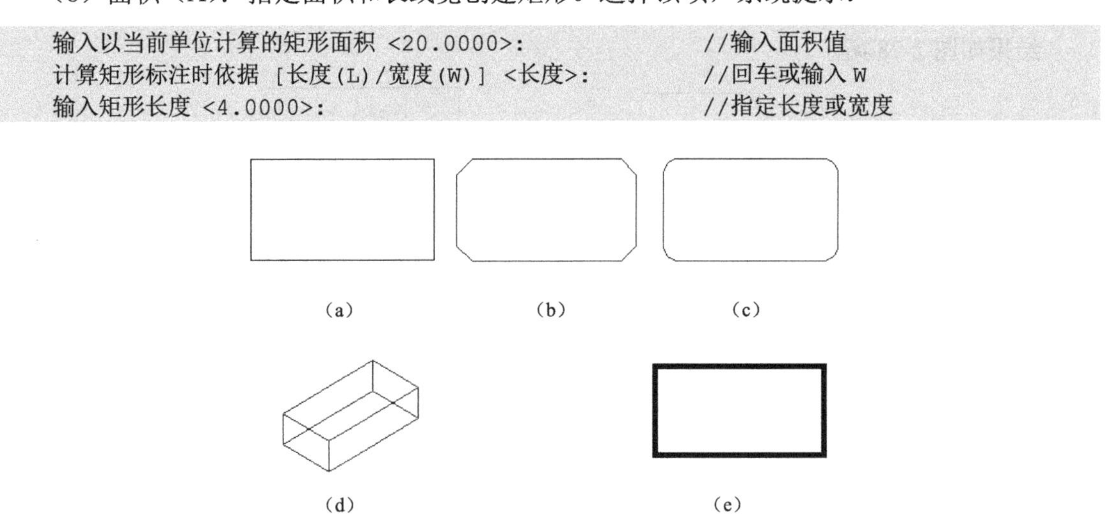

图 2-31　绘制矩形

指定长度或宽度后，系统自动计算另一个维度后绘制出矩形。如果矩形被倒角或圆角，则长度或宽度计算中会考虑此设置，如图 2-32 所示。

（9）旋转（R）。旋转所绘制的矩形的角度。选择该项，系统提示：

```
指定旋转角度或 [拾取点(P)] <135>:                    //指定角度
指定另一个角点或 [面积(A)/尺寸(D)/旋转(R)]:          //指定另一个角点或选择其他选项
```

指定旋转角度后，系统按指定角度创建矩形，如图 2-33 所示。

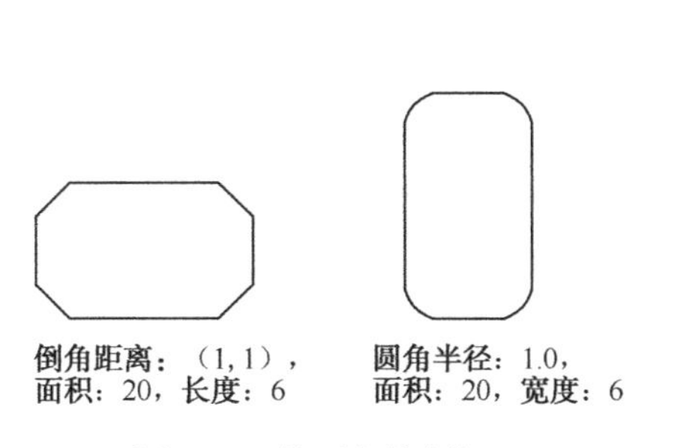

图 2-32　按面积绘制矩形

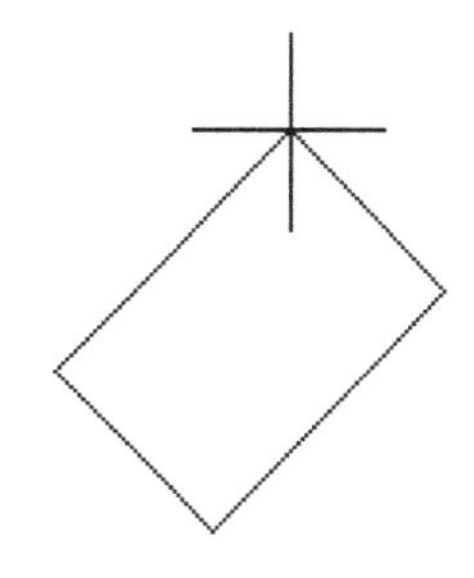

图 2-33　按指定旋转角度创建矩形

任务七　绘制八角凳

【任务背景】

在绘制室内设计单元时，有时会碰到正多边形。利用 AutoCAD 可以轻松地绘制任意边的正多边形。本任务主要是执行“多边形”命令的两种不同方式分别绘制外轮廓和内轮廓。绘制流程图如图 2-34 所示。

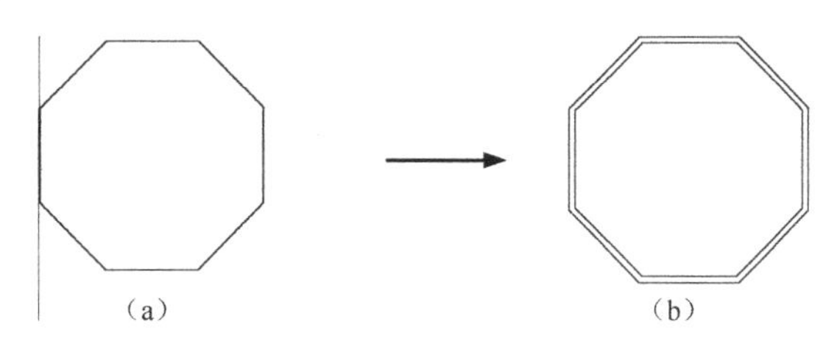

图 2-34　八角凳绘制流程图

【操作步骤】

（1）在命令行输入 POLYGON 命令，或者选择“绘图”菜单中的“多边形”命令，绘制或者单击“绘图”工具栏中的“多边形”按钮⬠，绘制外轮廓线。命令行提示与操作如下：

```
命令: polygon↙
输入侧面数 <8>: 8↙
指定正多边形的中心点或 [边(E)]: 0,0↙
输入选项 [内接于圆(I)/外切于圆(C)] <I>: c↙
指定圆的半径: 100↙
```

绘制结果如图 2-35 所示。

（2）继续执行“多边形”命令，绘制内轮廓线。命令行提示与操作如下：

```
命令：↙                    //直接回车表示重复执行上一个命令
输入侧面数 <8>:↙
指定正多边形的中心点或 [边(E)]: 0,0↙
输入选项 [内接于圆(I)/外切于圆(C)] <C>: i↙
指定圆的半径: 100↙
```

绘制结果如图 2-36 所示。

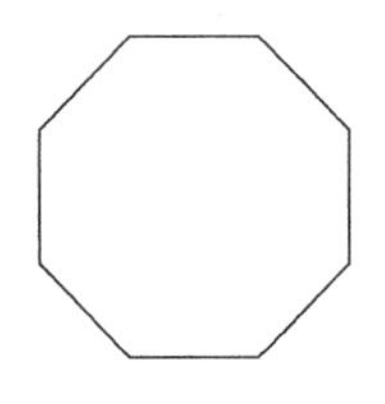

图 2-35　绘制外轮廓线

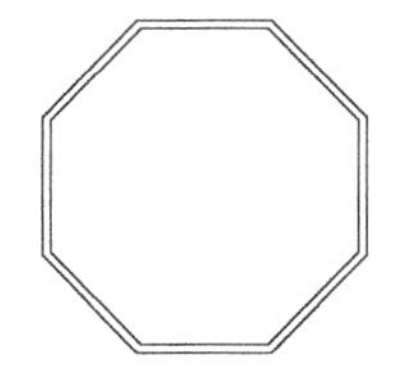

图 2-36　绘制内轮廓线

【知识点详解】

多边形命令行提示中各选项的含义如下。

（1）边（E）：选择该选项，则只要指定多边形的一条边，系统就会按逆时针方向创建该正多边形，如图 2-37（a）所示。

（2）内接于圆（I）：选择该选项，绘制的多边形内接于圆，如图 2-37（b）所示。

（3）外切于圆（C）：选择该选项，绘制的多边形内接于圆，如图 2-37（c）所示。

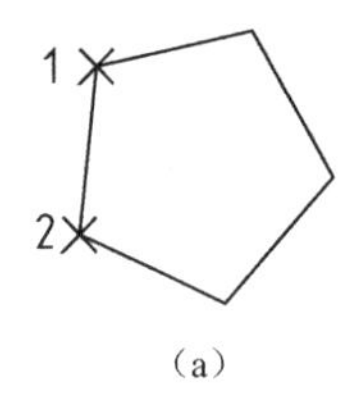

（a）

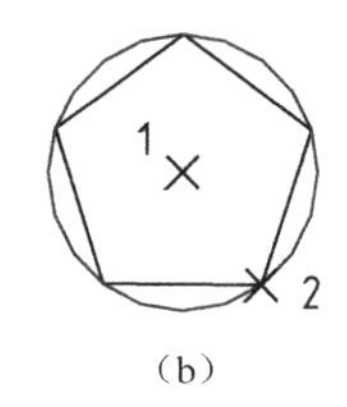

（b）

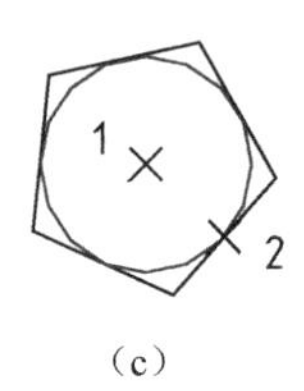

（c）

图 2-37　绘制正多边形

任务八　绘制雨伞

【任务背景】

在绘制室内设计单元时，有时会碰到直线和曲线连接以及图线粗细出现变化等相对比较复杂的情况，为了方便这种图线的绘制，AutoCAD 提供了“多段线”命令。

多段线是一种由线段和圆弧组合而成的，不同线宽的多线，这种线由于其组合形式多样，线宽变化，弥补了直线或圆弧功能的不足，适合绘制各种复杂的图形轮廓，因而得到了广泛的应用。

另外，AutoCAD 使用了一种称为非一致有理 B 样条（NURBS）曲线的特殊样条曲线类型。NURBS 曲线在控制点之间产生一条光滑的曲线，如图 2-38 所示。样条曲线可用于创建形状不规则的曲线，例如为地理信息系统（GIS）应用或汽车设计绘制轮廓线。

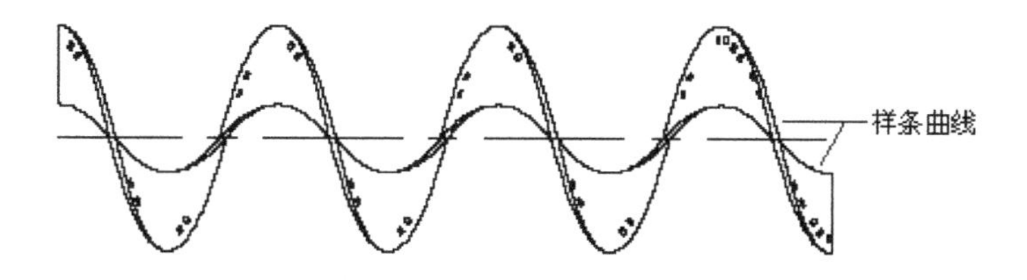

图 2-38　样条曲线

本任务首先使用“圆弧”与“样条曲线”命令绘制伞的外框与底边，然后使利用“圆弧”命令绘制伞面，最后利用“多段线”命令绘制伞顶与伞把。绘制流程图如图 2-39 所示。

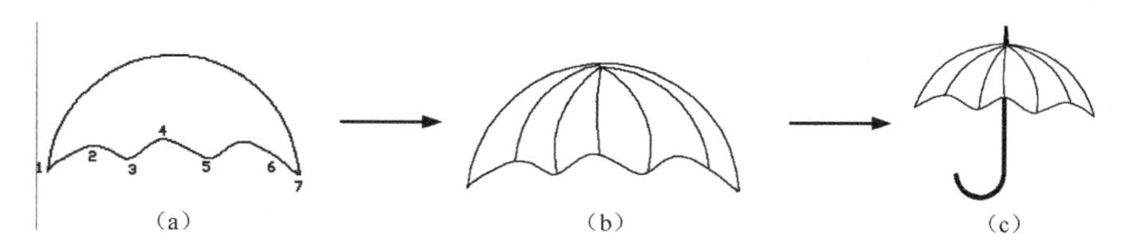

图 2-39　雨伞绘制流程图

【操作步骤】

（1）单击“绘图”工具栏中的“圆弧”按钮，绘制伞的外框。命令行提示与操作如下：

```
命令：ARC ↙
指定圆弧的起点或 [圆心(C)]: C↙
指定圆弧的圆心:                  //在绘图区域中指定圆心
指定圆弧的起点:                  //在绘图区域中圆心位置的右边指定圆弧的起点
指定圆弧的端点或 [角度(A)/弦长(L)]: A↙
指定包含角: 180↙                 //注意角度的逆时针转向
```

（2）在命令行输入 SPLINE 命令，或者选择“绘图”菜单中的“样条曲线”命令，或者单击“绘图”工具栏中的“样条曲线”按钮，绘制伞的底边。命令行提示与操作如下：

```
命令: SPLINE ↙
指定第一个点或 [对象(O)]:                            //指定样条曲线的第一个点 1，如图 2-40
所示
指定下一点:                                          //指定样条曲线的下一个点 2
指定下一点或 [闭合(C)/拟合公差(F)] <起点切向>:       //指定样条曲线的下一个点 3
指定下一点或 [闭合(C)/拟合公差(F)] <起点切向>:       //指定样条曲线的下一个点 4
指定下一点或 [闭合(C)/拟合公差(F)] <起点切向>:       //指定样条曲线的下一个点 5
指定下一点或 [闭合(C)/拟合公差(F)] <起点切向>:       //指定样条曲线的下一个点 6
指定下一点或 [闭合(C)/拟合公差(F)] <起点切向>:       //指定样条曲线的下一个点 7
指定下一点或 [闭合(C)/拟合公差(F)] <起点切向>:
指定起点切向:                              //在 1 点左边顺着曲线往外指定一点并右击确认
指定端点切向:                              //在 7 点右边顺着曲线往外指定一点并右击确认
```

（3）单击“绘图”工具栏中的“圆弧”按钮，绘制起点在正中点 8，第二个点在点 9，端点在点 2 的圆弧，如图 2-41 所示。重复“圆弧”命令， 绘制其他的伞面辐条，绘制结果如图 2-42 所示。

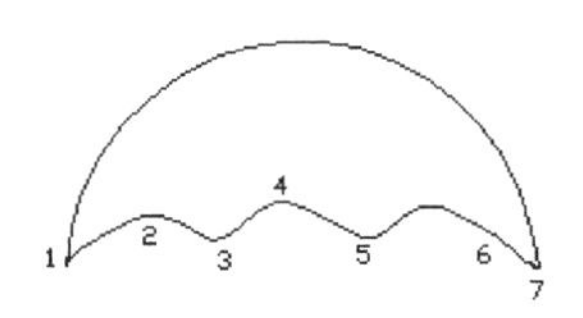

图 2-40　绘制伞边

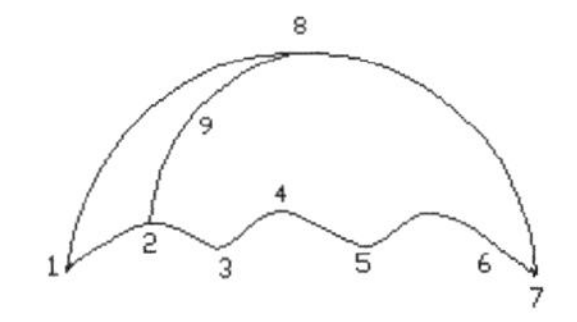

图 2-41　绘制伞面辐条

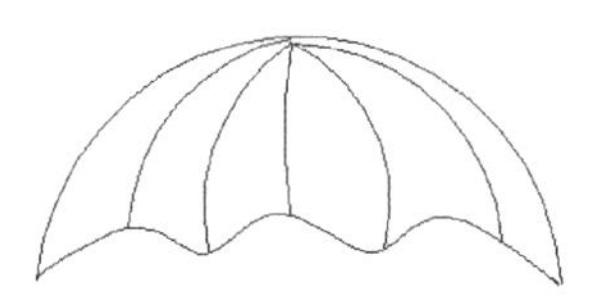

图 2-42　绘制伞面

（4）在命令行输入 PLINE 命令，或者选择“绘图”菜单中的“多段线”命令，或者单击“绘图”工具栏中的“多段线”按钮，绘制伞顶和伞把。命令行提示与操作如下：

```
命令: PLINE↙
指定起点:                //在如图 2-41 所示的点 8 位置指定伞顶起点
当前线宽为 3.0000
指定下一个点或 [圆弧(A)/半宽(H)/长度(L)/放弃(U)/宽度(W)]: W↙
指定起点宽度 <3.0000>: 4↙
指定端点宽度 <4.0000>: ↙
指定下一个点或 [圆弧(A)/半宽(H)/长度(L)/放弃(U)/宽度(W)]:          //指定伞顶终点
指定下一点或 [圆弧(A)/闭合(C)/半宽(H)/长度(L)/放弃(U)/宽度(W)]: U↙//位置不合适，取消
指定下一个点或 [圆弧(A)/半宽(H)/长度(L)/放弃(U)/宽度(W)]:
                                    //重新在往上的适当位置指定伞顶终点
指定下一点或 [圆弧(A)/闭合(C)/半宽(H)/长度(L)/放弃(U)/宽度(W)]:     //右击确认
命令: PLINE↙
指定起点:           //在如图 2-41 所示的点 8 的正下方点 4 位置附近，指定伞把起点
当前线宽为 4.0000
指定下一个点或 [圆弧(A)/半宽(H)/长度(L)/放弃(U)/宽度(W)]: H↙
指定起点半宽 <1.0000>: 1.5↙
指定端点半宽 <1.5000>: ↙
指定下一个点或 [圆弧(A)/半宽(H)/长度(L)/放弃(U)/宽度(W)]:    //在往下适当位置指定下一点
指定下一点或 [圆弧(A)/闭合(C)/半宽(H)/长度(L)/放弃(U)/宽度(W)]:A↙
指定圆弧的端点或[角度(A)/圆心(CE)/闭合(CL)/方向(D)/半宽(H)/直线(L)/半径(R)/第二个点
(S)/放弃(U)/宽度(W)]:                                            //指定圆弧的端点
指定圆弧的端点或[角度(A)/圆心(CE)/闭合(CL)/方向(D)/半宽(H)/直线(L)/半径(R)/第二个点
(S)/放弃(U)/宽度(W)]:                                            //右击确认
```

绘制结果如图 2-43 所示。

图 2-43　绘制伞顶和伞把

【知识点详解】

1. 多段线

多段线主要由连续的不同宽度的线段或圆弧组成，如果在上述提示中选“圆弧”，则命令

行提示：

```
指定圆弧的端点或[角度(A)/圆心(CE)/方向(D)/半宽(H)/直线(L)/半径(R)/第二个点(S)/放弃(U)/宽度(W)]:
```

绘制圆弧的方法与“圆弧”命令相似。

2. 样条曲线

在绘制样条曲线的命令行提示中，各选项含义如下。

（1）方式（M）：控制是使用拟合点还是使用控制点来创建样条曲线。选项会因你选择的是使用拟合点创建样条曲线的选项还是使用控制点创建样条曲线的选项而异。

（2）节点（K）：指定节点参数化，它会影响曲线在通过拟合点时的形状。

（3）对象（O）：将二维或三维的二次或三次样条曲线拟合多段线转换为等价的样条曲线，然后（根据 DELOBJ 系统变量的设置）删除该多段线。

（4）起点切向（T）：定义样条曲线的第一点和最后一点的切向。如果在样条曲线的两端都指定切向，可以输入一个点或使用“切点”和“垂足”对象捕捉模式使样条曲线与已有的对象相切或垂直。如果按<enter>键，系统将计算默认切向。

（5）端点相切（T）：停止基于切向创建曲线。可通过指定拟合点继续创建样条曲线。

（6）公差（L）：指定距样条曲线必须经过的指定拟合点的距离。公差应用于除起点和端点外的所有拟合点。

（7）闭合（C）：将最后一点定义与第一点一致，并使其在连接处相切，以闭合样条曲线。选择该项，命令行提示与操作如下。

```
指定切向:指定点或按<Enter>键
```

如果在样条曲线的两端都指定切向，可以通过输入一个点或者使用“切点”和“垂足”对象来捕捉模式使样条曲线与已有的对象相切或垂直。如果按 ENTER 键，AutoCAD 将计算默认切向。

任务九　绘制墙体

【任务背景】

构造线是指在两个方向上无限延长的直线。构造线主要用作绘图时的辅助线。当绘制多视图时，为了保持投影之间的联系，可先画出若干条构造线，再以构造线为基准画图。

本任务将通过墙体的绘制过程来熟练掌握“构造线”和“多线”相关命令的操作方法，也进一步了解简单建筑工程图中建筑结构的绘制方法。

【操作步骤】

（1）在命令行输入 XLINE 命令，或者选择“绘图”菜单中的“构造线”命令，或者单击“绘图”工具栏中的“构造线”按钮，绘制一条水平构造线和一条竖直构造线，组成“十”字辅助线。命令行提示与操作如下：

```
命令: _xline
指定点或 [水平(H)/垂直(V)/角度(A)/二等分(B)/偏移(O)]: h↙
```

```
指定通过点：(适当指定一点)
指定通过点：↙
命令： _xline
指定点或 [水平(H)/垂直(V)/角度(A)/二等分(B)/偏移(O)]： v↙
指定通过点：                  //适当指定一点
指定通过点：↙
```

图 2-44 “十”字辅助线

结果如图 2-44 所示。

（2）单击“绘图”工具栏中的“构造线”按钮，绘制辅助线。命令行提示与操作如下：

```
命令：XLINE↙
指定点或 [水平(H)/垂直(V)/角度(A)/二等分(B)/偏移(O)]： O↙
指定偏移距离或 [通过(T)] <通过>： 4500↙
选择直线对象：                  //选择刚绘制的水平构造线
指定向哪侧偏移：                //指定右边一点
选择直线对象：                  //继续选择刚绘制的水平构造线
……
```

（2）重复“构造线”命令，将偏移的水平构造线依次向上偏移 5100mm、1800mm 和 3000mm，绘制的水平构造线如图 2-45 所示。重复“构造线”命令，将竖直构造线依次向右偏移 3900mm、1800mm、2100mm 和 4500mm，结果如图 2-46 所示。

（3）在命令行输入 MLSTYLE 命令，或者选择“格式”菜单中的“多线样式”命令，打开【多线样式】对话框，在该对话框中单击“新建”按钮，打开【创建新的多线样式】对话框，在“新样式名”文本框中输入“墙体线”，单击“继续”按钮。

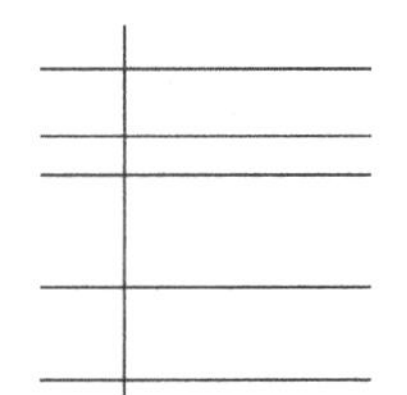

图 2-45　水平构造线

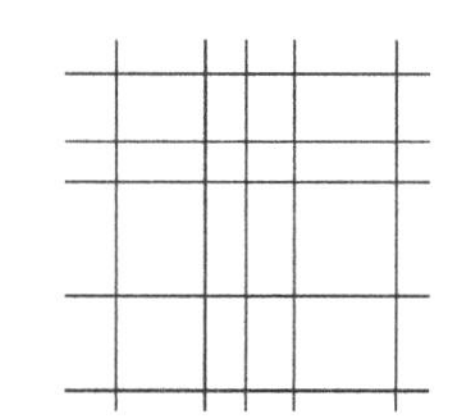

图 2-46　辅助线网格

（4）打开【新建多线样式：墙体线】对话框，进行如图 2-47 所示的设置。

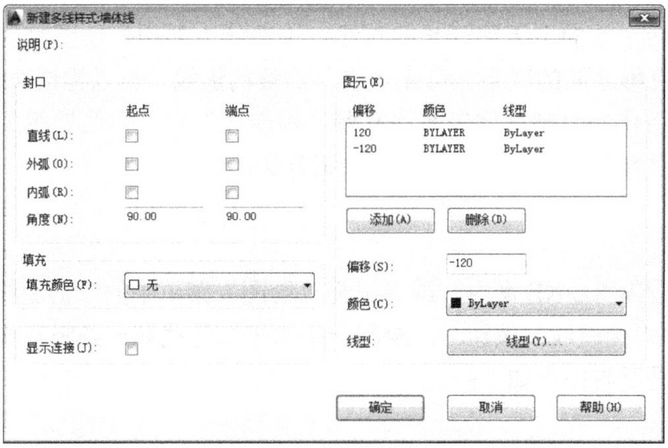

图 2-47　设置多线样式

（5）在命令行输入 MLINE 命令，或者选择“绘图”菜单中的“多线”命令，绘制多线墙体。命令行提示与操作如下：

```
命令：MLINE↙
当前设置：对正 = 上，比例 = 20.00，样式 = STANDARD
指定起点或 [对正(J)/比例(S)/样式(ST)]:  S↙
输入多线比例 <20.00>:  1↙
当前设置：对正 = 上，比例 = 1.00，样式 = STANDARD
指定起点或 [对正(J)/比例(S)/样式(ST)]:  J↙
输入对正类型 [上(T)/无(Z)/下(B)] <上>:  Z↙
当前设置：对正 = 无，比例 = 1.00，样式 = STANDARD
指定起点或 [对正(J)/比例(S)/样式(ST)]:          //在绘制的辅助线交点上指定一点
指定下一点:                                     //在绘制的辅助线交点上指定下一点
指定下一点或 [放弃(U)]:                          //在绘制的辅助线交点上指定下一点
指定下一点或 [闭合(C)/放弃(U)]:                   //在绘制的辅助线交点上指定下一点
……
指定下一点或 [闭合(C)/放弃(U)]:C↙
```

重复“多线”命令，根据辅助线网格绘制多线，绘制结果如图 2-48 所示。

（6）在命令行输入 MLEDIT 命令，或者选择“修改”菜单中的“对象”→“多线”命令，打开【多线编辑工具】对话框，如图 2-49 所示。选择其中的“T 形合并”选项，确认后，命令行提示与操作如下：

```
命令：MLEDIT↙
选择第一条多线：（选择多线）
选择第二条多线：（选择多线）
选择第一条多线或 [放弃(U)]:                  //选择多线
……
选择第一条多线或 [放弃(U)]: ↙
```

重复编辑“多线”命令，编辑的最终结果如图 2-50 所示。

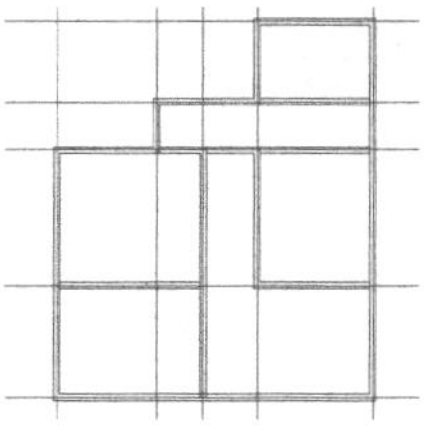

图 2-48 多线绘制结果

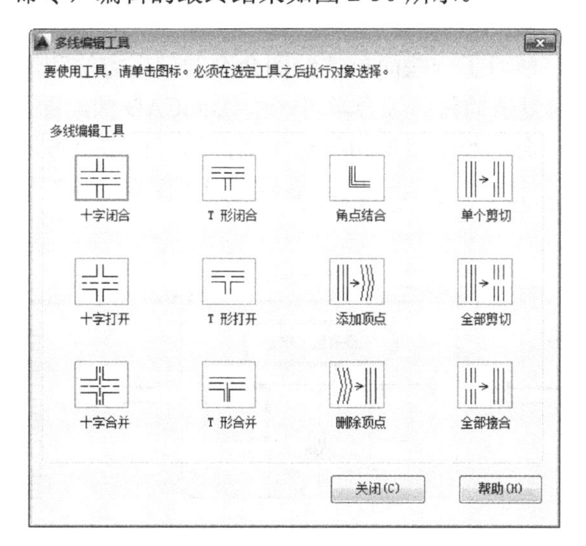

图 2-49 【多线编辑工具】对话框

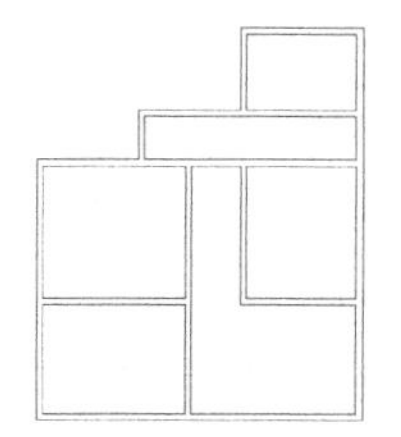

图 2-50 墙体

【知识点详解】

1. 构造线

在绘制构造线的命令行提示中，有“指定点”“水平（H）”“垂直（V）”“角度（A）”“二等分（B）”和“偏移（O）”6种方式可以绘制构造线，分别如图2-51所示。

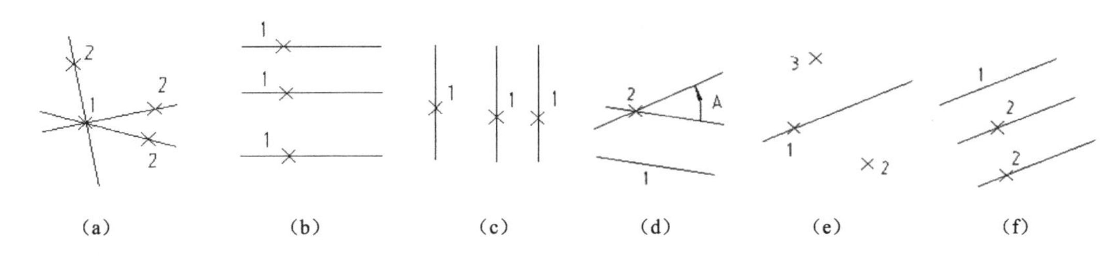

图2-51 绘制构造线方式

2. 多线

在绘制构造线的命令行提示中，各选项含义如下。

（1）对正（J）：该项用于给定绘制多线的基准。共有3种对正类型“上”“无”和“下”。其中，“上（T）”表示以多线上侧的线为基准，依次类推。

（2）比例（S）：选择该项，要求用户设置平行线的间距。输入值为零时平行线重合，值为负时多线的排列倒置。

（3）样式（ST）：该项用于设置当前使用的多线样式。

任务十 绘制小房子

【任务背景】

通过前面几个任务，学习了一些简单的绘图命令的使用方法和简单室内设计单元的绘制方法。下面通过一个相对复杂的任务综合学习一些AutoCAD的绘图命令。

本任务使用“直线”命令绘制屋顶和外墙轮廓，然后使用“矩形”“圆环”“多段线”及“多行文字”命令绘制门、把手、窗和牌匾，最后利用“图案填充”命令填充图案。绘制流程图如图2-52所示。

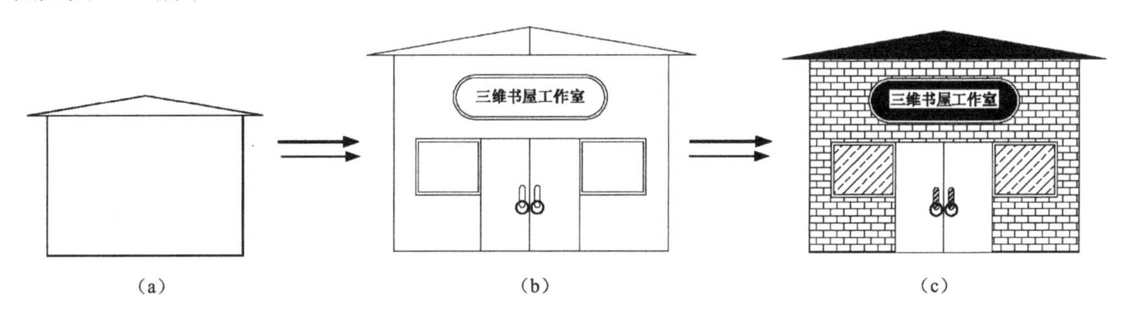

图2-52 小房子绘制流程图

【操作步骤】

1．绘制屋顶和墙体轮廓

（1）单击“绘图”工具栏中的“直线”按钮，以（0,500）和（@600,0）为端点坐标绘制直线。

（2）单击“绘图”工具栏中的“直线”按钮，以（300,500）为起点，以（@0,50）为第二点，绘制直线。连接各端点，结果如图 2-53 所示。

（3）单击“绘图”工具栏中的“矩形”按钮，以（50,500）为第一角点，以（@500,-350）为第二角点绘制墙体轮廓，结果如图 2-54 所示。

2．绘制门

（1）绘制门体。单击“绘图”工具栏中的“矩形”按钮，以墙体底面的中点为第一角点，以（@90,200）为第二角点绘制右边的门，同理，以墙体底面的中点作为第一角点，以（@-90,200）为第二角点绘制左边的门，结果如图 2-55 所示。

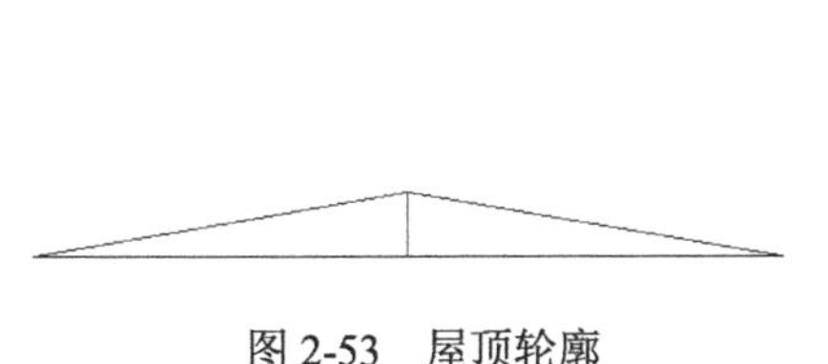

图 2-53　屋顶轮廓

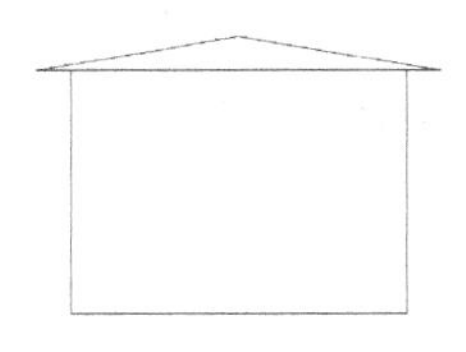

图 2-54　墙体轮廓

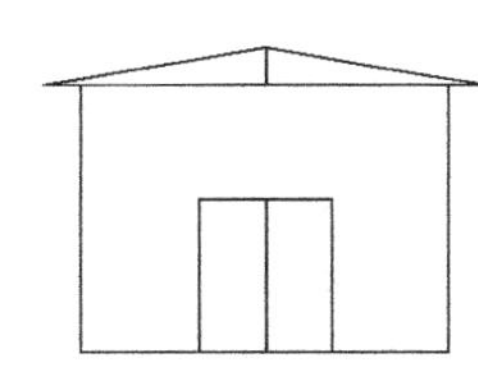

图 2-55　绘制门体

（2）绘制门把手。单击“绘图”工具栏中的“矩形”按钮，在适当的位置上，绘制一个长度为 10mm，高度为 40mm，倒圆半径为 5mm 的矩形。命令行提示与操作如下：

```
命令：rectang↙
指定第一个角点或 [倒角(C)/标高(E)/圆角(F)/厚度(T)/宽度(W)]: f↙
指定矩形的圆角半径 <0.0000>: 5↙
指定第一个角点或 [倒角(C)/标高(E)/圆角(F)/厚度(T)/宽度(W)]:  //在图上选取合适的位置
指定另一个角点或 [面积(A)/尺寸(D)/旋转(R)]: @10,40↙
```

用同样的方法，绘制另一个门把手，结果如图 2-56 所示。

（3）绘制门环。在命令行输入 DONUT 命令，或者选择“绘图”菜单中的“圆环”命令，在适当的位置上，绘制两个内径为 20mm，外径为 40mm 的圆环。命令行提示与操作如下：

```
命令：donut↙
指定圆环的内径 <30.0000>: 20↙
指定圆环的外径 <35.0000>: 24↙
指定圆环的中心点或 <退出>:                 //适当指定一点
指定圆环的中心点或 <退出>:                 //适当指定一点
指定圆环的中心点或 <退出>:↙
```

结果如图 2-57 所示。

3．绘制窗户

（1）单击“绘图”工具栏中的“矩形”按钮，指定门的左上角点为第一个角点，（@-120,-100）为第二角点，绘制左边外玻璃窗；接着指定门的右上角点为第一个角点，（@-120,100）为第二角点，绘制右边外玻璃窗。

（2）再单击“绘图”工具栏中的“矩形”按钮，以（205,345）为第一角点，（@-110,-90）为第二角点绘制左边的内玻璃窗；以（505,345）为第一角点，（@110,-90）为第二角点绘制右边的内玻璃窗，结果如图2-58所示。

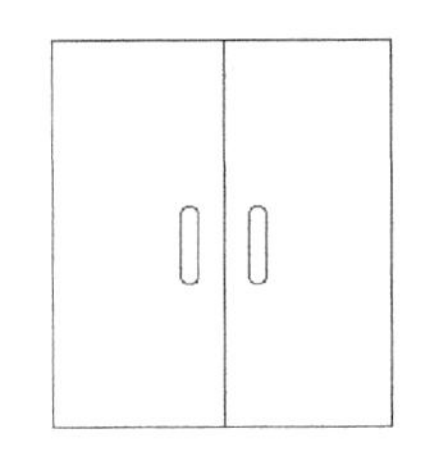

图2-56　绘制门把手

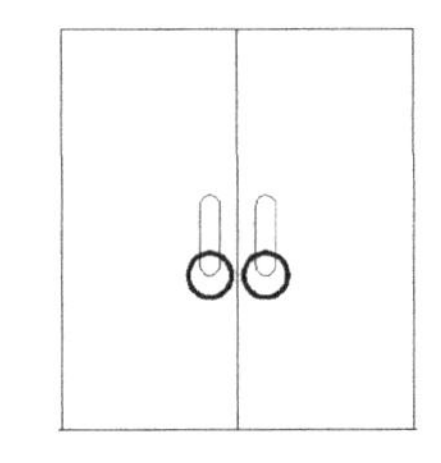

图2-57　绘制门环

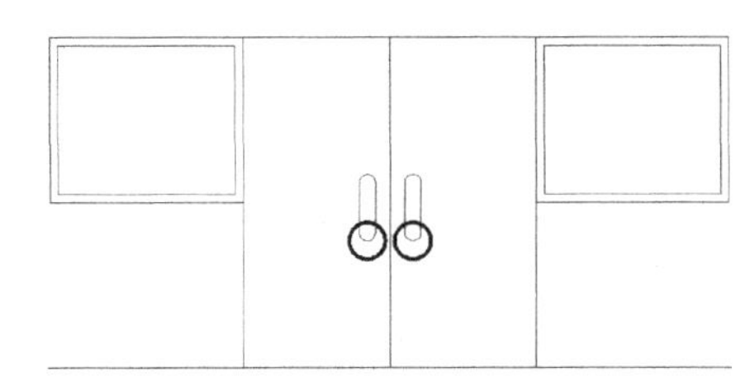

图2-58　绘制窗户

4. 绘制牌匾

单击“绘图”工具栏中的“多段线”按钮，绘制牌匾。命令行提示与操作如下：

```
命令: _pline ↙
指定起点:                       //用光标拾取一点作为多段线的起点
当前线宽为 0.0000
指定下一个点或 [圆弧(A)/半宽(H)/长度(L)/放弃(U)/宽度(W)]: @200,0
指定下一点或 [圆弧(A)/闭合(C)/半宽(H)/长度(L)/放弃(U)/宽度(W)]: a
指定圆弧的端点或[角度(A)/圆心(CE)/闭合(CL)/方向(D)/半宽(H)/直线(L)/半径(R)/第二个点(S)/放弃(U)/宽度(W)]: a
指定包含角: 180
指定圆弧的端点或 [圆心(CE)/半径(R)]: r
指定圆弧的半径: 40
指定圆弧的弦方向 <0>: 90
指定圆弧的端点或[角度(A)/圆心(CE)/闭合(CL)/方向(D)/半宽(H)/直线(L)/半径(R)/第二个点(S)/放弃(U)/宽度(W)]: l
指定下一点或 [圆弧(A)/闭合(C)/半宽(H)/长度(L)/放弃(U)/宽度(W)]: @-200,0
指定下一点或 [圆弧(A)/闭合(C)/半宽(H)/长度(L)/放弃(U)/宽度(W)]: a
指定圆弧的端点或[角度(A)/圆心(CE)/闭合(CL)/方向(D)/半宽(H)/直线(L)/半径(R)/第二个点(S)/放弃(U)/宽度(W)]: a
指定包含角: 180
指定圆弧的端点或 [圆心(CE)/半径(R)]: r
指定圆弧的半径: 40
指定圆弧的弦方向 <180>: -90
指定圆弧的端点或[角度(A)/圆心(CE)/闭合(CL)/方向(D)/半宽(H)/直线(L)/半径(R)/第二个点(S)/放弃(U)/宽度(W)]:
```

结果如图2-59所示。

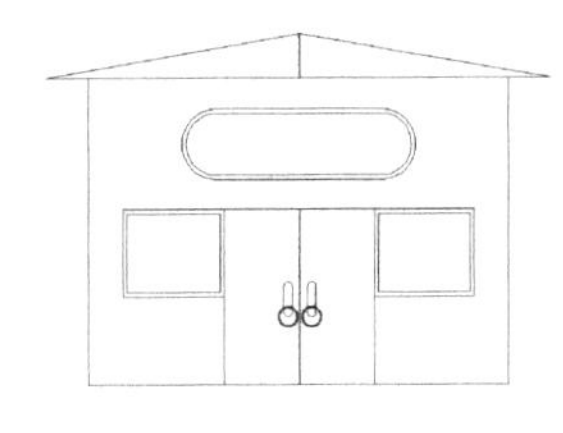

图2-59　牌匾轮廓

5. 输入牌匾中的文字

（1）设置文字样式。在命令行输入STYLE（或DDSTYLE）命令，或者选择“格式”菜单中的“文字样式”命令，或者单击“文字”工具栏中的“文字样式”按钮，打开【文字样式】对话框，如图2-60所示，设置“字体名”为“仿宋”，“高度”为10，“宽度因子”为0.7，单击“置为当前”按钮，弹出如图2-61所示的系统提示框，单击“是”按钮，此时【文字样式】对话框中的“取消”

按钮变为“关闭”按钮，单击该按钮，完成文字样式的设置。

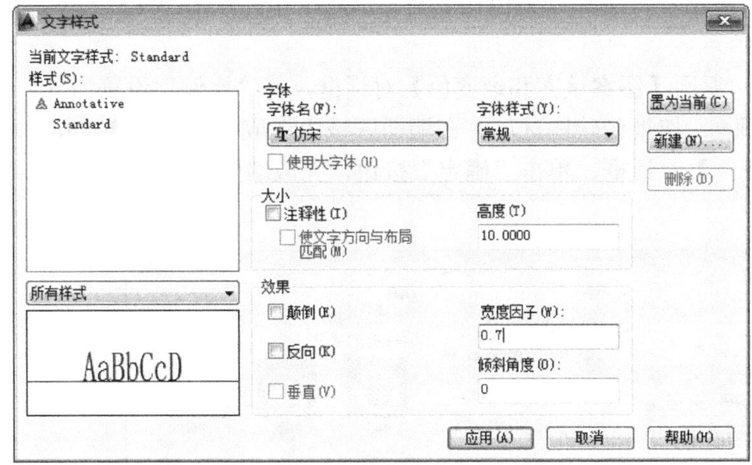

图 2-60　【文字样式】对话框

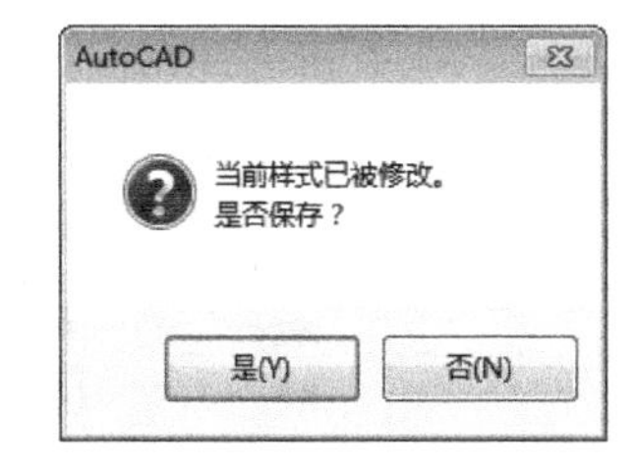

图 2-61　提示框

提示

建筑制图标准规定文字的高宽比为 0.7，所以这里设置宽度因子为 0.7。

（2）输入文字。在命令行输入 MTEXT 命令，或者选择“绘图”菜单中的“文字”→“多行文字”命令，或者单击“绘图”工具栏中的“多行文字”按钮A，打开多行文字编辑器。在该对话框中输入书店的名称，并设置字体的属性，结果如图 2-62 所示。单击“确定”按钮，即可完成牌匾的绘制，如图 2-63 所示。

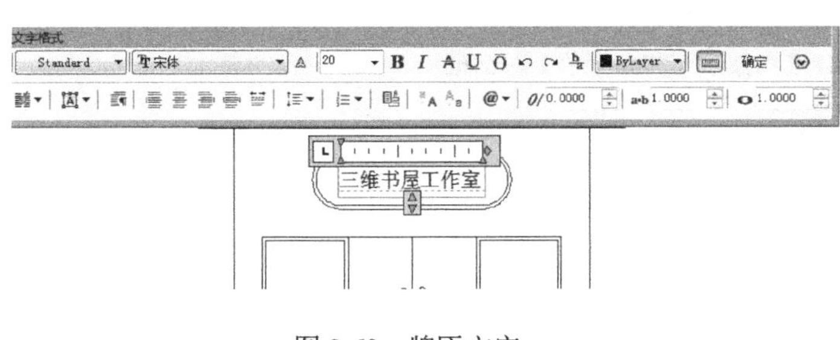

图 2-62　牌匾文字

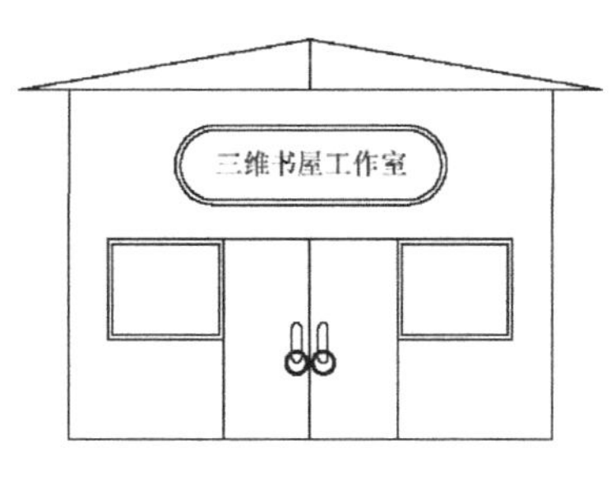

图 2-63　牌匾

6．填充图形

图案的填充主要包括 5 部分，即墙面、玻璃窗、门把手、牌匾和屋顶的填充。利用“图案填充”命令选择适当的图案，即可分别填充这 5 部分图形。

（1）外墙图案填充。

① 在命令行输入 BHATCH 命令，或者选择“绘图”菜单中的“图案填充”命令，或者单击“绘图”工具栏中的“图案填充”按钮，打开【图案填充和渐变色】对话框（如图 2-64 所示），单击对话框右下角的按钮，展开对话框，在“孤岛”选项组中选择“外部”孤岛显示样式。

② 在“类型”下拉列表框中选择“预定义”选项，单击“图案”下拉列表框右侧的...按钮，打开【填充图案选项板】对话框，选择“其他预定义”选项卡中的“BRICK”图案，如图 2-65 所示。

③ 单击“确定”按钮后，返回【图案填充和渐变色】对话框，将“比例”设置为 1。单击“单击以设置新原点”按钮，切换到绘图区域，在墙面区域中选取一点，按【Enter】键后，返回到【图案填充和渐变色】对话框，单击“确定”按钮，完成墙面的填充，如图 2-66 所示。

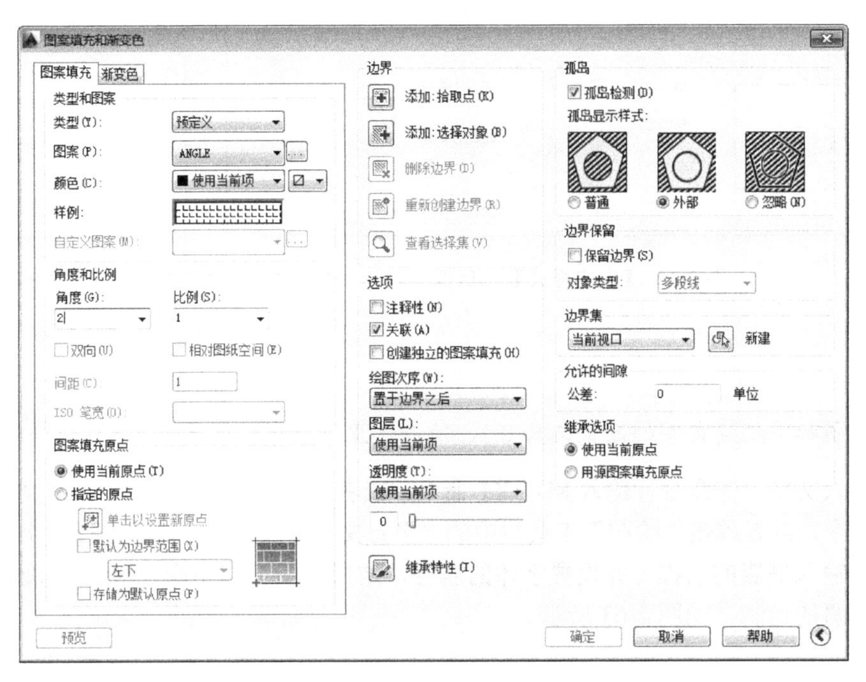

图 2-64 【图案填充和渐变色】对话框

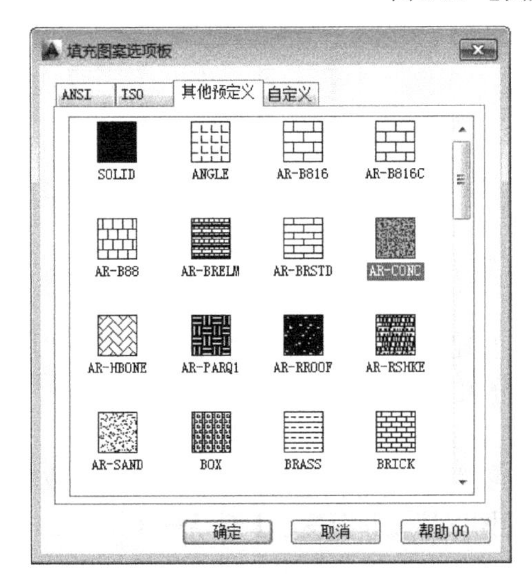

图 2-65 选择适当的图案

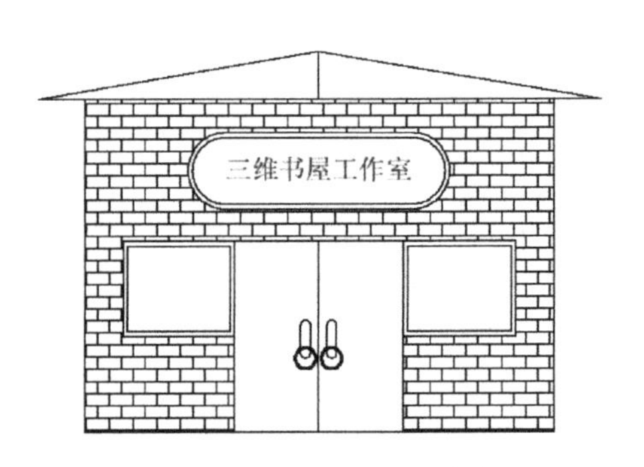

图 2-66 完成墙面填充

（2）窗户图案填充。

用相同的方法，选择“其他预定义”选项卡中的“STEEL”图案，将其“比例”设置为 1，选择窗户区域进行填充，结果如图 2-67 所示。

（3）门把手图案填充。

用相同的方法，选择“ANSI”选项卡中的“ANSI33”图案，将其“比例”设置为 4，选择门把手区域进行填充，结果如图 2-68 所示。

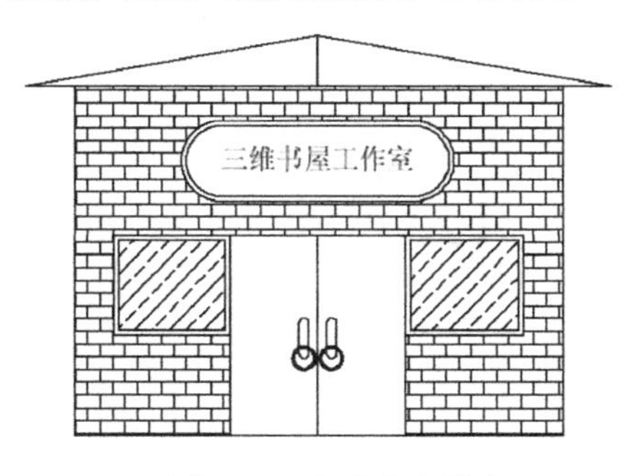

图 2-67　完成窗户填充

图 2-68　完成门把手填充

（4）牌匾图案填充。

① 在命令行输入 BHATCH 命令，或者选择“绘图”菜单中的“图案填充”命令，或者单击“绘图”工具栏中的“渐变色”按钮，打开【图案填充和渐变色】对话框中的“渐变色”选项卡，如图 2-69 所示。默认选择“单色”单选按钮，单击颜色显示框后面的按钮，打开【选择颜色】对话框，选择金黄色，如图 2-70 所示。

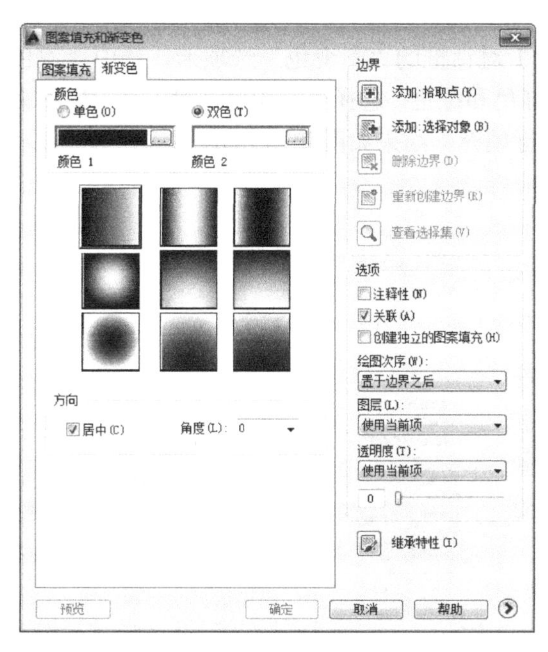

图 2-69　“渐变色”选项卡

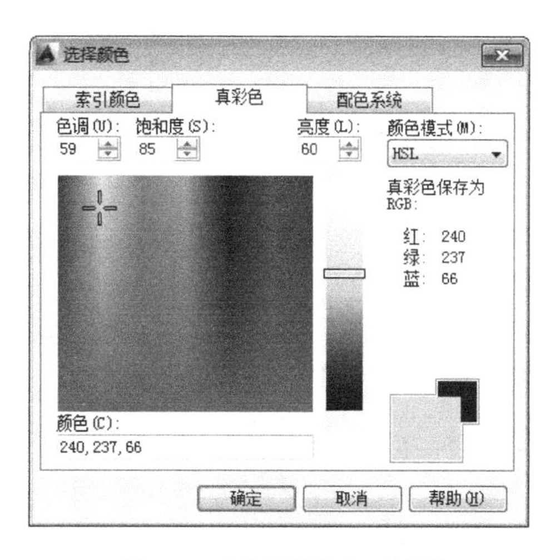

图 2-70　【选择颜色】对话框

② 单击“确定”按钮后，返回到【图案填充和渐变色】对话框的“渐变色”选项卡中，在颜色“渐变方式”样板中选择左下角的过渡模式。单击“添加:拾取点”按钮，切换到绘

图区域，在牌匾区域中选取一点，按【Enter】键，返回到【图案填充和渐变色】对话框，单击“确定”按钮，完成牌匾的填充，如图 2-71 所示。

完成牌匾的填充后，发现不需要填充金黄色渐变，这时可以在填充区域中双击，打开【图案填充编辑】对话框，将颜色渐变滑块移动到中间位置，如图 2-72 所示，单击“确定”按钮，完成牌匾填充图案的编辑，如图 2-73 所示。

图 2-71　完成牌匾填充

图 2-72　【图案填充编辑】对话框

（5）屋顶图案填充。

用同样的方法，打开【图案填充和渐变色】对话框的“渐变色”选项卡，选中“双色”单选按钮，分别设置“颜色 1”和“颜色 2”为红色和绿色，选择一种颜色过渡方式，如图 2-74 所示。单击“确定”按钮后，选择屋顶区域进行填充，结果如图 2-75 所示。

图 2-73　编辑图案填充

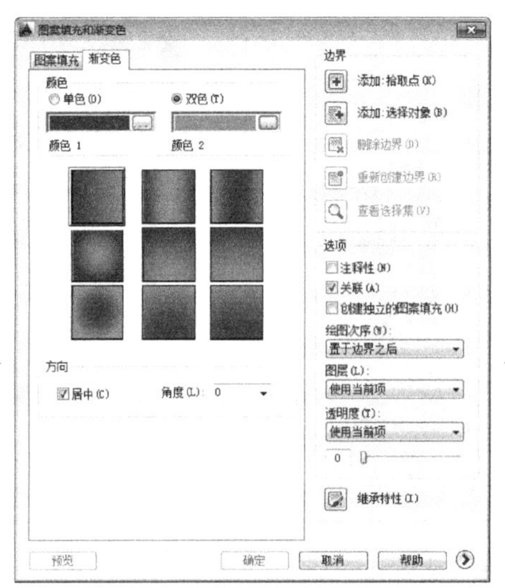

图 2-74　设置屋顶填充颜色

图 2-75　填充屋顶

【知识点详解】

1．圆环

在圆环命令行提示中，各选项含义如下。

（1）若指定内径不为零，则绘制出普通圆环如图 2-76（a）所示。

（2）若指定内径为零，则绘制出实心填充圆如图 2-76（b）所示。

（3）用命令 FILL 可以控制圆环是否填充，命令行提示如下：

```
命令：FILL↙
输入模式 [开(ON)/关(OFF)] <开>：//选择 ON 表示填充，选择 OFF 表示不填充，如图 2-76（c）所示
```

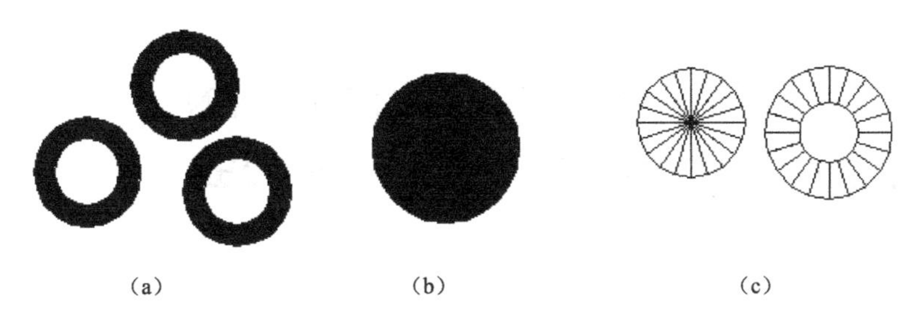

（a）　　（b）　　（c）

图 2-76　绘制圆环

2．文字样式

在如图 2-60 所示的【文字样式】对话框中，各选项含义如下。

（1）“样式”选项组。该选项组主要用于命名新样式或对已有样式名进行相关的操作。单击“新建”按钮，打开如图 2-77 所示的【新建文字样式】对话框，在“样式名”文本框中输入所需名称，单击“确定”按钮退出。

（2）“字体”选项组。该选项组用于确定字体式样。在 AutoCAD 中，除了它固有的 Shx 字体外，还可以使用 TrueType 字体（如宋体、楷体、italic 等）。一种字体可以设置不同的效果从而被多种文字样式使用，如图 2-78 所示就是同一种字体（宋体）的不同样式。

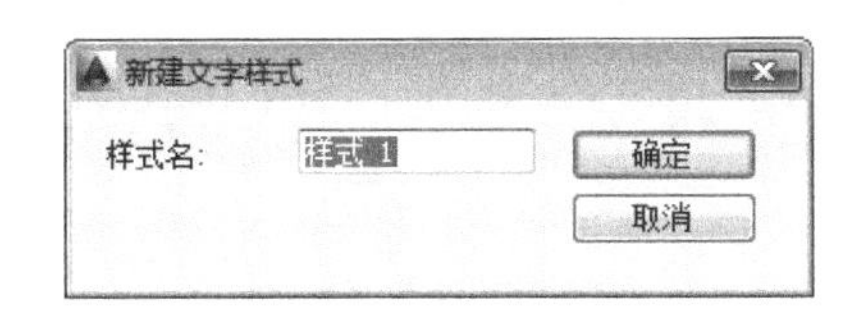

图 2-77　【新建文字样式】对话框

室内设计

室内设计

室内设计

室内设计

室内设计

图 2-78　同一字体的不同样式

“字体”选项组用来确定文字样式使用的字体文件、字体风格及字高等。如果在“高度”文本框中输入一个数值，则它将作为创建文字时的固定字高，在用 TEXT 命令输入文字时，AutoCAD 不再提示输入字高参数；如果在此文本框中设置字高为 0，系统则会在每一次创建文字时提示输入字高。所以，如果不想固定字高就可以将其设置为 0。

（3）“大小”选项组。

①“注释性”复选框：指定文字为注释性文字。

②“使文字方向与布局匹配”复选框：指定图纸空间视图中的文字方向与布局方向匹配。如果取消勾选“注释性”复选框，则该选项不可用。

③“高度”复选框：设置文字高度。如果输入 0.0，则每次用该样式输入文字时，文字默认值为0.2 高度。

（4）“效果”选项组。该选项组用于设置字体的特殊效果。

①“颠倒”复选框：表示将文本文字倒置标注，如图 2-79（a）所示。

②“反向”复选框：确定是否将文本文字反向标注。如图 2-79（b）所示给出了这种标注效果。

③“垂直”复选框：确定文本是水平标注还是垂直标注。选中此复选框时为垂直标注，否则为水平标注，如图 2-80 所示。

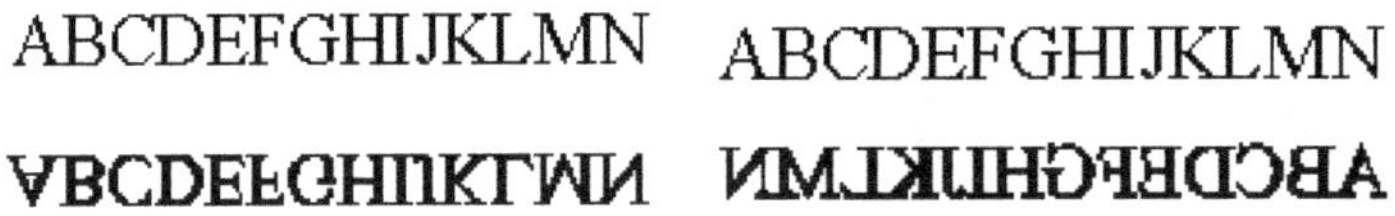

ABCDEFGHIJKLMN

（a）

ABCDEFGHIJKLMN

（b）

图 2-79　文字倒置标注与反向标注

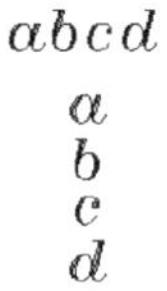

abcd

a
b
c
d

图 2-80　文字垂直标注

④ 宽度比例：设置宽度系数，确定文本字符的宽高比。当比例系数为 1 时，表示将按字体文件中定义的宽高比标注文字。当此系数小于 1 时字会变窄，反之变宽。

⑤ 倾斜角度：用于确定文字的倾斜角度。角度为 0 时不倾斜，为正时向右倾斜，为负时向左倾斜。

3．多行文本输入

在绘制多行文本的命令行提示中，各选项含义如下。

（1）指定对角点：直接在绘图区域选取一个点作为矩形框的第二个角点，系统以这两个点为对角点形成一个矩形区域，其宽度作为将来要标注的多行文本的宽度，第一个点作为第一行文本顶线的起点。响应后 AutoCAD 打开如图 2-81 所示的多行文字编辑器，可利用此编辑器输入多行文本并对其格式进行设置。关于工具栏中各项的含义与编辑器的功能，稍后再详细介绍。

（2）对正(J)：确定所标注文本的对正方式。选择此选项，命令行提示：

```
输入对正方式 [左上(TL)/中上(TC)/右上(TR)/左中(ML)/正中(MC)/右中(MR)/左下(BL)/中下(BC)/右下(BR)] <左上(TL)>:
```

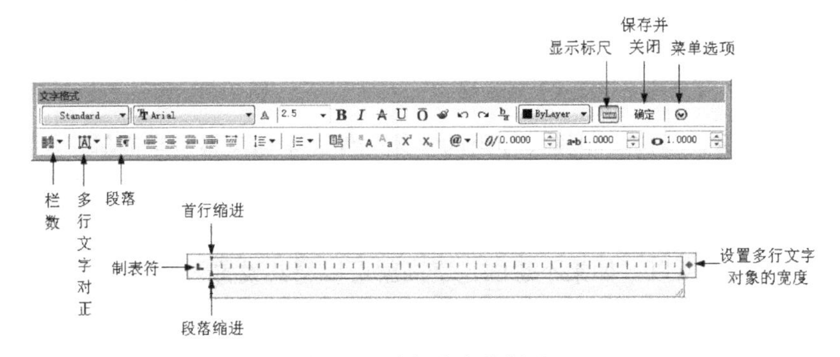

图 2-81　多行文字编辑器

（3）行距(L)：确定多行文本的行间距，这里所说的行间距是指相邻两文本行基线之间的垂直距离。选择此选项，命令行提示：

```
输入行距类型 [至少(A)/精确(E)] <至少(A)>:
```

此提示下有“至少”和“精确”两种方式确定行间距。“至少”方式下系统根据每行文本中最大的字符自动调整行间距。“精确”方式下系统给多行文本赋予一个固定的行间距。可以直接输入一个确切的间距值，也可以输入“nx”的形式，其中 n 是一个具体数，表示行间距设置为单行文本高度的 n 倍，而单行文本高度是本行文本字符高度的 1.66 倍。

（4）旋转(R)：确定文本行的倾斜角度。执行此选项，命令行提示：

```
指定旋转角度 <0>: (输入倾斜角度)
```

输入角度值后回车，系统返回到“指定对角点或 [高度(H)/对正(J)/行距(L)/旋转(R)/样式(S)/宽度(W)/栏(C)]:”命令行。

（5）样式(S)：确定当前的文字样式。

（6）宽度(W)：指定多行文本的宽度。可在绘图区域中选取一点，将其与前面确定的第一个角点组成的矩形框的宽度作为多行文本的宽度，也可以输入一个数值，精确设置多行文本的宽度。

在创建多行文本时，只要给定了文本行的起始点和宽度后，系统就会打开如图 2-81 所示的多行文字编辑器。用户可以在编辑器中输入和编辑多行文本，包括设置字高、文字样式以及倾斜角度等。

某些功能上相同。

（7）栏 (C)：指定多行文字对象的栏选项。

在实际绘图时，有时需要标注一些特殊字符，例如直径符号、上画线、下画线、温度符号等，由于这些符号不能直接从键盘上输入，所以 AutoCAD 提供了一些控制码，用来实现这些要求。控制码用两个百分号（%%）加一个字符构成，常用的控制码见表 2-1。

表 2-1　AutoCAD 常用控制码

符　号	功　能	符　号	功　能
%%O	上画线	\u+0278	电相位
%%U	下画线	\u+E101	流线
%%D	“度”符号	\u+2261	标识
%%P	正负符号	\u+E102	界碑线
%%C	直径符号	\u+2260	不相等
%%%	百分号%	\u+2126	欧姆
\u+2248	几乎相等	\u+03A9	欧米加
\u+2220	角度	\u+214A	低界线
\u+E100	边界线	\u+2082	下标 2
\u+2104	中心线	\u+00B2	上标 2
\u+0394	差值		

其中，%%O 和%%U 分别是上画线和下画线的开关，第一次出现此符号时开始画上画线和下画线，第二次出现此符号上画线和下画线终止。例如，在“输入文字:”提示后输入“I want to %%U go to Beijing %%U”，则得到如图 2-82（a）所示的文本行，输入“50%%D+%%C75%%P12”，则得到如图 2-82（b）所示的文本行。

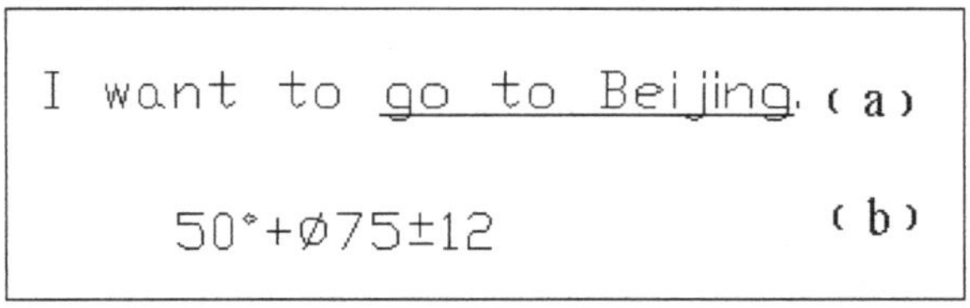

I want to go to Beijing （a）

50°+Ø75±12 （b）

图 2-82　文本行

4.【文字格式】工具栏

【文字格式】工具栏用来控制文本的显示特性。可以在输入文本之前设置文本的特性，也可以改变已输入文本的特性。要改变已有文本的显示特性，首先应选中要修改的文本，选择文本有以下 3 种方法。

① 将光标定位到文本开始处，按下鼠标左键，将光标拖到文本末尾。

② 单击某一个字，则该字被选中。

③ 连续 3 次单击则选中全部内容。

下面把【文字格式】工具栏中部分选项的功能介绍一下。

（1）“堆叠”按钮：该按钮为层叠/非层叠文本按钮，用于层叠所选的文本，也就是创建分数形式。当文本中某处出现“/”或“^”或“#”这 3 种层叠符号之一时可层叠文本，方法是选中需层叠的文字，然后单击此按钮，则符号左边的文字作为分子，右边文字作为分母。AutoCAD 提供了 3 种分数形式，如选中“abcd/efgh”后单击此按钮，则得到如图 2-83（a）所示的分数形式。如果选中“abcd^efgh”后单击此按钮，则得到如图 2-83（b）所示的形式，此形式多用于标注极限偏差。如果选中“abcd # efgh”后单击此按钮，则创建斜排的分数形式，如图 2-83（c）所示。如果选中已经层叠的文本对象后单击此按钮，则文本恢复到非层叠形式。

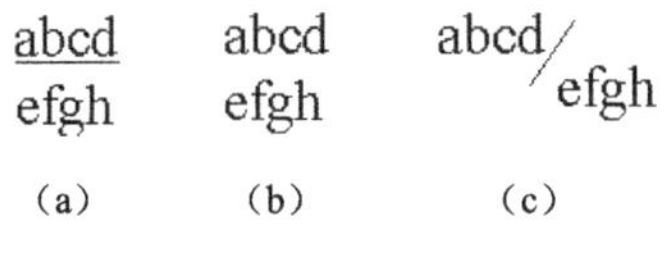

abcd/efgh	abcd efgh	abcd/efgh
（a）	（b）	（c）

图 2-83　文本层叠

（2）“符号”按钮@：用于输入各种符号。单击该按钮，系统打开符号列表，如图 2-84 所示。用户可以从中选择相应的符号输入到文本中。

（3）“插入字段”按钮：插入一些常用或预设字段。单击该命令，打开【字段】对话框，如图 2-85 所示。用户可以从中选择需要的字段插入到标注文本中。

（4）“追踪”微调框a•b：增大或减小选定字符之间的距离。1.0 是常规间距。大于 1.0 可增大间距，小于 1.0 可减小间距。

（5）“宽度比例”微调框：扩展或收缩选定字符。1.0 代表此字体中的字母为常规宽度。可以增大该宽度或减小该宽度。

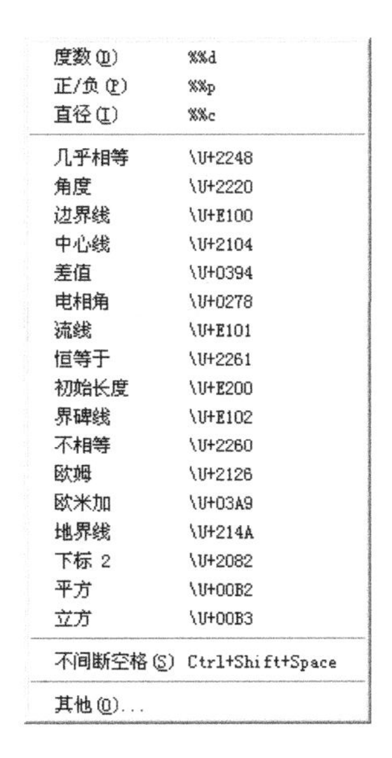

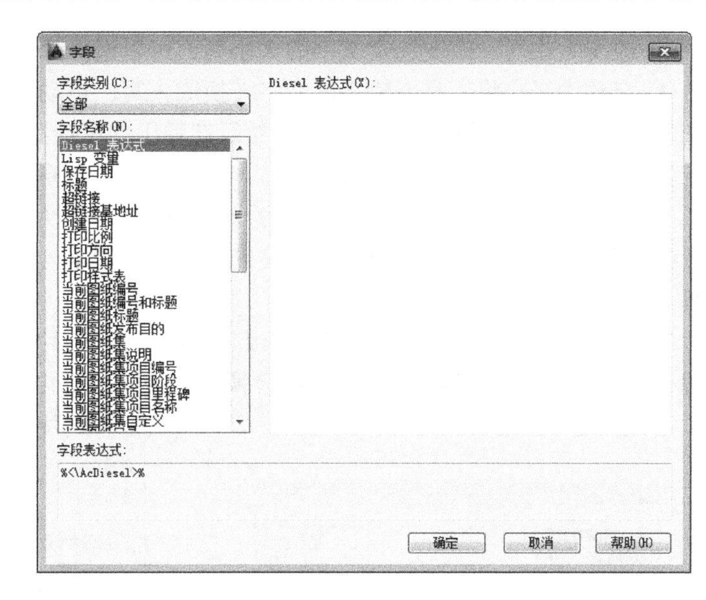

图 2-84　符号列表

图 2-85 【字段】对话框

（6）“栏”下拉列表：该列表中提供了 5 个栏选项：“不分栏”“静态栏”“插入分栏符”“分栏设置”和“动态栏”。

（7）“多行文字对正”下拉列表：该下拉列表中有 9 个对正选项可用。默认为“左上”。

（8）快捷菜单。

在多行文字编辑区域右击，弹出如图 2-86 所示的快捷菜单，其中各选项的功能如下。

① 符号：在光标位置插入列出的符号或不间断空格。也可以手动插入符号。

② 输入文字：显示“选择文件”对话框，如图 2-87 所示。选择任意 ASCII 或 RTF 格式的文件。输入的文字保留原始字符格式和样式特性，但可以在多行文字编辑器中编辑和格式化输入的文字。选择要输入的文本文件后，可以在文字编辑框中替换选定的文字或全部文字，或在文字边界内将插入的文字附加到选定的文字中。输入文字的文件必须小于 32K。

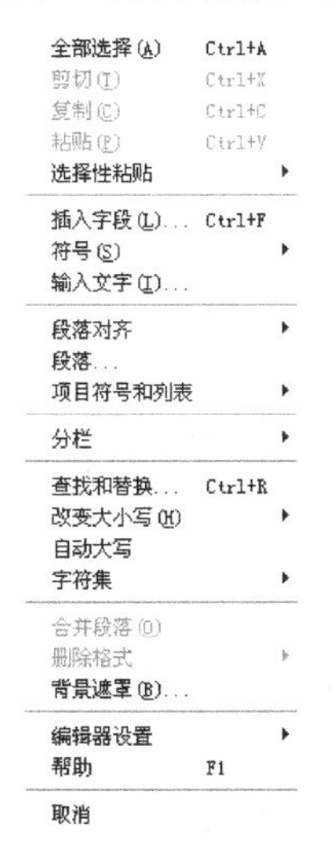

图 2-86　快捷菜单

图 2-87 【选择文件】对话框

③ 改变大小写：改变选定文字的大小写。可以选择“大写”或“小写”。

④ 自动大写：将所有新输入的文字转换成大写。自动大写不影响已有的文字。要改变已有文字的大小写，请选择文字后右击，然后在弹出的快捷菜单中选择“改变大小写”选项。

⑤ 删除格式：清除选定文字的粗体、斜体或下画线格式。

⑥ 合并段落：将选定的段落合并为一段并用空格替换每段的回车。

⑦ 背景遮罩：用设定的背景对标注的文字进行遮罩。选择该命令，打开【背景遮罩】对话框，如图 2-88 所示。

⑧ 查找和替换：打开【查找和替换】对话框，如图 2-89 所示。在该对话框中可以进行替换操作，操作方式与 Word 编辑器中的替换操作类似，不再赘述。

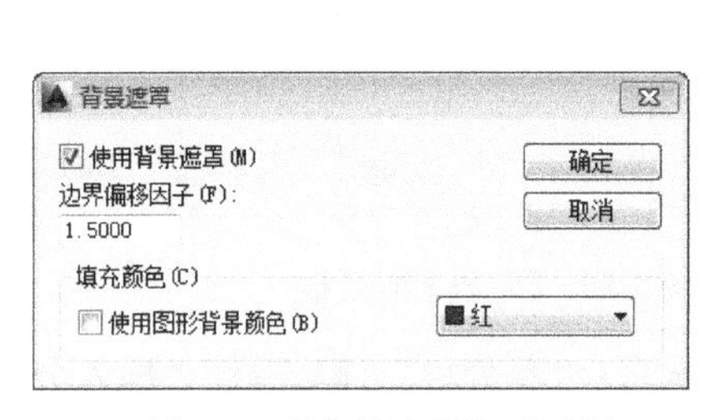

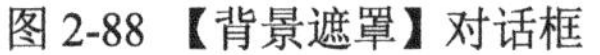
图 2-88 【背景遮罩】对话框

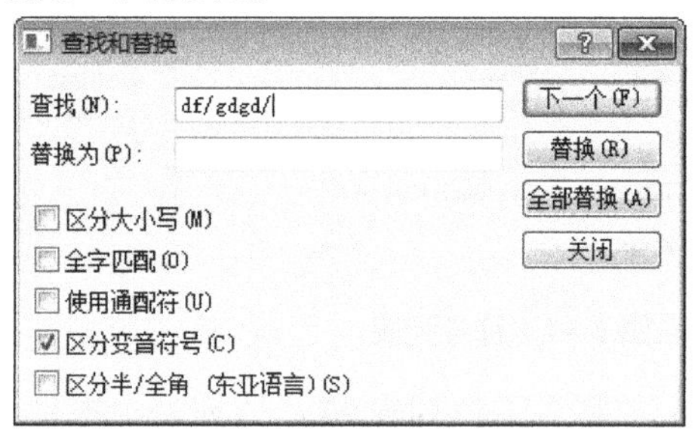

图 2-89 【查找和替换】对话框

⑨ 字符集：显示代码页菜单。

5. 国家标准 GB/T18131—2000《建筑工程 CAD 制图规则》中对文字的规定

（1）字体。建筑工程图样和简图中的汉字应为长仿宋体。在 AutoCAD 环境中，汉字字体可采用 Windows 系统所带的“仿宋_GB2312”。

（2）文本尺寸高度。

① 常用的文本尺寸宜在 1.5mm，3.5mm，5mm，7mm，10mm，14mm，20mm 尺寸中选择。

② 字符的宽高比约为 0.7。

③ 各行文字间的行距不应小于 1.5 倍的字高。

④ 图样中采用的各种文本尺寸见表 2-2。

表 2-2 图样中各种文本尺寸（单位：mm）

文本类型	中文		字母及数字	
	字高	字宽	字高	字宽
标题栏图名	7～10	1～7	1～7	3.1～5
图形图名	7	5	5	3.5
说明抬头	7	5	5	3.5
说明条文	5	3.5	3.5	1.5
图形文字标注	5	3.5	3.5	1.5
图号和日期	5	3.5	3.5	1.5

（3）表格中的文字和数字的书写。

① 数字：带小数的数值，按小数点对齐；不带小数点的数值，按各位对齐。

② 文本：正文按左对齐。

6. 图案填充

执行“图案填充”命令后打开如图 2-64 所示的【图案填充和渐变色】对话框，各选项组和按钮的含义如下。

（1）“图案填充”选项卡：此选项卡中的各选项用来确定图案及其参数。其中各选项含义如下。

① 类型：此选项组用于确定填充图案的类型及图案。在该下拉列表中，“用户定义”选项表示用户要临时定义填充图案，与命令行方式中的“U”选项作用一样；“自定义”选项表示选用 ACAD.pat 图案文件或其他图案文件（.pat 文件）中的图案填充；“预定义”选项表示用 AutoCAD 标准图案文件（ACAD.pat 文件）中的图案填充。

② 图案：此按钮用于确定标准图案文件中的填充图案。在弹出的下拉列表中，用户可从中选取填充图案。选取所需要的填充图案后，在“样例”的图像框内会显示出该图案。只有用户在“类型”中选择了“预定义”选项，此项才以正常亮度显示，即允许用户从自己定义的图案文件中选取填充图案。

如果选择的图案类型是“预定义”，单击“图案”下拉列表右边的[...]按钮，会弹出如图 2-65 所示的对话框，该对话框中显示出所选类型所具有的图案，用户可从中确定所需要的图案。

③ 颜色：使用填充图案和实体填充的指定颜色替代当前颜色。

④ 样例：此选项用来给出一个样本图案。其右面的图像框，显示当前用户所选用的填充图案。可以单击该图像迅速查看或选取已有的填充图案。

⑤ 自定义图案：此下拉列表框用于选取用户自定义的填充图案。只有在“类型”下拉列表中选择“自定义”选项后，该项才以正常亮度显示，即允许用户从自己定义的图案文件中选取填充图案。

⑥ 角度：此下拉列表用于确定填充图案时的旋转角度。每种图案在定义时的旋转角度为零，用户可在“角度”编辑框内输入希望旋转的角度。

⑦ 比例：此下拉列表框用于确定填充图案的比例值。每种图案在定义时的初始比例为 1，用户可以根据需要放大或缩小，方法是在“比例”编辑框内输入相应的比例值。

（2）“渐变色”选项卡：渐变色是指从一种颜色到另一种颜色的平滑过渡。渐变色能产生光的效果，可为图形添加视觉效果。如图 2-90 所示，在该对话框中可以设置各种颜色效果。

（3）“边界”选项栏。

① 添加：拾取点：以拾取点的形式自动确定填充区域的边界。在填充区域内任意单击一点，系统会自动确定出包围该点的封闭填充边界，并且高亮度显示（如图 2-91 所示）。

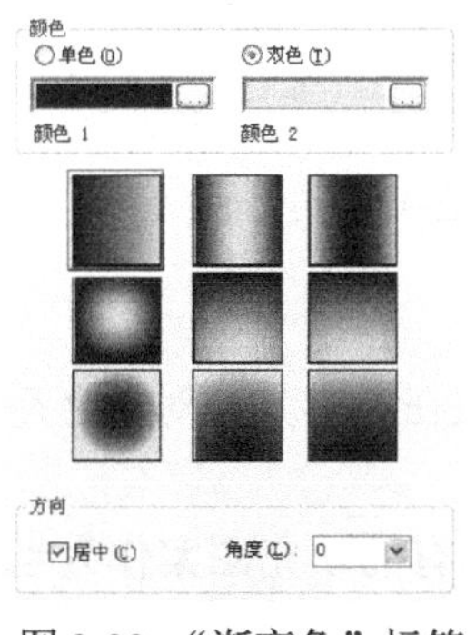

图 2-90　“渐变色”标签

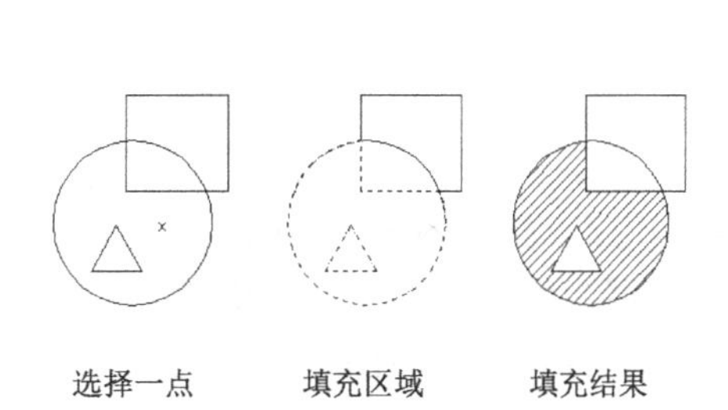

图 2-91　边界确定

② 添加：选择对象：以选择对象的方式确定填充区域的边界。可以根据需要选取构成填充区域的边界。同样，被选择的边界也会以高亮度显示（如图 2-92 所示）。

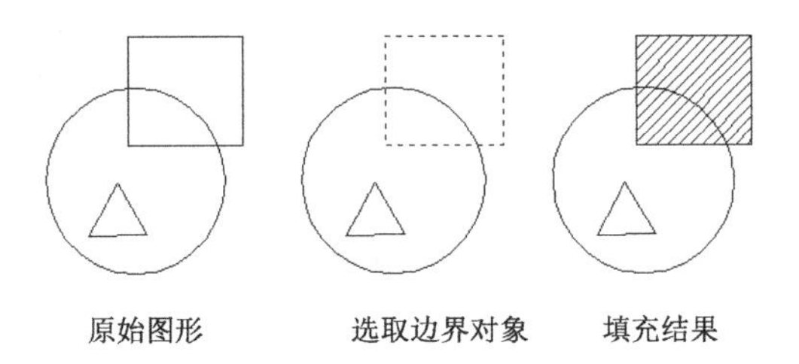

图 2-92　选取边界对象

③ 删除边界：从边界定义中删除以前添加的任何对象（如图 2-93 所示）。

④ 重新创建边界：围绕选定的图案填充或填充对象创建多段线或面域。

⑤ 查看选择集：观看填充区域的边界。单击该按钮，系统临时切换到绘图区域，将所选择的作为填充边界的对象以高亮度方式显示。只有通过“拾取点”按钮或“选择对象”按钮选取了填充边界，“查看选择集”按钮才可以使用。

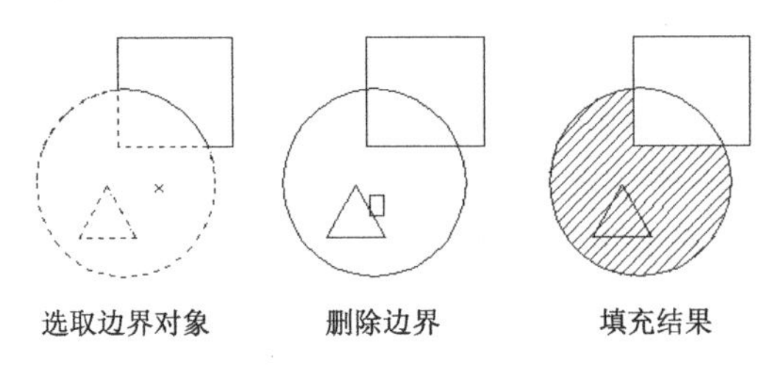

图 2-93　废除“岛”后的边界

（4）“选项”选项栏。

① 关联：此复选项用于确定填充图案与边界的关系。若选择此复选框，那么填充的图案与填充边界保持着关联关系，即图案填充后，当用钳夹（Grips）功能对边界进行拉伸等编辑操作时，系统会根据边界的新位置重新生成填充图案。

② 创建独立的图案填充：控制当指定了几个独立的闭合边界时，是创建单个图案填充对象，还是创建多个图案填充对象，如图 2-94 所示。

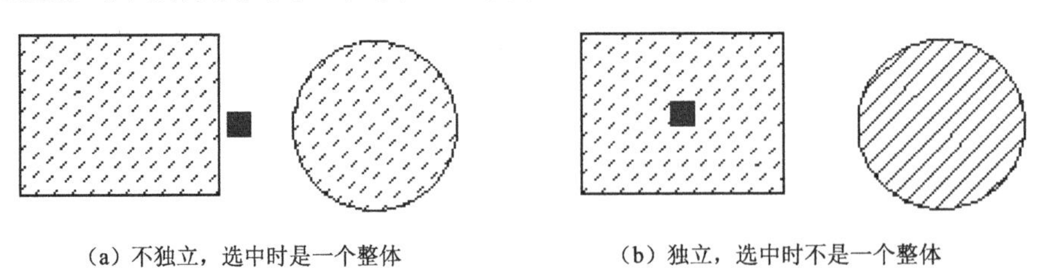

图 2-94　独立与不独立

③ 绘图次序：指定图案填充的绘图顺序。图案填充可以放在所有其他对象之后、所有其他对象之前、图案填充边界之后或图案填充边界之前。

（5）继承特性：此按钮的作用是继承特性，即选用图中已有的填充图案作为当前的填充图案。

（6）“孤岛”选项栏。

① 孤岛显示样式：该选项组用于确定图案的填充方式。位于总填充域内的封闭区域称为孤岛，如图 2-95 所示。

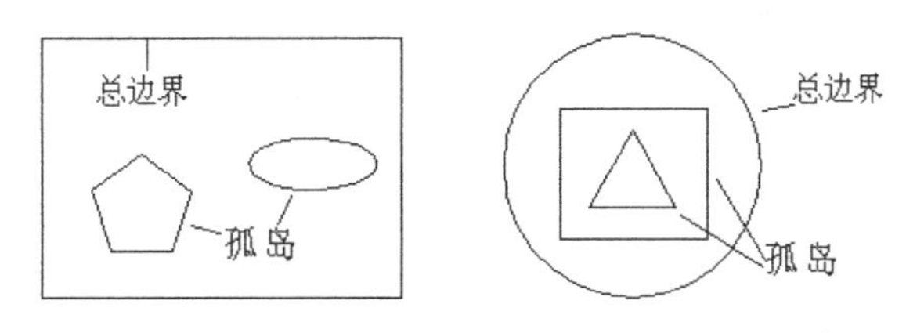

图 2-95　孤岛

系统为用户设置了如图 2-96 所示的三种填充方式实现对填充范围的控制。

用户可以从中选取所要的填充方式。默认的填充方式为“普通”。用户也可以右击，在弹出的快捷菜单中选择填充方式。

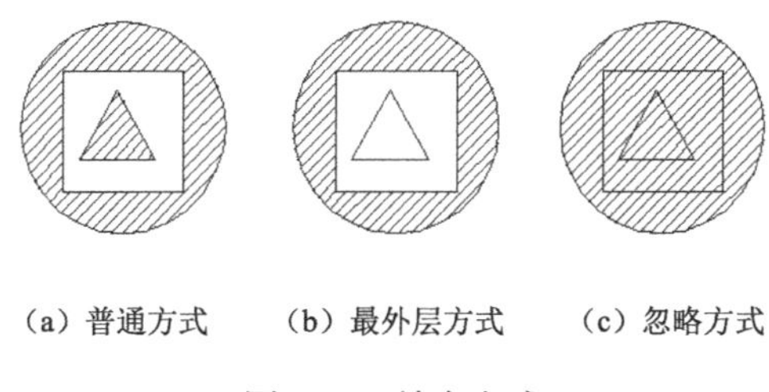

（a）普通方式　（b）最外层方式　（c）忽略方式

图 2-96　填充方式

② 孤岛检测：确定是否检测孤岛。

7．编辑图案填充

在命令行输入 HATCHEDIT 命令，或者选择“修改”菜单中的“对象”→“图案填充”命令，或者单击“修改 II”工具栏中的“编辑图案填充”按钮，可以对现有图案的填充进行编辑，例如现有图案的填充或填充的图案、比例和角度。

执行上述命令后，命令行提示：

```
输入图案填充选项 [解除关联(DI)/样式(S)/特性(P)/绘图次序(DR)/添加边界(AD)/删除边界(R)/重新创建边界(B)/关联(AS)/独立的图案填充(H)/原点(O)/注释性(AN)/ 图案填充颜色(CO)/ 图层(LA)/ Transparency(T)] <特性>:                    //输入选项或回车
```

选取图案填充物体后，打开如图 2-72 所示的【图案填充编辑】对话框。在该对话框中，只有正常显示的选项才可以对其进行操作。该对话框中各项的含义与【图案填充和渐变色】对话框中各项的含义相同。

任务十一　绘制室内设计制图 A3 样板图

【任务背景】

在 AutoCAD 室内制图过程中，经常要用到表格。使用 AutoCAD 提供的“表格”功能，用户可以直接插入设置好样式的表格，而不用再绘制由单独的图线组成的栅格。

本任务将通过室内设计制图 A3 样板图的绘制过程来熟练掌握表格相关命令的操作方法，基本思路是首先设置单位、图形边界及文本样式，然后使用“矩形”和“直线”命令绘制图框线和标题栏，最后利用“表格”命令绘制会签栏。绘制流程图如图 2-97 所示。

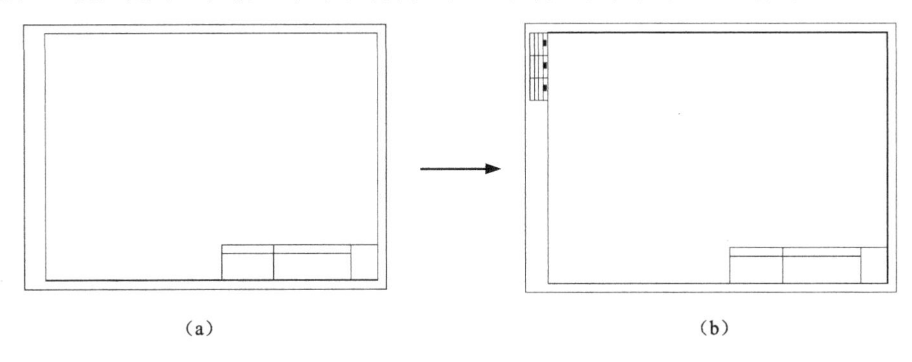

图 2-97　室内设计制图 A3 样板图绘制流程

【操作步骤】

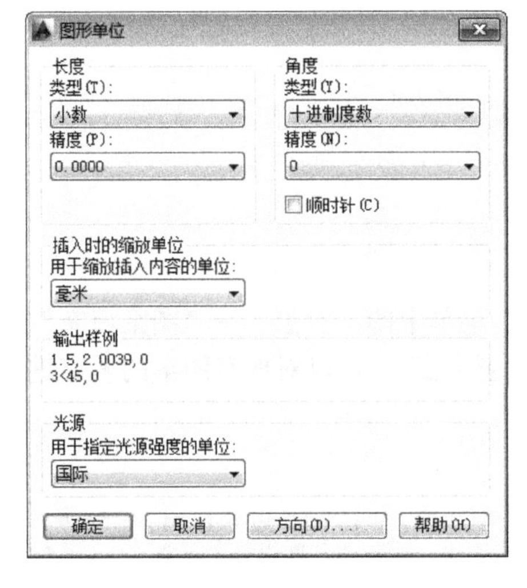

图 2-98 【图形单位】对话框

1. 设置单位和图形边界

（1）打开 AutoCAD 2014 应用程序，建立一个新的图形文件。

（2）设置单位。在命令行输入 DDUNITS（或 UNITS）命令，或者选择“格式”菜单中的“单位”命令，打开【图形单位】对话框，如图 2-98 所示。设置“长度”选项栏中的“类型”为“小数”，“精度”为 0.0000；“角度”选项栏中的“类型”为“十进制度数”，“精度”为 0，系统默认逆时针方向为正方向。

（3）设置图形边界。国标对图纸的幅面大小作了严格规定，在这里，按国标 A3 图纸幅面设置图形边界。A3 图纸的幅面为 420mm×297mm，在命令行输入 LIMITS 命令，或者选择“格式”菜单中的“图形界限”命令，命令行提示与操作如下：

```
命令：LIMITS↙
重新设置模型空间界限：
指定左下角点或 [开(ON)/关(OFF)] <0.0000,0.0000>：↙
指定右上角点 <12.0000,9.0000>：420,297↙
```

2. 设置文本样式

下面列出一些本练习中的格式，请按如下约定进行设置：文本高度一般注释为 7mm，零件名称为 10mm，图标栏和会签栏中的其他文字为 5mm，尺寸文字为 5mm；线型比例为 1，图纸空间线型比例为 1；单位为十进制，尺寸小数点后有 0 位，角度小数点后有 0 位。

可以生成 4 种文字样式，分别用于一般注释、标题块中的零件名、标题块注释及尺寸标注。

（1）在命令行输入 Style 命令，或者选择“格式”菜单中的“文字样式”命令，或者单击“文字”工具栏中的“文字样式”按钮，选择“格式”菜单栏中的“文字样式”命令，打开【文字样式】对话框，单击“新建”按钮，打开【新建文字样式】对话框，如图 2-99 所示。接受默认的“样式 1”为文字样式名，单击“确认”按钮退出。

（2）返回【文字样式】对话框，在“字体名”下拉列表框中选择“宋体”选项，设置“高度”为 5，“宽度因子”为 0.7，如图 2-100 所示。单击“应用”按钮后单击“关闭”按钮。其他文字样式进行类似的设置。

3．绘制图框线和标题栏

（1）单击“绘图”工具栏中的“矩形”按钮，两个角点的坐标分别为（25,10）和（410,287），绘制一个 420mm×297mm（A3 图纸大小）的矩形作为图纸范围，如图 2-101 所示（外框表示设置的图纸范围）。

（2）单击“绘图”工具栏中的“直线”按钮，绘制标题栏。坐标分别为{（230,10）、（230,50）、（410,50）}，{（280,10）、（280,50）}，{（360,10）、（360,50）}，{（230,40）、（360,40）}，如图 2-102 所示（说明：大括号中的数值表示一条独立连续线段的端点坐标值）。

图 2-99　【新建文字样式】对话框

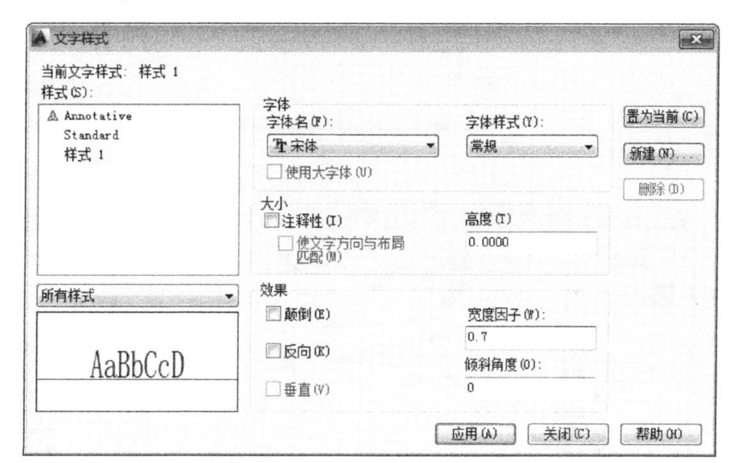

图 2-100　【文字样式】对话框

图 2-101　绘制图框线

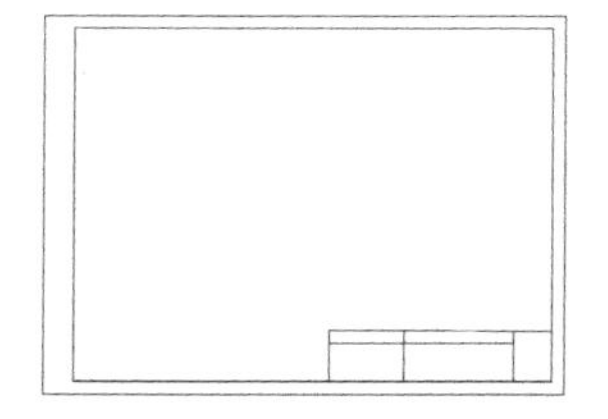

图 2-102　绘制标题栏

注意

《国家标准》规定 A3 图纸的幅面大小是 420mm × 297mm，这里留出了带装订边的图框到纸面边界的距离。

4．绘制会签栏

（1）在命令行输入 tablestyle 命令，或者选择“格式”菜单中的“表格样式”命令或者单击“样式”工具栏中的“表格样式”按钮，打开【表格样式】对话框，如图 2-103 所示。

（2）单击“修改”按钮，打开【修改表格样式：Standard】对话框，在“单元样式”下拉列表中选择“数据”选项，在下面的“文字”选项卡中将“文字高度”设置为 3，如图 2-104 所示。再打开“常规”选项卡，将“页边距”选项组中的“水平”和“垂直”都设置为 1，如图 2-105 所示。

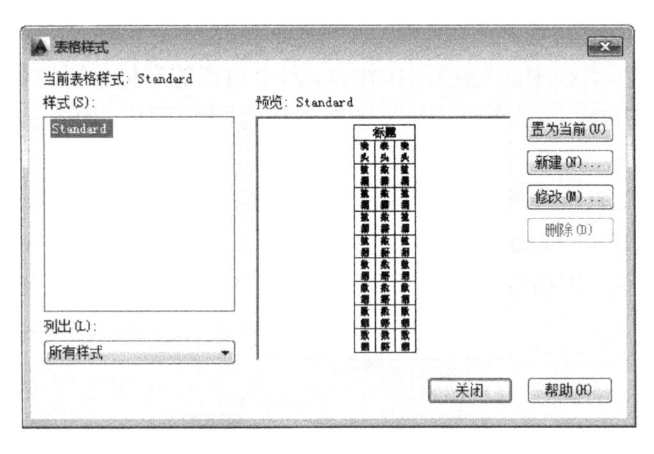

图 2-103 【表格样式】对话框

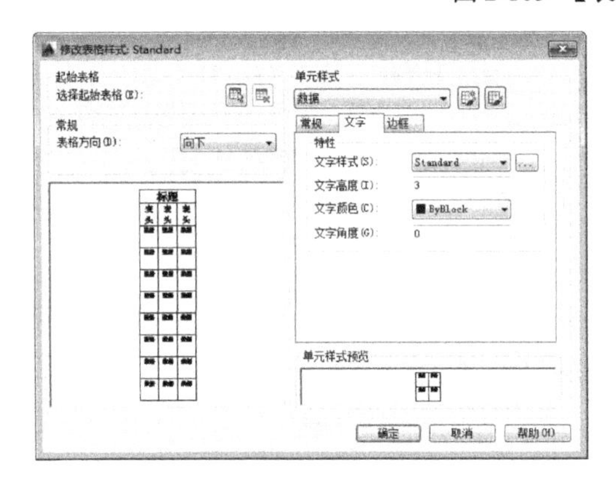

图 2-104 【修改表格样式：Standard】对话框

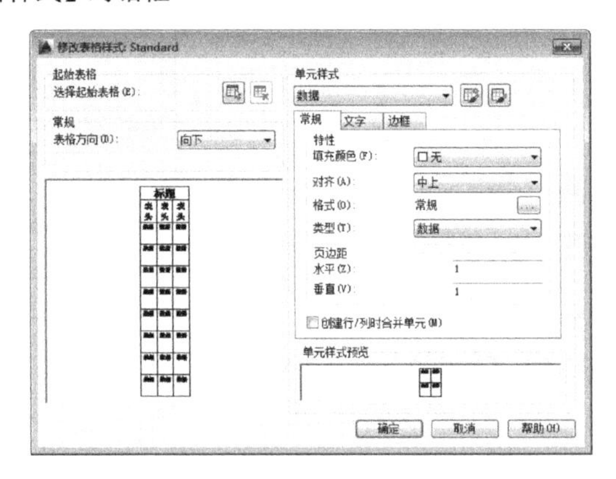

图 2-105 设置“常规”选项卡

表格的行高=文字高度+2×垂直页边距，此处设置为 3+2×1=5。

（3）系统返回【表格样式】对话框，单击“关闭”按钮退出。

（4）在命令行输入 toble 命令，或者选择“绘图”菜单中的“表格”命令，或者单击“绘图”工具栏中的“表格样式”按钮，打开【插入表格】对话框，在“列和行设置”选项组中将“列数”设置为 3，“列宽”设置为 25，“数据行数”设置为 2（加上标题行和表头行共 4 行），“行高”设置为 1 行（即为 5）；在“设置单元样式”选项组中将“第一行单元样式”“第二行单元样式”和“所有其他行单元样式”都设置为“数据”，如图 2-106 所示。

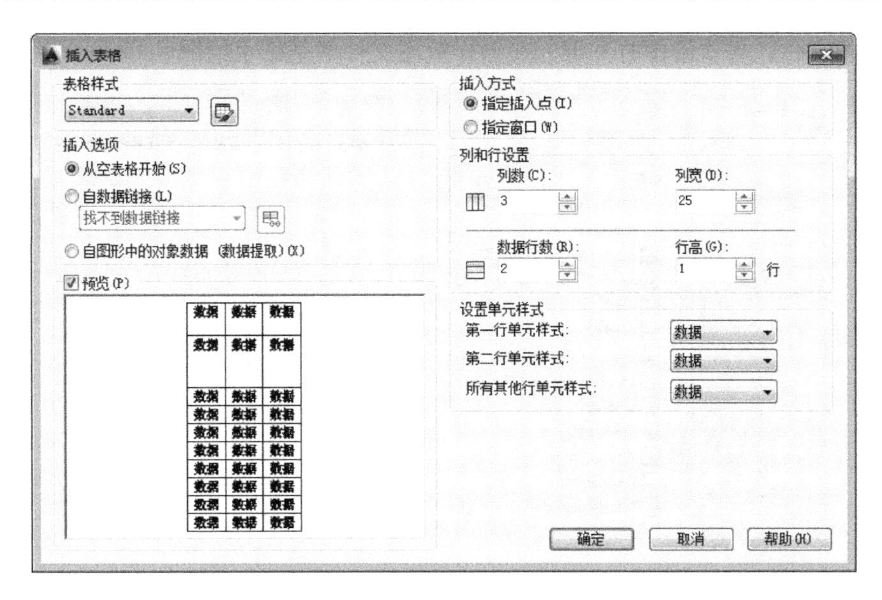

图 2-106 【插入表格】对话框

（5）在图框线左上角指定表格位置，系统生成表格，同时打开多行文字编辑器，如图 2-107 所示，在各格中依次输入文字，如图 2-108 所示。最后按【Enter】键或单击多行文字编辑器中的“确定”按钮，生成的表格如图 2-109 所示。

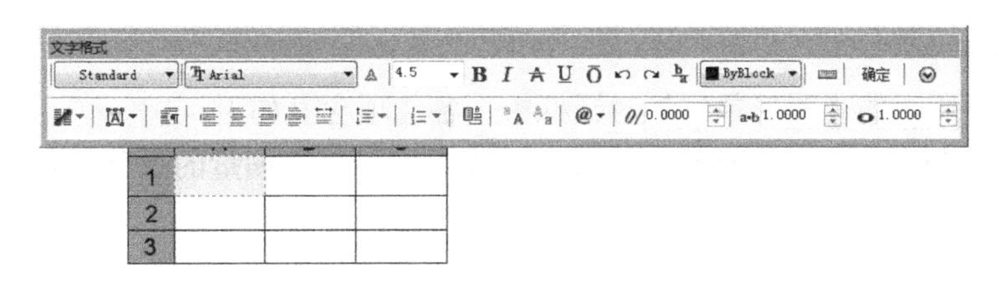

图 2-107　生成表格

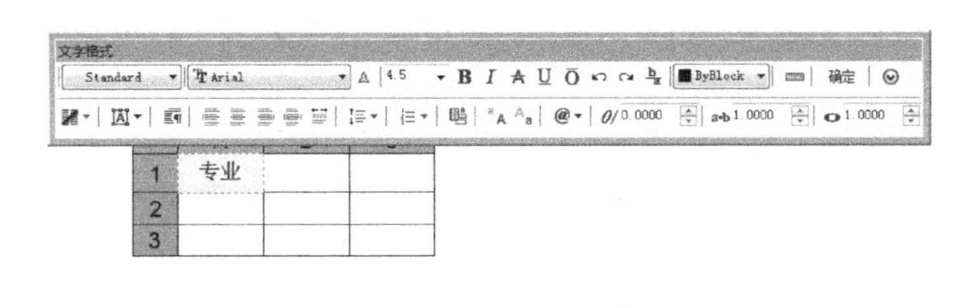

图 2-108　输入文字

图 2-109　完成的表格

（6）单击“修改”工具栏中的“旋转”按钮，把会签栏旋转-90°，结果如图 2-100（b）所示。这就得到了一个带有自己的标题栏和会签栏的样板图形。

5．保存为样板图文件

在命令行输入 SAVEAS 命令，或者选择“文件”菜单中的“另存为”命令，或者单击“快速访问”工具栏中的“另存为”选项，打开【图形另存为】对话框，如图 2-110 所示，在“文件类型”下拉列表中选择“AutoCAD 图形样板（*.dwt）”选项，输入文件名为“A3”，单击“保存”按钮保存文件。下次绘图时，可以在该样板图文件的基础上绘图。

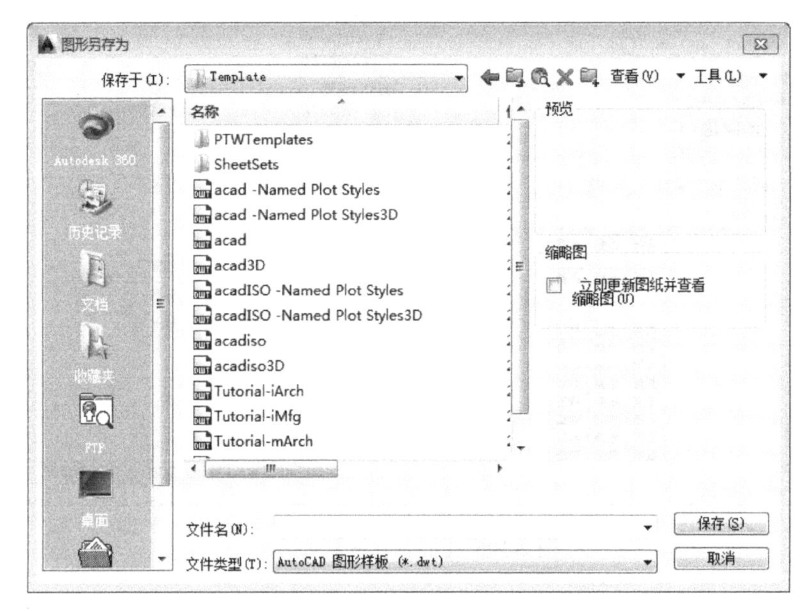

图 2-110 【图形另存为】对话框

【知识点详解】

1. 单位设置

在如图 2-98 所示的【图形单位】对话框中，各选项含义如下。

（1）“长度”与“角度”选项组：这两个选项组用于指定测量的长度与角度当前的类型及精度。

（2）“插入时的缩放单位”选项组：该选项组中的“用于缩放插入内容的单位”下拉列表框可控制插入到当前图形中的块和图形的测量单位。如果块或图形创建时使用的单位与该选项指定的单位不同，则在插入这些块或图形时，将对其按比例进行缩放。插入比例是原块或图形使用的单位与目标图形使用的单位之比。如果插入块时不按指定单位缩放，则在其下拉列表框中选择“无单位”选项。

（3）“输出样例”选项组：该选项组用于显示用当前长度和角度设置的例子。

（4）“光源”选项组：该选项组用于控制当前图形中光度控制光源的强度测量单位。为创建和使用光度控制光源，必须从下拉列表中指定非“常规”的单位。如果将“用于缩放插入内容的单位”选项设置为“无单位”，则将弹出警告信息，通知用户渲染输出可能不正确。

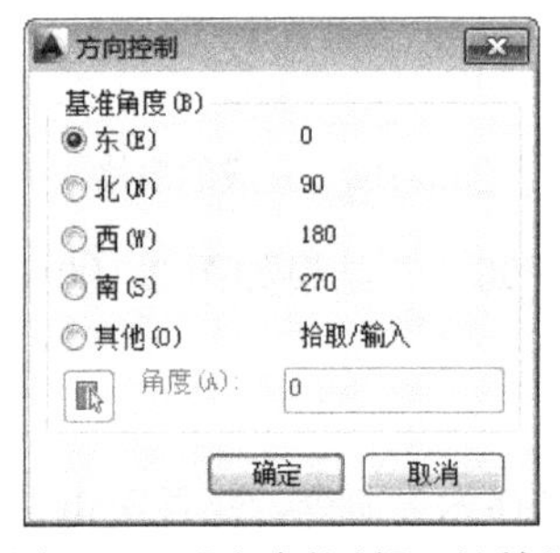

图 2-111 【方向控制】对话框

（5）“方向”按钮：单击该按钮，打开【方向控制】对话框，如图 2-111 所示。可以在该对话框中进行方向控制的设置。

2. 表格样式

在如图 2-103 所示的【表格样式】对话框中，各选项含义如下。

（1）“新建”按钮。单击该按钮，打开【创建新的表格样式】对话框，如图 2-112 所示。输入新的表格样式名后，单击“继续”按钮，打开【新建表格样式】对话框，如图 2-113 所示，从中可以定义新的表格样式。

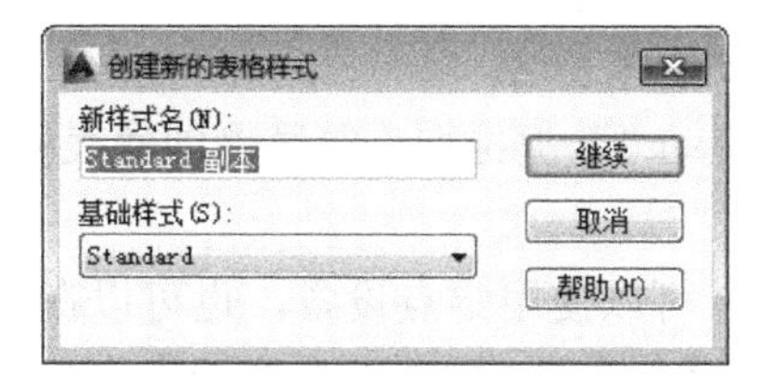

图 2-112　【创建新的表格样式】对话框

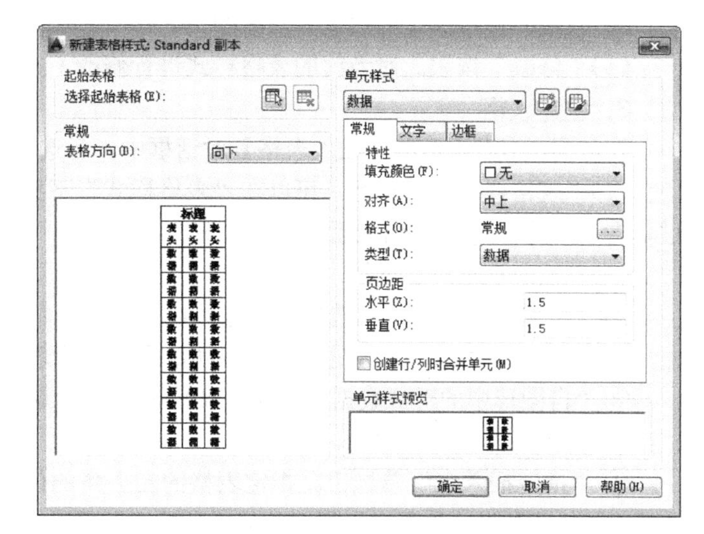

图 2-113　【新建表格样式】对话框

“新建表格样式”对话框中有 3 个选项卡：“常规”“文字”和“边框”，如图 2-113 所示。分别控制表格中数据、表头和标题的有关参数，如图 2-114 所示。

（2）“常规”选项卡。

① “特性”选项组。

● 填充颜色：指定填充颜色。

● 对正：为单元内容指定一种对正方式。

● 格式：设置表格中各行的数据类型和格式。

● 类型：将单元样式指定为标签或数据，在包含起始表格的表格样式中插入默认文字时使用。也用于在工具选项板上创建表格工具的情况。

② “页边距”选项组。

● 水平：设置单元中的文字或块与左右单元边界之间的距离。

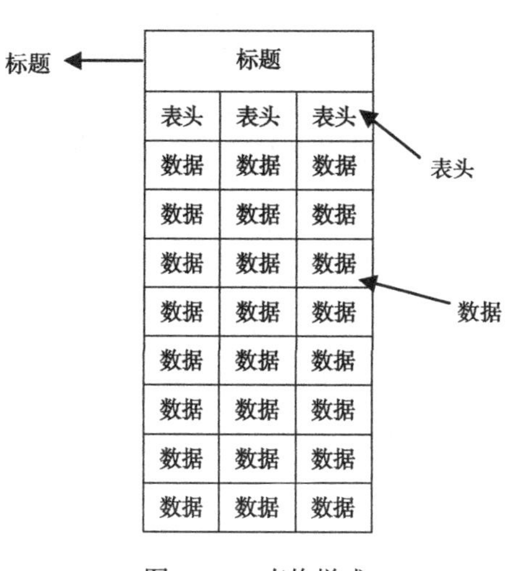

图 2-114　表格样式

● 垂直：设置单元中的文字或块与上下单元边界之间的距离。

● 创建行/列时合并单元：将使用当前单元样式创建的所有新行或列合并到一个单元中。

（3）“文字”选项卡。

① 文字样式：指定文字样式。

② 文字高度：指定文字高度。

③ 文字颜色：指定文字颜色。

④ 文字角度：设置文字角度。

（4）“边框”选项卡。

① 线宽：设置要用于显示边界的线宽。

② 线型：通过单击边框按钮，设置线型以应用于指定边框。

③ 颜色：指定颜色以应用于显示的边界。

④ 双线：指定选定的边框为双线型。

（5）“修改”按钮。对当前的表格样式进行修改，方法与新建表格样式相同。

3. 创建表格

在如图 2-106 所示的【插入表格】对话框中，各选项含义如下。

（1）“表格样式”选项组。可以在“表格样式”下拉列表中选择一种表格样式，也可以通过单击后面的“…”按钮来新建或修改表格样式。

（2）“插入选项”选项组。

① “从空表格开始”单选钮：创建可以手动填充数据的空表格。

② “自数据链接”单选钮：通过启动数据链接管理器来创建表格。

③ “自图形中的对象数据（数据提取）”单选钮：通过启动“数据提取”向导来创建表格。

（3）“插入方式”选项组。

① “指定插入点”单选钮。指定表格的左上角的位置。可以使用定点设备，也可以在命令行中输入坐标值。如果表格样式将表格的方向设置为由下而上读取，则插入点位于表格的左下角。

② “指定窗口”单选钮。指定表格的大小和位置。可以使用定点设备，也可以在命令行中输入坐标值。选定此选项时，行数、列数、列宽和行高取决于窗口的大小以及列和行的设置。

（4）“列和行设置”选项组。指定列和数据行的数目以及列宽与行高。

（5）“设置单元样式”选项组。指定“第一行单元样式”“第二行单元样式”和“所有其他行单元样式”分别为标题、表头或者数据样式。

一个单位行高的高度为文字高度与垂直边距的和。列宽设置必须不小于文字宽度与水平边距的和，如果列宽小于此值，则实际列宽以文字宽度与水平边距的和为准。

在“插入表格”对话框中进行相应的设置后，单击“确定”按钮，系统在指定的插入点或窗口自动插入一个空表格，并显示多行文字编辑器，用户可以逐行逐列输入相应的文字或数据，如图 2-115 所示。

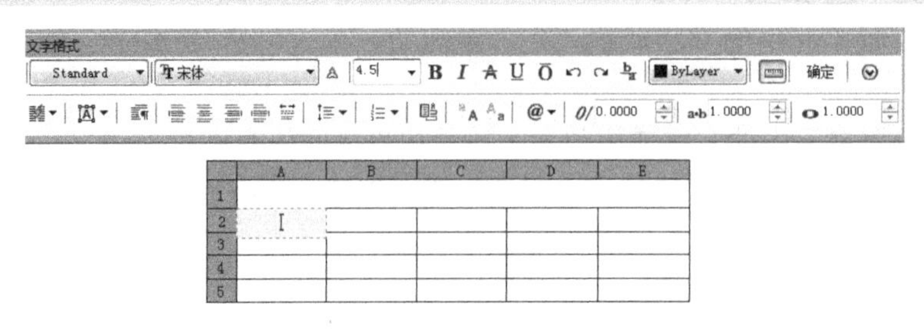

图 2-115　空表格和多行文字编辑器

4. 图幅（即图面）的大小

根据国家标准的规定，按图面的长和宽确定图幅等级。室内设计常用的图幅有 A0（也称

0 号图幅，其余类推）、A1、A2、A3 及 A4，每种图幅的尺寸如表 2-3 所示，表中尺寸代号的意义如图 2-116 和图 2-117 所示。

表 2-3　图幅标准（单位：mm）

图幅代号 尺寸代号	A0	A1	A2	A3	A4
$b \times l$	841×1189	594×841	420×594	297×420	210×297
c	20		10		
a	25				

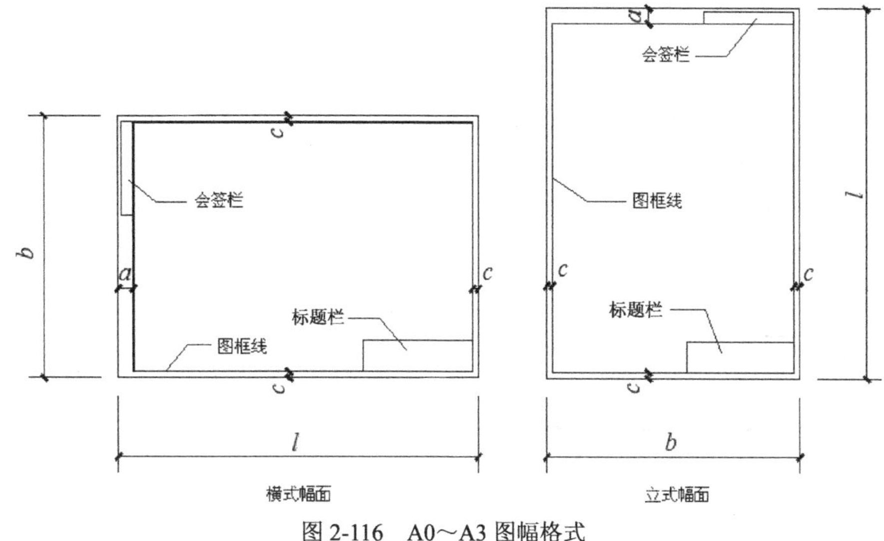

图 2-116　A0～A3 图幅格式

（1）标题栏。

图纸的标题栏包括设计单位名称、工程名称区、签字区、图名区、图号区等内容。一般标题栏格式如图 2-118 所示。如今不少设计单位采用自己的个性化格式，但是都必须包含这几项内容。

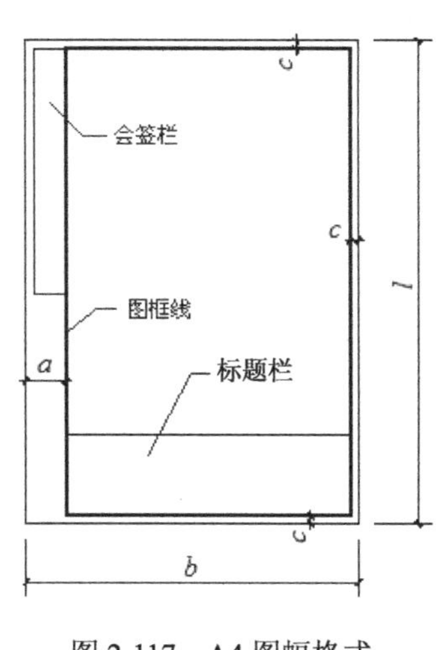

图 2-117　A4 图幅格式

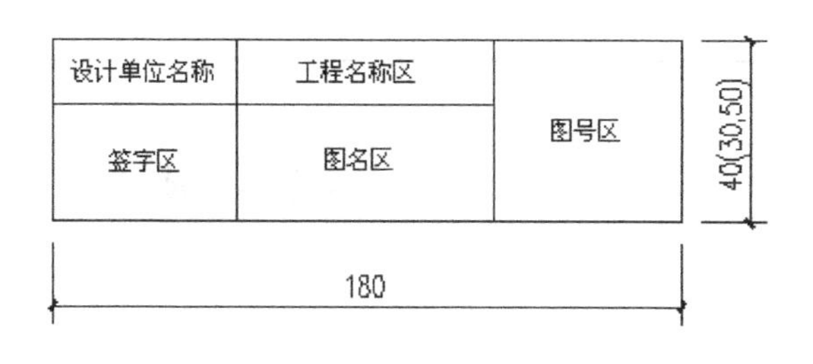

图 2-118　标题栏格式

（2）会签栏。

会签栏是为各工种负责人审核后签名用的表格，包括专业、姓名、日期等内容，具体内容根据需要进行设置，如图 2-119 所示为其中的一种格式。对于不需要会签的图纸，可以不设置此栏。

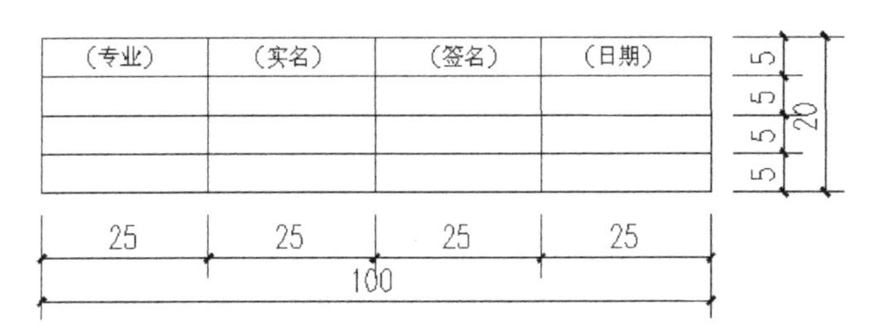

图 2-119　会签栏格式

（3）线型要求。

室内设计图主要由各种线条构成，不同的线型表示不同的对象和不同的部位，代表着不同的含义。为了图面能够清晰、准确、美观地表达设计思想，工程实践中采用了一套常用的线型，并规定了它们的使用范围，见表 2-4。在 AutoCAD 2014 中，可以通过图层中“线型”“线宽”的设置来选定所需线型。

表 2-4　常用线型

名　称		线　型	线　宽	适用范围
实线	粗		b	建筑平面图、剖面图、构造详图的被剖切截面的轮廓线；建筑立面图、室内立面图外轮廓线；图框线
实线	中		$0.5b$	室内设计图中被剖切的次要构件的轮廓线；室内平面图、顶棚图、立面图、家具三视图中构配件的轮廓线等
	细		$\leqslant 0.25b$	尺寸线、图例线、索引符号、地面材料线及其他细部刻画用线
虚线	中		$0.5b$	构造详图中不可见的实物轮廓
	细		$\leqslant 0.25b$	其他不可见的次要实物轮廓线
点画线	细		$\leqslant 0.25b$	轴线、构配件的中心线、对称线等
折断线	细		$\leqslant 0.25b$	省略画出时的断开界限
波浪线	细		$\leqslant 0.25b$	构造层次的断开界线，有时也表示省略画出时的断开界限

模拟试题与上机实验 2

1．选择题

（1）可以有宽度的线有（　　）。

A．构造线　　B．多段线　　C．直线　　D．样条曲线

（2）执行“样条曲线”命令后，某选项用来输入曲线的偏差值。值越大，曲线越远离指定的点；值越小，曲线离指定的点越近。该选项是（　　）。

A．闭合　　B．端点切向　　C．拟合公差　　D．起点切向

（3）以同一点作为正五边形的中心，圆的半径为 50，分别用 I 和 C 方式画的正五边形的间距为（　　）。

A．455.5309　　B．16512.9964　　C．910.9523　　D．261.0327

（4）利用“Arc”命令刚刚结束绘制一段圆弧，现在执行 Line 命令，提示“指定第一点：”时直接按【Enter】键，结果是（　　）。

A．继续提示“指定第一点：　　B．提示“指定下一点或 [放弃(U)]：”

C．Line 命令结束　　D．以圆弧端点为起点绘制圆弧的切线

（5）重复使用刚执行的命令，按（　　）键。

A．【Ctrl】　　B．【Alt】　　C．【Enter】　　D．【Shift】

（6）动手试操作一下，进行图案填充时，下面图案类型中不需要同时指定角度和比例的有（　　）。

A．预定义　　B．用户定义　　C．自定义

（7）根据图案填充创建边界时，边界类型不可能是（　　）选项。

A．多段线　　B．样条曲线　　C．三维多段线　　D．螺旋线

（8）在设置文字样式时设置了文字的高度，其效果是（　　）。

A．在输入单行文字时，可以改变文字高度

B．输入单行文字时，不可以改变文字高度

C．在输入多行文字时，不能改变文字高度

D．都能改变文字高度

2．上机实验题

实验 1　绘制如图 2-120 所示的圆桌。

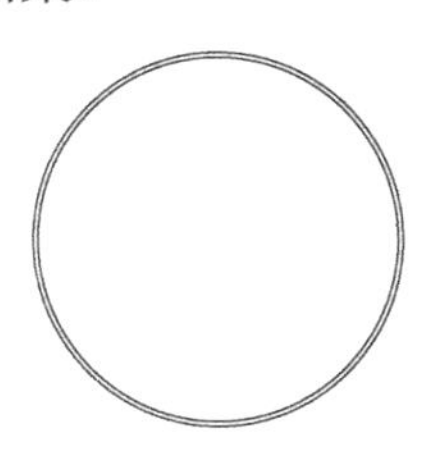

图 2-120　圆桌

◆ 目的要求

本实验涉及的命令主要是“圆”命令。通过本实验帮助读者灵活掌握圆的绘制方法。

◆ 操作提示

（1）使用“圆”命令绘制外沿。

（2）使用“圆”命令，结合“对象捕捉”功能绘制同心内沿。

实验 2　绘制如图 2-121 所示的椅子。

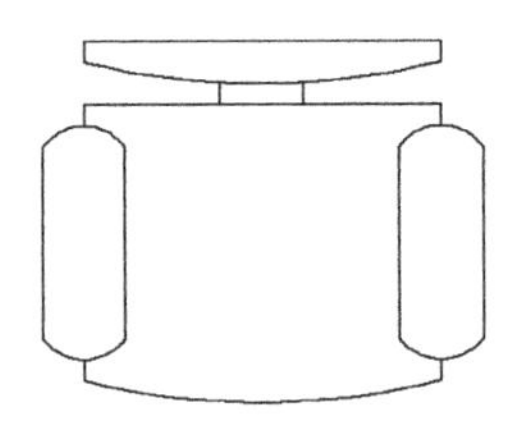

图 2-121　椅子

◆ 目的要求

本实验涉及的命令主要是“直线”和“圆弧”命令。通过本实验帮助读者灵活掌握直线和圆弧的绘制方法。

◆ 操作提示

（1）使用“直线”命令绘制基本形状。

（2）使用“圆弧”命令绘制圆弧。

实验 3　绘制如图 2-122 所示的马桶。

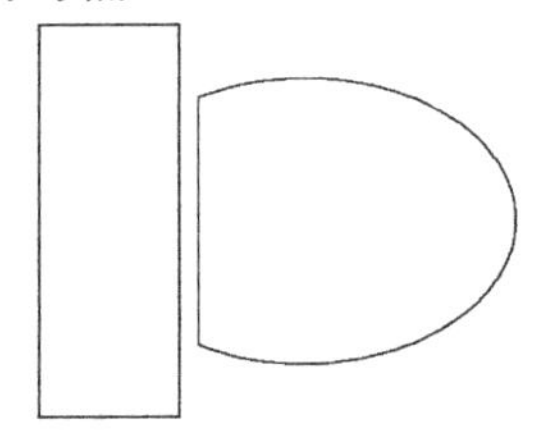

图 2-122　马桶

◆ 目的要求

本实验涉及的命令主要是“矩形”“直线”和“椭圆弧”命令。通过本实验帮助读者灵活掌握“矩形”“直线”和“椭圆弧”命令的操作方法。

◆ 操作提示

（1）使用“矩形”命令绘制水箱。

（2）使用“椭圆弧”命令绘制马桶盖。

（5）使用“直线”命令完成马桶盖的绘制。

实验 4　绘制如图 2-123 所示的壁灯。

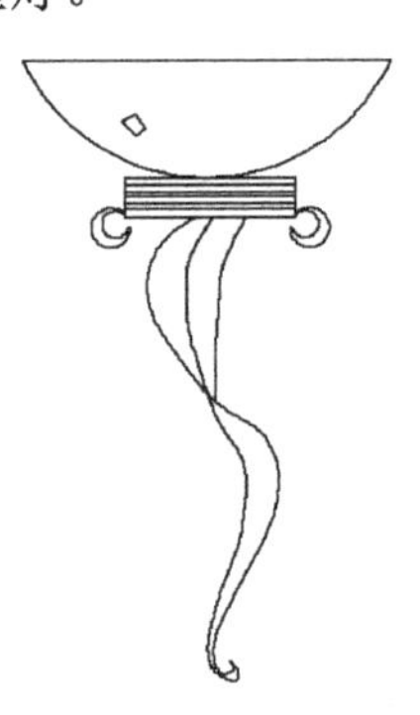

图 2-123　壁灯

◆ 目的要求

本实验涉及的命令主要是“圆弧”“样条曲线”和“多段线”命令。通过本实验帮助读者灵活掌握“图弧”“样条曲线”和“多段线”命令的操作方法。

◆ 操作提示

（1）使用“直线”命令绘制底座。

（2）使用“多段线”命令绘制灯罩。

（3）使用“样条曲线”命令绘制装饰物。

项目三　熟练运用基本绘图工具

【学习情境】

在上一个项目的学习过程中，读者会注意到有时候绘图不是很方便，比如，很难准确指定某些特殊的点，不知道怎样绘制不同的线型、线宽的图线等等。为了解决这些问题，AutoCAD提供了很多基本绘图工具，如图层工具、对象捕捉工具等。利用这些工具，可以方便、迅速、准确地实现图形的绘制和编辑，不仅可以提高工作效率，而且能更好地保证图形的质量。

【能力目标】

- 掌握图层工具。
- 掌握对象捕捉工具。
- 掌握尺寸标注的基本方法。

【课时安排】

4课时（讲课2课时，练习2课时）

任务一　室内设计样板图图层设置

【任务背景】

在绘制室内设计图形时，如果出现了不同线型或线宽的图线应该怎么处理呢？AutoCAD提供了图层工具，规定每个图层的颜色和线型，并把具有相同特征的图形对象放在同一图层上进行绘制，这样绘图时不用再分别设置对象的线型和颜色，不仅方便绘图，而且存储图形时只需存储几何数据和所在图层，因而既节省了存储空间，又可以提高工作效率。

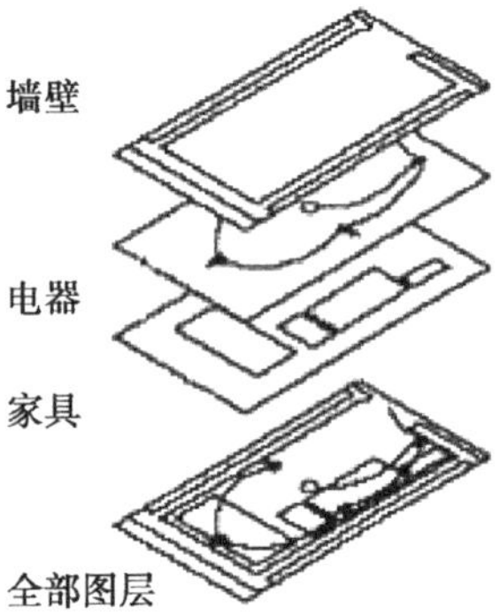

图层的概念类似投影片，将不同属性的对象分别绘制在不同的投影片（图层）上，例如将图形的主要线段、中心线、尺寸标注等分别绘制在不同的图层上，每个图层可设定不同的线型和线条颜色，然后把不同的图层堆栈在一起成为一张完整的视图，如此可使视图层次分明、有条理，方便图形对象的编辑与管理。一个完整的图形就是它包含的所有图层上的对象叠加在一起，如图3-1所示。

墙壁
电器
家具
全部图层

图3-1　图层效果

在用图层功能绘图之前，首先要对图层的各项特性进行设置，包括建立和命名图层，设置当前图层，设置图层的颜色和线型，图层是否关闭、是否冻结、是否锁定以及图层删除等。

本任务将为上一个项目中的任务十一所绘制的样板图设置图

层。通过室内设计样板图的图层设置过程来熟练掌握“图层”功能的操作方法。这里利用图层特性管理器创建 6 个图层，如表 3-1 所示。具体设置流程如图 3-2 所示。

表 3-1　图层设置

图　层　名	颜　　色	线　　型	线　　宽	用　　途
0	7（黑色）	CONTINUOUS	b	图框线
尺寸标注	3（绿色）	CONTINUOUS	1/2b	尺寸标注
轮廓线	2（黑色）	CONTINUOUS	b	可见轮廓线
图案填充	2（蓝色）	CONTINUOUS	1/2b	填充剖面线或图案
轴线	2（红色）	CENTER	1/2b	绘制轴线
注释	7（黑色）	CONTINUOUS	1/2b	一般注释

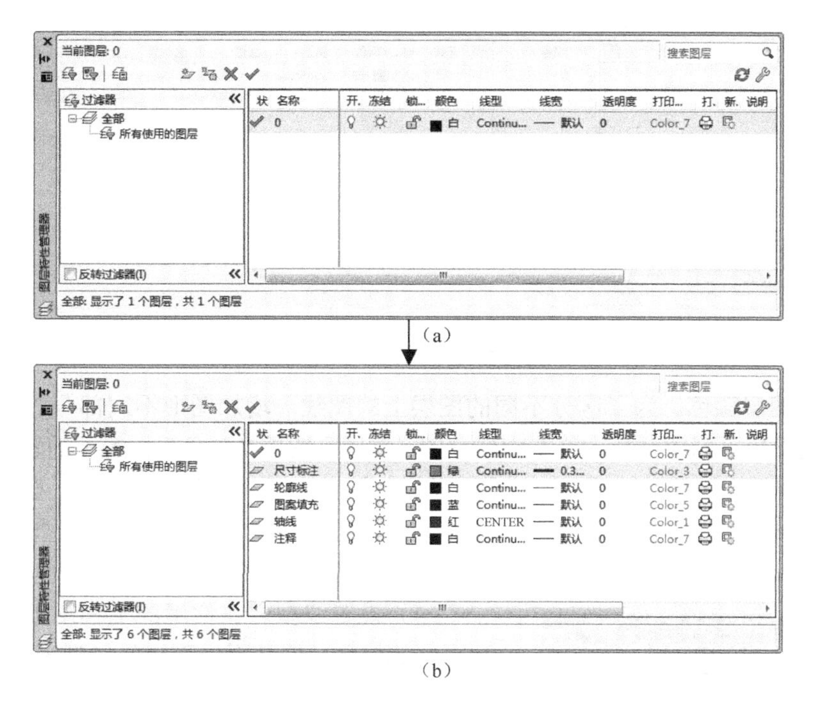

图 3-2　设置流程图

【操作步骤】

（1）打开文件。在命令行输入 open 命令，或者选择“文件”菜单中的“打开”命令，或者单击“标准”工具栏中的“打开”按钮，打开源文件目录下的“\第 2 章\室内设计 A3 样板图.dwt”文件。

（2）设置图层名。在命令行输入 LAYER 命令，或者选择“格式”菜单中的“图层”命令，或者单击“图层”工具栏中的“图层”按钮，打开【图层特性管理器】对话框，如图 3-3 所示。在该对话框中单击“新建”按钮，在图层列表框中出现一个默认名为“图层 1”的新图层，用鼠标单击该图层名，将图层重命名为“轴线”，如图 3-4 所示。

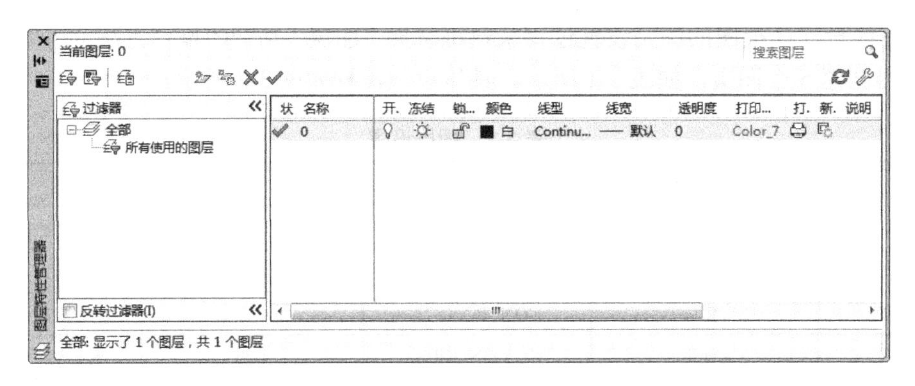

图 3-3 【图层特性管理器】对话框

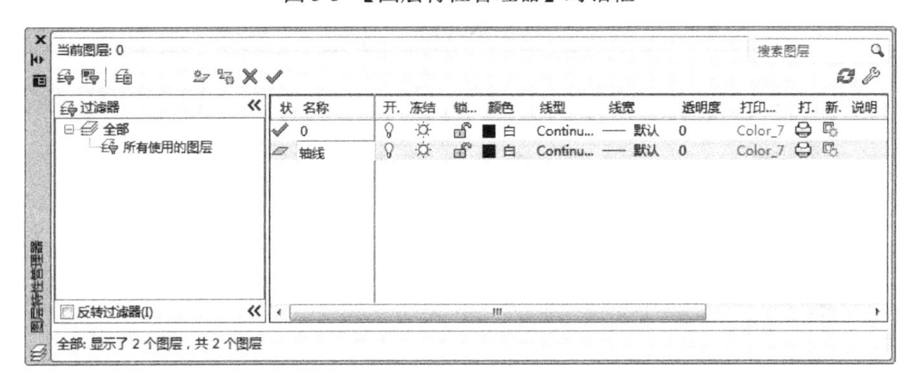

图 3-4 重命名图层

（3）设置图层颜色。为了区分不同的图层上的图线，增加图形不同部分的对比性，可以为不同的图层设置不同的颜色。单击刚建立的“轴线”图层“颜色”标签下的颜色色块，打开【选择颜色】对话框，如图 3-5 所示。在该对话框中选择红色，单击“确定”按钮。在图层特性管理器中可以发现“轴线”图层的颜色变成了红色。

图 3-5 【选择颜色】对话框

（4）设置线型。在常用的工程图纸中，通常要用到不同的线型，这是因为不同的线型表示不同的含义。在【图层特性管理器】对话框中单击“轴线”图层“线型”标签下的线型选项，打开【选择线型】对话框，如图 3-6 所示，单击“加载”按钮，打开【加载或重载线型】对话框，如图 3-7 所示。在该对话框中选择 CENTER 线型，单击“确定”按钮。返回【选择线型】对话框，这时在“已加载的线型”列表框中就出现了 CENTER 线型，如图 3-8 所示。选择 CENTER 线型，单击“确定”按钮，可以发现在【图层特性管理器】对话框中“轴线”图层的线型变成了 CENTER。

图 3-6 【选择线型】对话框

图 3-7 【加载或重载线型】对话框

（5）设置线宽。在工程图中，不同的线宽也表示不同的含义，因此也要对不同的图层的线宽进行设置，单击【图层特性管理器】对话框中“轴线”图层“线宽”标签下的选项，打开【线宽】对话框，如图 3-9 所示。在该对话框中选择适当的线宽。单击“确定”按钮，可以发现在【图层特性管理器】对话框中“轴线”图层的线宽变成了 0.09mm。

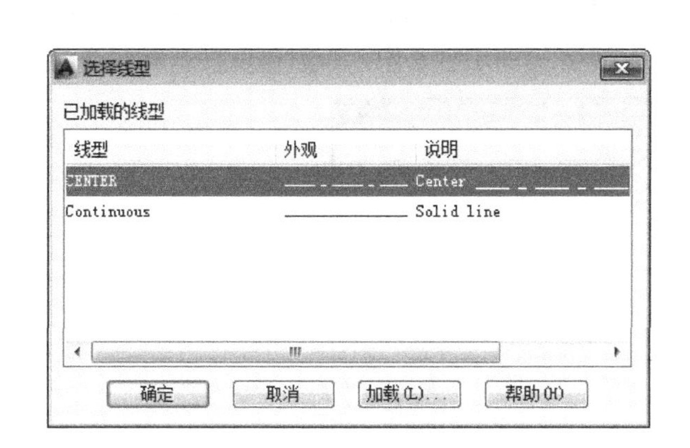

图 3-8　加载线型

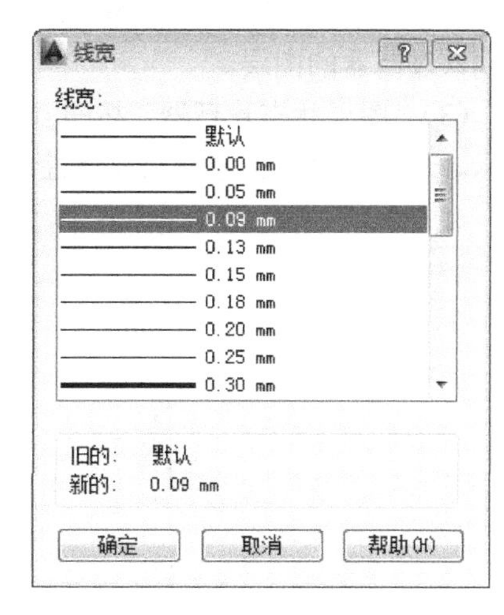

图 3-9 【线宽】对话框

应尽量保持细线与粗线的比例为 1:2。这样的线宽符合新国标的相关规定。

（6）绘制其余图层。用同样的方法建立图层名不同的新图层，这些不同的图层可以分别存放不同的图线或图形的不同部分。最后完成设置的图层如图 3-2（b）所示。

【知识点详解】

1. 图层特性管理器

AutoCAD 提供了详细直观的【图层特性管理器】对话框，用户可以方便地通过对该对话框中的各选项及其二级对话框进行设置，实现建立新图层、设置图层颜色及线型等各种操作。

（1）“新建特性过滤器”按钮：单击此按钮，打开【图层过滤器特性】对话框，如图 3-10 所示。从中可以基于一个或多个图层特性创建图层过滤器。

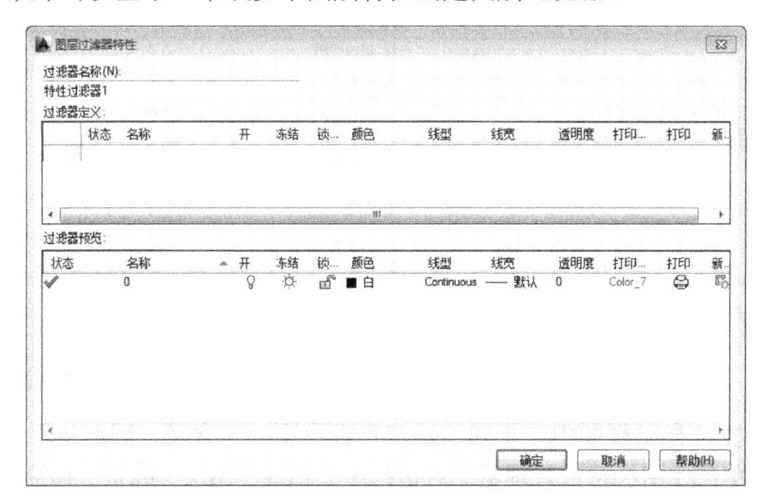

图 3-10 【图层过滤器特性】对话框

（2）“新建组过滤器”按钮：单击此按钮创建一个图层过滤器，其中包含用户选定并添加到该过滤器的图层。

（3）“图层状态管理器”按钮：单击此按钮打开【图层状态管理器】对话框，如图 3-11 所示。从中可以将图层的当前特性设置保存到命名的图层状态中，以后可以再恢复这些设置。

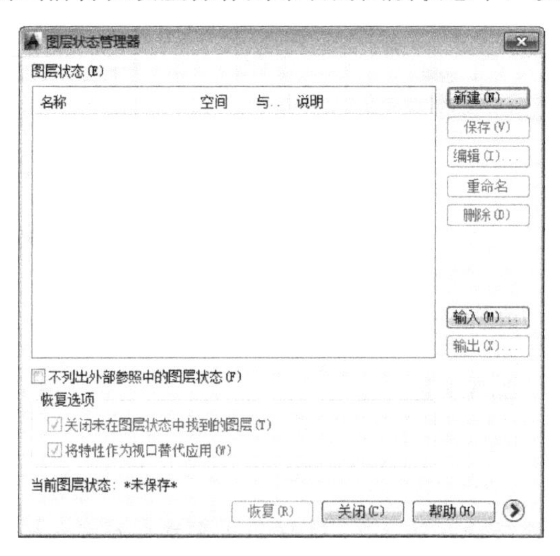

图 3-11 【图层状态管理器】对话框

（4）“新建图层”按钮：建立新图层。单击此按钮，图层列表中出现一个图层名称为“图层 1”的新图层，用户可使用此名称，也可自己重新命名。要想同时产生多个图层，可选中一个图层名后，输入多个名称，各名称之间以逗号分隔。图层的名称可以包含字母、数字、空格和特殊符号，AutoCAD 2014 支持长达 255 个字符的图层名称。新的图层继承了建立新图层时所选中的已有图层的所有特性（颜色、线型、ON/OFF 状态等），如果新建图层时没有图层被选中，则新图层具有默认的设置。

（5）“删除图层”按钮✖：删除所选图层。在图层列表中选中某一图层，然后单击此按钮，可把该图层删除。

（6）“置为当前”按钮✔：设置当前图层。在图层列表中选中某一图层，然后单击此按钮，则把该图层设置为当前图层，并在“当前图层”一栏中显示其名称。当前图层的名称存储在系统变量 CLAYER 中。另外，双击图层名也可把该图层设置为当前图层。

（7）“搜索图层”文本框：输入字符时，按名称快速过滤图层列表。关闭【图层特性管理器】对话框时并不保存此过滤器。

（8）“反转过滤器”复选框：选中此复选框，显示所有不满足选定图层特性过滤器中条件的图层。

（9）图层列表区：显示已有的图层及其特性。要修改某一图层的某一特性，单击它对应的图标即可。右击空白区域，可通过弹出的快捷菜单快速选中所有图层。列表区中各列的含义如下。

① 名称：显示满足条件的图层的名称。如果要对某图层进行修改，首先要选中该图层，使其逆反显示。

② 状态转换图标：在【图层特性管理器】对话框的“名称”栏前分别有一列图标，到图标上单击，可以打开或关闭该图标所代表的功能，或从详细数据区中选中或取消选中关闭（💡/💡）、锁定（🔓/🔒）、冻结（☼/❄）及不打印（🖨/🖨）等项目，各图标功能说明见表 3-2。

表 3-2　各图标功能

图　示	名　称	功 能 说 明
💡/💡	打开/关闭	将图层设定为打开或关闭状态，当呈现关闭状态时，该图层上的所有对象将隐藏不显示，只有打开状态的图层会在屏幕上显示或由打印机打印出来。因此，绘制复杂的视图时，先将不编辑的图层暂时关闭，可降低图形的复杂性。如图 3-12（a）和图 3-12（b）所示分别表示“尺寸标注”图层打开和关闭的情形
☼/❄	解冻/冻结	将图层设定为解冻或冻结状态。当图层呈现冻结状态时，该图层上的对象均不会显示在屏幕上或由打印机打印出来，而且不会执行重生（REGEN）、缩放（ROOM）、平移（PAN）等命令的操作。因此，若将视图中不需要编辑的图层暂时冻结，可加快绘图编辑的速度。而 💡/💡（打开/关闭）功能只是单纯地将对象隐藏，并不会加快执行速度
🔓/🔒	解锁/锁定	将图层设定为解锁或锁定状态。被锁定的图层，仍然显示在画面上，但不能用编辑命令修改被锁定的对象，只能绘制新的对象，如此可防止重要的图形被修改
🖨/🖨	打印/不打印	设定该图层中的图形是否可以打印

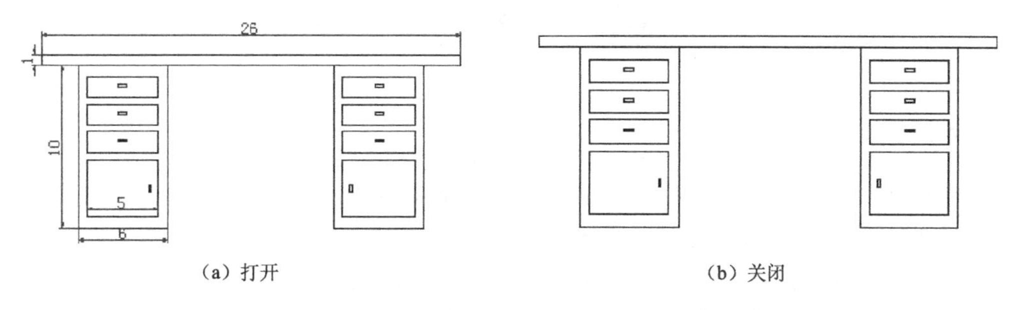

（a）打开　　（b）关闭

图 3-12　打开或关闭“尺寸标注”图层

③ 颜色：显示和改变图层的颜色。如果要改变某一图层的颜色，单击其对应的颜色图标，将打开如图 3-15 所示的【选择颜色】对话框，用户可从中选取需要的颜色。

④ 线型：显示和修改图层的线型。如果要修改某一图层的线型，单击该图层的“线型”选项，可打开【选择线型】对话框，如图 3-16 所示，其中列出了当前可用的线型，用户可从中选取。

⑤ 线宽：显示和修改图层的线宽。如果要修改某一图层的线宽，单击该图层的“线宽”选项，打开【线宽】对话框，如图 3-9 所示，其中列出了 AutoCAD 设定的线宽，用户可从中选取。其中，“线宽”列表框显示可以选用的线宽值，包括一些绘图中经常用到的线宽，用户可从中选取需要的线宽。“旧的”文本框显示之前赋予图层的线宽。当建立新图层时，采用默认线宽（其值为 0.01in，即 0.25 mm），默认线宽的值由系统变量 LWDEFAULT 设置。“新的”文本框显示赋予图层的新的线宽。

⑥ 打印样式：修改图层的打印样式，所谓打印样式是指打印图形时各项属性的设置。

2. “特性”工具栏

AutoCAD 提供了如图 3-13 所示的“特性”工具栏。用户能够控制和使用工具栏中的工具图标快速地查看和改变所选对象的图层、颜色、线型和线宽等特性。“特性”工具栏中的图层颜色、线型、线宽和打印样式的控制增强了查看和编辑对象属性的功能。在绘图区域选择任何对象都将在工具栏中自动显示它所在图层、颜色、线型等属性。

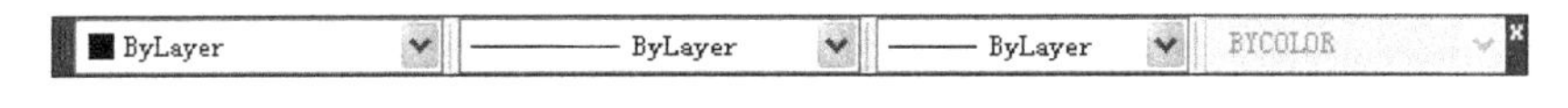

图 3-13 “特性”工具栏

下面把“特性”工具栏各部分的功能简单说明一下。

（1）“颜色控制”下拉列表框：用户可从中选择所需颜色，如果选择“选择颜色”选项，系统将打开【选择颜色】对话框来选择其他颜色。修改当前颜色之后，不论在哪个图层上绘图都采用此种颜色，但对各个图层的颜色设置没有影响。

（2）“线型控制”下拉列表框：用户可从中选择某一线型作为当前线型。修改当前线型之后，不论在哪个图层上绘图都使用这种线型，但对各个图层的线型设置没有影响。

（3）“线宽”下拉列表框：用户可从中选择一个线宽使之成为当前线宽。修改当前线宽之后，不论在哪个图层上绘图都采用这种线宽，但对各个图层的线宽设置没有影响。

（4）“打印类型控制”下拉列表框：用户可从中选择一种打印样式作为当前打印样式。

任务二　绘制花朵

【任务背景】

在绘图之前，可以根据需要事先设置一些对象捕捉模式，绘图时系统能自动捕捉到这些特殊点，从而加快绘图速度，提高绘图质量。

对象追踪是指按指定角度或与其他对象的指定关系绘制对象。利用自动追踪功能，有助于以精确的位置和角度创建对象。本任务将通过花朵的绘制过程来熟练掌握“对象捕捉”功能的应用。具体绘制流程如图 3-14 所示。

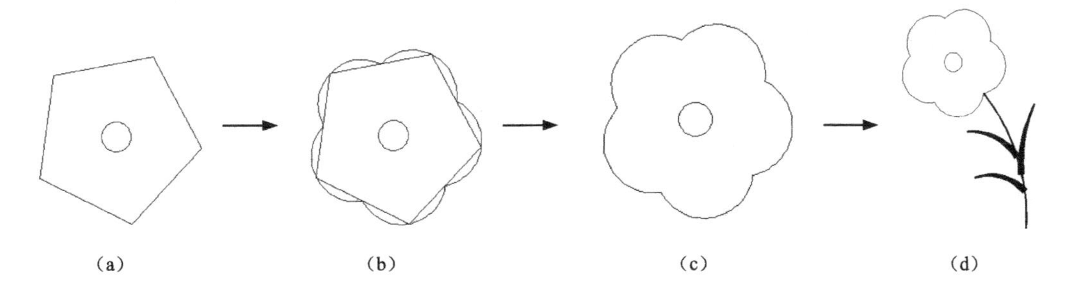

图 3-14 花朵绘制流程图

【操作步骤】

（1）按下状态栏中的“对象捕捉”按钮，在该按钮上右击，在弹出的快捷菜单中选择“设置”命令，如图 3-15 所示，或者单击“对象捕捉”工具栏中的“对象捕捉设置”按钮，或者选择 “工具”菜单栏中的“绘图设置”→“对象捕捉”命令。打开【草图设置】对话框，单击“全部选择”按钮，将所有特殊位置点设置为可捕捉状态，如图 3-16 所示。

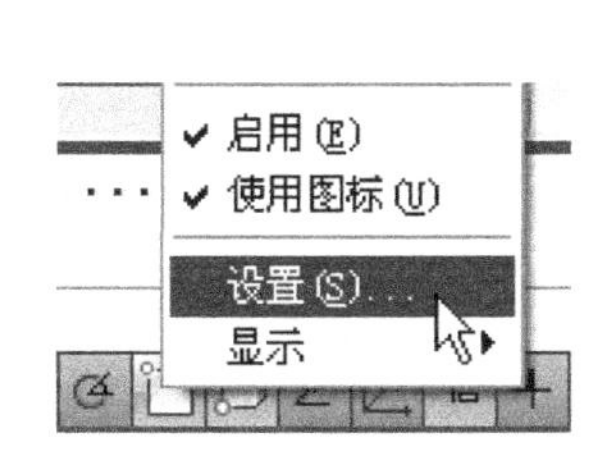

图 3-15 快捷菜单

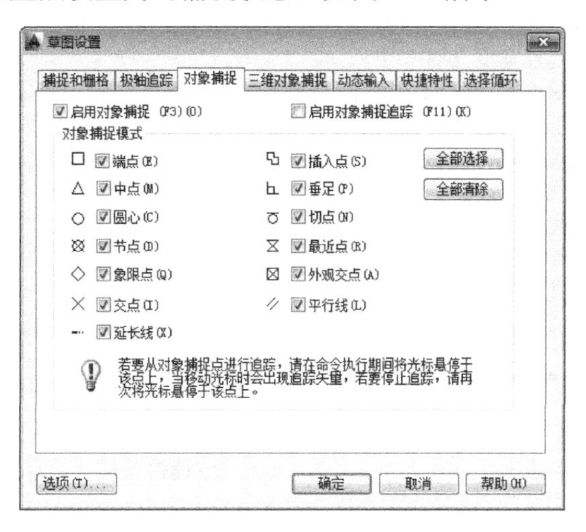

图 3-16 【草图设置】对话框

（2）单击“绘图”工具栏中的“圆”按钮，绘制花蕊，如图 3-17 所示。

（3）单击“绘图”工具栏中的“多边形”按钮，按下状态栏上的“对象捕捉”按钮，打开对象捕捉功能，捕捉圆心，绘制以圆心为中心的正五边形。绘制结果如图 3-18 所示。

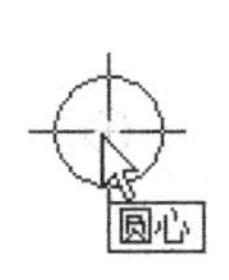

图 3-17 捕捉圆心

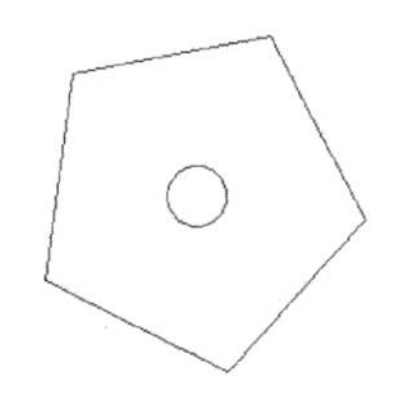

图 3-18 绘制正五边形

（4）单击“绘图”工具栏中的“圆弧”按钮，捕捉最上斜边的中点为起点，左上顶点为第 2 点，左上斜边中点为端点绘制圆弧，绘制结果如图 3-19 所示。用同样的方法绘制另外 4 段圆弧，结果如图 3-20 所示。

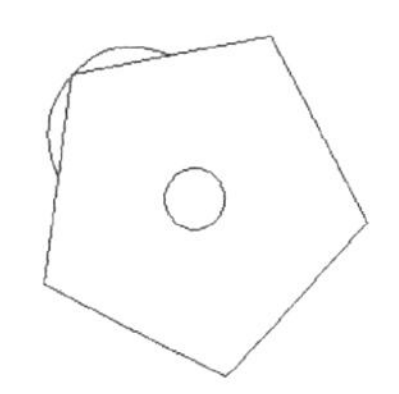

图 3-19　绘制一段圆弧

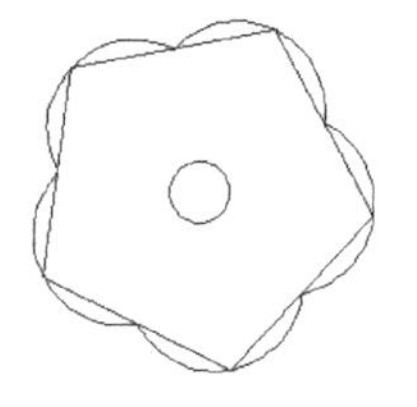

图 3-20　绘制所有圆弧

最后删除正五边形，结果如图 3-21 所示。

（5）单击“绘图”工具栏中的“多段线”按钮，绘制花枝。命令行提示与操作如下：

```
命令: _pline
指定起点:                              //捕捉圆弧右下角的交点
当前线宽为 0.0000
指定下一个点或 [圆弧(A)/半宽(H)/长度(L)/ 放弃(U)/宽度(W)]: W
指定起点宽度 0.0000>: 4
指定端点宽度 <4.0000>:
指定下一个点或 [圆弧(A)/半宽(H)/长度(L)/放弃(U)/宽度(W)]: A
指定圆弧的端点或[角度(A)/圆心(CE)/方向(D)/半宽(H)/直线(L)/半径(R)/第二个点(S)/放弃(U)/宽度(W)]: S
指定圆弧上的第二个点:                  //指定第二点
指定圆弧的端点:                        //指定第三点
指定圆弧的端点或[角度(A)/圆心(CE)/闭合(CL)/方向(D)/半宽(H)/直线(L)/半径(R)/第二个点(S)/放弃(U)/宽度(W)]:                  //完成花枝的绘制
```

（6）单击“绘图”工具栏中的“多段线”按钮，绘制花叶。命令行提示与操作如下：

```
命令: _pline
指定起点:                              //捕捉花枝上一点
当前线宽为 4.0000
指定下一个点或 [圆弧(A)/半宽(H)/长度(L)/放弃(U)/宽度(W)]: H
指定起点半宽 <2.0000>: 12
指定端点半宽 <12.0000>: 3
指定下一个点或 [圆弧(A)/半宽(H)/长度(L)/放弃(U)/宽度(W)]: A
指定圆弧的端点或[角度(A)/圆心(CE)/方向(D)/半宽(H)/直线(L)/半径(R)/第二个点(S)/放弃(U)/宽度(W)]: S
指定圆弧上的第二个点:                  //指定第二点
指定圆弧的端点:                        //指定第三点
指定圆弧的端点或[角度(A)/圆心(CE)/闭合(CL)/方向(D)/半宽(H)/直线(L)/半径(R)/第二个点(S)/放弃(U)/宽度(W)]:
```

用同样的方法绘制另外两片叶子，结果如图 3-22 所示。

图 3-21　绘制花朵

图 3-22　绘制叶子

（7）选择枝叶，枝叶上显示夹点标志，在一个夹点上右击，在弹出的快捷菜单中选择“特性”命令，如图 3-23 所示，打开【特性】对话框，在“颜色”下拉列表框选择“绿色”，如图 3-24 所示。

用同样的方法修改花朵的颜色为红色，花蕊的颜色为洋红色，最后完成绘制的花朵如图 3-25 所示。

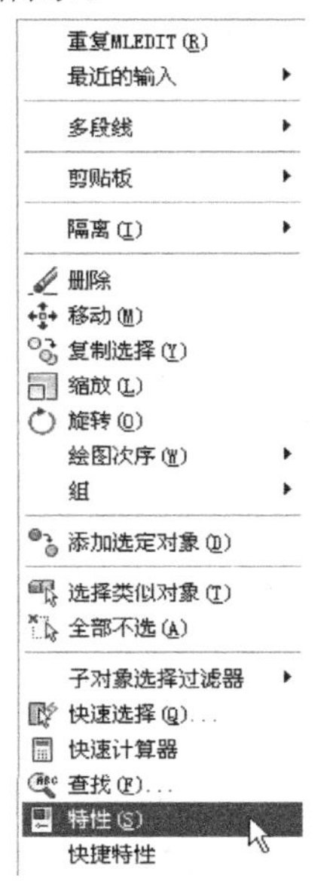

图 3-23　快捷菜单

图 3-24　修改枝叶颜色

图 3-35　绘制完成的花朵

【知识点详解】

1. 对象捕捉的应用

在使用 AutoCAD 绘制图形时，有时需要指定一些特殊位置的点，比如圆心、端点、中点、平行线上的点等，见表 3-4。可以通过对象捕捉功能来捕捉这些点。

表 3-4　特殊位置点的捕捉

捕捉模式	命　令	功　能
临时追踪点	TT	建立临时追踪点
两点之间的中点	M2P	捕捉两个独立点之间的中点
捕捉自	FROM	建立一个临时参考点，作为指出后继点的基点
点过滤器	.X (Y、Z)	由坐标选择点

续表

捕捉模式	命令	功能
端点	ENDP	线段或圆弧的端点
中点	MID	线段或圆弧的中点
交点	INT	线、圆弧或圆等的交点
外观交点	APPINT	图形对象在视图平面上的交点
延长线	EXT	指定对象的延伸线
圆心	CEN	圆或圆弧的圆心
象限点	QUA	距光标最近的圆或圆弧上可见部分的象限点，即圆周上 0°、90°、180°、270° 位置上的点
切点	TAN	最后生成的一个点到选中的圆或圆弧上引切线的切点位置
垂足	PER	在线段、圆、圆弧或它们的延长线上捕捉一个点，使之与最后生成的点的连线与该线段、圆或圆弧正交
平行线	PAR	绘制与指定对象平行的图形对象
节点	NOD	捕捉用 POINT 或 DIVIDE 等命令生成的点
插入点	INS	文本对象和图块的插入点
最近点	NEA	离拾取点最近的线段、圆、圆弧等对象上的点
无	NON	关闭对象捕捉模式
对象捕捉设置	OSNAP	设置对象捕捉

执行特殊点对象捕捉的方法有以下 3 种。

（1）命令方式。

绘图时，当命令行中提示输入一点时，输入相应特殊位置点命令，如表 4-3 所示，然后根据提示操作即可。

（2）工具栏方式。

使用如图 3-26 所示的“对象捕捉”工具栏可以使用户更方便地实现捕捉点的目的。当命令行提示输入一点时，从“对象捕捉”工具栏上单击相应的按钮。当把鼠标放在某一图标上时，会显示该图标功能的提示，然后根据提示操作即可。

图 3-26 “对象捕捉”工具栏

（3）快捷菜单方式。

快捷菜单可通过按住【Shift】键的同时右击来激活，菜单中列出了系统提供的对象捕捉模式，如图 3-27 所示。操作方法与工具栏相似，只要在 AutoCAD 提示输入点时单击快捷菜单上相应的菜单项，然后按提示操作即可。

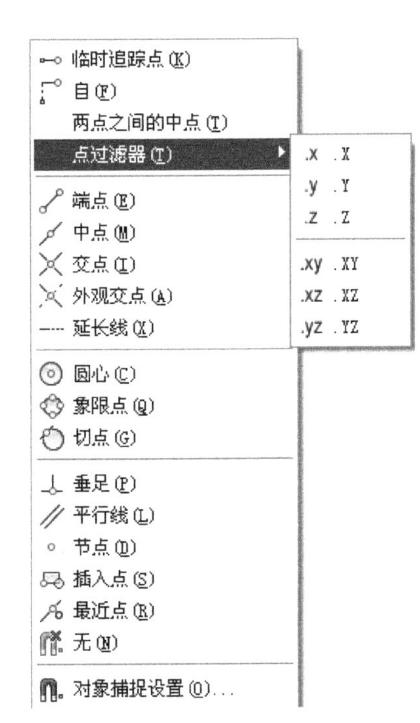

图 3-27 “对象捕捉”快捷菜单

2．对象捕捉的设置

在如图 3-25 所示中的【草图设置】对话框“对象捕捉”选项卡中，各选项含义如下。

（1）“启用对象捕捉”复选框：打开或关闭对象捕捉方式。当选中此复选框时，在“对象捕捉模式”选项组中选中的捕捉模式处于激活状态。

（2）“启用对象捕捉追踪”复选框：打开或关闭自动追踪功能。

（3）“对象捕捉模式”选项组：列出各种捕捉模式，选中则该模式被激活。单击“全部清除”按钮，则所有模式均被清除。单击“全部选择”按钮，则所有模式均被选中。

另外，在对话框的左下角有一个“选项”按钮，单击该按钮可打开【选项】对话框的“草图”选项卡，利用该对话框可进行捕捉模式的各项设置。

任务三　标注咖啡吧平面图

【任务背景】

尺寸标注是室内设计过程中相当重要的环节。图形的主要作用是表达物体的形状，而物体各部分的真实大小和各部分之间的相对位置只能通过尺寸标注来表达。因此，没有正确的尺寸标注，绘制出的图纸对于加工制造和设计安装就没有意义。

本任务对咖啡吧平面图进行尺寸标注。在咖啡吧的首层平面图中，标注主要包括 5 部分，轴线编号、平面标高、尺寸标注、文字标注以及指北针和剖切符号的标注，如图 3-28 所示。

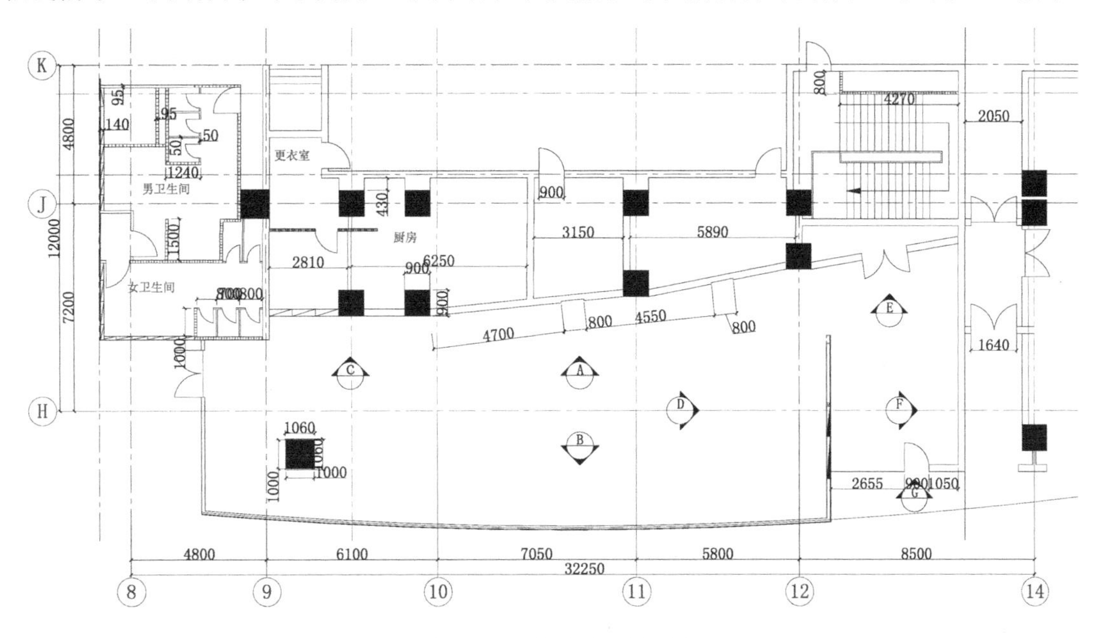

图 3-28　标注咖啡吧平面图

【操作步骤】

（1）打开图形。

打开源文件咖啡吧平面图，如图 3-29 所示。

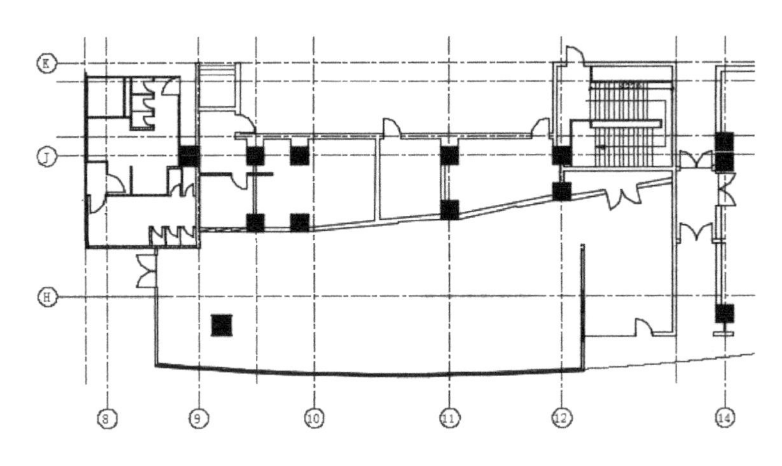

图 3-29　打开咖啡吧平面图

（2）设置标注样式。

① 单击“图层”工具栏中的“图形特性管理器”按钮，将“标注”图层设置为当前图层。

② 在命令行输入 dimstyle 命令，或者选择“格式”菜单中的“标注样式”命令，或者单击“标注”工具栏中的“标注样式”按钮，打开【标注样式管理器】对话框，如图 3-30 所示。

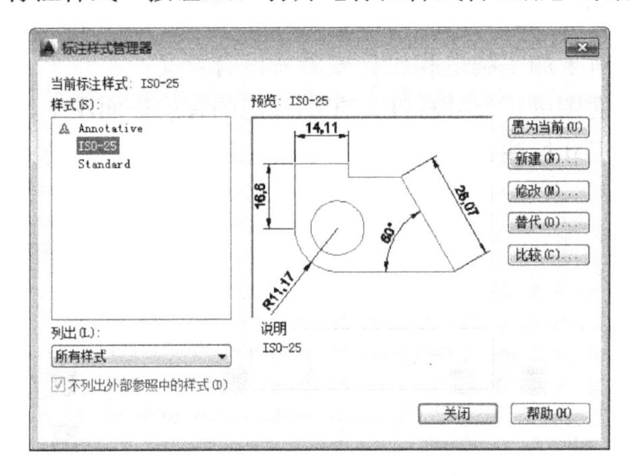

图 3-30　【标注样式管理器】对话框

③ 单击“新建”按钮，打开【创建新标注样式】对话框，输入新样式名为“建筑”，如图 3-31 所示。

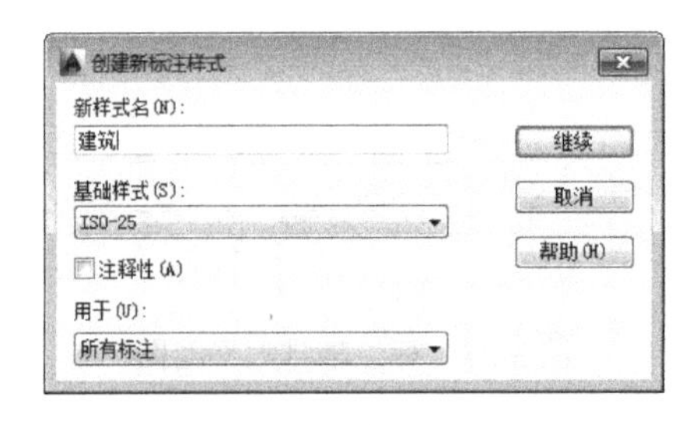

图 3-31　【创建新标注样式】对话框

④ 单击“继续”按钮，打开“新建标注样式：建筑”对话框，各选项卡设置参数如图 3-32 所示。设置完参数后，单击“确定”按钮，返回到【标注样式管理器】对话框，将“建筑”设

置为当前样式。

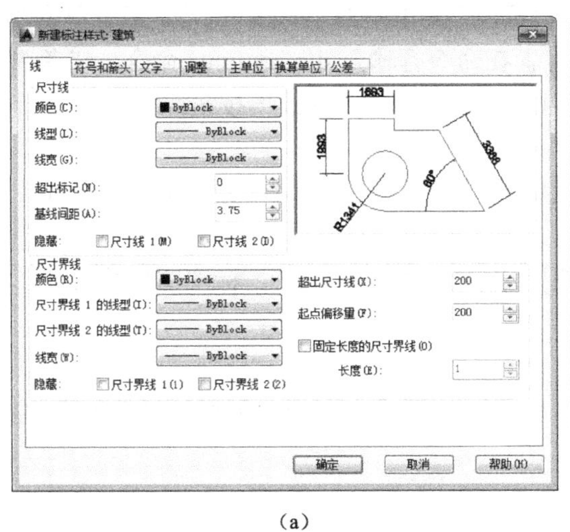

(a)

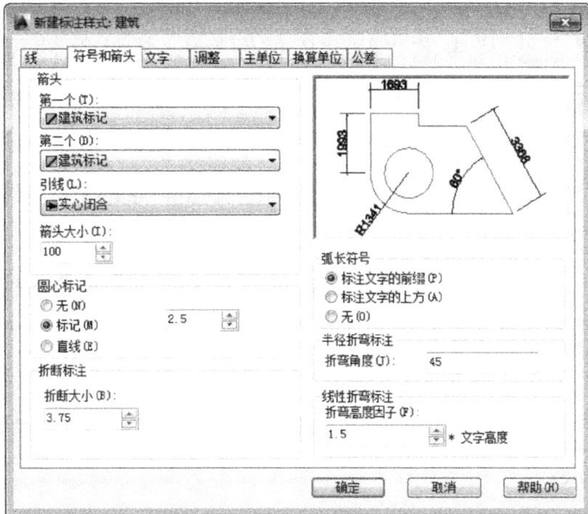

(b)

(c)

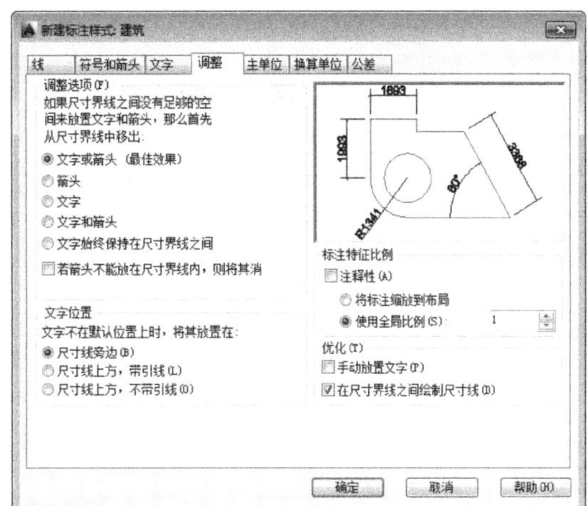

(d)

(e)

图 3-32　【新建标注样式：建筑】对话框各选项卡参数设置

（3）标注图形。

① 在命令行输入 dimlinear 命令，或者选择“标注”菜单中的“线性”命令，或者单击“标注”工具栏中的“线性”按钮，标注线性尺寸，在命令行输入 dimcontinue 命令，或者选择“标注”菜单中的“连续”命令，或者单击“标注”工具栏中的“连续”按钮，标注细节尺寸，如图 3-33 所示。

② 单击“标注”工具栏中的“线性”按钮和“连续”按钮，标注第一道尺寸，如图 3-34 所示。

③ 单击“标注”工具栏中的“线性”按钮和“连续”按钮，标注图形总尺寸，如图 3-35 所示。

（4）设置文字样式。

① 选择“格式”菜单栏中的“文字样式”命令，打开【文字样式】对话框，如图 3-36 所示。

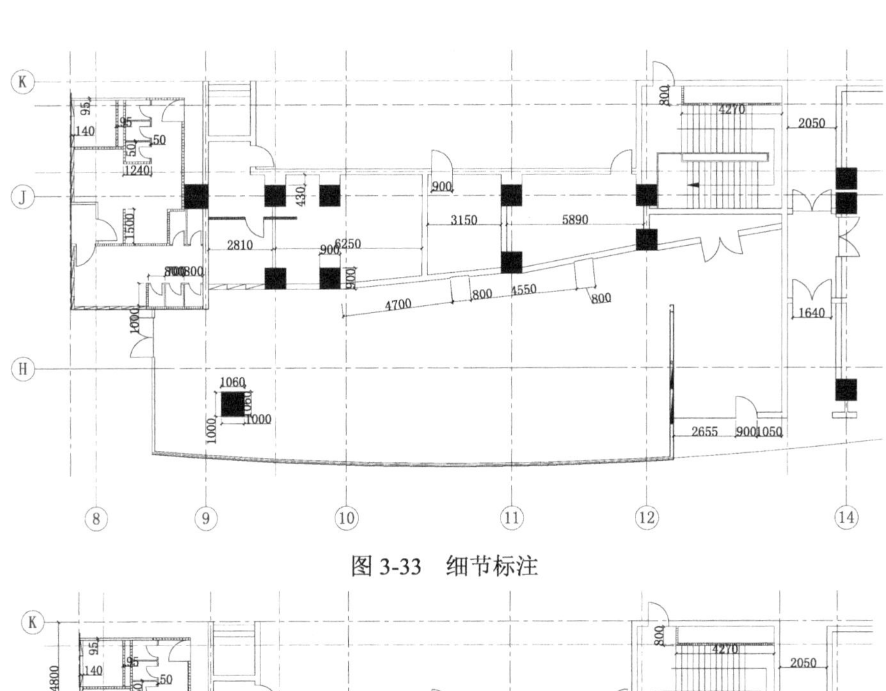

图 3-33 细节标注

图 3-34 标注第一道尺寸

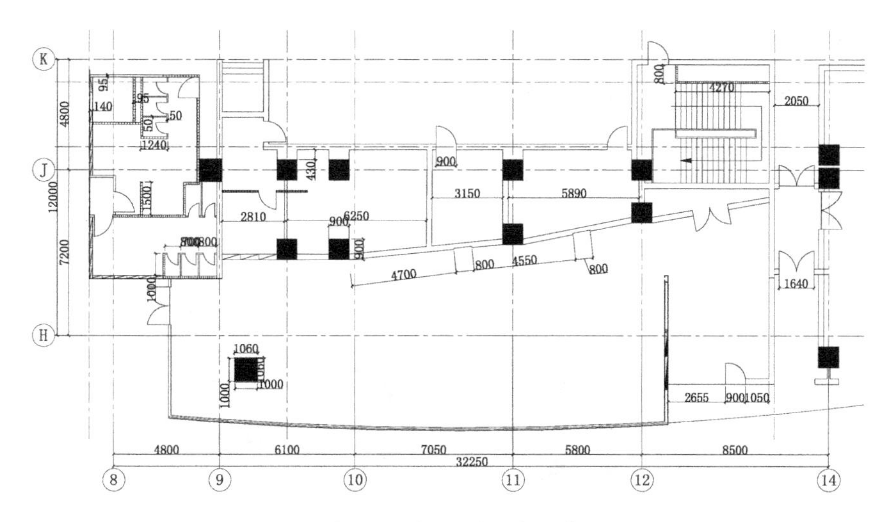

图 3-35　标注图形总尺寸

② 单击“新建”按钮，打开【新建文字样式】对话框，在“样式名”文本框中输入“平面图”，如图 3-37 所示。

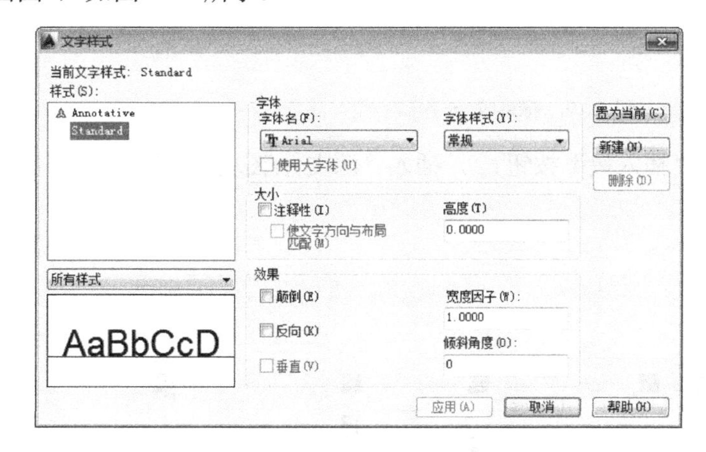

图 3-36 【文字样式】对话框

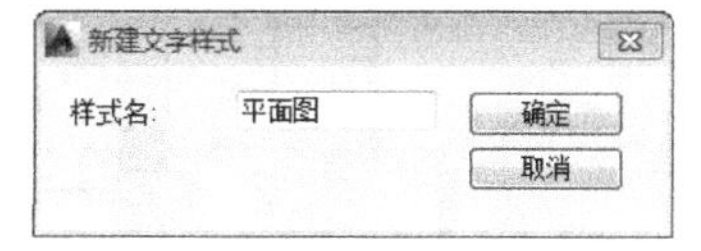

图 3-37 【新建文字样式】对话框

③ 在“高度”文本框中输入 300，其他设置如图 3-38 所示。

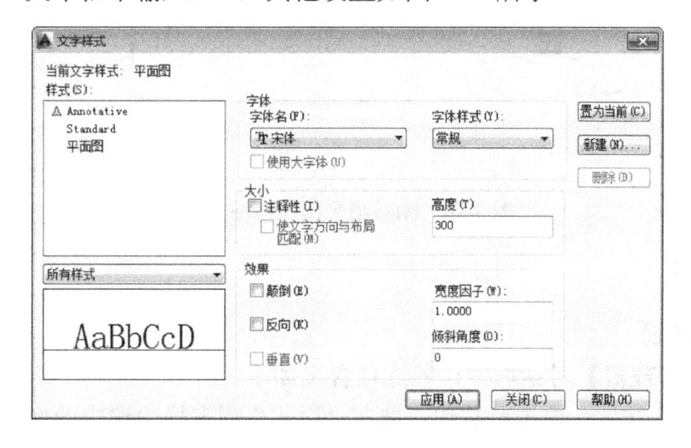

图 3-38 【文字样式】对话框

（5）标注文字。

① 单击“图层”工具栏中的“图形特性管理器”按钮，在其下拉列表中选择“文字”图层将其设置为当前图层。

② 单击“绘图”工具栏中的“多行文字”按钮A，在平面图的适当位置输入文字，如图 3-39 所示。

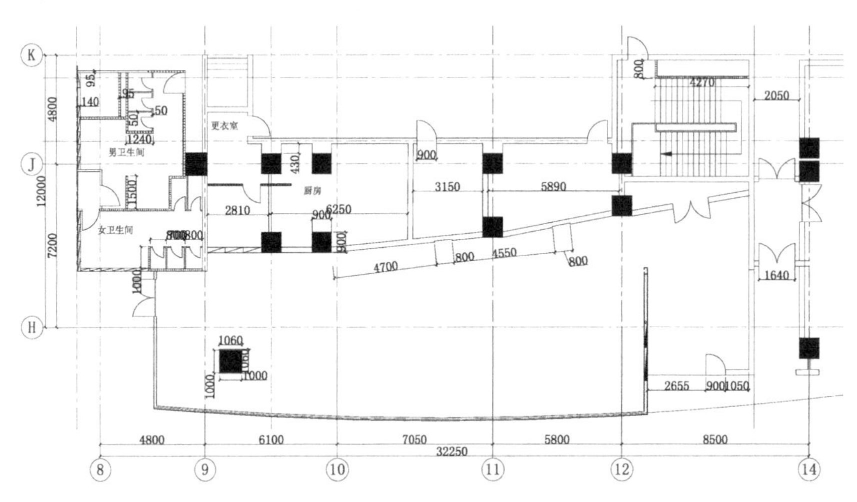

图 3-39　标注文字

③ 单击“绘图”工具栏中的“插入块”按钮，插入“源文件/图块/方向”符号。咖啡吧平面图标注完成，如图 3-40 所示。

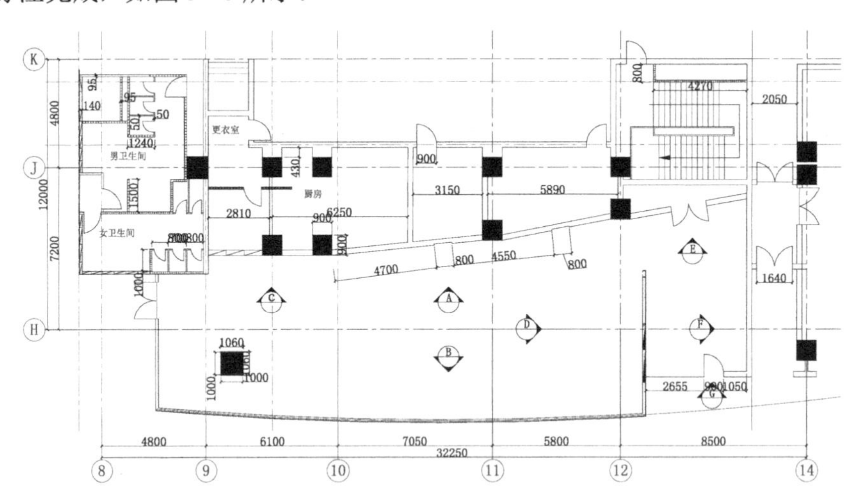

图 3-40　咖啡吧平面图标注完成

【知识点详解】

1．设置尺寸样式

在【标注样式管理器】对话框中，各选项含义如下。

（1）“置为当前”按钮：单击此按钮，把在“样式”列表框中选中的样式设置为当前样式，如图 3-30 所示。

（2）“新建”按钮：定义一个新的尺寸标注样式。单击此按钮，打开【创建新标注样式】对话框，如图 3-31 所示，利用此对话框可创建一个新的尺寸标注样式，单击“继续”按钮，打开【新建标注样式】对话框，如图 3-32 所示，利用此对话框可对新样式的各项特性进行设置。该对话框中各部分的含义和功能将在后面介绍。

（3）“修改”按钮：修改一个已存在的尺寸标注样式。单击此按钮，打开【修改标注样式】对话框，该对话框中的各选项与【新建标注样式】对话框中的各选项完全相同，可以对已有标注样式进行修改。

（4）“替代”按钮：设置临时覆盖尺寸标注样式。单击此按钮，打开【替代当前样式】对话框，该对话框中各选项与【新建标注样式】对话框完全相同，用户可改变选项的设置覆盖原来的设置，但这种修改只对指定的尺寸标注起作用，而不影响当前尺寸变量的设置。

（5）“比较”按钮：比较两个尺寸标注样式在参数上的区别或浏览一个尺寸标注样式的参数设置。单击此按钮，打开【比较标注样式】对话框，如图 3-41 所示。可以把比较结果复制到剪切板上，然后再粘贴到其他的 Windows 应用软件上。

在【新建标注样式】对话框中，有 7 个选项卡，分别说明如下。

（1）线：该选项卡对尺寸的尺寸线和尺寸界线的各个参数进行设置。包括尺寸线的颜色、线型、线宽、超出标记、基线间距、隐藏等参数，尺寸界线的颜色、线宽、超出尺寸线、起点偏移量、隐藏等参数。

（2）符号和箭头：该选项卡对箭头、圆心标记、弧长符号和半径折弯标注的各个参数进行设置，如图 3-32（b）所示。包括箭头的大小、引线、形状等参数，圆心标记的类型大小等参数，弧长符号位置、半径折弯标注的折弯角度、线性折弯标注的折弯高度因子以及折断标注的折断大小等参数。

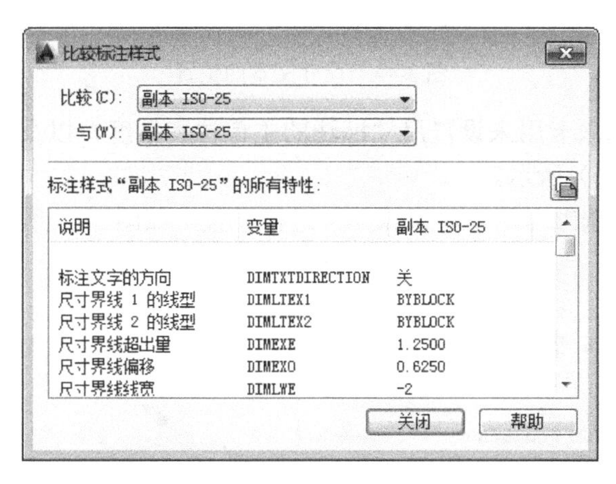

图 3-41 【比较标注样式】对话框

（3）文字：该选项卡对文字的外观、位置、对齐方式等各个参数进行设置，如图 3-32（c）所示。包括文字外观的文字样式、文字颜色、填充颜色、文字高度、分数高度比例、是否绘制文字边框等参数，文字位置的垂直、水平和从尺寸线偏移等参数。对齐方式有水平、与尺寸线对齐和 ISO 标准 3 种方式。如图 3-42 所示为尺寸在垂直方向放置的 4 种不同情形，如图 3-43 所示为尺寸在水平方向放置的 5 种不同情形。

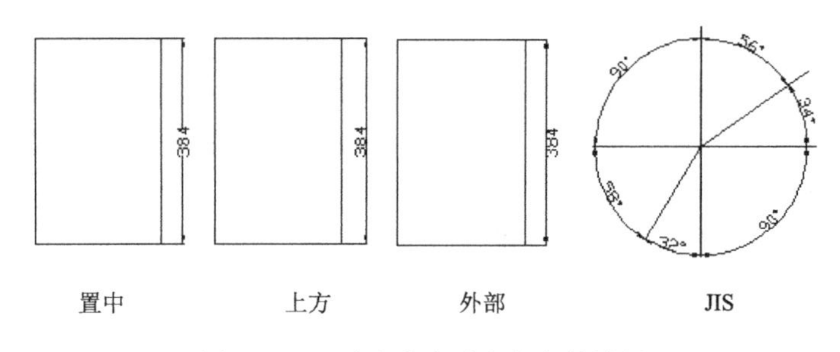

图 3-42　尺寸文本在垂直方向的放置

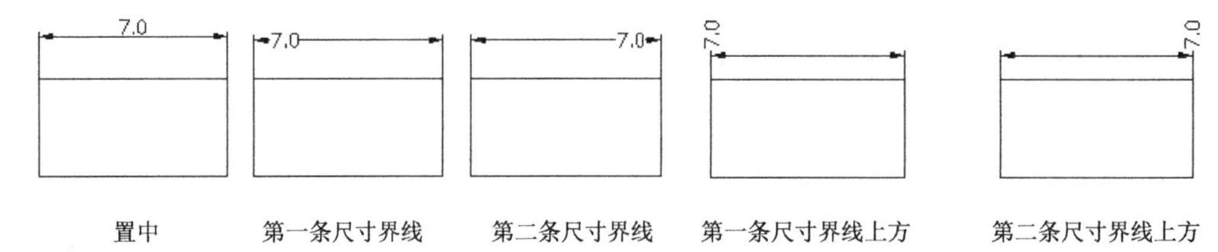

图 3-43　尺寸文本在水平方向的放置

（4）调整：该选项卡对调整选项、文字位置、标注特征比例、优化等各个参数进行设置，如图 3-32（d）所示。包括调整选项选择，文字不在默认位置时的放置位置，标注特征比例选择以及优化尺寸要素位置等参数。如图 3-44 所示为文字不在默认位置时放置位置的 3 种不同情形。

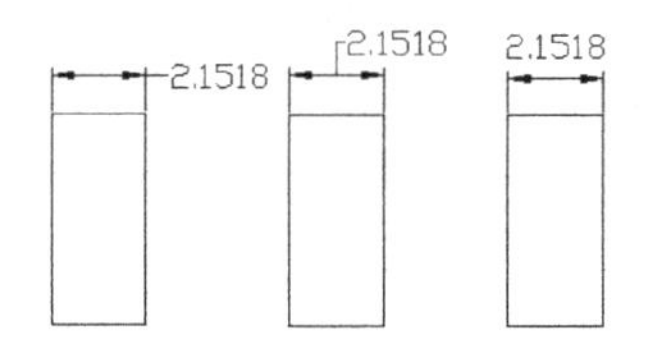

图 3-44　尺寸文本的位置

（5）主单位：该选项卡用来设置尺寸标注的主单位和精度，以及给尺寸文本添加固定的前缀或后缀如图 3-32（e）所示。

（6）换算单位：该选项卡用于对换算单位进行设置，如图 3-45 所示。

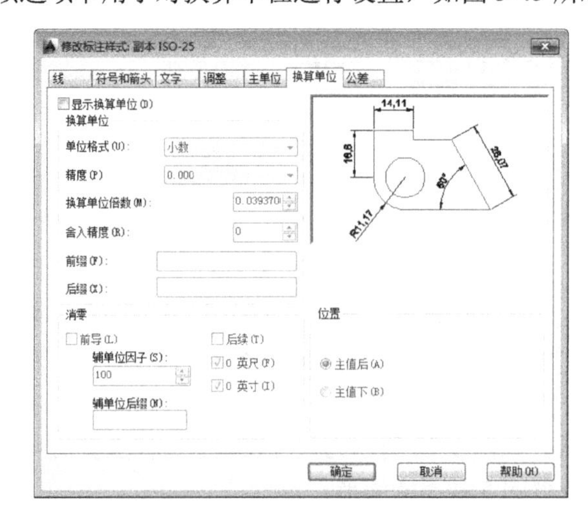

图 3-45　“换算单位”选项卡

（7）公差：该选项卡用于对尺寸公差进行设置，如图 3-46 所示。其中“方式”下拉列表框列出了 5 种标注公差的形式，用户可从中选择。这 5 种形式分别是“无”“对称”“极限偏差”“极限尺寸”和“基本尺寸”，其中“无”表示不标注公差，即通常的标注情形。其余 4 种标注情况如图 3-47 所示。在“精度”“上偏差”“下偏差”“高度比例”“垂直位置”等文本框中输入或选择相应的参数值。

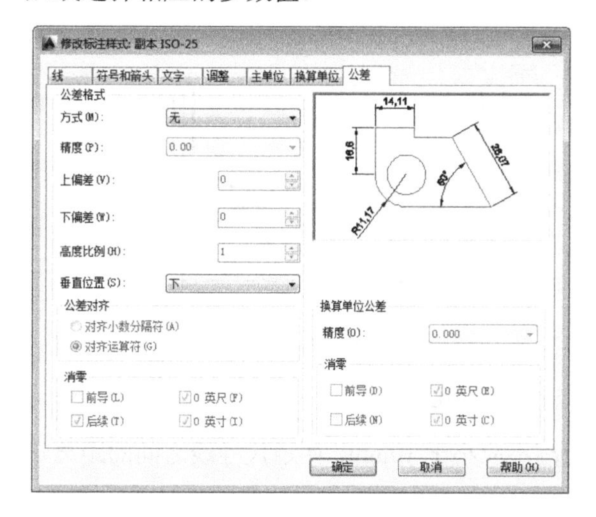

图 3-46　“公差”选项卡

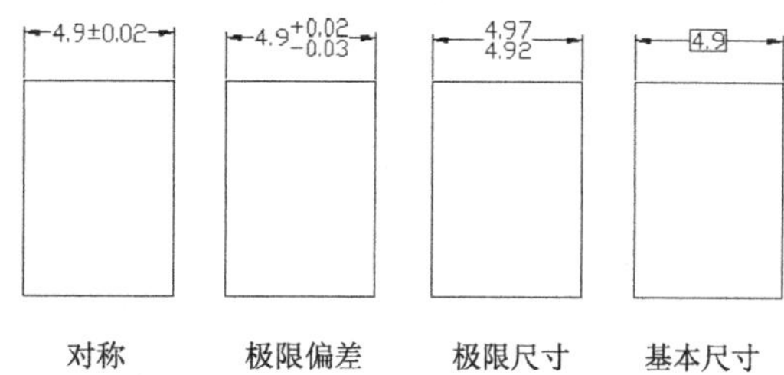

图 3-47　公差标注的形式

注意

系统自动在上偏差数值前加“+”号，在下偏差数值前加“-”号。如果上偏差是负值或下偏差是正值，都需要在输入的偏差值前加负号。如下偏差是+0.005，则需要在“下偏差”微调框中输入-0.005。

2．线性标注

在“线性标注”命令的命令行提示中，各选项含义如下。

（1）指定尺寸线位置：确定尺寸线的位置。用户可移动鼠标选择合适的尺寸线位置，然后按 Enter 键或单击，AutoCAD 则自动测量所标注线段的长度并标注出相应的尺寸。

（2）多行文字(M)：用多行文本编辑器确定尺寸文本。

（3）文字(T)：在命令行提示下输入或编辑尺寸文本。选择此选项后，AutoCAD 提示：

输入标注文字 <默认值>:

其中的默认值是 AutoCAD 自动测量得到的被标注线段的长度，直接按 Enter 键即可采用此长度值，也可输入其他数值代替默认值。当尺寸文本中包含默认值时，可使用尖括号“< >”表示默认值。

（4）角度(A)：确定尺寸文本的倾斜角度。

（5）水平(H)：水平标注尺寸，不论标注什么方向的线段，尺寸线均水平放置。

（6）垂直(V)：垂直标注尺寸，不论被标注线段沿什么方向，尺寸线总保持垂直。

（7）旋转(R)：输入尺寸线旋转的角度值，旋转标注尺寸。

其他标注方法与线性标注类似，不再赘述。

3．标注标准

对室内设计图进行标注时，需要注意下面一些标注原则。

（1）尺寸标注应力求准确、清晰、美观大方，在同一张图纸中，标注风格应保持一致。

（2）尺寸线应尽量标注在图纸轮廓线以外，从内到外依次标注从小到大的尺寸，不能将大尺寸标在内，而小尺寸标在外，如图3-48所示。

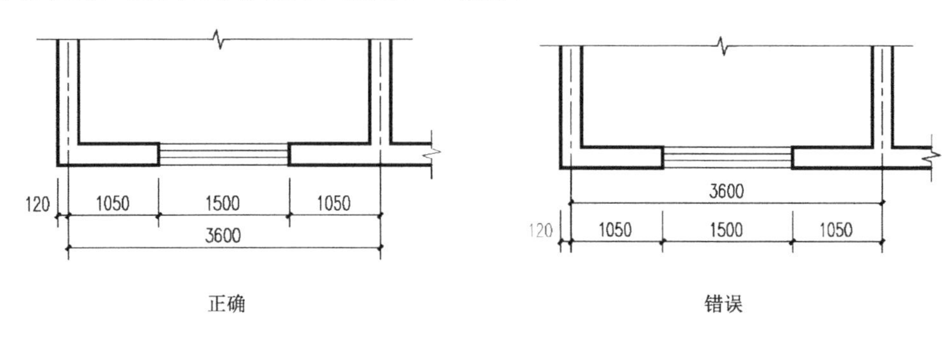

图3-48　尺寸标注正误对比

（3）最外一道尺寸线与图纸轮廓线之间的距离不应小于10mm，两道尺寸线之间的距离一般为7～10mm。

（4）尺寸延伸线朝向图纸的一端距图纸轮廓的距离应不小于2mm，不宜直接与之相连。

（5）在图线拥挤的地方，应合理安排尺寸线的位置，但不宜与图线、文字和符号相交，可以考虑将轮廓线用作尺寸延伸线，但不能作为尺寸线。

（6）对于连续相同的尺寸，可以采用“均分”或“（EQ）”字样代替，如图3-49所示。

图3-49　相同尺寸的省略标注方法

模拟试题与上机实验3

1．选择题

（1）如果将图层锁定后，那么该图层中的图形（　　）。

A．可以显示　　B．不能打印　　C．不能显示　　D．可以编辑

（2）栅格状态默认为开启，以下（　　）方法无法关闭该状态。

A．单击状态栏上的栅格按钮　　B．将Gridmode变量设置为1

C．输入grid然后输入off　　D．以上均不正确

（3）如果某图层的对象不能被编辑，但能在屏幕上可见，且能捕捉该对象的特殊点和标注尺寸，该图层状态为（　　）。

A．冻结　　B．锁定　　C．隐藏　　D．块

（4）对某图层进行锁定后，则（　　）。

A．图层中的对象不可编辑，但可添加对象
B．图层中的对象不可编辑，也不可添加对象
C．图层中的对象可编辑，也可添加对象
D．图层中的对象可编辑，但不可添加对象

（5）不可以通过【图层过滤器特性】对话框中过滤的特性是（　　）。
A．图层名、颜色、线型、线宽和打印样式
B．打还是关闭图层
C．解冻还是冻结图层
D．图层是 Bylayer 还是 ByBlock

（6）将特性从一个图层复制到其他图层用到的功能是（　　）。
A．图层匹配　　B．图层漫游　　C．图层隔离　　D．图层过滤

（7）下列关于被固定约束的圆心的圆说法错误的是（　　）。
A．可以移动圆　　B．可以放大圆　　C．可以偏移圆　　D．可以复制圆

（8）执行对象捕捉时，如果在一个指定的位置上包含多个对象符合捕捉条件。则按（　　）键可以在不同对象间切换。
A．【Ctrl】　　B．【Tab】　　C．【Alt】　　D．【Shift】

（9）如果显示的标注对象小于被标注对象的实际长度，应采用（　　）。
A．折弯标注　　B．打断标注　　C．替代标注　　D．检验标注

（10）若尺寸的公差是 20±0.034，则应该在“公差”选项卡中选择公差（　　）形式。
A．极限偏差　　B．极限尺寸　　C．基本尺寸　　D．对称

（11）在正常输入汉字时却显示“？”，是因为（　　）。
A．文字样式没有设定好　　B．输入错误
C．堆叠字符　　D．字高太高

（12）在标注样式设置中，将调整下的“使用全局比例”值增大，将改变尺寸的哪些内容？（　　）
A．使所有标注样式设置增大　　B．使标注的测量值增大
C．使全图的箭头增大　　D．使尺寸文字增大

（13）标注样式全局比例设置为 2，所用文字样式中高度设置为 5，则用该标注样式标注的尺寸文字高度为（　　）。
A．2　　B．2.5　　C．5　　D．10

2．上机实验题

实验 1　绘制如图 3-50 所示的五环旗。

图 3-50　五环旗

◆ 目的要求

本实验要绘制的图形的特色就是要为不同的图线设置不同颜色，因此，必须设置不同的图层。通过本实验，要求读者掌握设置图层的方法与图层转换过程的操作。

◆ 操作提示

（1）利用图层命令 LAYER 创建 5 个图层。

（2）利用“直线”“多段线”“圆环”“圆弧”等命令在不同图层绘制图线。

（3）在每绘制一种颜色图线前，进行图层转换。

实验 2　标注如图 3-51 所示的居室平面图。

◆ 目的要求

设置标注样式是标注尺寸的首要工作，一般可以根据图形的需要对标注样式的各个选项进行细致的设置，从而进行尺寸的标注。本实验通过对标注样式的设置以及对图形尺寸的标注过程，使读者灵活掌握尺寸标注的方法。

◆ 操作提示

（1）使用基础绘图命令绘制居室平面图。

（2）设置尺寸标注样式。

（3）使用“线性”和“连续”命令标注水平轴线及竖向轴线的尺寸。

（4）使用“线性”命令标注细部及总尺寸。

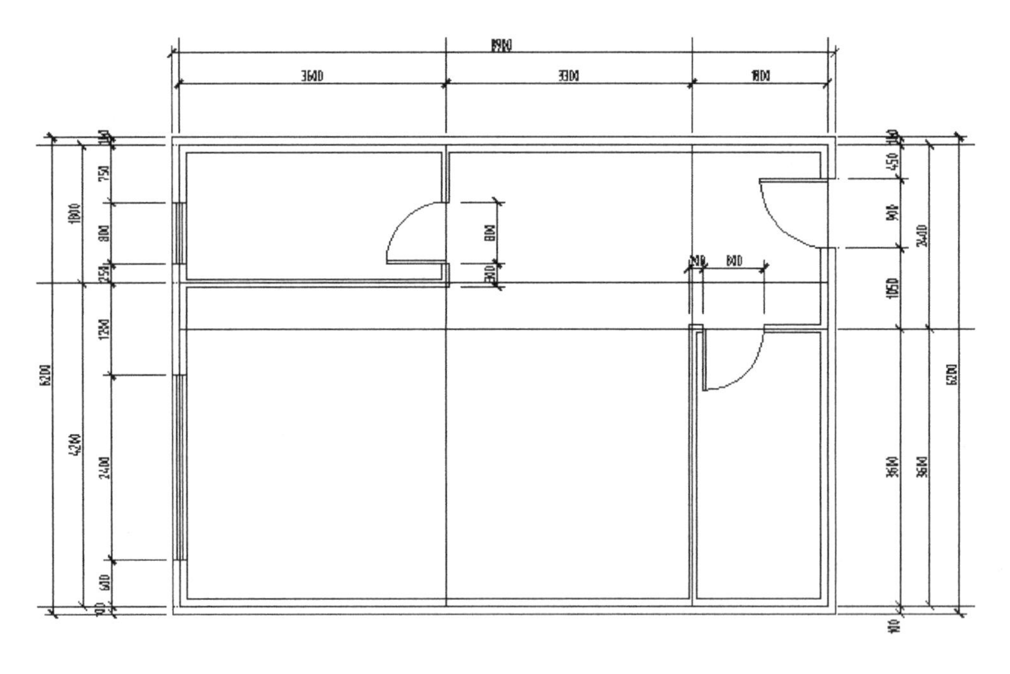

图 3-51　标注居室平面图

项目四　绘制复杂的室内设计单元

【学习情境】

在前面的项目中，读者学习了利用 AutoCAD 绘制简单室内设计单元的基本方法以及对应的 AutoCAD 命令的使用技巧。对于那些相对复杂的室内设计单元，前面所学的知识就不足以解决问题了，本项目帮助读者利用二维图形编辑命令来解决这些问题。

二维图形编辑命令是在已绘制图线的基础上，经过修改，进一步完成复杂图形对象的绘制工作。这些命令可使用户合理安排和组织图形，保证作图准确，减少重复，因此，对编辑命令的熟练掌握和使用有助于提高设计和绘图的效率。

【能力目标】

- 掌握复制类命令。
- 熟悉改变位置类命令。
- 掌握改变几何特性类命令。
- 熟练绘制各种复杂室内设计单元。

【课时安排】

10 课时（讲课 4 课时，练习 6 课时）

任务一　绘制双开门

【任务背景】

在绘制双扇门时，如果图形中出现了对称的图线需要绘制，可以利用“镜像”命令迅速完成。“镜像”命令是一种最简单的编辑命令，镜像对象是指把选择的对象围绕一条镜像线作对称复制。镜像操作完成后，可以保留原对象也可以将其删除。

本任务首先使用“矩形”和“圆弧”命令绘制一侧的图形，然后利用“镜像”命令创建另一侧的图形，再进行一次镜像镜像出下侧图形，以此完成双扇门的绘制，具体绘制流程如图 4-1 所示。

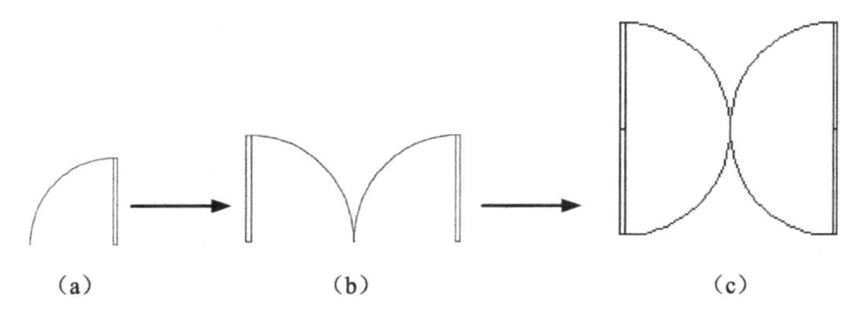

图 4-1　绘制双开门流程图

【操作步骤】

（1）门扇绘制：单击“绘图”工具栏中的“矩形”按钮，输入相对坐标“@50,1000”，在绘图区域的适当位置绘制一个 50mm×1000 mm 的矩形作为门扇，如图 4-2 所示。

（2）弧线绘制：单击“绘图”工具栏中的“圆弧”按钮，命令行提示与操作如下：

```
命令：_arc 指定圆弧的起点或 [圆心（C）]：C ↙
指定圆弧的圆心：↙//捕捉矩形右下角点
指定圆弧的起点：↙//捕捉矩形右上角点
指定圆弧的端点或 [角度（A）/弦长（L）]：↙ //在矩形左侧水平线上拾取一点，绘制完毕
```

这样，单扇平开门的图形就绘制完成了。

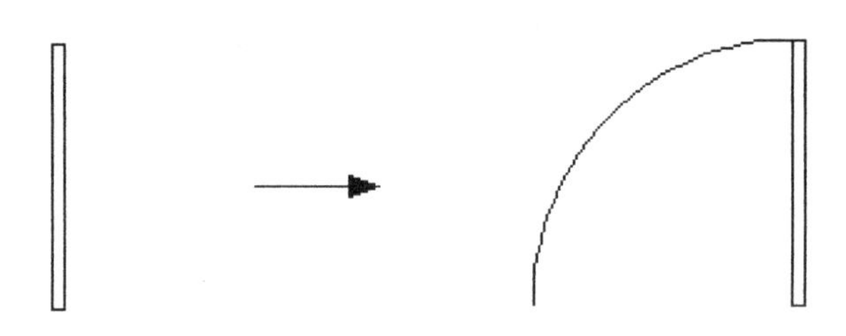

图 4-2　单扇平面门绘制

（3）双扇门绘制：使用“镜像”命令对上述单扇门进行处理即可得到。在命令行输入 mirror 命令，或者选择“修改”菜单中的“镜像”命令，或者单击“修改”工具栏中的“镜像”按钮，将单扇门复制一个到其他位置（如图 4-3 所示）；继续单击“修改”工具栏中的“镜像”按钮，选中镜像出的双扇门，选取图中双扇门的左、右端点为镜像线，右击确定退出，即可完成绘制。注意事先按【F8】键调整到“正交”模式下。命令行操作提示与操作如下：

```
命令：_mirror↙
选择对象：指定对角点：找到 2 个        //框选单扇门
选择对象：↙
指定镜像线的第一点：↙                  //捕捉左端点
指定镜像线的第二点：↙                  //捕捉右端点
要删除源对象吗？[是（Y）/否（N）] <N>：↙
```

采用类似的方法还可以绘制出双扇弹簧门，如图 4-4 所示，请读者自己完成。

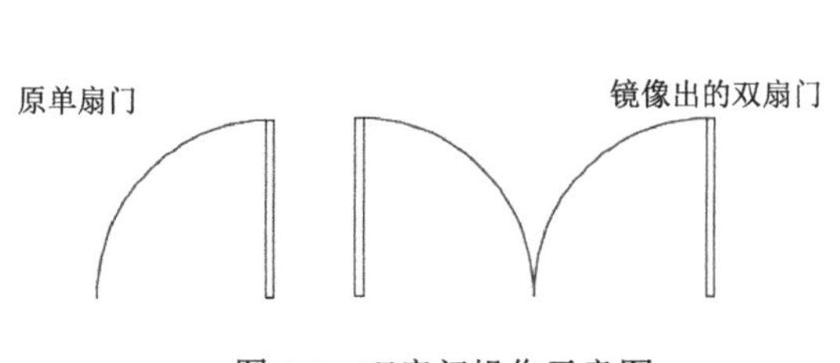

图 4-3　双扇门操作示意图

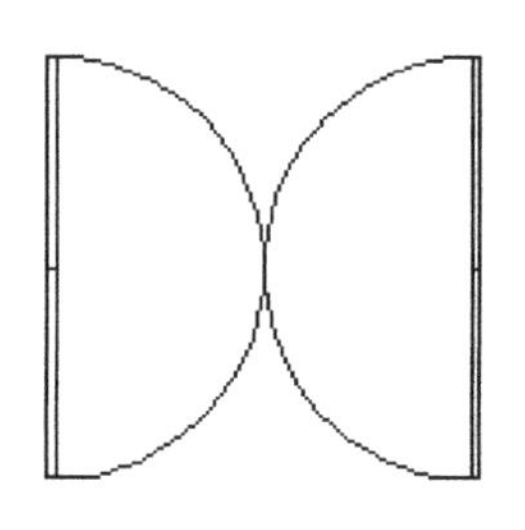

图 4-4　双扇弹簧门

【知识点详解】

从本项目开始，我们慢慢接触到一些相对复杂的室内家具图形，在这里简要介绍一下室内设计的一些基本知识。

1．室内设计原理

所谓设计，通常是指人们通过调查研究、分析综合、头脑加工，发挥自己的创造性，做出某种有特定功能的系统或成品以及生产某种产品的构思过程，具有高度的精确性、先进性和科学性。经过严格检测，达到预期的标准后，即可依据此设计蓝本，进入系统建立或产品生产的实践阶段，最终达到该项系统的建成或产品生产的目的。

随着当代社会的飞速发展，人民生活水平的提高，人们对居住环境的要求也越来越高，品位不断增加，建筑室内设计也越来越受到人们重视。人们对建筑结构内部的要求逐渐向形态多样化、实用功能多极化和内部构造复杂化的方向发展。室内设计需要考虑美学与人机工程学，这些对于室内空间的“整合”和“再造”发挥了巨大的作用。

2．室内设计概况

我国室内设计行业正在蓬勃发展，但还存在一定的问题，值得广大设计人员重视，以促进行业健康发展。

（1）人们对于室内设计的重要性不够重视。随着社会的发展，社会分工越来越细、越来越明确。而建筑业也应如此，过去由建筑设计师总揽的情况已不适应现阶段建筑行业的发展要求。然而许多建筑业内人士并没有意识到这一点，认为室内设计是可有可无的行业，没有得到足够的重视。但是随着人们对建筑结构内部使用功能、视觉要求地不断提高，室内设计将逐步被人们重视，建筑设计和室内设计的分离是不可避免的。因此，室内设计人员要有足够的信心，并积极摄取各方面的知识，丰富自己的创意，提高设计水平。

（2）室内设计管理机制不健全。由于我国室内设计尚处于发展阶段，相应的管理体制、规范、法规不够健全，未形成体系，设计人员从业过程中缺乏依据，管理不规范，导致许多问题现今还没有有效解决。

（3）我国建筑设计及室内设计人员素质偏低，设计质量不高。目前我国建筑师不断增加，但他们并非全部接受过专业的教育，不具备室内建筑师的素养。许多略懂美术、不通建筑的人滥竽充数，阻碍了设计质量的提高。同时，我国相关主管部门尚未建立完善的管理体制和法律规范，致使设计过程的监督、设计作品的分类和文件的编制不统一，这也是影响我国室内设计水平偏低的重要原因之一。

（4）我国室内设计行业并没有形成良好的学术氛围，对外交流和借鉴也不足，满足于现状。同时，现在建筑设计、结构设计及室内设计为了适应工程工期的需要，常常缩短设计时间，导致设计水平下降，作品参差不齐。

3．室内设计构思

（1）初始阶段。

室内设计的构思在设计过程中起着举足轻重的作用。因此在设计初始阶段，要进行一系列的构思设计，以保证后续工作能够有效、完美地进行。构思的初始阶段主要包括以下几个方面的内容。

① 空间性质/使用功能。室内设计是在建筑主体完成后的原型空间内进行的，因此，室内

设计的首要工作就是要确认原型空间的使用功能，也就是原型空间的使用性质。

② 水平流线组织。当原型空间认定之后，着手构思的第一步是进行流线分析和组织，包括水平流线和垂直流线。流线功能按需要可能是单一流线，也可能是多种流线。

③ 功能分区图式化。空间流线组织之后，应进行功能分区图式化布置，以进一步接近平面布局设计。

④ 图式选择。选择最佳图式布局作为平面设计的最终依据。

⑤ 平面初步组合。经过前面几个步骤的操作，最后形成了空间平面组合的形式，不过有待进一步深化。

（2）深化阶段。

经过初始阶段的室内设计构成最初的构思方案后，即可进行构思深化阶段的设计。深化阶段构思的内容和步骤如图 4-5 所示。

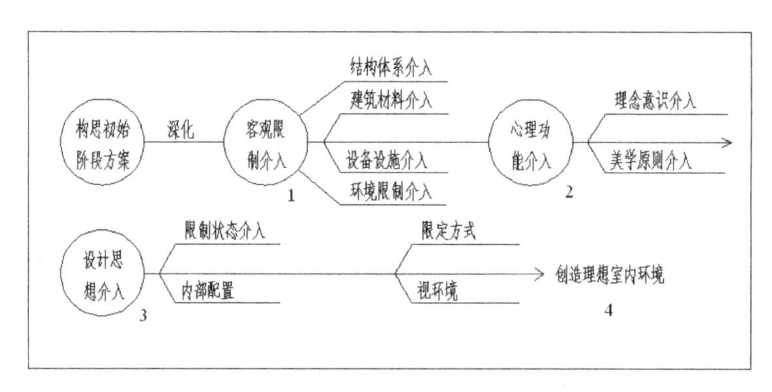

图 4-5　深化阶段构思的内容和步骤

结构技术对室内设计构思的影响主要表现在两个方面：一是原型空间墙体结构方式，二是原型空间屋顶结构方式。

原型空间墙体结构方式关系到室内设计内部空间改造的饰面采用的方法和材料。基本的原型空间墙体结构方式有：板柱墙、砌块墙、柱间墙和轻隔断墙。

原型空间屋顶（屋盖）结构关系到室内设计的顶棚做法。屋顶结构主要分为：构架结构体系、梁板结构体系、大跨度结构体系和异型结构体系。

另外，室内设计要考虑建筑所用材料对设计内涵和色彩、光影、情趣的影响，室内外露管道和布线的处理，通风条件、采光条件、噪声和空气清新、温度的影响等。

随着人们对室内要求的提高，在进行室内设计时还要结合个人喜好，定好室内设计的基调。一般人们对室内的格调要求有三种类型：现代新潮观念、怀旧情调观念和随意舒适观念（折中型）。

任务二　绘制办公桌

【任务背景】

在绘制家具图形时，如果图形中出现了相同的图线需要绘制，可以利用“复制”命令来迅速完成，这样可以大大提高绘图效率，简化图形的绘制。

本任务首先使用“矩形”命令绘制基本的图线，然后使用“复制”命令完成重复图线的绘制。具体绘制流程如图 4-6 所示。

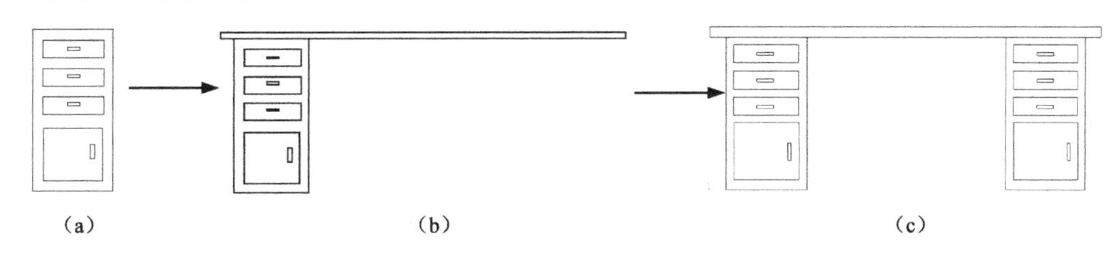

图 4-6　绘制办公桌

【操作步骤】

（1）单击“绘图”工具栏中的“矩形”按钮，在合适的位置绘制如图 4-7 所示的矩形。

（2）单击“绘图”工具栏中的“矩形”按钮，在合适的位置绘制一系列的矩形，作为抽屉，结果如图 4-8 所示。

（3）单击“绘图”工具栏中的“矩形”按钮，在合适的位置绘制一系列的矩形，作为把手，结果如图 4-9 所示。

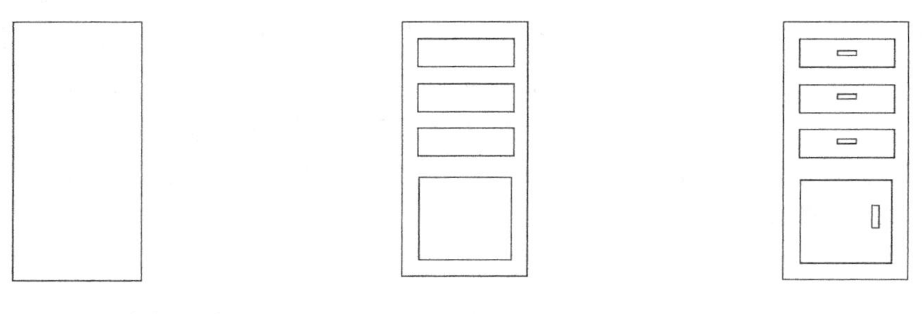

图 4-7　作矩形　　图 4-8　绘制抽屉　　图 4-9　绘制把手

（4）单击“绘图”工具栏中的“矩形”按钮，在合适的位置绘制矩形，作为桌面，结果如图 4-10 所示。

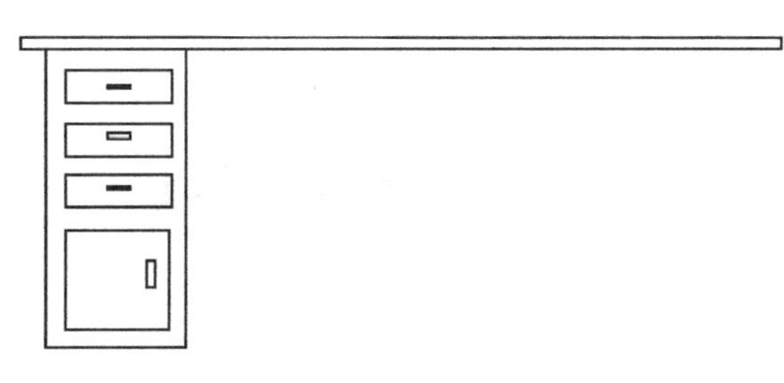

图 4-10　绘制桌面

（5）在命令行输入 copy 命令，或者选择“修改”菜单中的“复制”命令，或者单击“修改”工具栏中的“复制”按钮，将办公桌左边的一系列矩形复制到右边，完成办公桌的绘制。命令行提示与操作如下：

```
命令：copy↙
选择对象：//选取左边的一系列矩形
```

选择对象：↙
当前设置： 复制模式 = 多个
指定基点或 [位移（D）/模式（O）] <位移>://在左边的一系列矩形上，任意指定一点
指定第二个点或 [阵列（A）] <使用第一个点作为位移>://打开状态栏上的“正交”功能，指定适当位置的一点
指定第二个点或 [阵列（A）/退出（E）/放弃（U）] <退出>:↙

结果如图 4-11 所示。

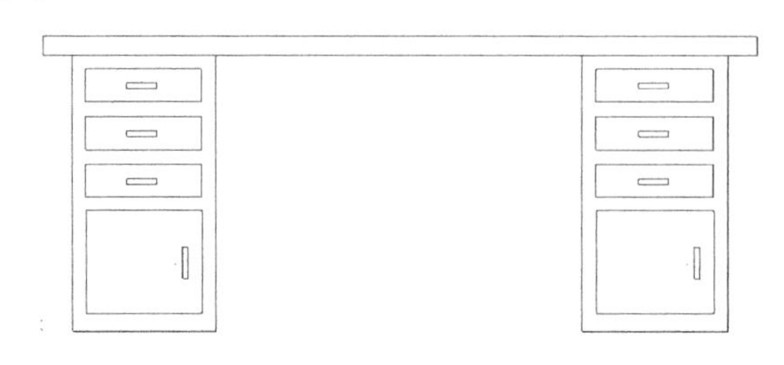

图 4-11 复制图形

【知识点详解】

在“复制”命令的命令行提示中，各选项含义如下。

（1）指定基点：指定一个坐标点后，把该点作为复制对象的基点。指定第二个点后，系统将根据这两点确定的位移矢量把选择的对象复制到第二点处。如果此时直接按【Enter】键，即选择默认的“使用第一个点作为位移”，则第一个点被当作相对于 X、Y、Z 的位移。例如，如果指定基点为（2,3）并在下一个提示下按【Enter】键，则该对象从它当前的位置开始，在 X 方向上移动 2 个单位，在 Y 方向上移动 3 个单位。一次复制完成后，可以不断指定新的第二点，从而实现多重复制。

（2）位移：直接输入位移值，表示以选择对象时的拾取点为基准，以拾取点坐标为移动方向，纵横比移动指定位移后所确定的点为基点。例如，选择对象时的拾取点坐标为（2,3），输入位移为 5，则表示以（2,3）点为基准，沿纵横比为 3∶2 的方向移动 5 个单位所确定的点为基点。

（3）模式：控制是否自动重复该命令。确定复制模式是单个还是多个。

（4）阵列：指定在线性阵列中排列的副本数量。

任务三 绘制影碟机

【任务背景】

在绘制家具图形时，如果图形中有需要多重复制的图线，可以利用“阵列”命令来完成。建立阵列是指多重复制选择的对象并把这些副本按矩形、环形或者沿路径排列。把副本按矩形排列称为建立矩形阵列，把副本按环形排列称为建立极阵列。建立极阵列时，应该控制复制对象的次数和对象是否被旋转；建立矩形阵列时，应该控制行和列的数量以及对象副本之间的距离。

AutoCAD 2014 提供了 ARRAY 命令建立阵列。用该命令可以建立矩形阵列、路径阵列和环形阵列。

本任务首先使用“圆”和“矩形”命令绘制基本的图线，然后使用“矩形阵列”命令完成重复图线的绘制。具体绘制流程如图 4-12 所示。

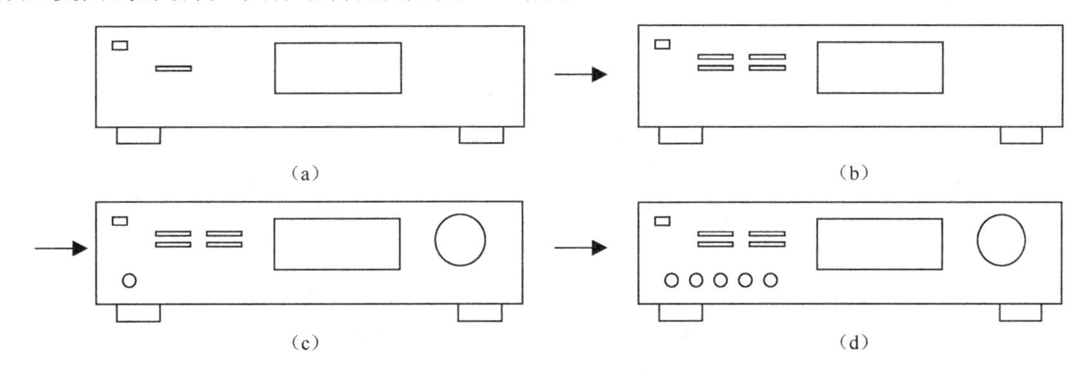

图 4-12　影碟机绘制流程

【操作步骤】

（1）单击“绘图”工具栏中的“矩形”按钮，绘制角点坐标分别为{（0，15）（396，107）}{（19.1，0）（59.3，15）}{（336.8，0）（377，15）} 的 3 个矩形，结果如图 4-13 所示。

（2）单击“绘图”工具栏中的“矩形”按钮，绘制角点坐标分别为{（15.3，86）（28.7，93.7）}{（166.5，45.9）（283.2，91.8）}{（55.5，66.9）（88，70.7）} 的 3 个矩形，绘制结果如图 4-14 所示。

（3）在命令行输入 arrayrect 命令，或者选择“修改”菜单中的“矩形阵列”命令，或者单击“修改”工具栏中的“矩形阵列”按钮，选择上述绘制的第二个矩形为阵列对象，输入行数为 2，列数为 2，行间距为 9.6，列间距为 47.8，命令行提示与操作如下：

```
命令: _arrayrect↙
选择对象:↙ //选择绘制的矩形
选择对象:↙
类型 = 矩形  关联 = 是
选择夹点以编辑阵列或 [关联（AS）/基点（B）/计数（COU）/间距（S）/列数（COL）/行数（R）/层数（L）/退出（X）] <退出>:cou↙
输入列数数或 [表达式（E）] <4>:2↙
输入行数数或 [表达式（E）] <3>:2↙
选择夹点以编辑阵列或 [关联（AS）/基点（B）/计数（COU）/间距（S）/列数（COL）/行数（R）/层数（L）/退出（X）] <退出>:s↙
指定列之间的距离或 [单位单元（U）] <8.7903>:47.8↙
指定行之间的距离 <8.7903>:9.6↙
选择夹点以编辑阵列或 [关联（AS）/基点（B）/计数（COU）/间距（S）/列数（COL）/行数（R）/层数（L）/退出（X）] <退出>:x↙
```

效果如图 4-15 所示。

（4）单击“绘图”工具栏中的“圆”按钮，绘制圆心坐标为（30.6，36.3），半径 6mm 的一个圆。

（5）单击“绘图”工具栏中的“圆”按钮，绘制圆心坐标为（338.7，72.6），半径 23mm 的一个圆，绘制结果如图 4-16 所示。

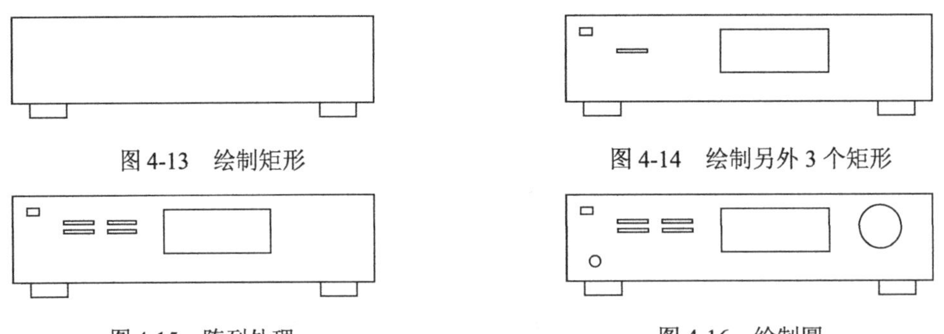

图 4-13　绘制矩形　　　　图 4-14　绘制另外 3 个矩形

图 4-15　阵列处理　　　　图 4-16　绘制圆

（6）单击“修改”工具栏中的“矩形阵列”按钮，选择上述步骤中绘制的第一个圆为阵列对象，输入行数为 1，列数为 5，列间距为 23，结果如图 4-17 所示。

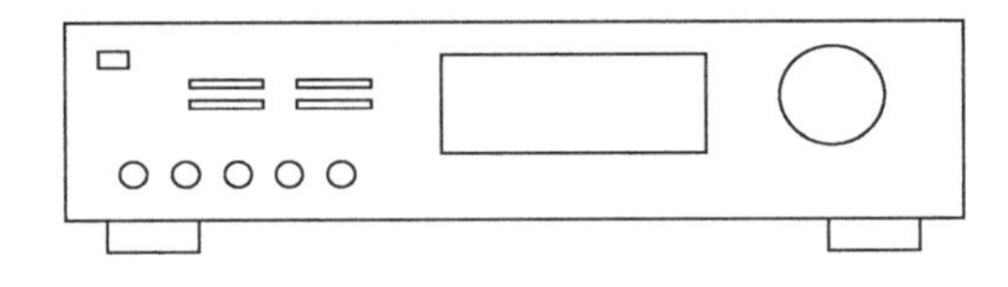

图 4-17　阵列圆

【知识点详解】

在“阵列”命令的命令行提示中，各选项含义如下。

（1）关联（AS）：指定是否在阵列中创建项目作为关联阵列对象，或作为独立对象。

（2）行数（R）：指定阵列中的行数和行间距。

（3）退出（X）：退出命令。

任务四　绘制液晶显示器

【任务背景】

在绘制家具图形时，如果图形中有形状相同的图线，可以使用“偏移”命令来完成。偏移对象是指保持选择的对象的形状，在不同的位置以不同的尺寸新建一个对象。

本任务首先使用“矩形”命令绘制基本图形，然后使用“偏移”命令绘制显示器屏幕，最后使用“直线”、“圆”和“镜像”命令绘制其余图形，具体绘制流程如图 4-18 所示。

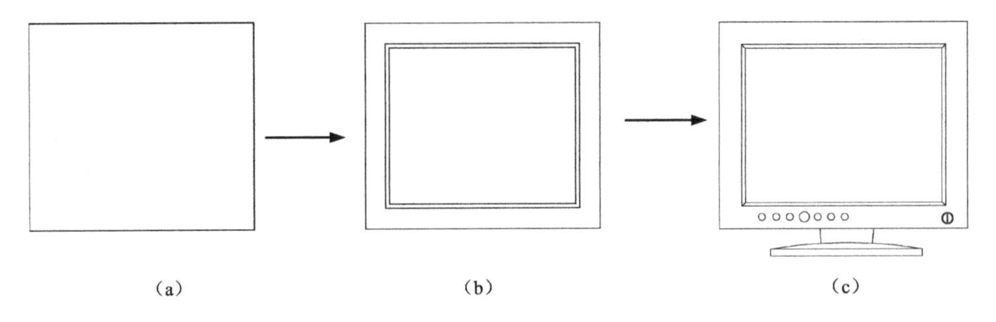

（a）　　（b）　　（c）

图 4-18　液晶显示器绘制流程图

【操作步骤】

（1）单击“绘图”工具栏中的“矩形”按钮，绘制显示器屏幕外轮廓，如图 4-19 所示。

（2）在命令行输入 offset 命令，或者选择“修改”菜单中的“偏移”命令，或者单击“修改”工具栏中的“偏移”按钮，创建屏幕内侧显示屏区域的轮廓线，如图 4-20 所示。命令行操作与提示如下：

```
命令：OFFSET                                                      //偏移生成平行线
当前设置：删除源=否　图层=源　OFFSETGAPTYPE=0
指定偏移距离或 [通过（T）/删除（E）/图层（L）] <通过>：   //输入偏移距离或指定通过点位置
选择要偏移的对象，或 [退出（E）/放弃（U）] <退出>：       //选择要偏移的图形
指定要偏移的那一侧上的点或 [退出（E）/多个（M）/放弃（U）] <退出>：
选择要偏移的对象，或 [退出（E）/放弃（U）] <退出>：
```

图 4-19　绘制外轮廓

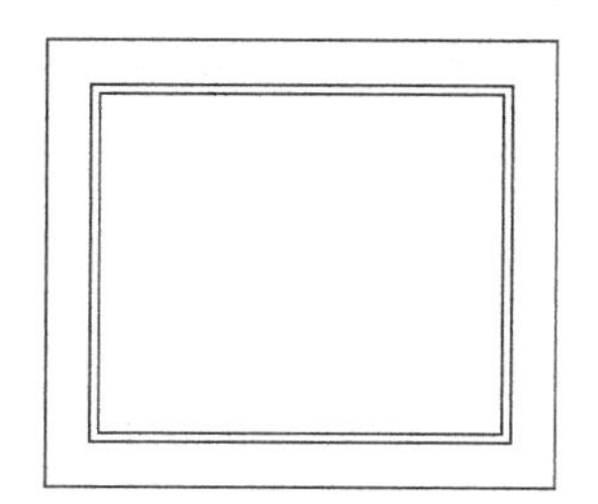

图 4-20　绘制内侧矩形

（3）单击“绘图”工具栏中的“直线”按钮，将内侧显示屏区域的轮廓线的交角处连接起来，如图 4-21 所示。

（4）单击“绘图”工具栏中的“多段线”按钮，绘制显示器矩形底座，如图 4-22 所示。

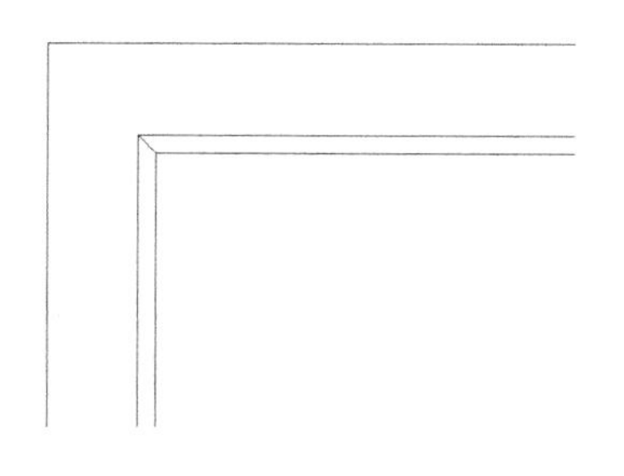

图 4-21　连接交角处

图 4-22　绘制矩形底座

（5）单击“绘图”工具栏中的“圆弧”按钮，绘制底座的弧线造型，如图 4-23 所示。

（6）单击“绘图”工具栏中的“直线”按钮，绘制底座与显示屏之间的连接线造型。单击“修改”工具栏中的“镜像”按钮，命令行操作与提示如下：

```
命令:MIRROR                                        //镜像生成对称图形
选择对象：找到 1 个
选择对象：↙
```

```
指定镜像线的第一点：                              //以中间的轴线位置作为镜像线
指定镜像线的第二点：
要删除源对象吗？[是（Y）/否（N）] <N>:N↙        //输入 N 后回车保留原有图形
```

结果如图 4-24 所示。

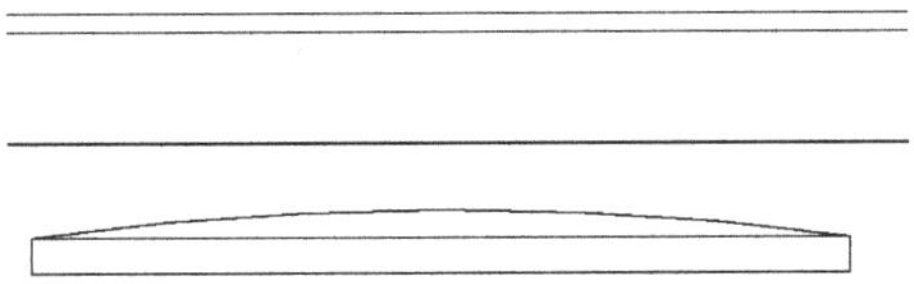

图 4-23　绘制连接弧线 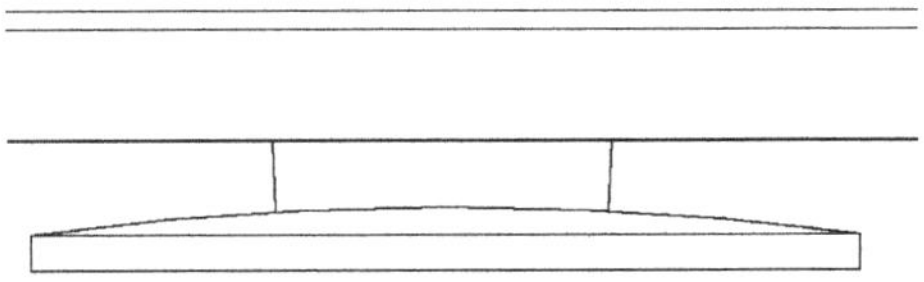　　　　图 4-24　绘制连接线

（7）单击“绘图”工具栏中的“圆”按钮，创建显示屏的多个大小不同的圆形构成调节按钮，如图 4-25 所示。

（8）单击“修改”工具栏中的“复制”按钮，复制图形。

（9）在显示屏的右下角绘制电源开关按钮。单击“绘图”工具栏中的“圆”按钮，绘制两个同心圆，如图 4-26 所示。

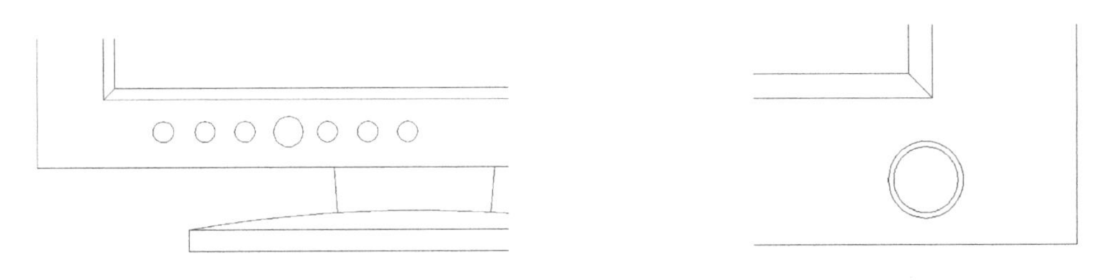

图 4-25　创建调节按钮　　　　图 4-26　绘制圆形开关

（10）单击“绘图”工具栏中的“矩形”按钮，绘制开关按钮的矩形造型如图 4-27 所示。

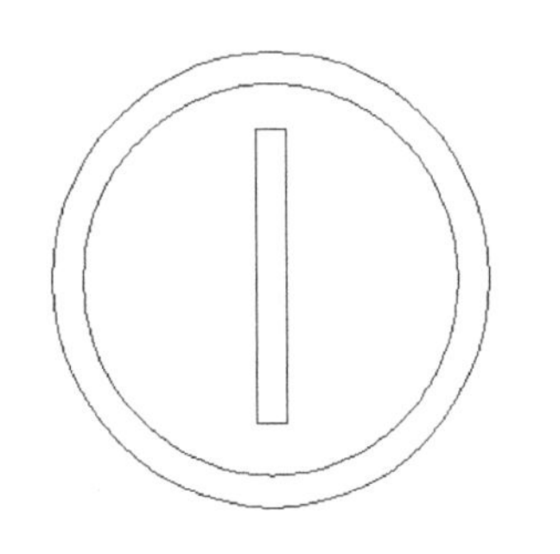

图 4-27　绘制按钮的矩形造型

【知识点详解】

在“偏移”命令的命令行提示中，各选项含义如下。

（1）指定偏移距离：输入一个距离值，或按【Enter】键，使用当前的距离值，系统把该距离值作为偏移距离，如图 4-28 所示。

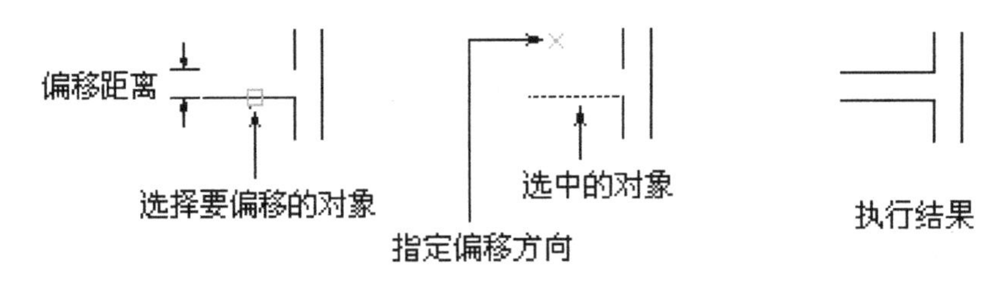

图 4-28　指定偏移对象的距离

（2）通过（T）：指定偏移对象的通过点。选择该选项后命令行提示如下：

```
选择要偏移的对象或 <退出>:          //选择要偏移的对象，按【Enter】键，结束操作
指定通过点:                         //指定偏移对象的一个通过点
```

操作完毕后，系统根据指定的通过点绘制偏移对象，如图 4-29 所示。

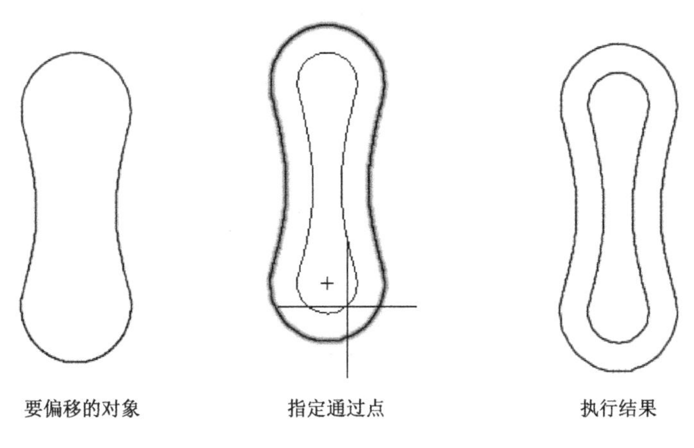

图 4-29　指定偏移对象的通过点

（3）删除（E）：偏移后，将源对象删除。

（4）图层（L）：确定将偏移对象创建在当前图层上还是源对象所在的图层上。选择该选项后命令行提示如下：

```
输入偏移对象的图层选项 [当前(C)/源(S)] <当前>:
```

注意

可以使用“偏移”命令对指定的直线、圆弧、圆等对象作定距离的偏移复制。在实际应用中，常使用“偏移”命令的特性创建平行线或等距离分布图形，效果与“阵列”命令相同。默认情况下，需要首先指定偏移距离，再选择要偏移复制的对象，然后指定偏移方向，复制出对象。

任务五　绘制接待台

【任务背景】

在绘制家具图形时，有时需要按照指定的要求改变当前图形或图形某部分的位置，这时候可以使用“移动”“旋转”等命令来完成绘图。

本任务首先打开办公椅图形，然后使用“直线”和“矩形”命令绘制桌面，再使用“镜像”和“圆弧”命令补充桌面图形，最后使用“旋转”命令旋转座椅。具体绘制流程如图 4-30 所示。

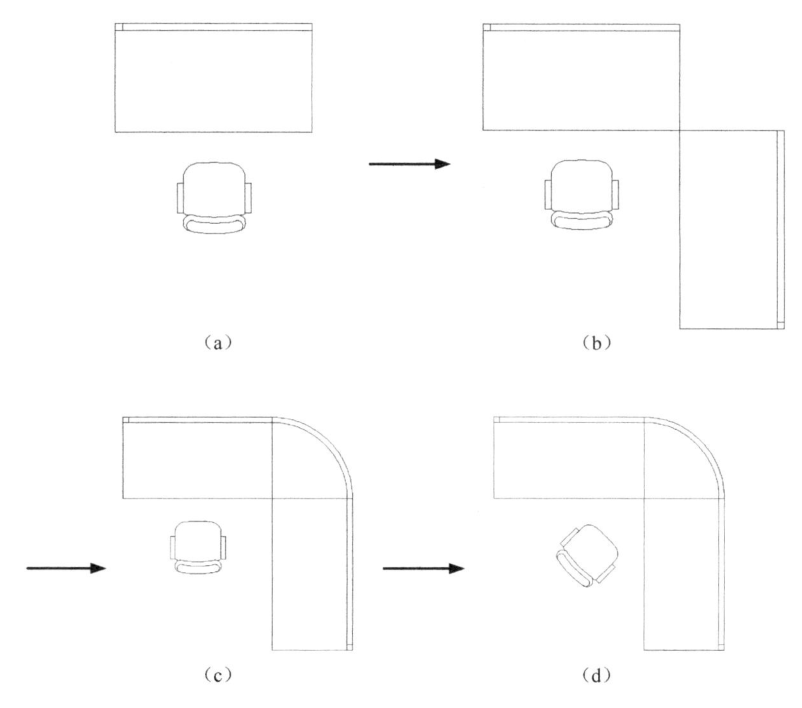

图 4-30　接待台绘制流程

【操作步骤】

（1）打开教学资料包“源文件”文件夹中的办公椅图形，将其另存为“接待台.dwg”文件。

（2）单击“绘图”工具栏中的“直线”按钮和“矩形”按钮，绘制桌面图形，如图 4-31 所示。

（3）单击“修改”工具栏中的“镜像”按钮，将桌面图形进行镜像处理，打开“对象追踪”功能，将对称线捕捉为过矩形右下角的 45° 斜线。绘制结果如图 4-32 所示。

图 4-31　绘制桌面　　　　图 4-32　镜像处理

（4）单击“绘图”工具栏中的“圆弧”按钮，绘制两段圆弧，如图 4-33 所示。

（5）在命令行输入 rotate 命令，或者选择“修改”菜单中的“旋转”命令，或者单击“修改”工具栏中的“旋转”按钮，旋转绘制的办公椅。命令行提示与操作如下：

```
命令: _rotate
UCS 当前的正角方向:  ANGDIR=逆时针  ANGBASE=0
选择对象: 选择办公椅
选择对象: ↙
```

```
指定基点：指定椅背中点
指定旋转角度，或［复制（C）/参照（R）］<0>:-45↙
```

绘制结果如图 4-34 所示。

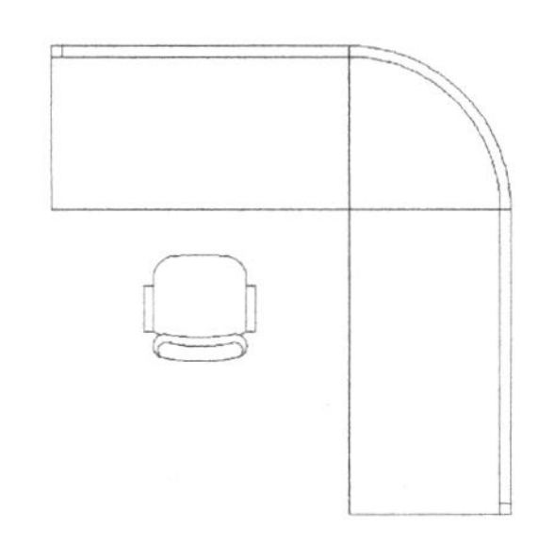

图 4-33　绘制圆弧

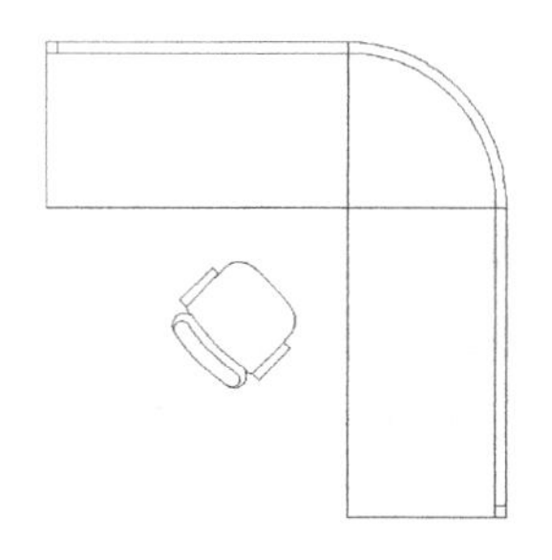

图 4-34　接待台

【知识点详解】

在“旋转”命令的命令行提示中，各选项含义如下。

（1）复制（C）：若选择该项，旋转对象的同时，保留原对象，如图 4-35 所示。

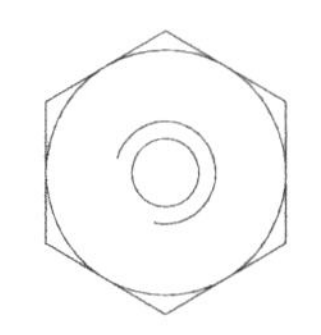
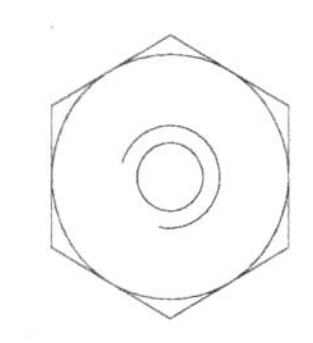
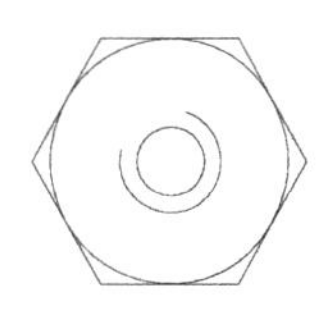

图 4-35　复制旋转

（2）参照（R）：采用该方式旋转对象时，命令行提示：

```
指定参照角 <0>:    //指定要参考的角度，默认值为 0
指定新角度:        //输入旋转后的角度值
```

操作完毕后，对象被旋转至指定的角度位置。

注意

可以用拖动鼠标的方法旋转对象。选择对象并指定基点后，从基点到当前光标位置会出现一条连线，鼠标选择的对象会动态地随着该连线与水平方向的夹角的变化而旋转，按【Enter】键，确认旋转操作，如图 4-36 所示。

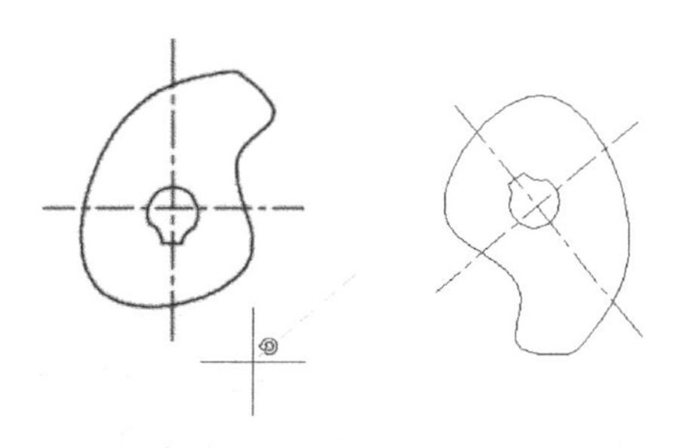

图 4-36　拖动鼠标旋转对象

任务六　绘制单人床

【任务背景】

在绘制室内家具时，有时候绘制的图线过长或超出需要的范围，这时候可以利用“修剪”命令把多余的图线修剪掉。

本任务首先使用“矩形”命令绘制单人床的轮廓，然后使用“直线”“圆弧”等命令绘制床上用品，最后使用“修剪”命令将多余的线段删除，具体绘制流程如图4-37所示。

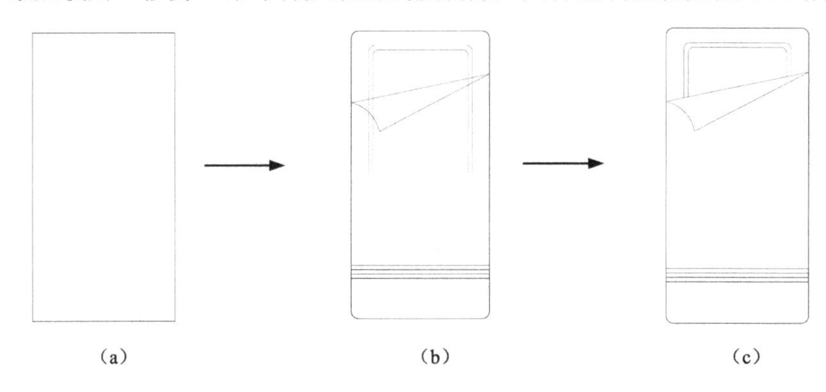

图4-37　单人床绘制流程图

【操作步骤】

（1）单击“绘图”工具栏中的“矩形”按钮，绘制角点坐标为（0,0）和（@1000,2000）的矩形，如图4-38所示。

（2）单击“绘图”工具栏中的“直线”按钮，绘制如图4-39所示的坐标点分别为{(125,1000),(125,1900)}{(875,1900),(875,1000)}{(155,1000),(155,1870)}和{(845,1870),(845,1000)}的直线。

（3）单击“绘图”工具栏中的“直线”按钮，绘制坐标点为（0,280）和（@1000,0）的直线，绘制结果如图4-39所示。

图4-38　绘制矩形　　　　图4-39　绘制直线

（4）单击“修改”工具栏中的“矩形阵列”按钮，选择最近绘制的直线为阵列对象，设置行数为4，列数为1，行间距为30，绘制结果如图4-40所示。

（5）在命令行输入 fillet 命令，或者选择“修改”菜单中的“圆角”命令，或者单击“修改”工具栏中的“圆角”按钮，具体操作参见任务九，设置外轮廓线的圆角半径为 50mm，内衬圆角的半径为 40mm，绘制结果如图 4-41 所示。

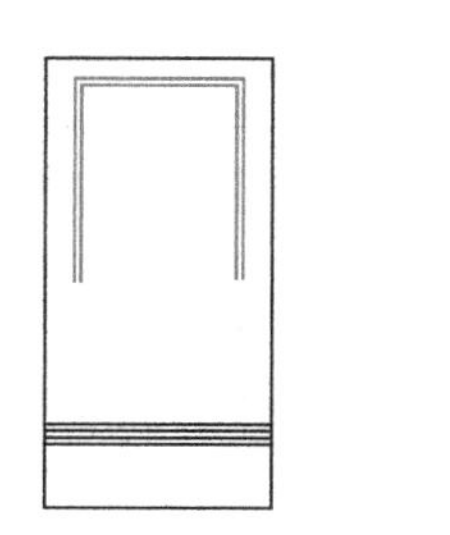

图 4-40　矩形阵列处理

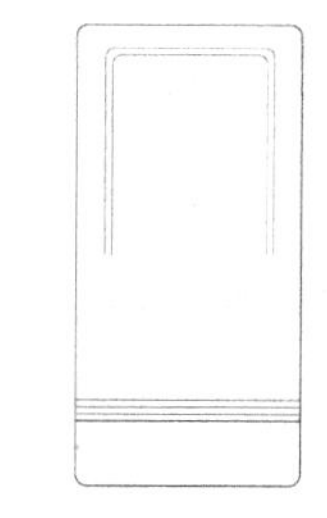

图 4-41　圆角处理

（6）单击“绘图”工具栏中的“直线”按钮，绘制坐标点为（0,1500）（@1000,200）和（@-800,-400）的直线。

（7）单击“绘图”工具栏中的“圆弧”按钮，绘制起点为（200,1300）、第二点为（130,1430）、端点为（0,1500）的圆弧，绘制结果如图 4-42 所示。

（8）在命令行输入 trim 命令，或者选择“修改”菜单中的“修剪”命令，或者单击“修改”工具栏中的“修剪”按钮，具体操作参见任务九，修剪图形，命令行提示与操作如下：

```
命令: _trim↙
当前设置:投影=UCS，边=无
选择剪切边...
选择对象或 <全部选择>:↙//选择上面斜线
选择对象: ↙
选择要修剪的对象，或按住 Shift 键选择要延伸的对象，或[栏选（F）/窗交（C）/投影（P）/边（E）/删除（R）/放弃（U）]: ↙  //依次选择与之相交的竖直直线下端
选择要修剪的对象，或按住 Shift 键选择要延伸的对象，或[栏选（F）/窗交（C）/投影（P）/边（E）/删除（R）/放弃（U）]: ↙
```

绘制结果如图 4-43 所示。

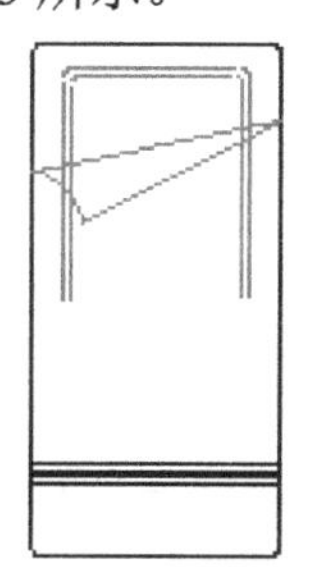

图 4-42　绘制直线与圆弧

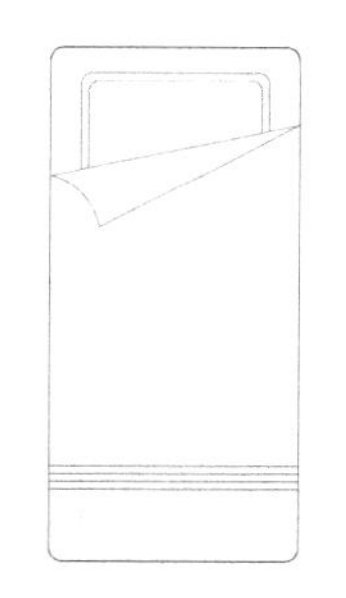

图 4-43　单人床

【知识点详解】

在“修剪”命令的命令行提示中，各选项含义如下。

（1）按住 Shift 键选择要延伸的对象：在选择对象时，如果按住【Shift】键，系统自动将“修剪”命令转换成“延伸”命令，“延伸”命令在下节介绍。

（2）边（E）：选择此选项时，可以选择对象的修剪方式——延伸和不延伸。

① 延伸（E）：延伸边界进行修剪。在此方式下，如果剪切边没有与要修剪的对象相交，系统会延伸剪切边直至与要修剪的对象相交，然后再修剪，如图 4-44 所示。

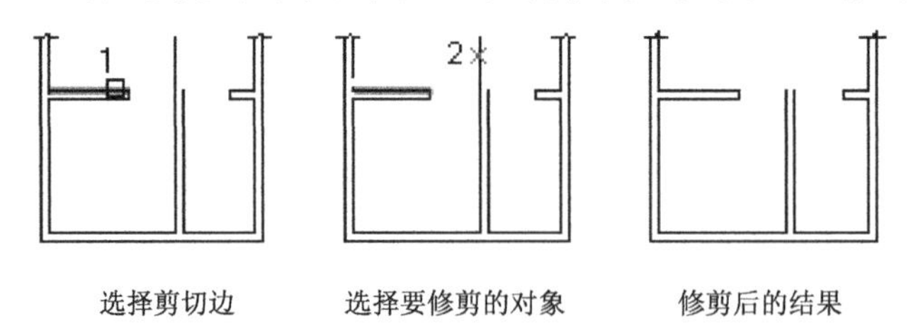

图 4-44　延伸方式修剪对象

② 不延伸（N）：不延伸边界修剪对象。只修剪与剪切边相交的对象。

（3）栏选（F）：选择此选项时，系统以栏选的方式选择被修剪的对象，如图 4-45 所示。

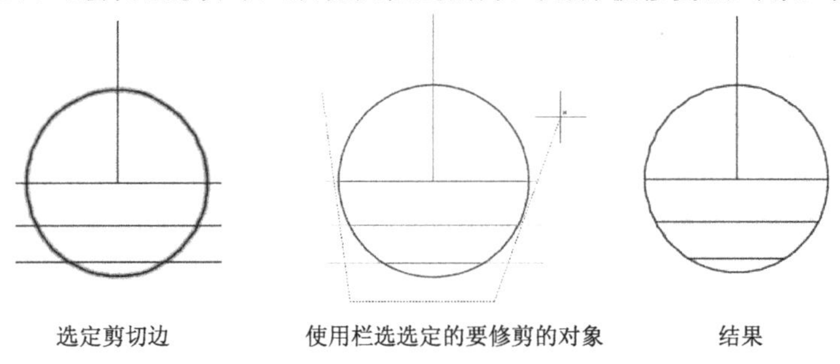

图 4-45　栏选方式选择修剪对象

（4）窗交（C）：选择此选项时，系统以窗交的方式选择被修剪的对象，如图 4-46 所示。

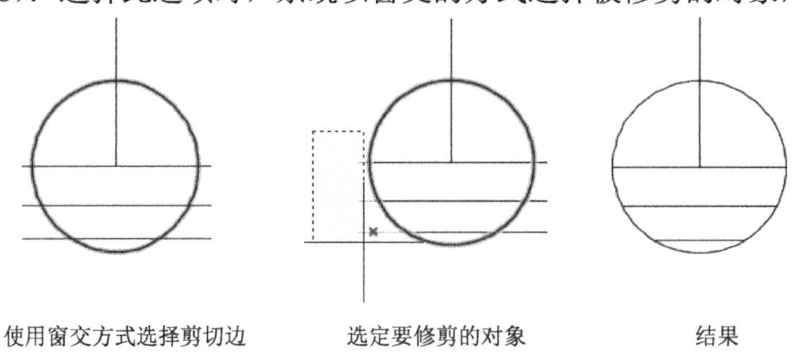

图 4-46　窗交方式选择修剪对象

被选择的对象可以互为边界和被修剪对象，此时系统会在选择的对象中自动判断边界，如图 4-47 所示。

任务七　绘制沙发

【任务背景】

在绘制家具符号时，有时候绘制的图线没有到达需要的范围内，这时候可以利用“延伸”

命令把不够的图线补充上。

延伸对象是指延伸对象直至另一个对象的边界线，如图 4-47 所示。

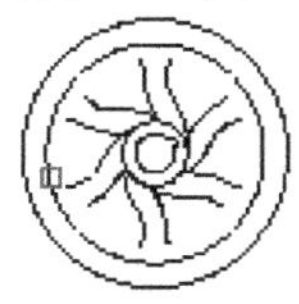
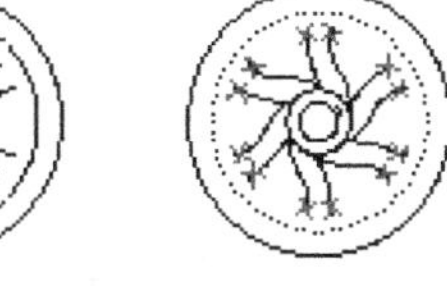
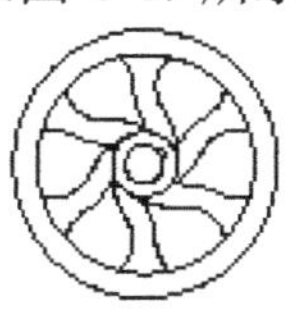

选择边界　　选择要延伸的对象　　执行结果

图 4-47　延伸对象

本任务使用“矩形”“直线”“分解”“圆角”“延伸”“修剪”等命令绘制沙发，其中着重介绍“延伸”命令的操作，具体绘制流程如图 4-48 所示。

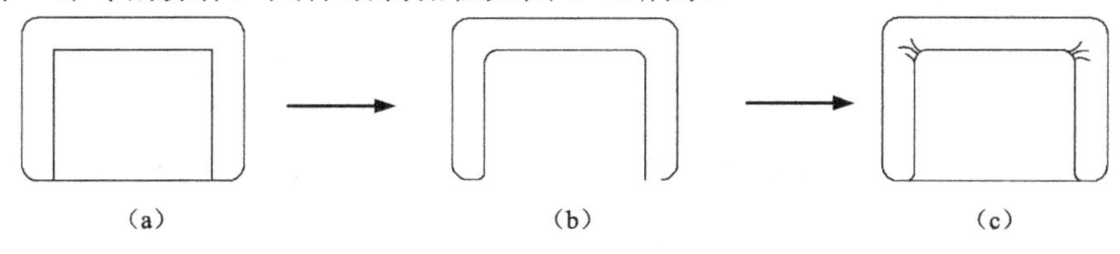

(a)　(b)　(c)

图 4-48　绘制沙发

【操作步骤】

(1) 单击“绘图”工具栏中的“矩形”按钮，绘制圆角为 10mm、第一角点坐标为(20,20)、长度和宽度分别为 140mm 和 100mm 的矩形作为沙发的外框。

(2) 单击“绘图”工具栏中的“直线”按钮，绘制坐标分别为（40,20）、（@0,80）、（@100,0）和（@0,-80）的连续线段。绘制结果如图 4-49 所示。

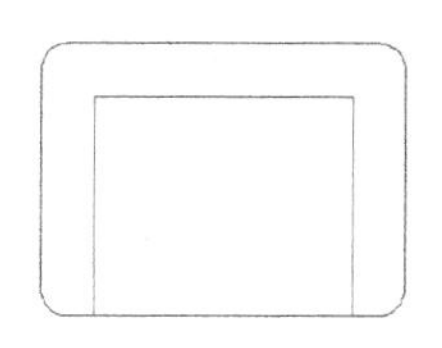

图 4-49　绘制初步轮廓

(3) 在命令行输入 erase 命令，或者选择“修改”菜单中的“分解”命令，或者单击“修改”工具栏中的“分解”按钮，修改沙发轮廓。命令行提示与操作如下：

```
命令：_explode↙
选择对象：              //选择外面的倒圆矩形
选择对象：
命令：_fillet↙
当前设置：模式 = 修剪，半径 = 6.0000
选择第一个对象或[放弃（U）/多段线（P）/半径（R）/修剪（T）/多个（M）]：//选择内部四边形的左边
选择第二个对象，或按住 Shift 键选择对象以应用角点或 [半径（R）]：//选择内部四边形的上边
选择第一个对象或 [放弃（U）/多段线（P）/半径（R）/修剪（T）/多个（M）]：//选择内部四边形的右边
选择第二个对象，或按住 Shift 键选择对象以应用角点或 [半径（R）]：//选择内部四边形的上边
选择第一个对象或 [放弃（U）/多段线（P）/半径（R）/修剪（T）/多个（M）]：
```

单击“修改”工具栏中的“圆角”按钮，选择内部四边形的左边和外部矩形下边的左端为对象，进行圆角处理。绘制结果如图 4-50 所示。

(4) 在命令行输入 extend 命令，或者选择“修改”菜单中的“延伸”命令，或者单击“修

改”工具栏中的“延伸”按钮，命令行提示与操作如下：

```
命令：_ extend↙
当前设置：投影=UCS，边=无
选择边界的边...
选择对象或 <全部选择>：//选择如图 4-50 所示的右下角圆弧
选择对象：
选择要延伸的对象，或按住【Shift】键选择要修剪的对象，或[栏选（F）/窗交（C）/投影（P）/
边（E）/放弃（U）]：        //选择如图 4-50 所示的左端短水平线
选择要延伸的对象，或按住【Shift】键选择要修剪的对象，或[栏选（F）/窗交（C）/投影（P）/
边（E）/放弃（U）]：
```

（5）单击“修改”工具栏中的“圆角”按钮，选择内部四边形右边和外部矩形下边为倒圆角对象，进行圆角处理。

（6）单击“修改”工具栏中的“延伸”按钮，以矩形左下角的圆角圆弧为边界，对内部四边形右边下端进行延伸，绘制结果如图 4-51 所示。

（7）单击“绘图”工具栏中的“圆弧”按钮，绘制沙发皱纹。在沙发拐角位置绘制 6 条圆弧。最终绘制结果如图 4-52 所示。

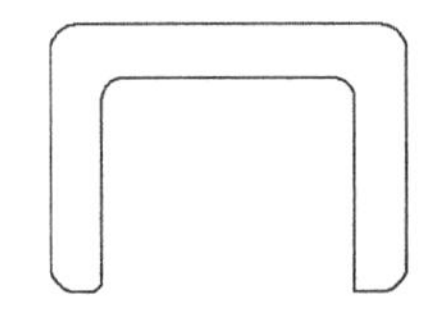
图 4-50　绘制倒圆角

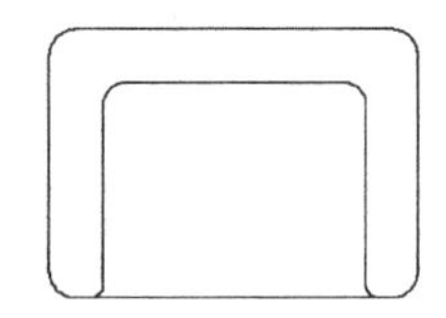
图 4-51　完成倒圆角

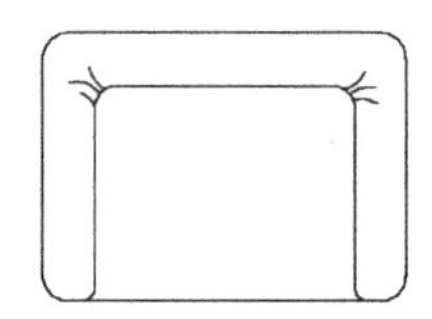
图 4-52　沙发

此时可以通过选择对象来定义边界。若直接按【Enter】键，则选择所有对象作为可能的边界对象。

【知识点详解】

在“延伸”命令的命令行提示中，各选项含义如下。

（1）选择对象。此时可以选择对象来定义边界。若直接按【Enter】键，则选择所有对象作为可能的边界对象。

系统规定可以用作边界对象的对象有：直线段、射线、双向无限长线、圆弧、圆、椭圆、二维和三维多段线、样条曲线、文本、浮动的视口和区域。如果选择二维多段线作边界对象，系统会忽略其宽度而把对象延伸至多段线的中心线。

（2）选择要延伸的对象。如果要延伸的对象是适配样条多段线，则延伸后会在多段线的控制框上增加新节点；如果要延伸的对象是锥形的多段线，系统会修正延伸端的宽度，使多段线从起始端平滑地延伸至新终止端。如果延伸操作导致终止端宽度可能为负值，则取宽度值为 0，如图 4-53 所示。

（3）按住【Shift】键选择要修剪的对象。选择对象时，如果按住【Shift】键，系统自动将“延伸”命令转换成“修剪”命令。

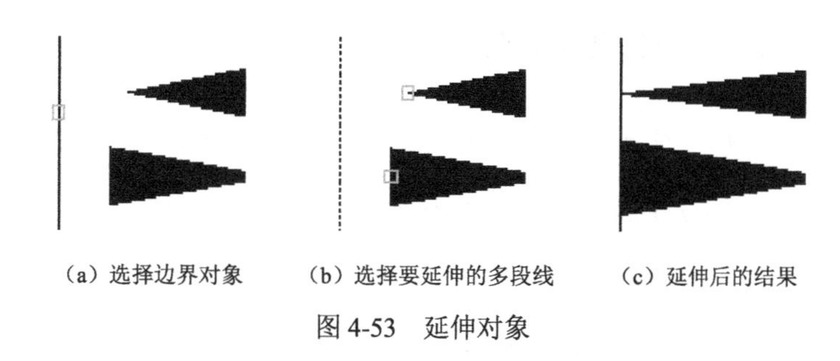

（a）选择边界对象　（b）选择要延伸的多段线　（c）延伸后的结果

图 4-53　延伸对象

任务八　绘制挂钟

【任务背景】

在绘制家具符号时，有时候绘制的图线没有到达需要的范围内，这时候可以使用“拉长”命令把长度不够的图线补上。

本任务首先使用“圆”命令绘制挂钟外部，然后利用“直线”命令绘制挂钟指针，最后使用“拉长”命令对指针进行调整，具体绘制流程如图 4-54 所示。

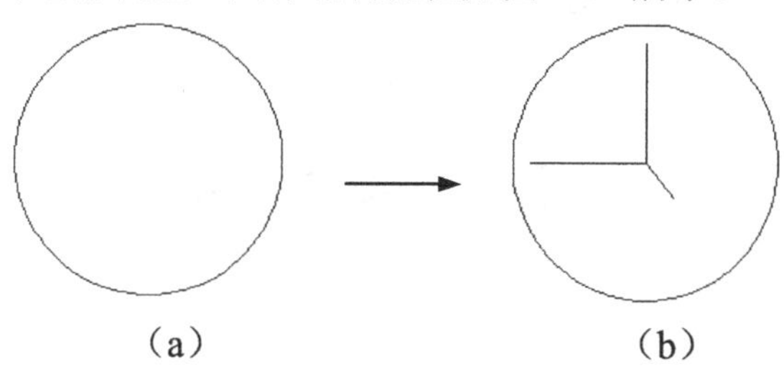

（a）　（b）

图 4-54　挂钟绘制流程图

【操作步骤】

（1）单击“绘图”工具栏中的“圆”按钮，绘制圆心为（100,100），半径为 20mm 的圆形作为挂钟的外轮廓线，如图 4-55 所示。

（2）单击“绘图”工具栏中的“直线”按钮，绘制坐标为{（100,100）（100,117.25）}{（100,100）（82.75,100）}和{（100,100）（105,94）}的 3 条直线作为挂钟的指针，如图 4-56 所示。

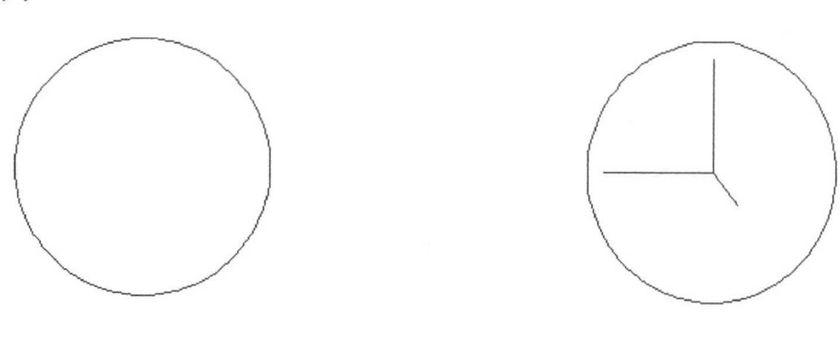

图 4-55　绘制圆形　　图 4-56　绘制指针

（3）在命令行输入 lengthen 命令，或者选择“修改”菜单中的“拉长”命令将秒针拉长至圆的边，挂钟绘制完成。命令行提示与操作如下：

```
命令：_lengthen
选择对象或 [增量（DE）/百分数（P）/全部（T）/动态（DY）]：//选择长度为17.25mm的直线
当前长度：17.2500
选择对象或 [增量（DE）/百分数（P）/全部（T）/动态（DY）]：de
输入长度增量或 [角度（A）] <2.0000>：2.75
选择要修改的对象或 [放弃（U）]：
```

结果如图4-57所示。

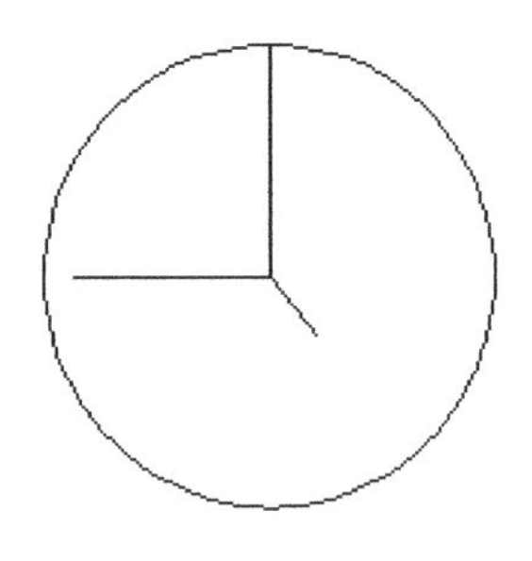

图4-57　挂钟

【知识点详解】

在“拉长”命令的命令行提示中，各选项含义如下。

（1）增量（DE）：用指定增加量的方法来改变对象的长度或角度。

（2）百分比（P）：用指定要修改对象的长度占总长度的百分比的方法来改变圆弧或直线段的长度。

（3）全部（T）：用指定新的总长度或总角度值的方法来改变对象的长度或角度。

（4）动态（DY）：在这种模式下，可以使用拖拉鼠标的方法来动态地改变对象的长度或角度。

任务九　绘制脚踏

【任务背景】

脚踏是一个典型的室内卧室图块。通过绘制脚踏，学习复杂家具模块的绘制方法，达到举一反三的目的。

本任务首先使用“直线”和“矩形”命令绘制基本轮廓，再使用“圆角”和“多段线”命令细化图形，具体绘制流程如图4-58所示。

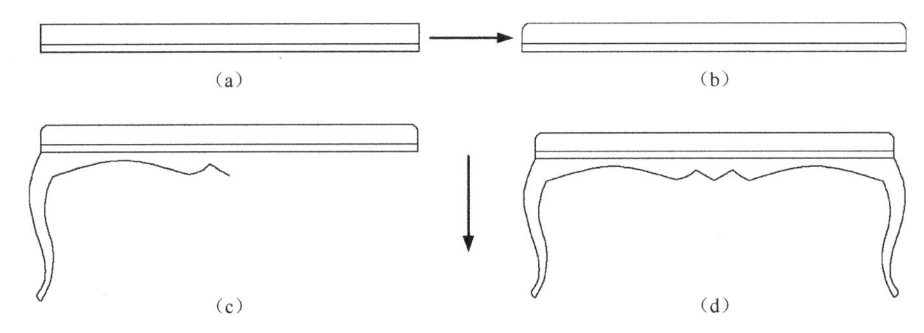

图4-58　脚踏绘制流程图

【操作步骤】

（1）打开“对象捕捉”工具栏，如图4-59所示，以便在绘图过程中使用。

图 4-59 “对象捕捉”工具栏

（2）单击“绘图”工具栏中的“矩形”按钮，绘制一个长 1000mm、宽 70mm 的矩形。

（3）单击“绘图”工具栏中的“直线”按钮，使用对象捕捉功能的“捕捉自”命令辅助绘制直线，命令行提示与操作如下：

```
命令: _line ↙
指定第一个点:FROM ↙
基点:↙                              //捕捉矩形左下角
<偏移>: @0,20↙
指定下一点或 [放弃(U)]: ↙           //捕捉矩形右边上的垂足，如图 4-60 所示
指定下一点或 [放弃(U)]: ↙
```

结果如图 4-61 所示。

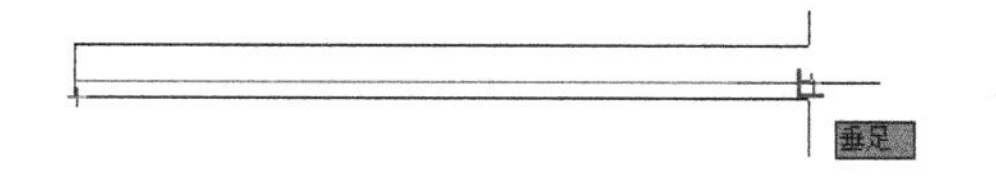

图 4-60　捕捉垂足

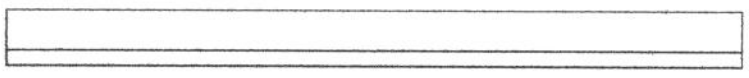

图 4-61　绘制直线

（4）在命令行输入 fillet 命令，或者选择“修改”菜单中的“圆角”命令，或者单击“修改”工具栏中的“圆角”按钮，命令行提示与操作如下：

```
命令: _fillet↙
当前设置: 模式=修剪，半径 = 0.0000
选择第一个对象或 [放弃(U)/多段线(P)/半径(R)/修剪(T)/多个(M)]: r↙
指定圆角半径 <0.0000>: 20↙
选择第一个对象或 [放弃(U)/多段线(P)/半径(R)/修剪(T)/多个(M)]: ↙
                                                        //选择矩形的左边
选择第二个对象，或按住【Shift】键选择对象以应用角点或 [半径(R)]: ↙//选择矩形的上边
```

这样矩形左上角就进行了倒圆角，用同样方法对矩形的右上角进行倒圆角，结果如图 4-62 所示。

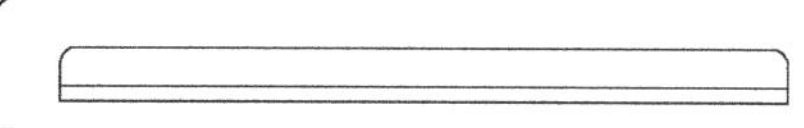

图 4-62　倒圆角

（5）使用“多段线”“样条曲线”“直线”等命令绘制脚踏的腿部造型，如图 4-63 所示。

（6）单击“修改”工具栏中的“镜像”按钮，将刚绘制的腿部造型以矩形的中线（打开“对象捕捉”功能）为轴进行镜像处理，结果如图 4-64 所示。

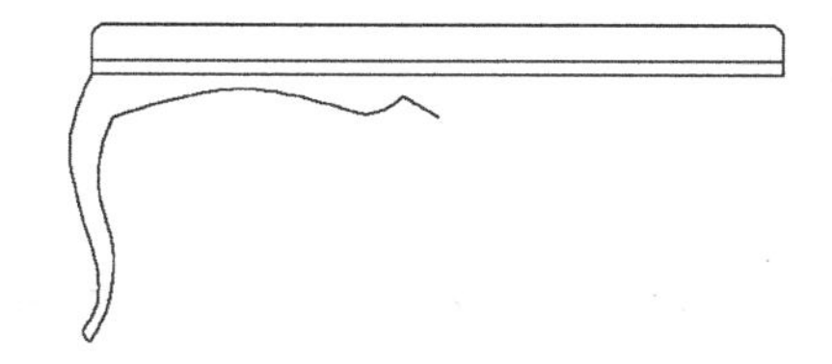

图 4-63　绘制腿部造型

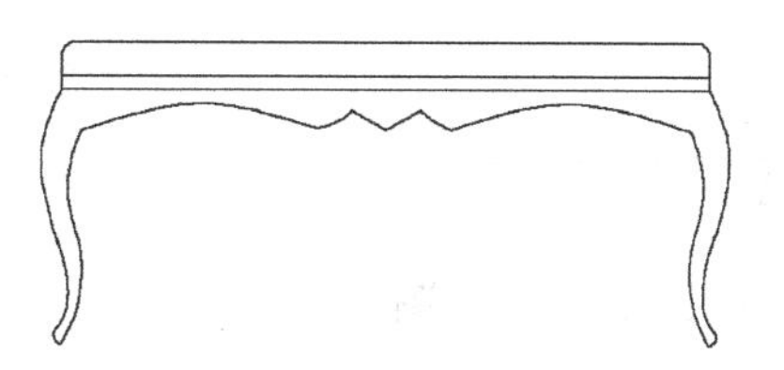

图 4-64　镜像腿部造型

【知识点详解】

在“圆角”命令的命令行提示中，各选项含义如下。

（1）多段线（P）：在一条二维多段线的两段直线段的节点处插入圆滑的弧。选择多段线后系统会根据指定的圆弧的半径把多段线的各顶点用圆滑的弧连接起来。

（2）修剪（T）：决定在圆滑连接两条边时，是否修剪这两条边，如图 4-65 所示。

（3）多个（M）：同时对多个对象进行圆角编辑。而不必重新起用命令。按住【Shift】键并选择两条直线，可以快速创建零距离倒角或零半径圆角。

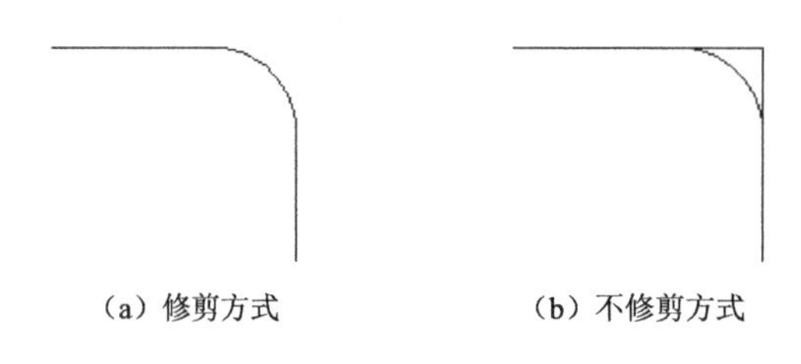

（a）修剪方式　　（b）不修剪方式

图 4-65　圆角连接

任务十　绘制洗菜盆

【任务背景】

洗菜盆是一个典型的室内厨房家具模块。本任务首先使用“直线”和“圆”命令绘制基本的轮廓，然后使用“倒角”和“复制”命令细化图形，具体绘制流程如图 4-66 所示。

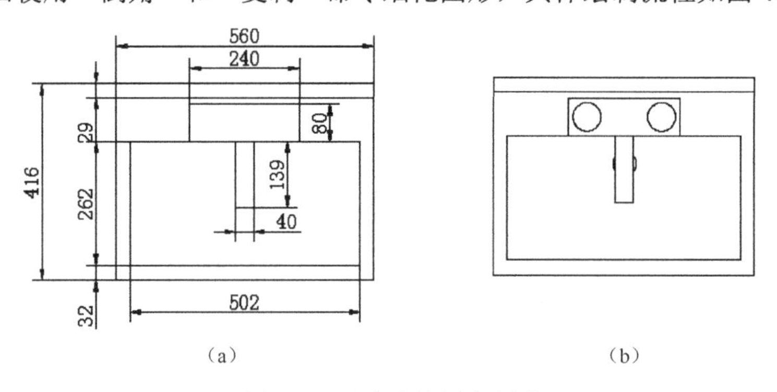

（a）　　（b）

图 4-66　洗菜盆绘制流程图

【操作步骤】

（1）单击“绘图”工具栏中的“直线”按钮，可以绘制出初步轮廓，尺寸如图 4-67 所示。

（2）单击“绘图”工具栏中的“圆”按钮，以如图 4-67 所示轮廓图中长 240mm、宽 80mm 的矩形的左中位置处为圆心，绘制半径为 35mm 的圆。

（3）单击“修改”工具栏中的“复制”按钮，选择刚绘制的圆，复制到右边合适的位置，完成旋钮绘制，如图 4-68 所示。

（4）单击“绘图”工具栏中的“圆”按钮，以如图 4-67 所示轮廓图中长 139mm、宽 40mm 的矩形正中位置为圆心，绘制半径为 25mm 的圆作为出水口。

（5）单击“修改”工具栏中的“修剪”按钮，修剪绘制的出水口，如图 4-68 所示。

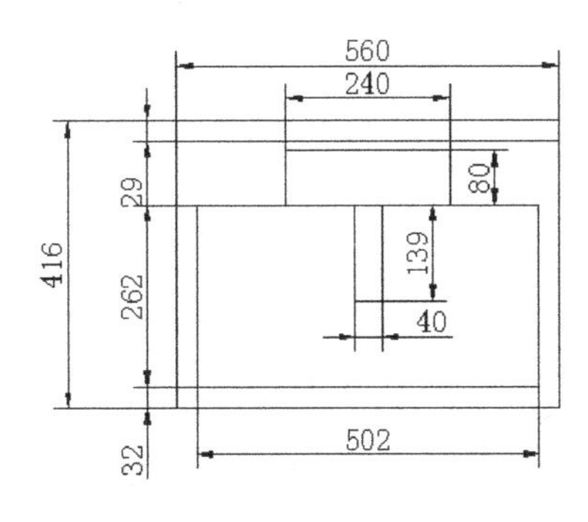

图 4-67　初步轮廓图

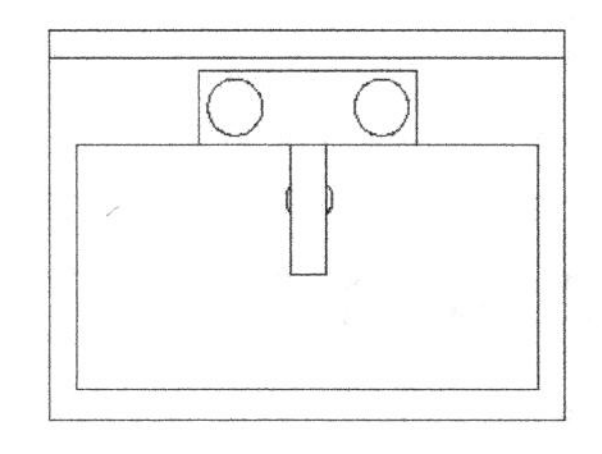

图 4-68　绘制水笼头和出水口

（6）在命令行输入 chamfer 命令，或者选择“修改”菜单中的“倒角”命令，或者单击“修改”工具栏中的“倒角”按钮，绘制水盆 4 角。命令行提示与操作如下：

```
命令:CHAMFER
(“修剪”模式） 当前倒角距离 1 = 0.0000，距离 2 = 0.0000
选择第一条直线或 [放弃(U)/多段线(P)/距离(D)/角度(A)/修剪(T)/方式(E)/多个(M)]:D
指定第一个倒角距离 <0.0000>: 50
指定第二个倒角距离 <50.0000>: 50
选择第一条直线或 [放弃(U)/多段线(P)/距离(D)/角度(A)/修剪(T)/方式(E)/多个(M)]:
                                                  //选择左上角的横线段
选择第二条直线，或按住【Shift】键选择要应用角点的直线：//选择右上角的竖线段
选择第一条直线或 [放弃(U)/多段线(P)/距离(D)/角度(A)/修剪(T)/方式(E)/多个(M)]:
                                                  //选择左上角的横线段
选择第二条直线，或按住 Shift 键选择要应用角点的直线：  //选择右上角的竖线段
命令: CHAMFER
(“修剪”模式） 当前倒角距离 1 = 50.0000，距离 2 = 30.0000
选择第一条直线或 [放弃(U)/多段线(P)/距离(D)/角度(A)/修剪(T)/方式(E)/多个(M)]:A
指定第一条直线的倒角长度 <20.0000>:
指定第一条直线的倒角角度 <0>: 45
选择第一条直线或 [放弃(U)/多段线(P)/距离(D)/角度(A)/修剪(T)/方式(E)/多个(M)]:U
选择第一条直线或 [放弃(U)/多段线(P)/距离(D)/角度(A)/修剪(T)/方式(E)/多个(M)]:
                                                  //选择左下角的横线段
选择第二条直线，或按住【Shift】键选择要应用角点的直线：//选择左下角的竖线段
选择第一条直线或 [放弃(U)/多段线(P)/距离(D)/角度(A)/修剪(T)/方式(E)/多个(M)]:
                                                  //选择右下角的横线段
选择第二条直线，或按住 Shift 键选择要应用角点的直线：  //选择右下角的竖线段
```

结果如图 4-69 所示。

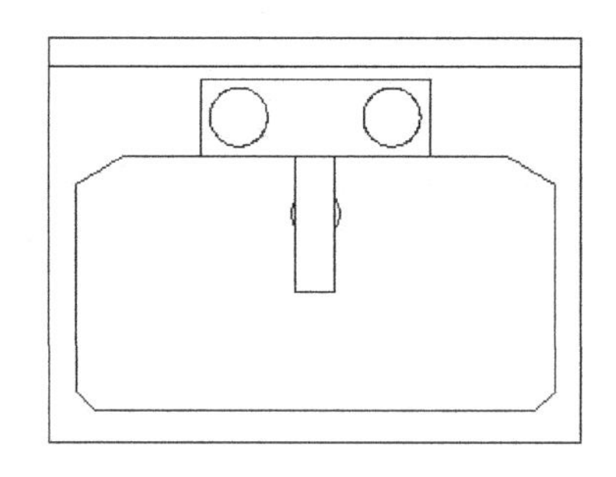

图 4-69　洗菜盆

【知识点详解】

在“倒角”命令的命令行提示中，各选项含义如下。

（1）距离（D）：选择倒角的两个斜线距离。斜线距离是指从被连接的对象与斜线的交点到被连接的两对象的可能的交点之间的距离。如图 4-70 所示，这两个斜线距离可以相同也可以不相同，若二者均为 0，则系统不绘制连接的斜线，而是把两个对象延伸至相交，并修剪超出的部分。

（2）角度（A）：选择第一条直线的斜线距离和角度。采用这种方法连接对象时，需要输入两个参数，即斜线与一个对象的斜线距离和斜线与该对象的夹角，如图 4-71 所示。

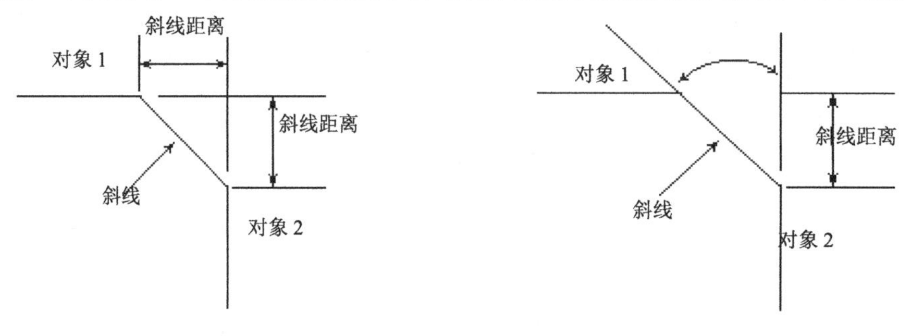

图 4-70　斜线距离　　　　图 4-71　斜线距离与夹角

（3）多段线（P）：对多段线的各个交叉点进行倒角编辑。为了得到最好的连接效果，一般设置斜线是相等的值。系统根据指定的斜线距离把多段线的每个交叉点都作斜线连接，连接的斜线成为多段线新添加的部分，如图 4-72 所示。

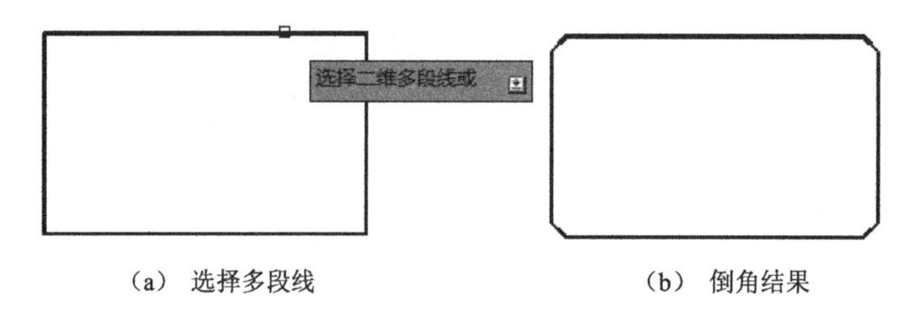

（a）选择多段线　　　　（b）倒角结果

图 4-72　斜线连接多段线

（4）修剪（T）：与“圆角”命令 FILLET 相同，该选项决定连接对象后是否剪切原对象。

（5）方式（E）：决定采用“距离”方式还是“角度”方式来倒角。

（6）多个（M）：同时对多个对象进行倒角编辑。

用户在执行“圆角”和“倒角”命令时，有时会发现命令不执行或执行后没什么变化，那是因为系统默认圆角半径和斜线距离均为0，如果不事先设定圆角半径或斜线距离，系统就以默认值执行命令，所以看起来好像没有执行命令。

模拟试题与上机实验4

1．选择题

（1）使用“修剪”命令时，首先需要定义剪切边，当未选择对象而按【Space】键，则会出现（　　）的情况。

A．无法进行操作　　B．退出该命令

C．所有显示的对象作为潜在的剪切边　　D．提示要求选择剪切边

（2）对一个对象进行圆角之后，会发现对象有时候被修剪，有时候没有被修建，其原因是（　　）。

A．修剪之后应当选择“删除”

B．圆角选项里有“修剪（T）”，可以控制对象是否被修剪

C．应该先进行倒角再修剪

D．用户的误操作

（3）在AutoCAD 2014中使用（　　）命令可以显示出【阵列】对话框。

A．ARRAY　B．ARRAYRECT　C．ARRAYCLASSIC　D．ARRAYPOLAR

（4）对图形对象进行矩形阵列时，当需要向所选图形的右下方阵列时，应当设置（　　）。

A．行偏移为正，列偏移为正　　B．行偏移为正，列偏移为负

C．行偏移为负，列偏移为正　　D．行偏移为负，列偏移为负

（5）绘制带有圆角的矩形，首先要（　　）。

A．先确定一个角点　　B．绘制矩形再倒圆角

C．先设置圆角再确定角点　　D．先设置倒角再确定角点

（6）将一张图中的图形复制到另一张图中，应使用（　　）命令。

A．copy　B．【Ctrl+C】　C．【Ctrl+X】　D．move

（7）在AutoCAD中，创建一个圆与已知圆同心，可以使用（　　）命令。

A．阵列　B．复制　C．镜像　D．偏移

（8）使用COPY命令复制一个圆，指基点为（0,0），再提示指定第二个点时回车以第一个点作为位移，则下面说法正确的是（　　）。

A．没有复制图形　　B．复制的图形圆心与（0,0）重合

C．复制的图形与原图形重合　　D．操作无效

（9）对一个多段线对象中的所有角点进行圆角，可以使用圆角命令中的（　　）命令选

项？

A．多段线（P）　　B．修剪（T）　　C．多个（U）　　D．半径（R）

2．上机实验

实验1　绘制如图4-73所示的燃气灶

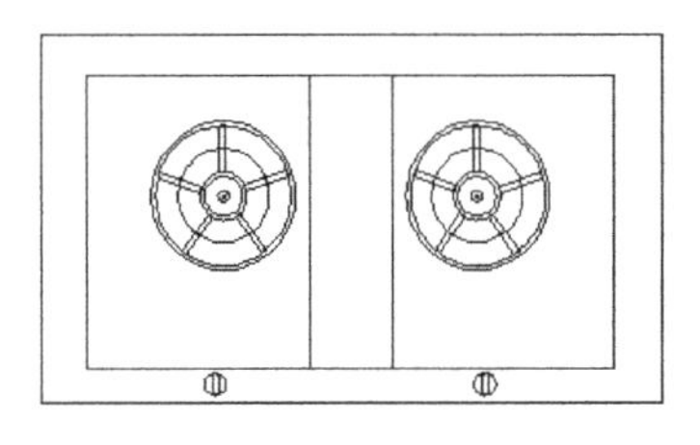

图4-73　燃气灶

◆ 目的要求

本实验涉及的命令主要是“矩形”“直线”“圆”“样条曲线”“阵列”和“镜像”命令，通过本练习，读者将熟悉编辑命令的操作方法。

◆ 操作提示

（1）使用“矩形”和“直线”命令绘制燃气灶外轮廓。

（2）使用“圆”和“样条曲线”命令绘制支撑骨架。

（3）使用“矩形阵列”和“镜像”命令，绘制燃气灶。

实验2　绘制如图4-74所示的门。

◆ 目的要求

本实验绘制的图形相对简单，涉及的命令主要是“矩形”和“偏移”命令，通过本练习，读者将熟悉编辑命令的操作方法。

◆ 操作提示

（1）使用“矩形”命令，绘制门的轮廓。

（2）使用“偏移”命令，绘制门。

实验3　绘制如图4-75所示的小房子。

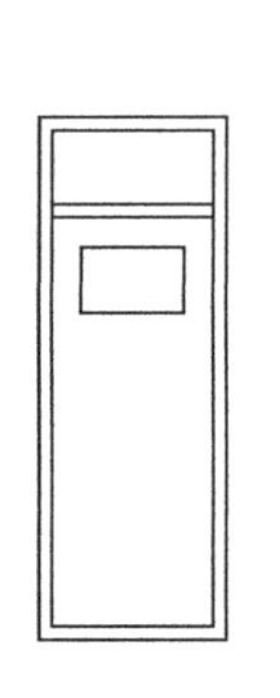

图4-74　门

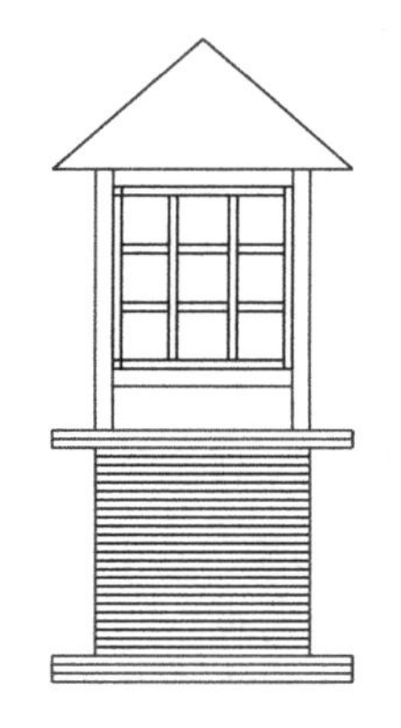

图4-75　小房子

◆ 目的要求

本实验涉及的命令主要是“矩形”“直线”和“阵列”命令，通过本练习，读者将熟悉绘图和编辑命令的操作方法。

◆ 操作提示

（1）使用“矩形”和“矩形阵列”命令绘制主要轮廓。

（2）使用“直线”和“矩形阵列”命令，细化图形。

实验4　绘制如图4-76所示的洗衣机模型。

◆ 目的要求

本实验绘制的图形相对简单，涉及的命令主要是“矩形”“圆”“偏移”“圆角”等编辑命令，通过本练习，读者将熟悉编辑命令的操作方法。

◆ 操作提示

（1）使用“矩形”和“圆角”命令，绘制图形外轮廓。

（2）使用“直线”和“圆”命令 ，补充图形。

（3）使用“圆”和“圆角”命令，细化图形。

实验 5　绘制如图 4-77 所示的平面配景图形。

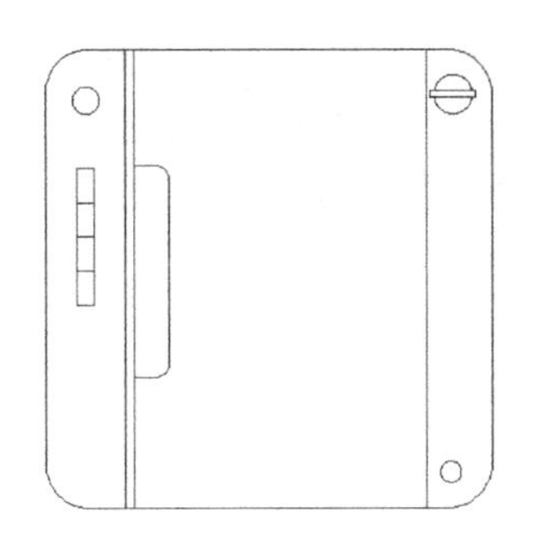

图 4-76　洗衣机模型

图 4-77　平面配景图形

◆ 目的要求

本实验涉及的命令主要是“直线”“圆弧”“样条曲线”“环形阵列”“镜像”等命令，通过本练习，读者将熟悉编辑命令的操作方法。

◆ 操作提示

（1）使用“直线”“圆弧”“样条曲线”“镜像”等命令绘制一条花茎。

（2）使用“圆弧”“环形阵列”等命令绘制其余花茎。

（3）使用“圆”和“图案填充”命令绘制花茎上的装饰图形。

实验 6　绘制如图 4-78 所示的餐桌和椅子。

◆ 目的要求

本实验首先使用“矩形”“圆弧”等基础绘图命令绘制图形，然后使用“偏移”“移动”“镜像”等修改命令修改图形，通过本练习，读者将熟悉编辑命令的操作方法。

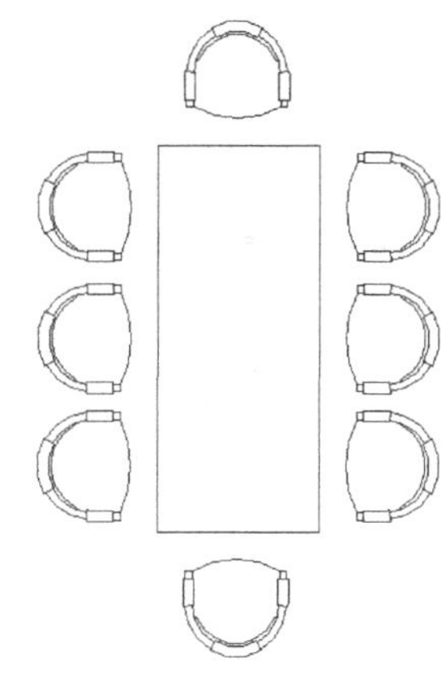

图 4-78　餐桌和椅子

◆ 操作提示

（1）使用“矩形”命令绘制餐桌。

（2）使用“圆弧”“直线”“偏移”“镜像”等命令绘制椅子。

（3）使用“移动”“镜像”“复制”等命令创建其余的椅子，最终完成餐桌与椅子的绘制。

项目五　灵活运用辅助绘图工具

【学习情境】

在室内设计绘图过程中经常会遇到一些重复出现的图形，如果每次都重新绘制这些图形，不仅造成大量的重复工作，而且存储这些图形及其信息也要占据相当大的磁盘空间。图块、设计中心和工具选项板，提出了模块化作图的方法，这样不仅可以避免大量的重复工作，提高绘图速度和工作效率，而且还可以大大节省磁盘空间。本项目将学习这些知识。

【能力目标】

- 熟悉图块的相关操作。
- 灵活应用设计中心。
- 了解工具选项板。

【课时安排】

6课时（讲课3课时，练习3课时）

任务一　图块布置居室图

【任务背景】

把多个图形对象集合起来成为一个对象，就是图块（Block）。它既方便图形的集合管理，又方便图形的重复使用，还可以节约磁盘空间。图块在绘图实践中应用广泛，比如若将前一章中的门窗、家具等图形制作成图块，则要方便得多。

在本任务中，重复出现了组合沙发，所以在绘图过程中，先把组合沙发制作成图块，然后在后面的绘图过程中插入该图块，便可以大大地提高绘图效率，如图5-1所示。

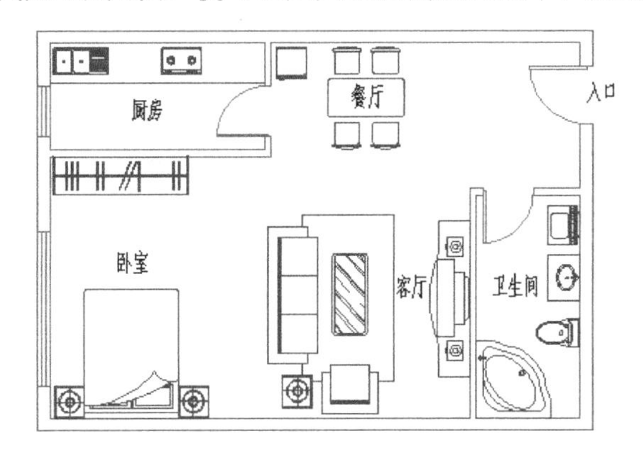

图5-1　图块布置居室图

【操作步骤】

1. 制作“组合沙发”图块

（1）利用前面学习过的命令绘制如图 5-2 所示的组合沙发图形。

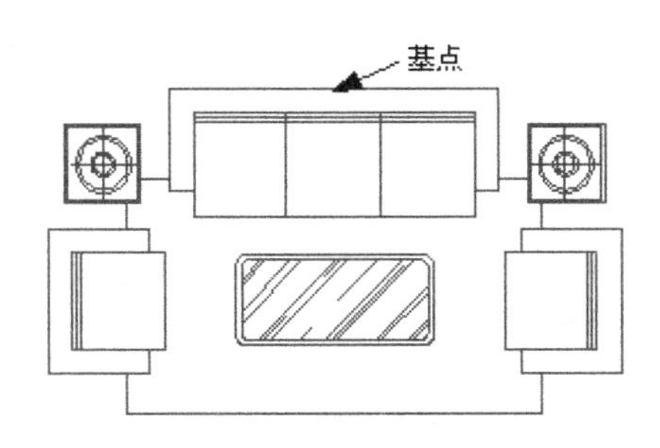

图 5-2　组合沙发

（2）在命令行输入 block 命令，或者选择“绘图”菜单中的“块”→“创建”命令，或者单击“糊涂”工具栏中的“创建”按钮，打开【块定义】对话框。在“名称”下拉列表框中输入“组合沙发”。单击“拾取”按钮切换到绘图区域，选择如图 5-2 所示的点为插入基点，返回【块定义】对话框。单击“选择对象”按钮切换到绘图区域，选择如图 5-2 中的对象后，回车返回【块定义】对话框，单击“确认”按钮关闭对话框。

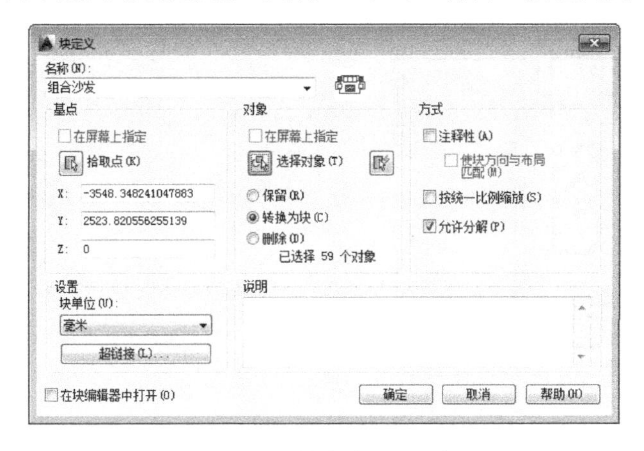

图 5-3　【块定义】对话框

图 5-4　【写块】对话框

（3）也可以在命令行输入 WBLOCK 命令，打开【写块】对话框，在“源”选项组中选择“块”单选按钮，在后面的下拉列表框中选择“组合沙发”块，并进行其他相关设置后确认退出。

2. 插入块

（1）在命令行输入 insert 命令，或者选择“插入”菜单中的“块”命令，或者单击“绘图”工具栏中的“插入块”按钮，打开【插入】对话框（如图 5-5）；

（2）单击名称后边的“浏览”按钮，选择“组合沙发”图块，对“插入点”“比例”“旋转”等参数进行如图 5-6 所示的设置，单击“确定”按钮退出。

（3）在绘图区域中捕捉插图点，单击确定完成插入操作，如图 5-6 所示。

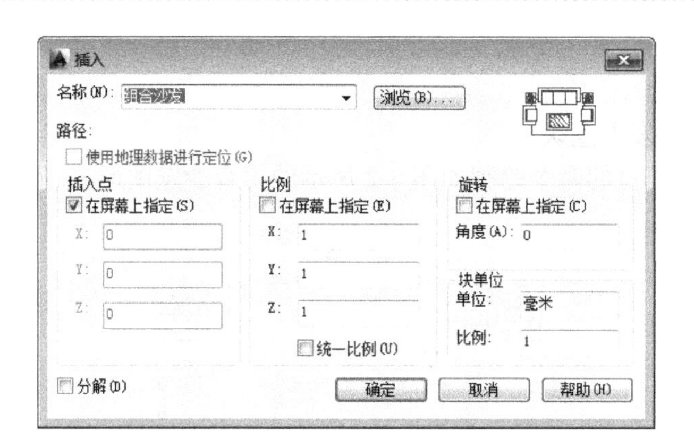

图 5-5 【插入】对话框

（4）由于客厅较小，沙发上端的小茶几和单人沙发应该去掉。单击“修改”工具栏中的“分解”按钮，将沙发分解开，删除小茶几和单人沙发，然后将地毯部分补全，结果如图 5-7 所示。

也可以勾选如图 5-5 所示【插入】对话框左下角的“分解”复选框，插入时将自动分解图块，从而省去分解一步。

（5）重新将修改后的沙发图形定义为图块，完成沙发的布置。

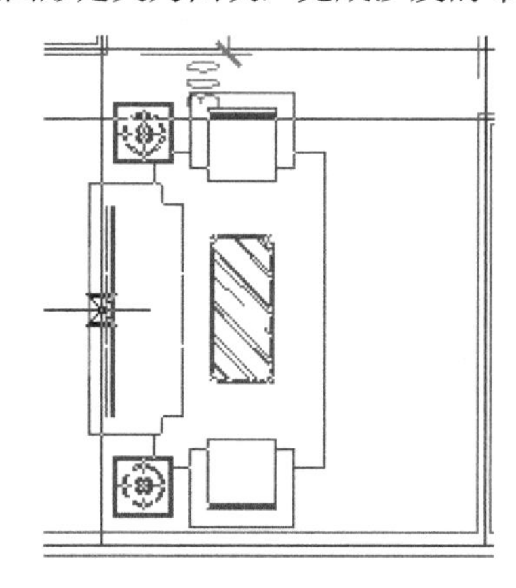

图 5-6 完成组合沙发的插入

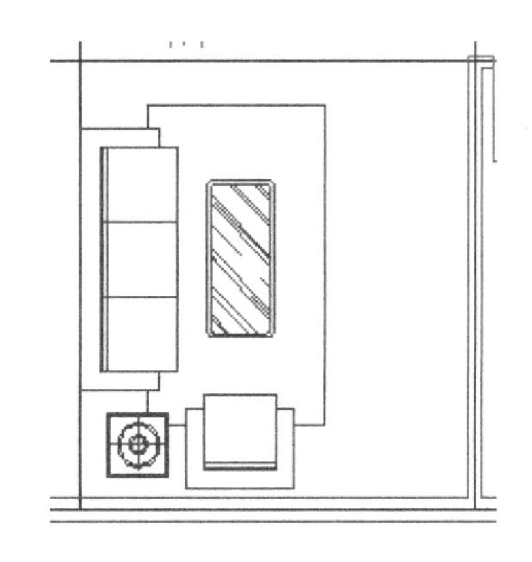

图 5-7 修改“组合沙发”图块

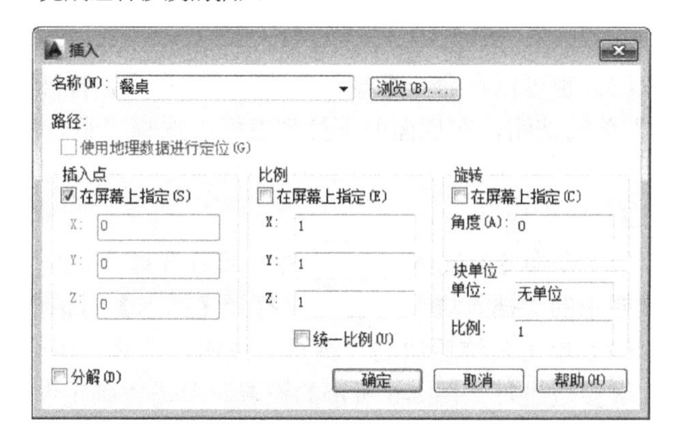

图 5-8 “餐桌”图块参数设置

（7）单击“绘图”工具栏中的“插入块”按钮，单击【插入】对话框“名称”后边的“浏览”按钮，打开“光盘：\图库\餐桌.dwg”文件，其相关参数设置如图 5-8 所示，确定后将它放置在餐厅位置，结果如图 5-9 所示。

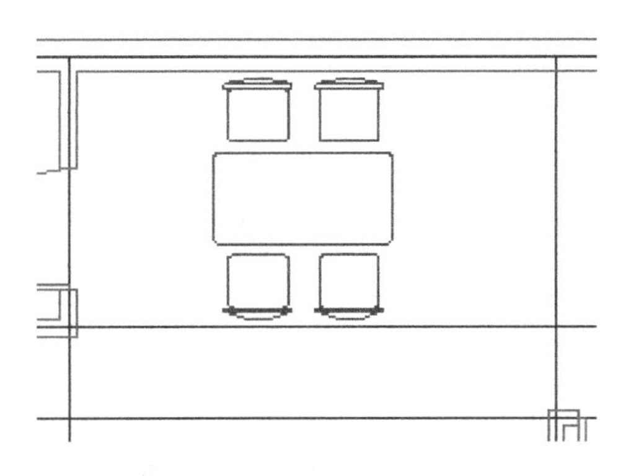

图 5-9　“餐桌”图块插入

剩余家具图块的插入请读者自行完成。

（8）创建图块之前，宜将待建图形放置到“0”图层上，这样生成的图块插入到其他图层时，其图层特性跟随当前图层自动转化，例如前面制作的餐桌图块。如果图形不放置在 0 层，制作的图块插入到其它图形文件中时，将携带原有图层信息进入。

（9）建议将图块图形以 1：1 的比例绘制，以便插入图块时按比例缩放，结果如图 5-10 所示。

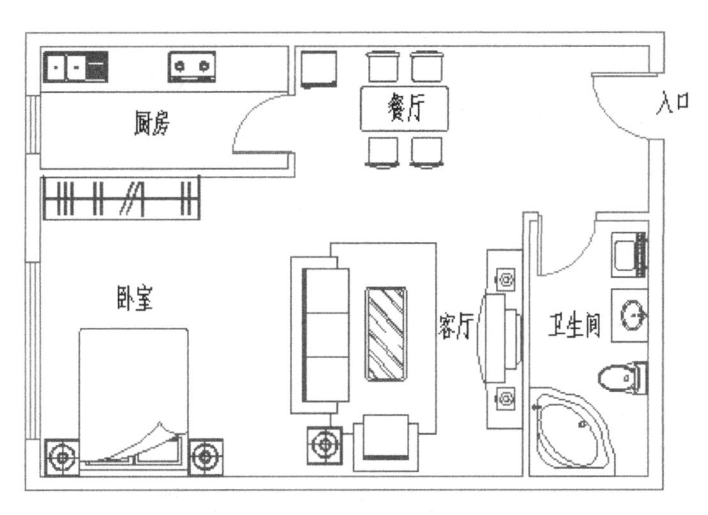

图 5-10　居室室内布置

【知识点详解】

1．定义图块

在如图 5-3 所示的【块定义】对话框中，各选项含义如下。

（1）“基点”选项组。确定图块的基点，默认值是（0,0,0）。也可以在下面的 X（Y、Z）文本框中输入块的基点坐标值。单击“拾取点”按钮，系统临时切换到绘图区域，用鼠标在图形中拾取一点后，返回【块定义】对话框，把拾取的点作为图块的基点。

（2）“对象”选项组。该选项组用于选择制作图块的对象以及对象的相关属性。如图 5-12 所示，把图 5-11（a）中的正五边形定义为图块，图 5-11（b）为选中“删除”单选按钮的结果，图 5-11（c）为选中“保留”单选按钮的结果。

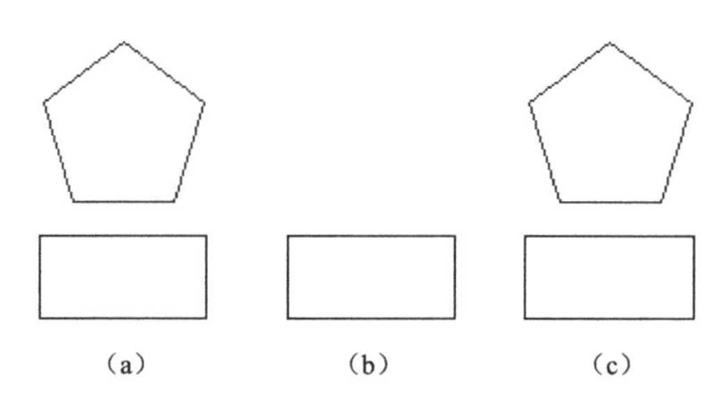

图 5-11　删除图形对象

（3）“设置”选项组。指定从 AutoCAD 设计中心拖动图块时用于测量图块的单位，以及缩放、分解和超链接等的设置。

（4）“在块编辑器中打开”复选框。勾选此复选框，系统打开块编辑器，可以定义动态块。后面详细讲述。

（5）“方式”选项组。指定块的行为。指定块为注释性，指定在图纸空间视口中的块参照的方向与布局的方向匹配，指定是否阻止块参照不按统一比例缩放，指定块参照是否可以被分解。

2. 图块存盘

在如图 5-4 所示的【写块】对话框中，各选项含义如下。

（1）“源”选项组：确定要保存为图形文件的图块或图形对象。其中选中“块”单选按钮，在下拉列表中选择一个图块，将其保存为图形文件。选中“整个图形”单选按钮，则把当前的整个图形保存为图形文件。选中“对象”单选按钮，则把不属于图块的图形对象保存为图形文件。对象的选取通过“对象”选项组来完成。

（2）“目标”选项组。用于指定图形文件的名字、保存路径和插入单位等。

3. 图块的插入

在如图 5-5 所示的【插入】对话框中，各选项含义如下。

（1）“路径”文本框。指定图块的保存路径。

（2）“插入点”选项组。指定插入点，插入图块时该点与图块的基点重合。可以在绘图区域中指定该点，也可以通过 X（Y、Z）文本框输入该点的坐标值。

（3）“比例”选项组。确定插入图块时的缩放比例。图块被插入当前图形中时，可以以任意比例放大或缩小，如图 5-12（a）所示，是被插入的图块，图 5-12（b）是取比例系数为 1.5 插入该图块的结果，图 5-12（c）是取比例系数为 0.5 插入的结果。X 轴方向和 Y 轴方向的比例系数也可以取不同的值，如图 5-12（d）所示为 X 轴方向的比例系数为 1，Y 轴方向的比例系数为 1.5 插入的结果。另外，比例系数还可以是一个负数，当为负数时表示插入图块的镜像，其效果如图 5-13 所示。

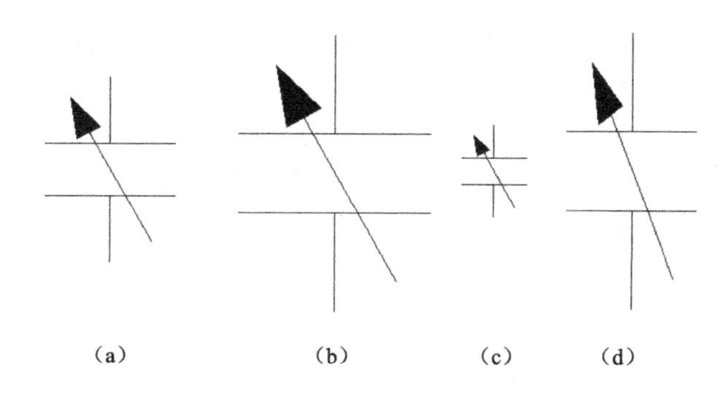

图 5-12　取不同比例系数插入图块的效果

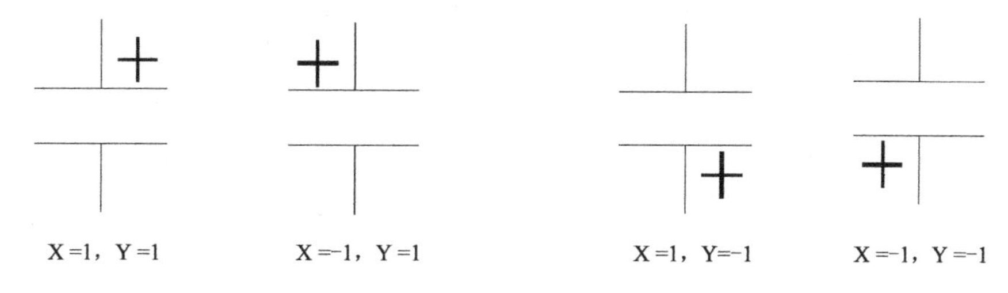

图 5-13　取比例系数为负值时插入图块的效果

（4）“旋转”选项组。指定插入图块时的旋转角度。图块被插入到当前图形中时，可以绕其基点旋转一定的角度，角度可以是正数（表示沿逆时针方向旋转），也可以是负数（表示沿顺时针方向旋转）。如图 5-14（b）所示是图 5-14（a）所示的图块旋转 30° 插入的效果，图 5-14（c）是旋转-30° 插入的效果。

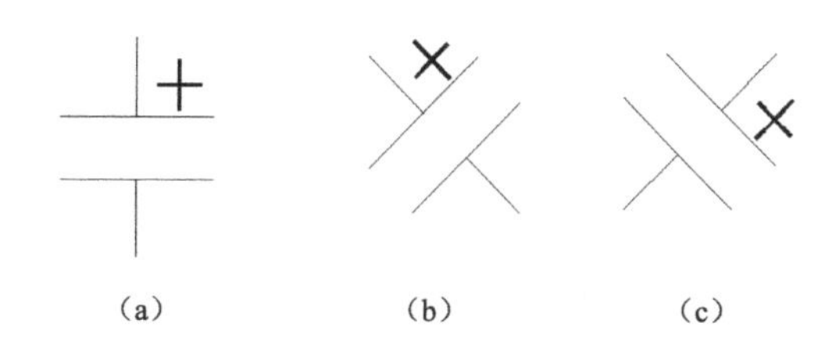

图 5-14　以不同旋转角度插入图块的效果

如果勾选“在屏幕上指定”复选框，系统切换到绘图区域，在绘图区域中拾取一点，系统自动测量插入点与该点连线和 X 轴正方向之间的夹角，并把它作为块的旋转角。也可以在“角度”文本框中直接输入插入图块时的旋转角度。

（5）“分解”复选框。选中此复选框，则在插入块的同时把其炸开，插入到图形中的组成块的对象不再是一个整体，可对每个对象单独进行编辑操作。

任务二　标注轴线编号

【任务背景】

块的属性是指将数据附着到块上的标签或标记。它需要单独定义，然后和图形捆绑在一起创建为图块。块属性可以是常量属性，也可以是变量属性。常量属性在插入块时不提示输入值。插入带有变量属性的块时，会提示用户要插入与块一同存储的数据。此外，还可以从图形中提取属性信息用于电子表格或数据库，以生成列表或材料清单等。只要每个属性的标记都不相同，就可以将多个属性与块关联。属性也可以“不可见”，即不在图形中显示出来。不可见属性不能显示和打印，但其属性信息存储在图形文件中，并且可以写入提取文件供数据库程序使用。

本任务首先使用“属性定义”命令，将绘制好的图块定义属性，然后使用“插入”命令将定义属性后的图块插入，如图 5-15 所示。

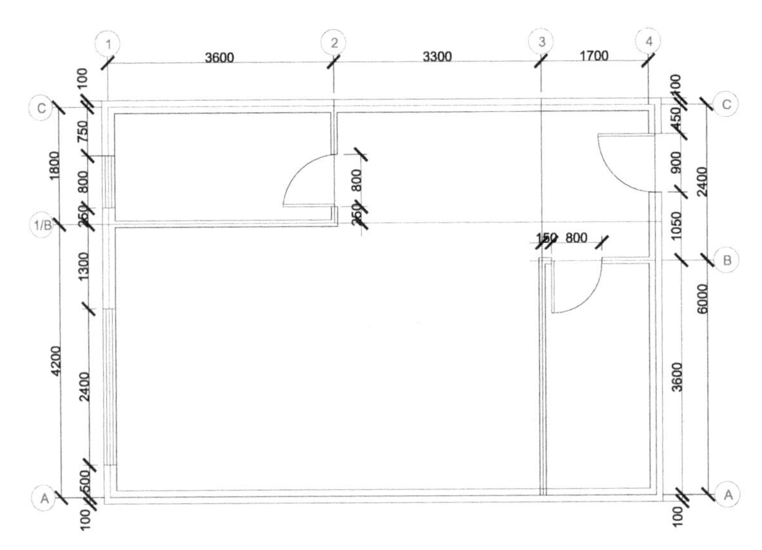

图 5-15　标注轴线编号

【操作步骤】

（1）打开“接待室平面图.dwg”文件，如图 5-16 所示。

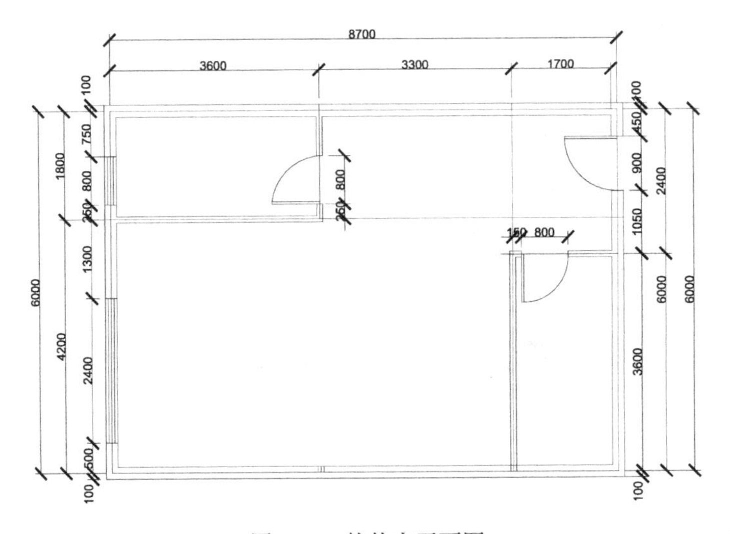

图 5-16　接待室平面图

（2）制作轴号。

① 将“0”图层设置为当前层。

② 绘制一个直径为400mm的圆。

③ 在命令行输入attdef命令，或者选择“绘图”菜单中的“块”→“属性定义”命令，对【属性定义】对话框进行图5-17所示的参数设置。

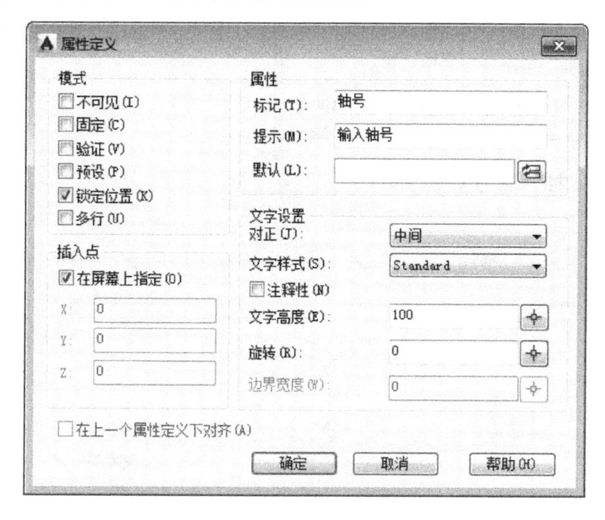

图5-17 【属性定义】对话框参数设置

④ 单击“确定”按钮后将“轴号”两字指定到圆圈内，如图5-18所示。

⑤ 在命令行输入“Wblock”命令，将圆圈和“轴号”字样全部选中，选择如图5-19所示的点为基点（也可是其他点，以便于定位为准），将图块保存，文件名为“400mm轴号.dwg”。

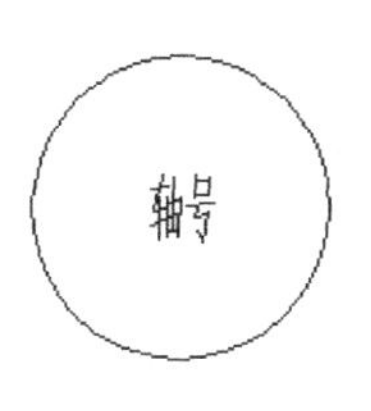

图5-18　将“轴号”两字指定到圆圈内

图5-19　选择“基点”

把“尺寸”图层置为当前层，将轴号图块插入到居室平面图中轴线尺寸超出的端点上。

⑥ 单击“绘图”工具栏中的“插入块”按钮，在【插入】对话框中调入“轴号”图块，其余参数设置如图5-20所示。

⑦ 单击“确定”按钮，将轴号图块定位在左上角第一根轴线尺寸的端点上，命令行提示与操作如下：

```
命令: INSERT ↙
指定插入点或 [基点(B)/比例(S)/旋转(R)/预览比例(PS)/预览旋转(PR)]:
输入属性值
请输入轴号: 1 ↙
```

结果如图5-21所示。

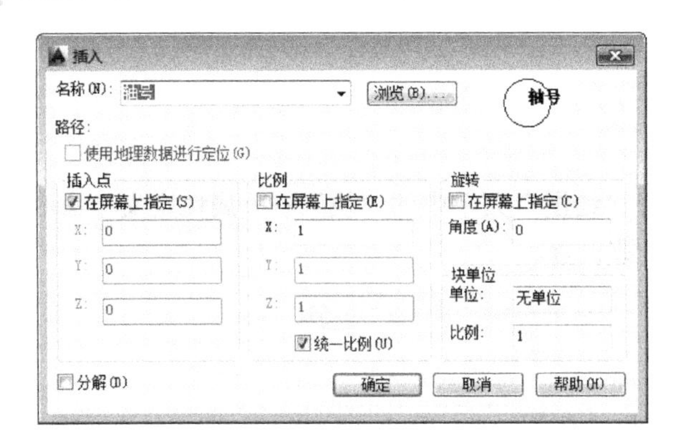

图 5-20　插入轴号参数

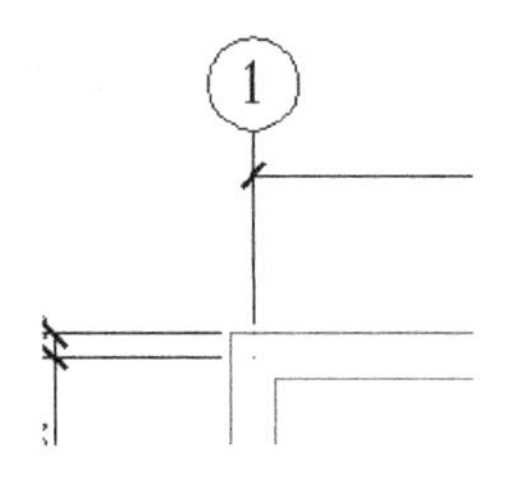

图 5-21　①号轴线

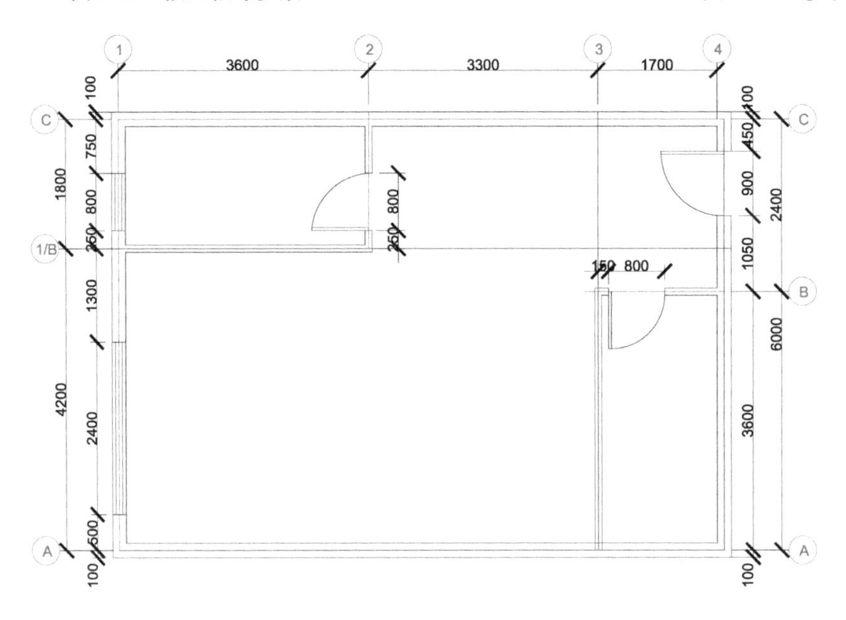

图 5-22　完成轴线编号

用相同的方法标注其他轴号。也可以复制轴号①到其他位置，通过属性编辑来完成。

（3）编辑轴号。

① 将轴号①逐个复制到其他轴线尺寸的端部；

② 双击轴号，打开【增强属性编辑器】对话框，修改相应的属性值，完成所有的轴线编号，结果如图 5-22 所示。

【知识点详解】

在如图 5-17 所示的【属性定义】对话框中，各选项含义如下。

（1）“模式”选项组。

①“不可见”复选框：选中此复选框，属性为不可见显示方式，即插入图块并输入属性值后，属性值在图中并不显示出来。

②“固定”复选框：选中此复选框，属性值为常量，即属性值在属性定义时给定，在插入图块时系统不再提示输入属性值。

③“验证”复选框：选中此复选框，当插入图块时系统重新显示属性值让用户验证该值是否正确。

④“预设”复选框：选中此复选框，当插入图块时系统自动把事先设置好的默认值赋予属性，而不再提示输入属性值。

⑤“锁定位置”复选框：选中此复选框，当插入图块时系统锁定块参照中属性的位置。解锁后，属性可以相对于使用夹点编辑的块的其他部分移动，并且可以调整多行属性的大小。

⑥“多行”复选框：选中此复选框指定属性值可以包含多行文字。

（2）“属性”选项组。

①“标记”文本框：输入属性标签。属性标签可由除空格和感叹号以外的所有字符组成。系统自动把小写字母改为大写字母。

②“提示”文本框：输入属性提示。属性提示是插入图块时系统要求输入属性值的提示。如果不在此文本框内输入文本，则以属性标签作为提示。如果在“模式”选项组选中“固定”复选框，即设置属性为常量，则不需设置属性提示。

③“默认”文本框：设置默认的属性值。可把使用次数较多的属性值作为默认值，也可不设置默认值。

其他各选项组比较简单，不再赘述。

任务三　绘制居室室内设计平面图

【任务背景】

在室内制图的过程中，为了进一步提高绘图的效率，对绘图过程进行智能化管理和控制，AutoCAD 2014 提供了设计中心和工具选项板两种辅助绘图工具。

利用系统提供的设计中心，可以很容易地组织设计内容，并把它们拖动到自己的图形中。在如图 5-23 所示的【设计中心】窗口中，左侧为资源管理器，右侧为内容显示区（其中上方的窗口为文件显示框，中间的窗口为图形预览显示框，下面的窗口为说明文本显示框）。

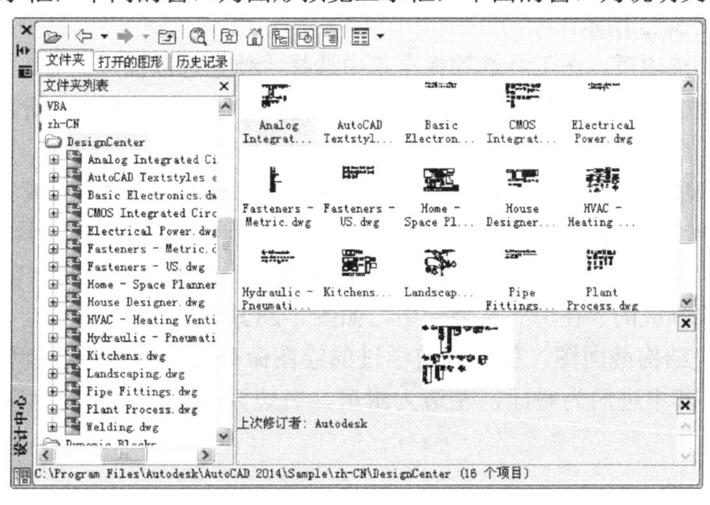

图 5-23 【设计中心】窗口

利用工具选项板，可以将常用的图块、几何图形、外部参照、填充图案及命令等以选项卡的形式组织到其中，以后可直接调用到当前图形中。此外，工具选项板还可以包含由第三方开发人员提供的自定义工具。

本任务主要讲解使用图块辅助快速绘制室内设计平面图的一般方法，本任务首先使用“矩形”“直线”“圆”“多行文字”“偏移”“剪切”等一些基础的绘图命令绘制图形，并插入设计中心自带的图块，然后将创建的图块插入到设计图中，以此创建住房室内设计平面图，如图5-24所示。

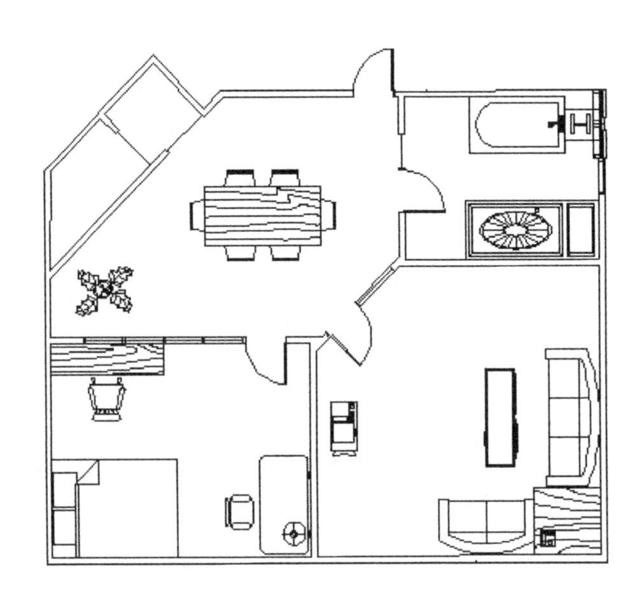

图5-24 绘制室内设计平面图

【操作步骤】

（1）在命令行输入ToolPalettes命令，或者选择“工具”菜单中的“工具”→“选项板”→“工具选项板”命令，或者单击“标准”工具栏的“工具选项板”按钮，打开【工具选项板】窗口，如图5-25所示。

（2）新建工具选项板。在工具选项板菜单中选择“新建选项板”命令，如图5-26所示，建立新的工具选项板选项卡。在新建工具名称栏中输入“住房”后确认。新建的“住房”工具选项板选项卡，如图5-27所示。

（3）向工具选项板插入设计中心图块。在命令行输入copyclip命令，或者选择“工具”菜单中的“工具”→“选项板”→“设计中心”命令，或者单击“标准”工具栏的“设计中心”按钮，打开【设计中心】窗口，将设计中心中的Kitchens、House Designer、Home Space Planner图块拖动到工具选项板的“住房”选项卡中，如图5-28所示。

（4）绘制住房结构截面图。使用以前学过的绘图命令与编辑命令绘制住房结构截面图，如图5-29所示。其中进门为餐厅，左边为厨房，右边为卫生间，正对为客厅，客厅左边为卧室。

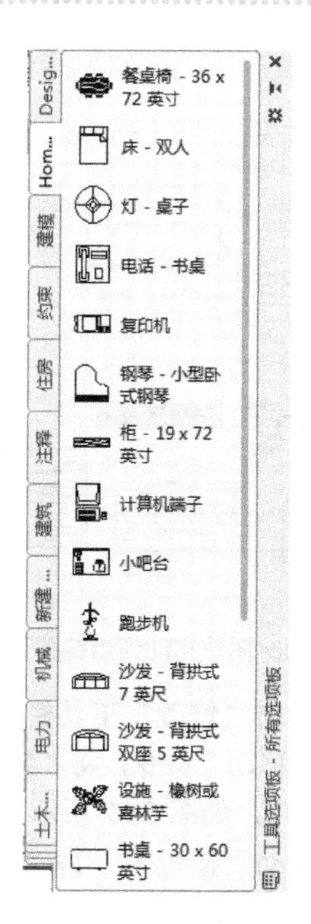

图 5-25　【工具选项板】窗口

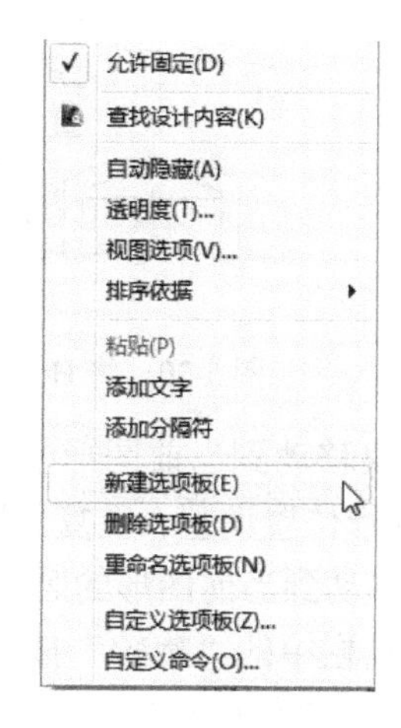

图 5-26　“新建选项板”命令

图 5-27　“住房”工具选项板选项卡

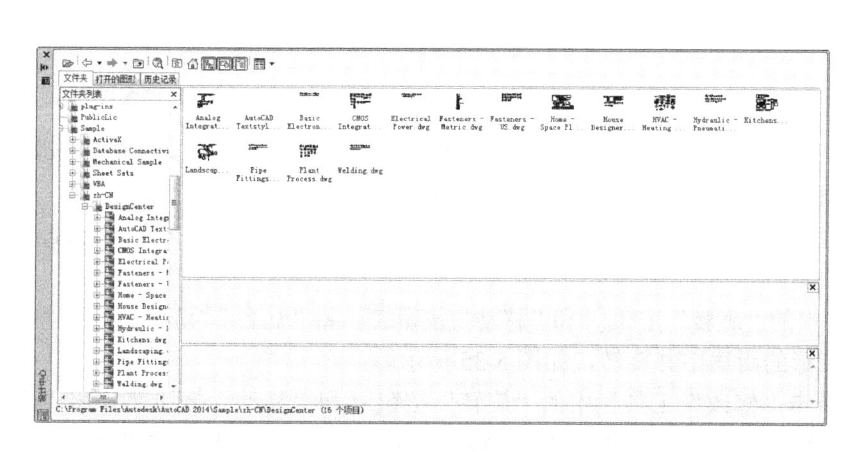
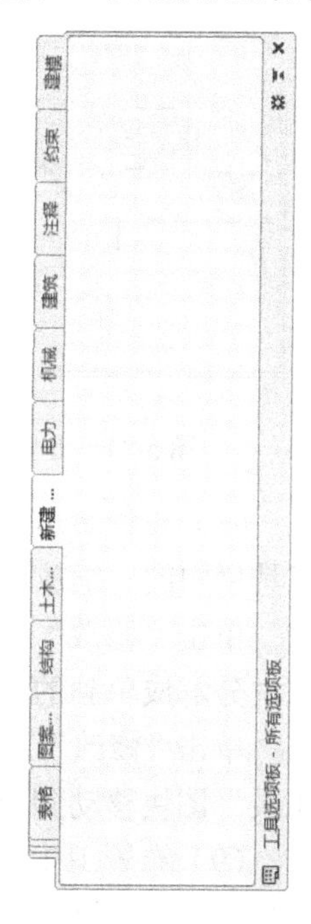

图 5-28　向工具选项板插入设计中心图块

（5）布置餐厅。将工具选项板中的 Home Space Planner 图块拖动到当前图形中，使用缩放命令调整插入的图块与当前图形的相对大小，如图 5-30 所示。

对 Home Space Planner 图块进行分解操作，将该图块分解成单独的小图块集。将图块集中的“饭桌”和“植物”图块拖动到餐厅的适当位置，如图 5-31 所示。

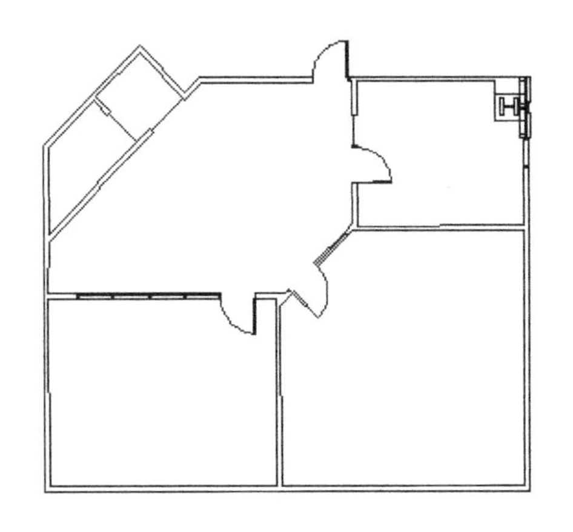

图 5-29　住房结构截面图

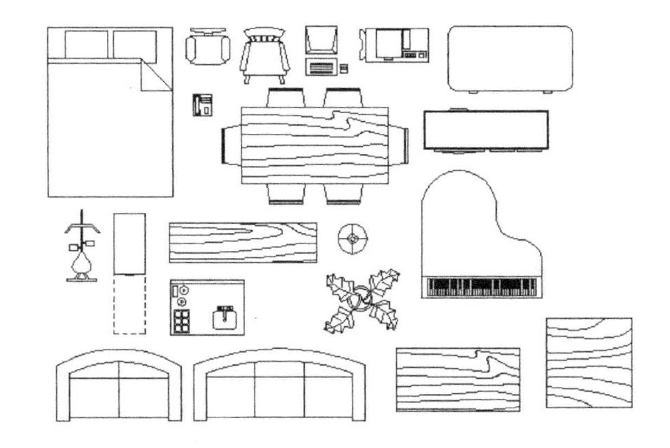

图 5-30　将 Home Space Planner 图块拖动到当前图形中

（6）布置卧室。将“双人床”图块移动到当前图形的卧室中，单击“修改”工具栏中的“旋转”按钮和“移动”按钮，进行位置调整。重复“旋转”和“移动”命令，将“琴桌”“书桌”“台灯”和两个“椅子”图块移动到当前图形的卧室中，并旋转，如图 5-32 所示。

（7）布置客厅。单击“修改”工具栏中的“旋转”按钮和“移动”按钮，将“转角桌”“电视机”“茶几”和两个“沙发”图块移动到当前图形的客厅中并旋转，如图 5-33 所示。

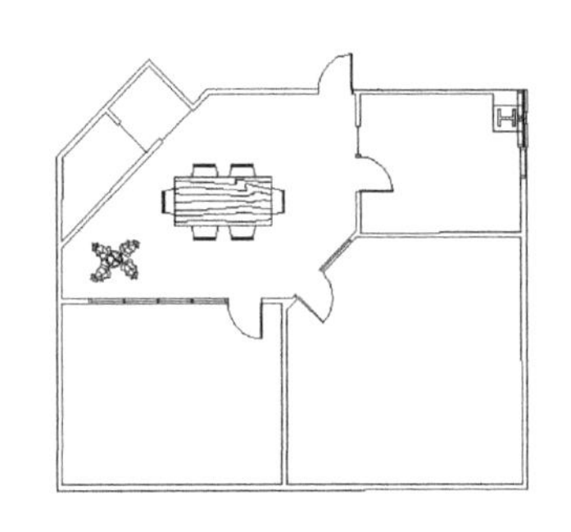

图 5-31　布置餐厅

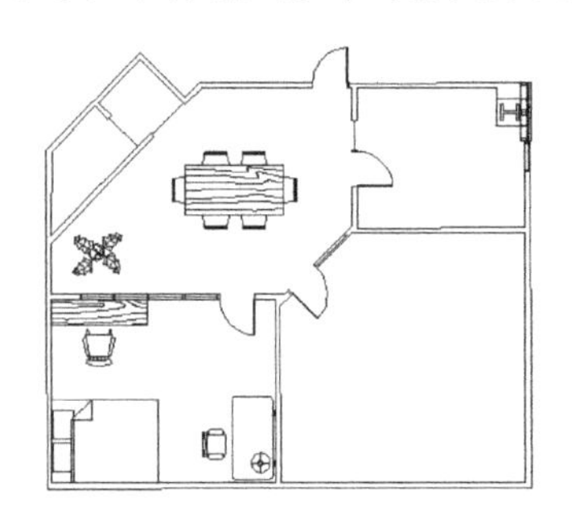

图 5-32　布置卧室

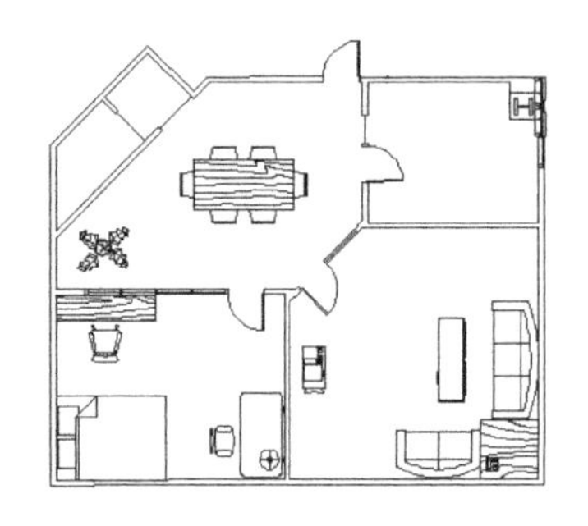

图 5-33　布置客厅

（8）布置厨房。将工具选项板中的 House Designer 图块拖动到当前图形中，单击“修改”工具栏中的“缩放”按钮，调整所插入的图块与当前图形的相对大小，如图 5-34 所示。

单击“修改”工具栏中的“分解”按钮，对该图块进行分解操作，将 House Designer 图块分解成单独的小图块集。

单击“修改”工具栏中的“旋转”按钮和“移动”按钮，将“灶台”“洗菜盆”和“水龙头”图块移动到当前图形的厨房中并旋转，如图 5-35 所示。

（9）布置卫生间。单击“修改”工具栏中的“旋转”按钮和“移动”按钮，将“坐便器”和“洗脸盆”移动到当前图形的卫生间中并旋转，单击“修改”工具栏中的“复制”按钮，复制“水龙头”图块，重复“旋转”“移动”命令，将其旋转移动到洗脸盆上。单击“修改”工具栏中的“删除”按钮，删除当前图形中没有用到的图块，最终绘制出图形。

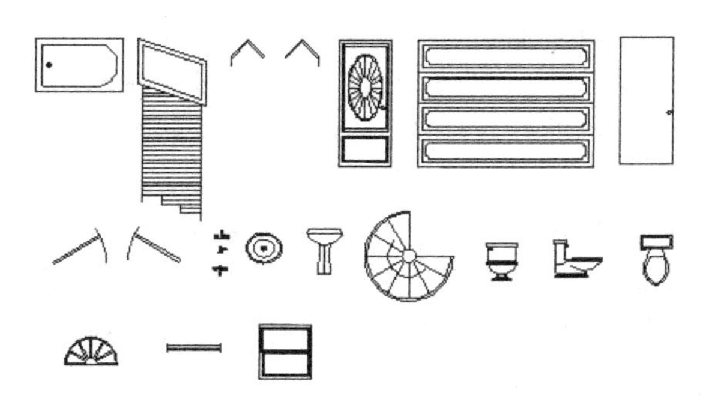

图 5-34　插入 House Designer 图块

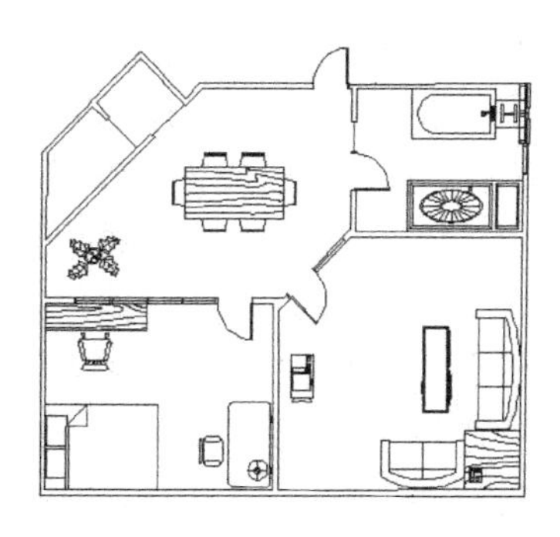

图 5-35　布置厨房

【知识点详解】

1. 使用设计中心插入图块

AutoCAD 的设计中心提供了插入图块的两种方法,“利用鼠标指定比例和旋转方式”和“精确指定坐标、比例和旋转角度方式”。

（1）利用鼠标指定比例和旋转的方式插入图块。

系统根据鼠标拉出的线段的长度与角度确定比例与旋转角度。插入图块的步骤如下。

① 从文件夹列表或查找结果列表中选择要插入的图块，按住鼠标左键，将其拖动到打开的图形中。

松开鼠标左键，此时，选择的对象插入到当前被打开的图形当中。利用当前设置的捕捉方式，可以将对象插入到任何打开的图形当中。

② 单击指定一点作为插入点，移动鼠标，鼠标位置点与插入点之间的距离为缩放比例。单击确定比例。用同样的方法移动鼠标，鼠标位置点与插入点的连线与水平线之间的角度为旋转角度。被选择的对象根据鼠标指定的比例和角度插入到图形当中。

（2）利用精确指定坐标、比例和旋转角度的方式插入图块。

使用该方法可以设置插入图块的参数，具体方法如下。

① 从文件夹列表或查找结果列表框选择要插入的对象，拖动对象到打开的图形中。

② 右击，在弹出的快捷菜单中选择“比例”“旋转”等命令。

③ 在相应的命令行提示下输入比例和旋转角度等数值。

被选择的对象根据指定的参数插入到图形中。

2. 利用设计中心复制图形

（1）在图形之间拷贝图块。

使用 AutoCAD 设计中心可以浏览和装载需要拷贝的图块，然后将图块拷贝到剪贴板，利用剪贴板将图块粘贴到图形当中。具体方法如下。

① 在控制板中选择需要复制的图块，右击，在弹出的快捷菜单中选择“复制”命令。

② 将图块复制到剪贴板上，然后通过“粘贴”命令将图块粘贴到当前图形上。

（2）在图形之间拷贝图层。

使用 AutoCAD 设计中心可以从任何一个图形中复制图层到其他图形中。例如，如果已经绘制了一个包括设计所需的所有图层的图形，在绘制另外新图形的时候，可以新建一个图形，并通过 AutoCAD 设计中心将已有的图层复制到新的图形中，这样既可以节省时间，又保证图形间的一致性。在图形之间复制图层的方法有以下两种。

① 拖动图层到已打开的图形中。确认要复制图层的目标图形文件被打开，并且是当前的图形文件。在控制板或查找结果列表框选择要复制的一个或多个图层。拖动图层到打开的图形文件中。松开鼠标后被选择的图层即被复制到打开的图形当中。

② 拷贝或粘贴图层到打开的图形中。确认要复制的图层的图形文件被打开，并且是当前的图形文件。在控制板或查找结果列表框选择要复制的一个或多个图层。右击，在弹出的快捷菜单中选择“复制到粘贴板”命令。如果要粘贴图层，确认要粘贴的目标图形文件被打开，并为当前文件。右击，在弹出的快捷菜单选择“粘贴”命令。

模拟试题与上机实验 5

1．选择题

（1）其他应用程序的信息作为 OLE 对象插入的说法正确的是（　　）。

A．其他应用程序中创建的现有文件

B．从现有文件中复制或剪切信息，并将其粘贴到图形中

C．在图形中打开另一个应用程序，并创建要使用的信息

D．以上方法都是正确的

（2）如果插入的块所使用的图形单位与为图形指定的单位不同，则（　　）。

A．对象以一定比例缩放以维持视觉外观

B．英制的放大 25.4 倍

C．公制的缩小 25.4 倍

D．块将自动按照两种单位相比的等价比例因子进行缩放

（3）插入光栅图像文件时，需指定（　　）。

A．图形文件名、插入点、缩放比例、旋转角度

B．图像文件名、插入点、缩放比例、旋转角度

C．块名、插入点、缩放比例、旋转角度

D．插入点、缩放比例、旋转角度

（4）在 AutoCAD【设计中心】窗口的（　　）选项卡中，可以查看当前图形中的图形信息。

A．“文件夹”　　　　B．“打开的图形”

C．“历史记录”　　　　D．“联机设计中心”

（5）块和外部参照的重要区别是（　　）。

A．图形作为块插入时，它不随原始图形的改变而更新；图形作为外部参照插入时，对原图形所做的任何修改都会显示在当前图形中

B．图形作为块插入时，它可以分解；图形作为外部参照插入时，它不可以分解。

C．图形作为块插入时，它存储在图形中； 将图形作为外部参照插入时，是将图形链接到当前图形中

D．块插入的是图形文件；外部参照插入的是图像文件

2．上机实验

实验 1　将如图 5-36 所示的休闲椅定义为图块并保存。

◆ 目的要求

在实际绘图过程中，经常会遇到重复性的图形单元。解决这类问题最简单、最快捷的办法是将重复性的图形单元制作成图块，然后将图块插入图形中。

◆ 操作提示

（1）打开前面绘制的椅子图形。

（2）将椅子图形定义成图块并保存。

（3）绘制圆桌。

（4）插入椅子图块。

（5）阵列处理。

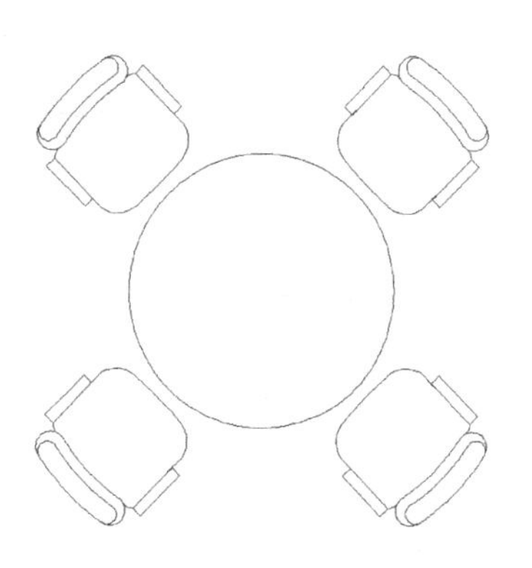

图 5-36　休闲椅

实验 2　利用设计中心绘制居室布局图。

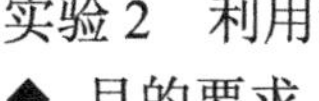

◆ 目的要求

设计中心最大的优点是简洁、方便、集中，读者可以在某个专门的设计中心中组织自己需要的素材，快速简便地绘制图形。本实验的目的是通过绘制如图 5-37 所示的居室布置平面图，使读者灵活掌握使用设计中心进行快速绘图的方法。

◆ 操作提示

打开设计中心，在设计中心选择适当的图块，插入到居室平面图中。

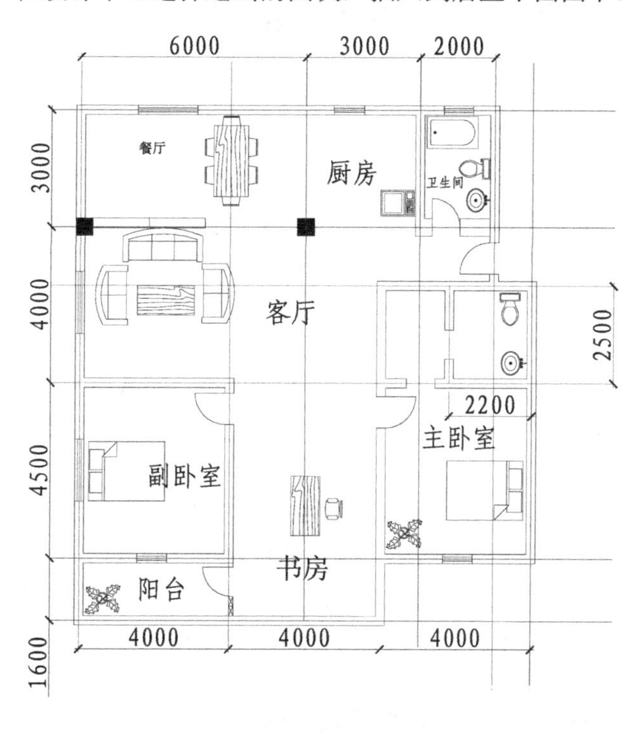

图 5-37　居室布置平面图

项目六 绘制别墅室内设计图

【学习情境】

在前面的项目中，读者通过一些项目和任务系统学习了绘制简单室内设计图形符号时用到的各种命令的使用技巧。掌握了这些绘图命令后，就需要利用这些知识来绘制具体的室内设计图了。

【能力目标】

- 掌握整套别墅室内设计图的具体绘制方法。
- 灵活应用各种 AutoCAD 命令。
- 提高室内设计绘图的速度和效率。

【课时安排】

10 课时（讲课 4 课时，练习 6 课时）

任务一 绘制别墅首层平面图

【任务背景】

考虑到整体的地形、面积等因素，别墅首层在北侧、南侧、西侧共设置 3 个出入口和三段室外走廊，这使得这座别墅的交通线路非常通畅，消防通道布置合理。室内楼梯贯穿三层，室外楼梯延伸至二层，这使得二楼的家庭使用空间更加方便。

首层的起居室、客房、餐厅等对采光有一定要求的空间都设置在了别墅的南侧，采光、通风良好。起居室的面积较大，将南面设置成半圆形的玻璃幕墙以吸纳阳光，成为设置室内阳光花房的最佳地点。餐厅是连接室内外的另一个重要空间，通常不设置室外门，本次设计在南侧设置了大尺度的玻璃室外门，连接室外走廊及室内空间，使业主在就餐期间享受最佳的视野和环境。

利用首层车库的超大屋顶，做成私家庭院独享的空中花园，室外楼梯至二楼的大主卧之间设置了观景木制平台，使业主在闲暇之余有一处可以全身心放松的空中花圃。在观景平台尽头设置了储物间，可以作为室外用品的收纳空间，这一设计点会给业主平时的使用带来很大的方便。二层设计的另一个特点是大主卧的设计，它突破原有的设计模式，将私密性的书房并入主卧的空间，使主卧的功能更全面。

三层占据了有利的高度，西侧和南侧两块大面积的室外观景平台，是业主与家人和朋友之间小聚的最佳场所。

设计师根据朝向、风向等自然因素并考虑到居住者生活便利等因素，绘制出了初步设计图。

别墅首层平面图的主要绘制思路为：首先绘制这栋别墅的定位轴线，再在已有轴线的基础上绘出别墅的墙线，然后借助已有图库或图形模块绘制别墅的门窗和室内的家具、洁具，最后进行尺寸和文字标注。别墅的首层平面图如图 6-1 所示。

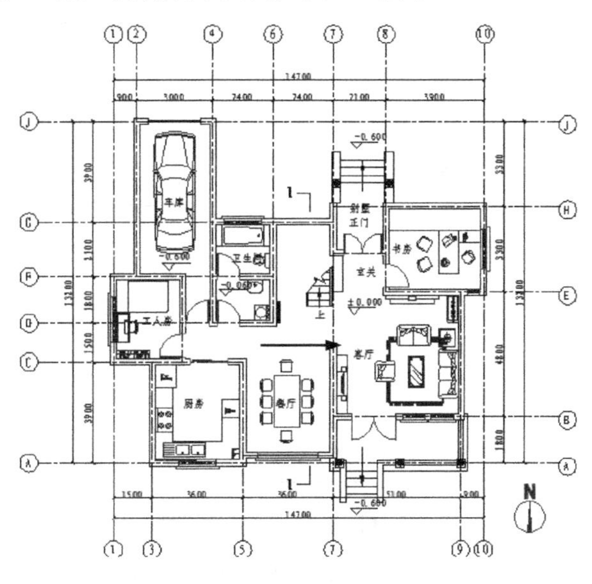

图 6-1 别墅首层平面图

【操作步骤】

1．设置绘图环境

（1）创建图形文件。启动 AutoCAD 2014 中文版软件，选择“格式”菜单栏中的“单位”命令，在弹出的【图形单位】对话框中设置角度“类型”为“十进制度数”，“精度”为 0，如图 6-2 所示。单击“方向”按钮，打开【方向控制】对话框。在“基准角度”选项栏中选中“东”单选项，如图 6-3 所示。

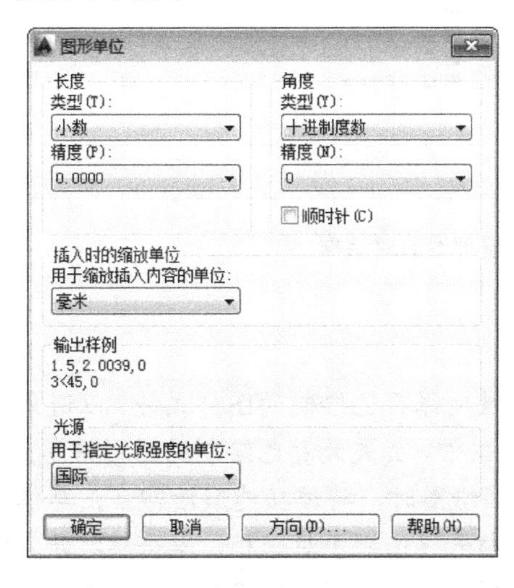

图 6-2 “图形单位”对话框

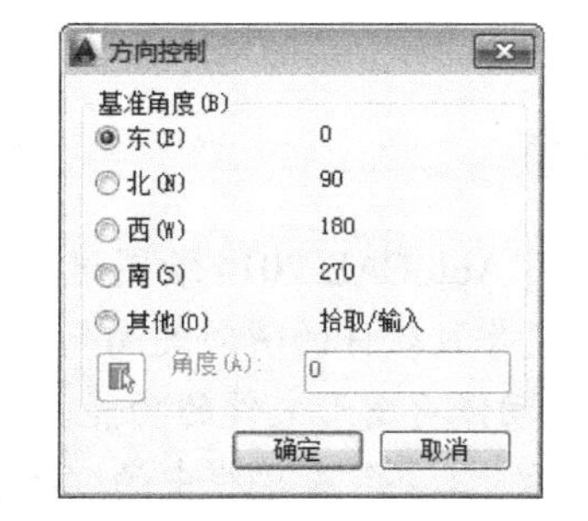

图 6-3 【方向控制】对话框

（2）保存图形。单击“标准”工具栏中的“保存”按钮，打开【图形另存为】对话框。

在“文件名”下拉列表框中输入图形名称“别墅首层平面图.dwg”，如图 6-4 所示。单击“保存”按钮，完成对新建图形文件的保存。

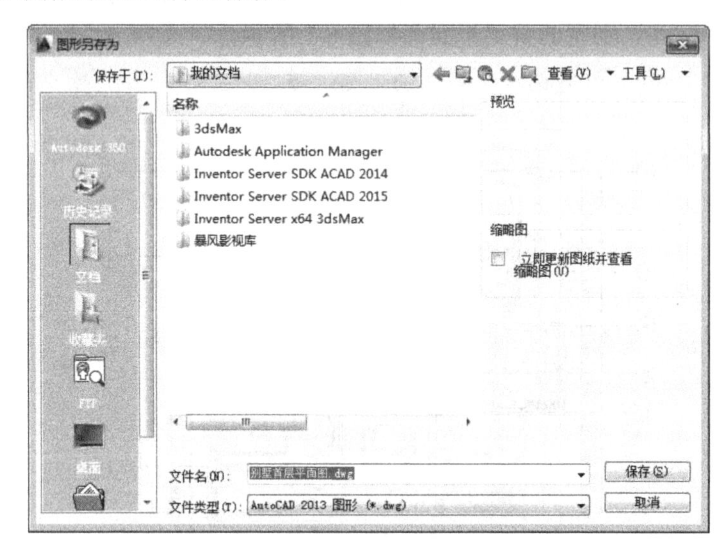

图 6-4 【图形另存为】对话框

（3）设置图层。单击“图层”工具栏中的“图层特性管理器”按钮，打开【图层特性管理器】对话框，依次创建平面图中的基本图层，如轴线、墙体、楼梯、门窗、家具、标注和文字等，如图 6-5 所示。

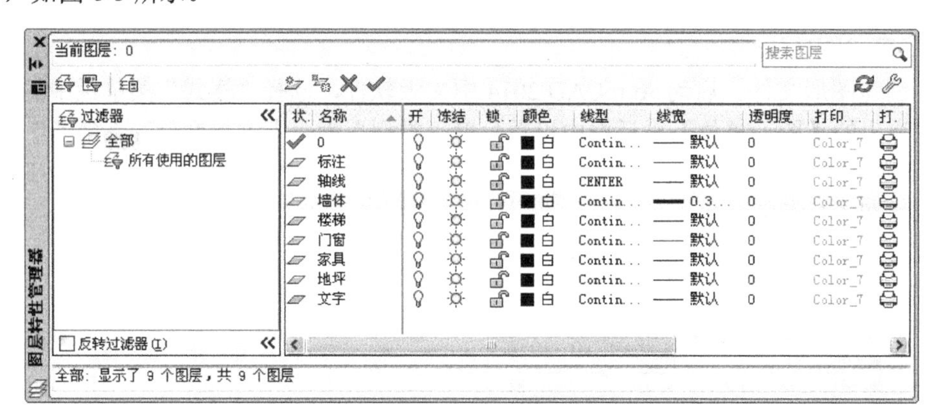

图 6-5 【图层特性管理器】对话框

在使用 AutoCAD 2014 绘图过程中，应经常性地保存已绘制的图形文件，以避免因软件系统的不稳定导致软件的瞬间关闭而无法及时保存文件，丢失大量已绘制的图形信息。AutoCAD 2014 有自动保存图形文件的功能，使用者只需在绘图时，将该功能激活即可。具体设置步骤如下：选择“工具”菜单栏中的“选项”命令，打开【选项】对话框；单击“打开和保存”选项卡，在“文件安全措施”选项组中勾选“自动保存”复选框，根据个人需要在“保存间隔分钟数”文本框中输入具体的数字，然后单击“确定”按钮，完成设置，如图 6-6 所示。

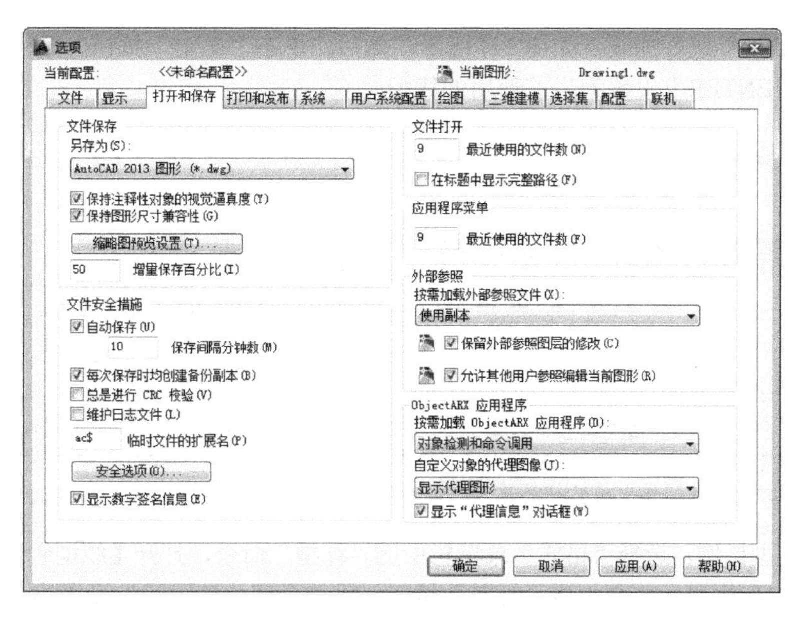

图 6-6　“自动保存”设置

2. 绘制建筑轴线

建筑轴线是在绘制建筑平面图时布置墙体和门窗的依据，同样也是建筑施工定位的重要依据。在轴线的绘制过程中，主要使用“直线”命令和“偏移”命令。

如图 6-7 所示为绘制完成的别墅平面轴线。

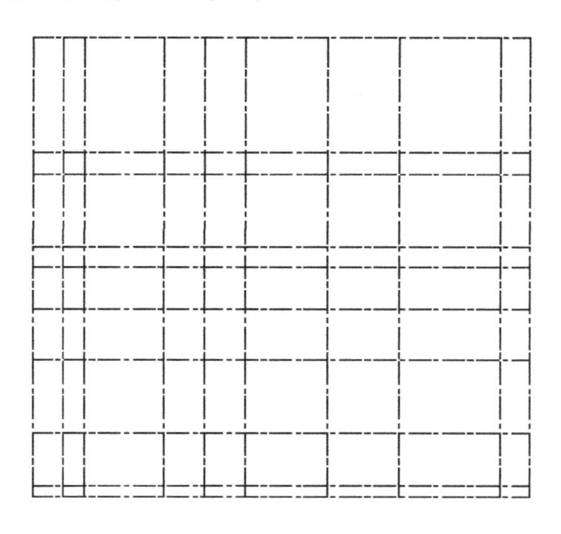

图 6-7　别墅平面轴线

具体绘制方法如下。

（1）设置“轴线”特性。

① 选择图层，加载线型。在“图层”下拉列表中选择“轴线”图层，将其设置为当前图层，单击“图层”工具栏中的“图层特性管理器”按钮，打开【图层管理器】对话框，单击“轴线”图层栏中的“线型”名称，打开【选择线型】对话框，如图 6-8 所示；在该对话框中，单击“加载”按钮，打开【加载或重载线型】对话框，在该对话框的“可用线型”列表框中选

择线型“CENTER”进行加载，如图6-9所示；然后，单击“确定”按钮，返回【选择线型】对话框，将“CENTER”设置为当前使用的线型。

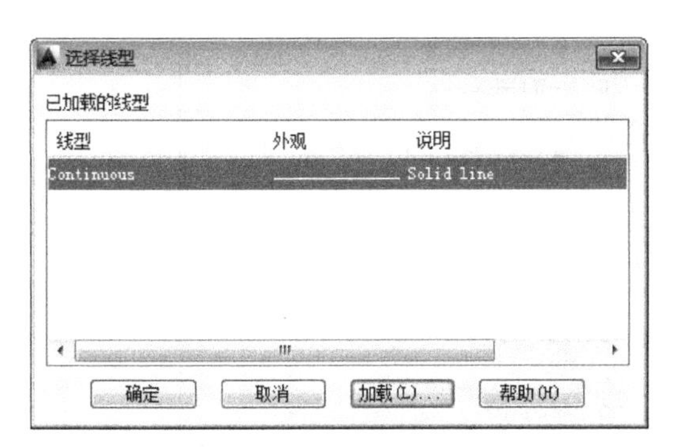

图6-8 【选择线型】对话框

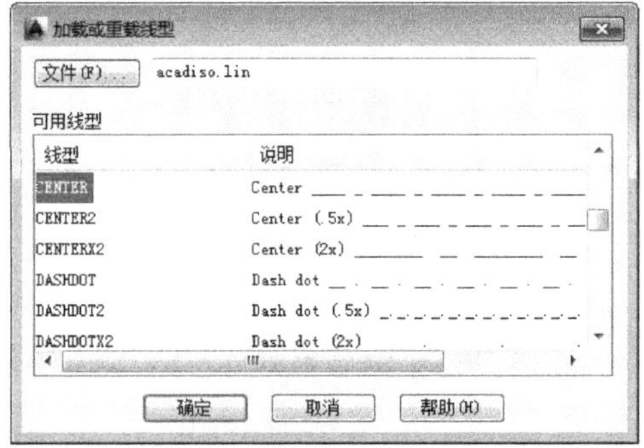

图6-9 加载线型“CENTER”

② 设置线型比例。选择“格式”菜单栏中的“线型”命令，打开【线型管理器】对话框；选择“CENTER”线型，单击“显示细节”按钮，将“全局比例因子”设置为20，如图6-10所示；然后，单击“确定”按钮，完成对轴线线型的设置。

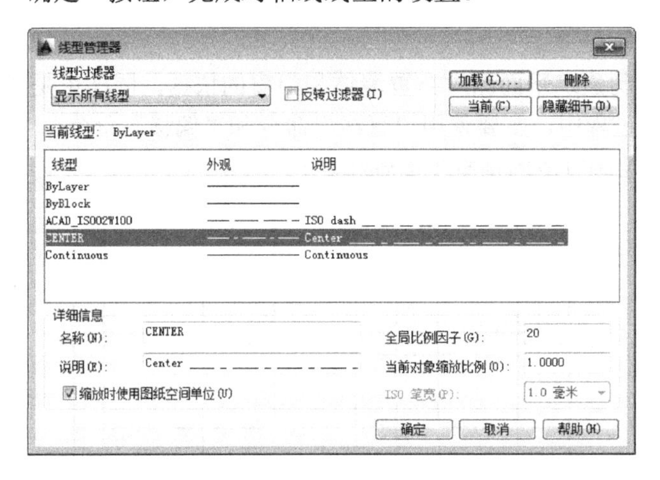

图6-10 设置线型比例

（2）绘制横向轴线。

① 绘制横向基准轴线。单击“绘图”工具栏中的“直线”按钮，绘制一条长度为14700mm的横向基准轴线，如图6-11所示。命令行提示与操作如下：

```
命令: _line
指定第一点://适当指定一点
指定下一点或 [放弃(U)]: @14700, 0↙
指定下一点或 [放弃(U)]: ↙
```

② 绘制横向轴线。单击“修改”工具栏中的“偏移”按钮，将横向基准轴线依次向下偏移，偏移距离分别为3300mm、3900mm、6000mm、6600mm、7800mm、9300mm、11400mm、13200mm，如图6-12所示，完成横向轴线的绘制。

图 6-11　绘制横向基准轴线　　　　图 6-12　绘制横向轴线

（3）绘制纵向轴线。

① 绘制纵向基准轴线。单击“绘图”工具栏中的“直线”按钮，以前面绘制的横向基准轴线的左端点为起点，垂直向下绘制一条长度为 13200mm 的纵向基准轴线，如图 6-13 所示。命令行提示与操作如下：

```
命令: _line
指定第一点: //适当指定一点
指定下一点或 [放弃(U)]: @0，-13200↙
指定下一点或 [放弃(U)]:↙
```

② 绘制纵向轴线。单击“修改”工具栏中的“偏移”按钮，将纵向基准轴线依次向右偏移，偏移量分别为 900mm、1500mm、2700、3900mm、5100mm、6300mm、8700mm、10800mm、13800mm、14700mm，完成纵向轴线的绘制，并单击“修改”工具栏中的“修剪”按钮，对多线进行修剪，如图 6-14 所示。

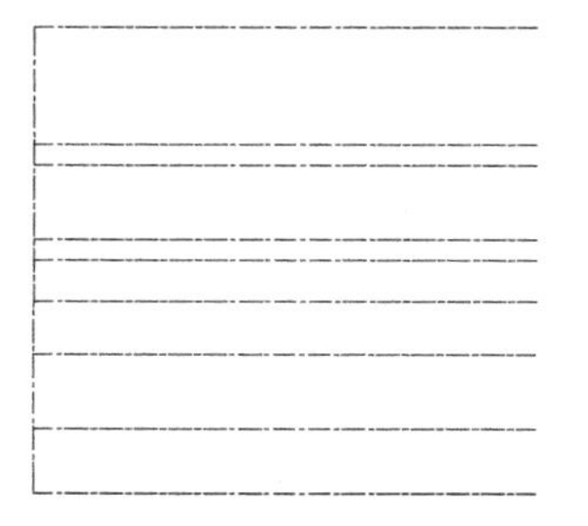

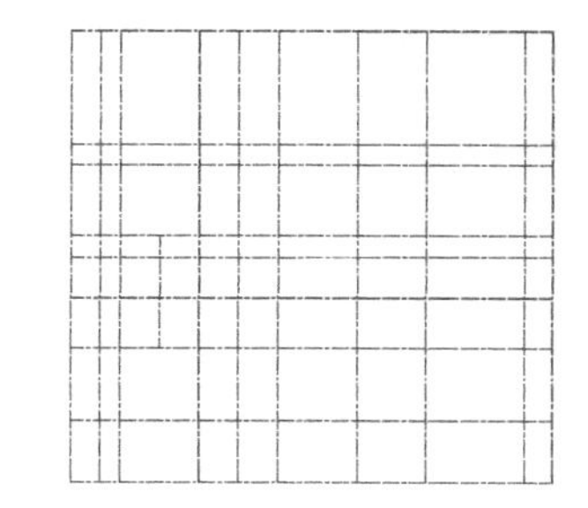

图 6-13　绘制纵向基准轴线　　　　图 6-14　绘制纵向轴线

注意

在绘制建筑轴线时，一般选择建筑横向、纵向的最大长度为轴线长度，但当建筑物的形体过于复杂时，轴线太长往往会影响图形效果，因此，也可以仅在一些需要轴线定位的建筑局部绘制轴线。

3．绘制墙体

在建筑平面图中，墙体用双线表示，双线一般采用轴线定位的方式，以轴线为中心，具有很强的对称关系，因此绘制墙线通常有 3 种方法。

（1）单击“修改”工具栏中的“偏移”按钮，直接偏移轴线，将轴线向两侧偏移一定的距离，得到双线，然后将所得双线转移至墙线图层。

（2）选择“绘图”菜单栏中的“多线”命令，直接绘制墙线。

（3）当墙体要求填充成实体颜色时，也可以单击“绘图”工具栏中的“多段线”按钮，直接绘制，将线宽设置为墙厚即可。

在本例中，笔者推荐选用第二种方法，即使用“多线”命令绘制墙线，绘制完成的别墅首层墙体平面如图 6-15 所示。

4．定义多线样式。

在使用“多线”命令绘制墙线前，应首先对多线样式进行设置。

（1）选择“格式”菜单栏中的“多线样式”命令，打开【多线样式】对话框，如图 6-16 所示。

（2）单击“新建”按钮，在打开的【创建新的多线样式】对话框中，输入新样式名为“240 墙”，如图 6-17 所示。

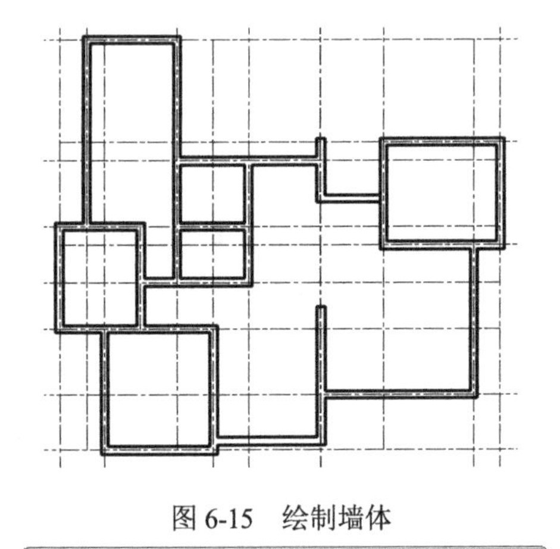

图 6-15　绘制墙体

图 6-17　命名多线样式

图 6-16　【多线样式】对话框

（3）单击“继续”按钮，打开【新建多线样式：240 墙】对话框。在该对话框中将图元偏移量的首行设置为 120，第二行设置为-120，如图 6-18 所示。

（4）单击“确定”按钮，返回【多线样式】对话框，在“样式”列表栏中选择“240 墙”多线样式，并将其置为当前，如图 6-19 所示。

（5）绘制墙线。

① 在“图层”下拉列表中选择“墙线”图层，将其设置为当前图层。

② 选择“绘图”菜单栏中的“多线”命令，绘制墙线，绘制结果如图 6-20 所示。命令行提示与操作如下：

图 6-18　多线样式参数设置

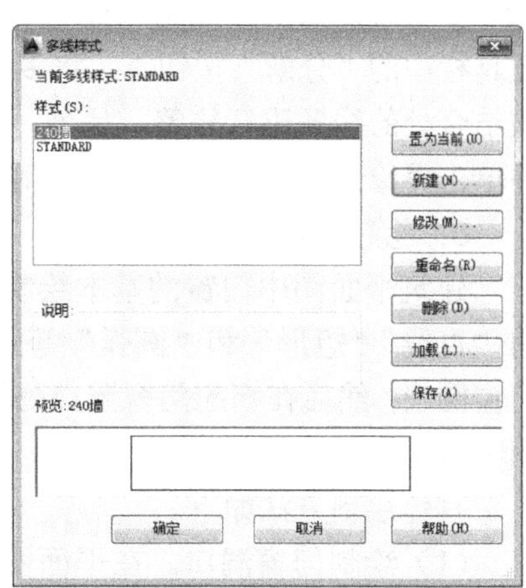

图 6-19　将多线样式“240 墙”置为当前

```
命令: _mline
当前设置: 对正 = 上, 比例 = 20.00, 样式 = 240 墙
指定起点或 [对正(J)/比例(S)/样式(ST)]: J ↙ //在命令行输入“J”, 重新设置多线的对正方式
输入对正类型 [上(T)/无(Z)/下(B)] <上>: Z ↙ //在命令行输入“Z”, 选择“无”为当前对正方式
当前设置: 对正 = 无, 比例 = 20.00, 样式 = 240 墙
指定起点或 [对正(J)/比例(S)/样式(ST)]: S ↙ //在命令行输入“S”, 重新设置多线比例
输入多线比例 <20.00>: 1 ↙ //在命令行输入 1, 作为当前多线比例
当前设置: 对正 = 无, 比例 = 1.00, 样式 = 240 墙
指定起点或 [对正(J)/比例(S)/样式(ST)]: //捕捉左上部墙体轴线的交点作为起点
指定下一点: //依次捕捉墙体轴线交点, 绘制墙线
指定下一点或 [放弃(U)]: ↙ //绘制完成后, 回车结束命令
```

（6）编辑和修整墙线。选择“修改”菜单栏中的“对象”→“多线”命令，打开【多线编辑工具】对话框，如图 6-21 所示。该对话框中提供了 12 种多线编辑工具，可根据不同的多线交叉方式选择相应的工具进行编辑。

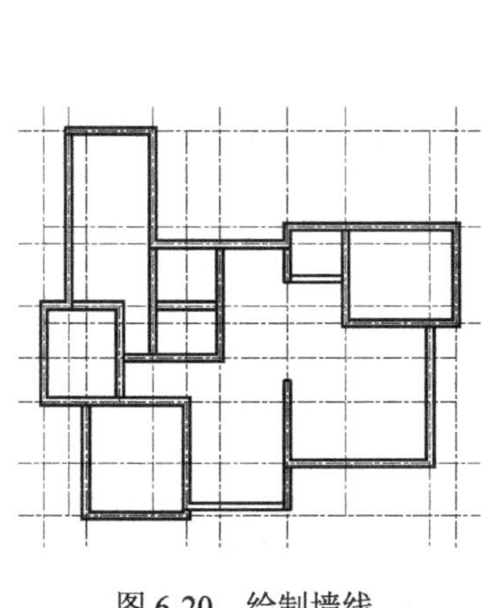

图 6-20　绘制墙线

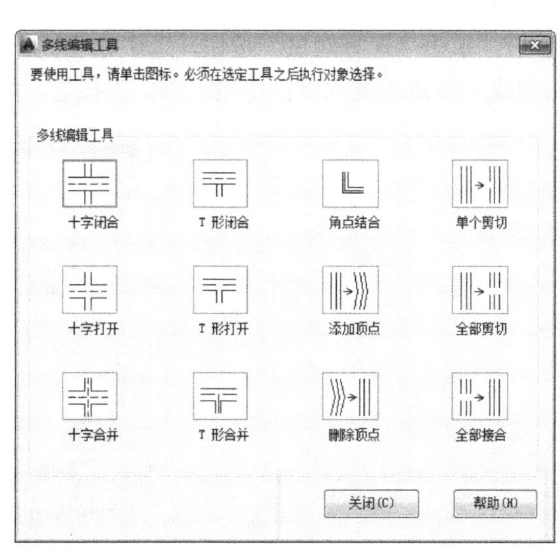

图 6-21　【多线编辑工具】对话框

少数较复杂的墙线结合处无法找到相应的多线编辑工具进行编辑，因此可以单击“修改”工具栏中的“分解”按钮，将多线分解，然后单击“修改”工具栏中的“修剪”按钮，对该结合处的线条进行修整。另外，一些内部墙体并不在主要轴线上，可以通过添加辅助轴线，并单击“修改”工具栏中的“修剪”按钮或“延伸”按钮，进行绘制和修整。

5．绘制门窗

建筑平面图中门窗的基本绘制过程如下：首先在墙体的相应位置绘制门窗洞口；接着使用“直线”“矩形”和“圆弧”等工具绘制门窗的基本图形，并根据所绘门窗的基本图形创建门窗图块；然后在相应门窗洞口处插入门窗图块，并根据需要进行适当地调整，进而完成平面图中所有门和窗的绘制。

具体绘制方法如下。

（1）绘制门窗洞口。在平面图中，门洞口与窗洞口的基本形状相同，因此，在绘制过程中可以一起绘制。

① 在“图层”下拉列表中选择“墙线”图层，将其设置为当前图层。

② 绘制门窗洞口的基本图形。单击“绘图”工具栏中的“直线”按钮，绘制一条长度为240mm的垂直方向的线段；然后单击“修改”工具栏中的“偏移”按钮，将线段向右偏移1000mm，即得到门窗洞口的基本图形，如图6-22所示。命令行提示与操作如下：

```
命令：_line 指定第一点：↙ //适当指定一点
指定下一点或 [放弃(U)]：@0，240↙
指定下一点或 [放弃(U)]：↙
命令：_offset
当前设置：删除源=否  图层=源  OFFSETGAPTYPE=0↙
指定偏移距离或 [通过(T)/删除(E)/图层(L)] <240>： 1000↙↙
选择要偏移的对象，或 [退出(E)/放弃(U)] <退出>:↙//选择竖直线
指定要偏移的那一侧上的点，或 [退出(E)/多个(M)/放弃(U)] <退出>:↙
选择要偏移的对象，或 [退出(E)/放弃(U)] <退出>:↙
```

③ 绘制门洞。下面以正门门洞（1500mm×240mm）为例，介绍平面图中门洞的绘制方法。单击“绘图”工具栏中的“创建块”按钮，打开【块定义】对话框，在“名称”文本框中输入“门洞”；单击“选择对象”按钮，选中如图6-22所示的图形；单击“拾取点”按钮，选择左侧门洞线上端点为插入点；单击“确定”按钮，如图6-23所示，完成图块“门洞”的创建。

图6-22 门窗洞口的基本图形

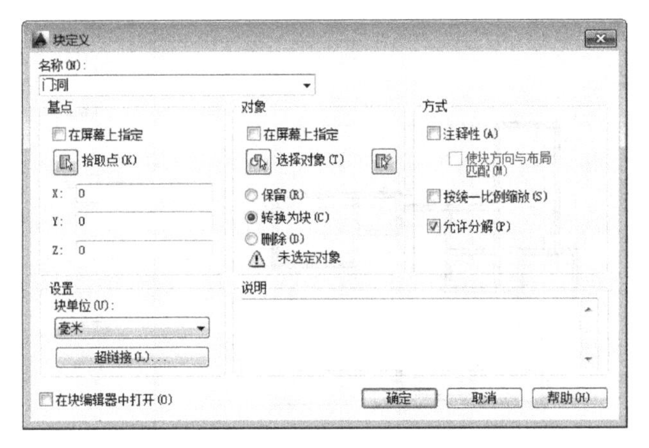

图6-23 【块定义】对话框

单击“绘图”工具栏中的“插入块”按钮，打开【插入】对话框，在“名称”下拉列表中选择“门洞”选项，在“比例”栏中将X方向的比例设置为1，如图6-24所示。

单击“确定”按钮，在图中选中正门入口处左侧墙线的交点作为基点，插入“门洞”图块，如图6-25所示。

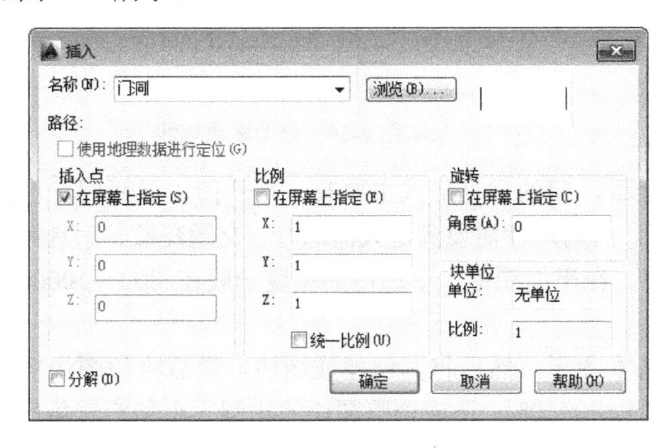

图6-24 【插入】对话框

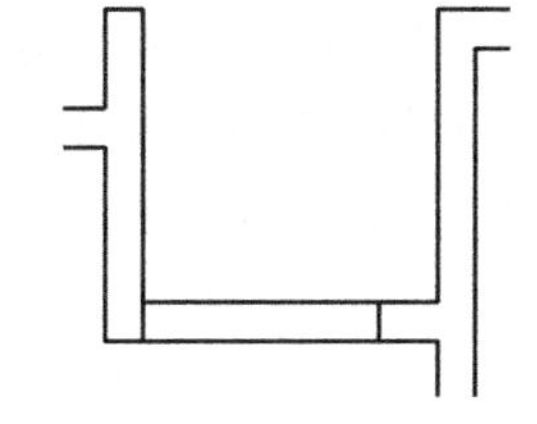

图6-25　插入正门门洞

单击“修改”工具栏中的“移动”按钮，在图中选中已插入的正门门洞图块，将其水平向右移动，距离为300mm，如图6-26所示。命令行提示与操作如下：

```
命令：_move
选择对象：找到 1 个↙                              //在图中点选正门门洞图块
选择对象：↙
指定基点或 [位移(D)] <位移>:↙                     //捕捉图块插入点作为移动基点
指定第二个点或 <使用第一个点作为位移>: @300,0 ↙   //在命令行中输入第二点相对位置坐标
```

最后，单击“修改”工具栏中的“修剪”按钮，修剪洞口处多余的墙线，完成正门门洞的绘制，如图6-27所示。

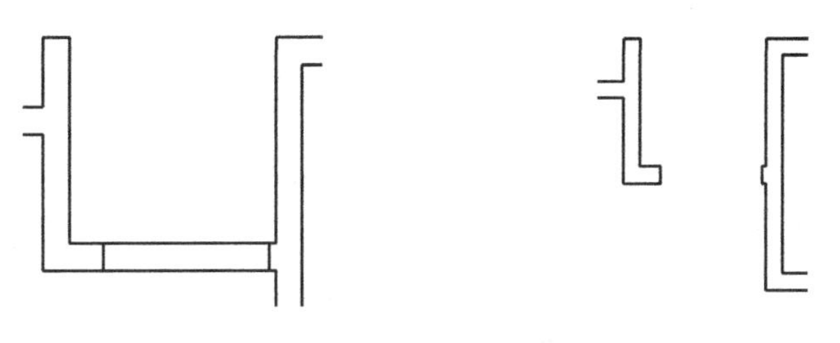

图6-26　移动门洞图块　　　　图6-27　修剪多余墙线

④ 绘制窗洞。以卫生间窗户洞口（1500mm×240mm）为例，介绍如何绘制窗洞。首先，单击“绘图”工具栏中的“插入块”按钮，打开【插入】对话框，在“名称”下拉列表中选择“门洞”选项，将“比例”栏中X方向的比例设置为1.5。由于门窗洞口基本形状一致，因此没有必要创建新的窗洞图块，可以直接利用已有门洞图块进行绘制。

单击“确定”按钮，在图中选择左侧墙线交点作为基点，插入“门洞”图块（在本处实为窗洞）；继续，单击“修改”工具栏中的“移动”按钮，在图中选中已插入的窗洞图块，并将其向右移动，距离为60mm，如图6-28所示。

最后，单击“修改”工具栏中的“修剪”按钮，修剪窗洞口处多余的墙线，完成卫生

间窗洞的绘制，如图 6-29 所示。

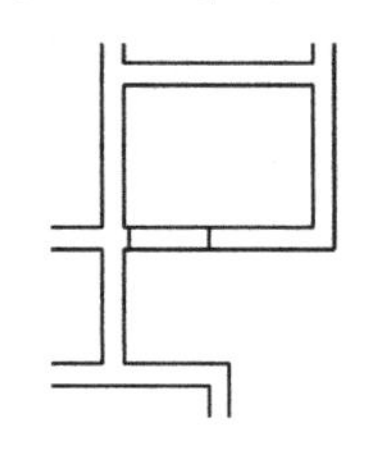

图 6-28　插入窗洞图块

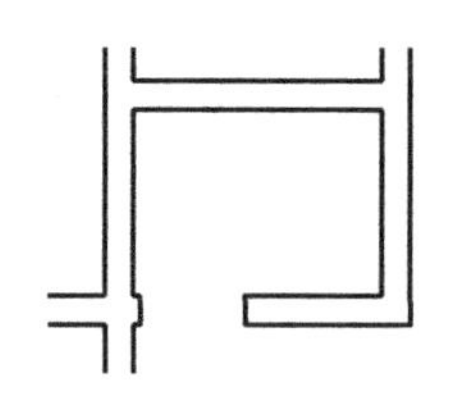

图 6-29　修剪多余墙线

（2）绘制平面门。从打开方式上看，门的常见形式主要有：平开门、弹簧门、推拉门、折叠门、旋转门、升降门和卷帘门等。门的尺寸需要满足人流通行、交通疏散、家具搬运的要求，而且应符合建筑模数的有关规定。在平面图中，单扇门的宽度一般在 800～1000mm，双扇门则为 1200～1800mm。

门的绘制步骤为：先绘制门的基本图形，然后将其创建成图块，最后将门图块插入到已绘制好的相应门洞口位置，在插入门图块的同时，还应调整图块的比例大小和旋转角度以适应平面图中不同宽度和角度的门洞口。

下面通过两个有代表性的实例来介绍一下别墅平面图中不同种类的门的绘制。

① 单扇平开门。单扇平开门主要应用于卧室、书房和卫生间等私密性较强、来往人流较少的房间。

下面以别墅首层书房的单扇门（宽 900mm）为例，介绍单扇平开门的绘制方法。

a．在“图层”下拉列表中选择“门窗”图层，将其设置为当前图层。

b．单击“绘图”工具栏中的“矩形”按钮，绘制一个尺寸为 40mm×900mm 的矩形门扇，如图 6-30 所示。命令行提示与操作如下：

```
命令: _rectang
指定第一个角点或 [倒角(C)/标高(E)/圆角(F)/厚度(T)/宽度(W)]:↙//在绘图空白区域内任取一点
指定另一个角点或 [面积(A)/尺寸(D)/旋转(R)]: @40, 900↙
```

然后，单击“绘图”工具栏中的“圆弧”按钮，以矩形门扇右上角顶点为起点，右下角顶点为圆心，绘制一条圆心角为 90°，半径为 900mm 的圆弧，得到如图 6-31 所示的单扇平开门图形。命令行提示与操作如下：

```
命令: _arc 指定圆弧的起点或 [圆心(C)]:↙//选取矩形门扇右上角顶点为圆弧起点
指定圆弧的第二个点或 [圆心(C)/端点(E)]: C ↙
指定圆弧的圆心:↙//选取矩形门扇右下角顶点为圆心
指定圆弧的端点或 [角度(A)/弦长(L)]:A↙
指定包含角: 90↙
```

c．单击“绘图”工具栏中的“创建块”按钮，打开【块定义】对话框，在“名称”下拉列表中输入“900 宽单扇平开门”；单击“选择对象”按钮，选取如图 6-31 所示的单扇平开门的基本图形为块定义对象；单击“拾取点”按钮，选择矩形门扇右下角顶点为基点；最后单击“确定”按钮，完成“单扇平开门”图块的创建。

d．单击“绘图”工具栏中的“插入块”按钮，打开“插入”对话框，在“名称”下拉列表中选择“900 宽单扇平开门”选项，在“旋转”栏“角度”文本框中输入-90°，然后单击“确定”按钮，在平面图中选择书房门洞右侧墙线的中点作为插入点，插入门图块，如图 6-32 所示，完成书房门的绘制。

图 6-30　矩形门扇　　　　图 6-31　900 宽单扇平开门

② 双扇平开门。在别墅平面图中，别墅正门以及客厅的阳台门均设计为双扇平开门。下面以别墅正门（宽 1500mm）为例，介绍双扇平开门的绘制方法。

a．在“图层”下拉列表中选择“门窗”图层，将其设置为当前图层。

b．参照上面绘制单扇平开门的方法，绘制宽度为 750mm 的单扇平开门。

c．单击“修改”工具栏中的“镜像”按钮，将已绘制完成的“750 宽单扇平开门”进行水平方向的“镜像”操作，得到宽 1500mm 的双扇平开门，如图 6-33 所示。

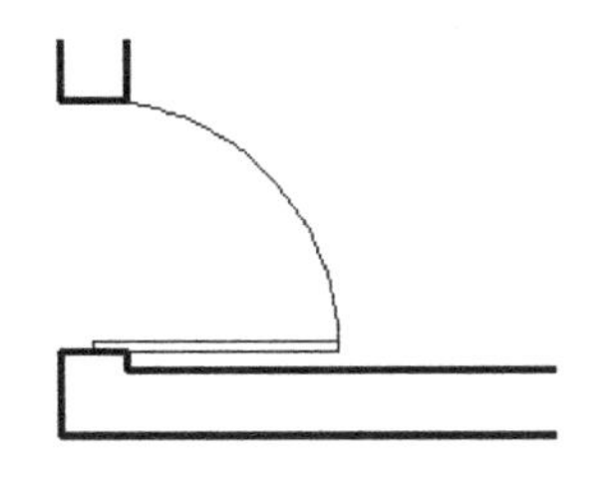

图 6-32　绘制书房门

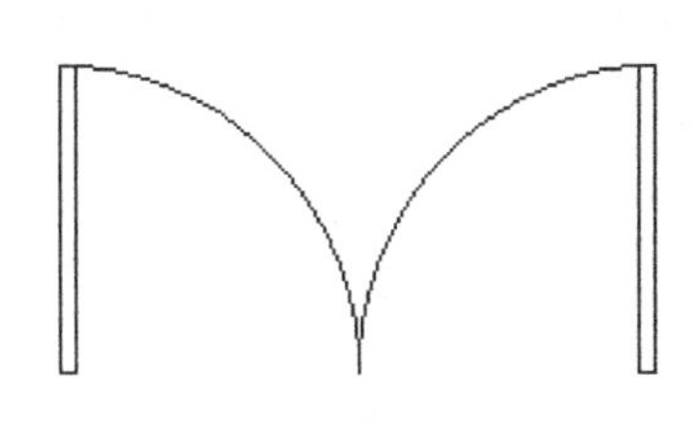

图 6-33　1500 宽双扇平开门

d．单击“绘图”工具栏中的“创建块”按钮，打开【块定义】对话框，在“名称”文本框中输入“1500 宽双扇平开门”；单击“选择对象”按钮，选取双扇平开门的基本图形为块定义对象；单击“拾取点”按钮，选择右侧矩形门扇右下角顶点为基点；然后单击“确定”按钮，完成“1500 宽双扇平开门”图块的创建。

e．单击“绘图”工具栏中的“插入块”按钮，打开【插入】对话框，在“名称”下拉列表中选择“1500 宽双扇平开门”选项，然后，单击“确定”按钮，在图中选择正门门洞右侧墙线的中点作为插入点，插入门图块，如图 6-34 所示，完成别墅正门的绘制。

（3）绘制平面窗。从打开方式上看，常见窗的形式主要有：固定窗、平开窗、横式旋窗、立式转窗和推拉窗等。窗洞口的宽度和高度尺寸均为 300mm 的扩大模数；在平面图中，一般平开窗的窗扇宽度为 400～600mm，固定窗和推拉窗的尺寸可以更大一些。

窗的绘制步骤与门的绘制步骤基本相同，即：先绘制出窗体的基本形状，然后将其创建成图块，最后将图块插入到已绘制好的相应的窗洞位置，在插入窗图块的同时，可以调整图块的比例大小和旋转角度以适应不同宽度和角度的窗洞口。

下面以餐厅外窗（宽 2400mm）为例，介绍平面窗的绘制方法。

① 在“图层”下拉列表中选择“门窗”图层，并设置为当前图层。

② 单击“绘图”工具栏中的“直线”按钮，绘制第一条窗线，长度为 1000mm，如图 6-35 所示。命令行提示与操作如下：

```
命令: _line 指定第一点://适当指定一点
指定下一点或 [放弃(U)]: @1000, 0↙
指定下一点或 [放弃(U)]: ↙
```

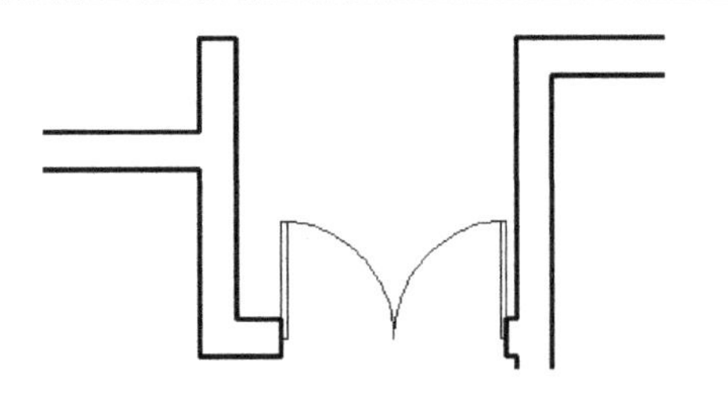

图 6-34　绘制别墅正门　　　　图 6-35　绘制第一条窗线

③ 单击“修改”工具栏中的“矩形阵列”按钮，选择绘制的第一条窗线；为阵列对象设置行数为 4、列数为 1、行间距为 80、列间距为 1；命令行提示与操作如下：

```
命令: _arrayrect
选择对象：选择绘制的直线
类型 = 矩形  关联 = 是
为项目数指定对角点或 [基点(B)/角度(A)/计数(C)] <计数>: c
输入行数或 [表达式(E)] <4>:4
输入列数或 [表达式(E)] <4>: 1
指定对角点以间隔项目或 [间距(S)] <间距>: s
指定行之间的距离或 [表达式(E)] <1>: 80
创建关联阵列 [是(Y)/否(N)] <是>:
```

最后，单击“确定”按钮，完成窗的基本图形的绘制。

④ 单击“绘图”工具栏中的“创建块”按钮，打开【块定义】对话框，在“名称”文本框中输入“窗”；单击“选择对象”按钮，选取如图 6-36 所示的窗的基本图形为“块定义对象”；单击“拾取点”按钮，选择第一条窗线左端点为基点；然后，单击“确定”按钮，完成“窗”图块的创建。

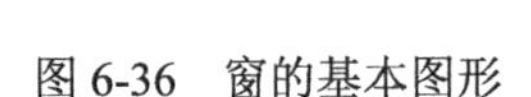

图 6-36　窗的基本图形

⑤ 单击“绘图”工具栏中的“插入块”按钮，打开【插入】对话框，在“名称”下拉列表中选择“窗”选项，在“比例”栏中将 X 方向的比例设置为“4”；然后，单击“确定”按钮，在图中选择餐厅窗洞左侧墙线的上端点作为插入点，插入窗图块，单击“修改”工具栏中的“移动”按钮，将插入的窗户图形向右移动 480mm，如图 6-37 所示。

⑥ 绘制窗台。首先，单击“绘图”工具栏中的“矩形”按钮，绘制一个尺寸为 1000mm×100mm 的矩形；接着，单击“绘图”工具栏中的“创建块”按钮，将所绘矩形定义为“窗台”图块，将矩形上侧长边的中点设置为图块基点；然后，单击“绘图”工具栏中的“插入块”按钮，打开【插入】对话框，在“名称”下拉列表中选择“窗台”选项，并将 X 方向的比例设置为“2.6”；最后，单击“确定”按钮，选择餐厅最外侧窗线中点作为插入点，插入窗台图块，如图 6-38 所示。

图 6-37　绘制餐厅外窗　　　　图 6-38　绘制窗台

（4）绘制其余门和窗。根据以上介绍的平面门窗的绘制方法，利用已经创建的门窗图块，完成别墅首层平面所有门和窗的绘制，如图 6-39 所示。

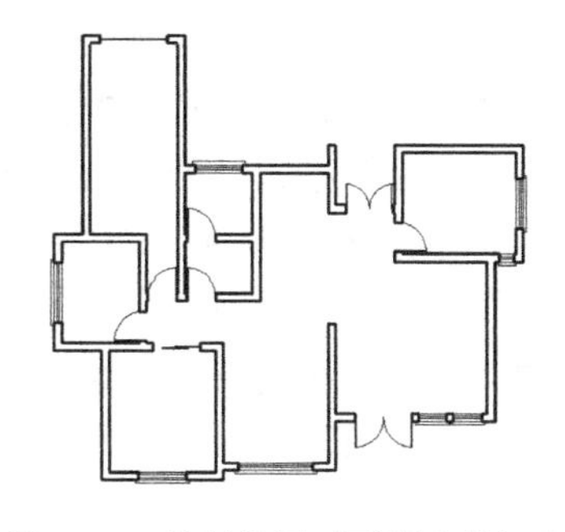

图 6-39　绘制首层平面所有的门窗

以上所讲的是 AutoCAD 中最基本的门、窗的绘制方法，下面介绍另外两种绘制门窗的方法。

① 在建筑设计中，门和窗的样式、尺寸随着房间功能和开间的变化而不同。逐个绘制每一扇门和每一扇窗既费时又费力。因此，绘图者常常选择借助图库来绘制门窗。通常来说，在图库中有多种不同样式和大小的门、窗可供选择和调用，这给设计者和绘图者提供了很大的方便。在本例中，笔者推荐使用门窗图库。在本例别墅的首层平面图中，共有 8 扇门，其中 4 扇为 900 宽的单扇平开门，2 扇为 1500 宽的双扇平开门，1 扇为推拉门，还有 1 扇为车库升降门。在图库中，很容易就可以找到以上这几种样式的门的图形模块（参见光盘）。

AutoCAD 图库的使用方法很简单，主要步骤如下。

a．打开图库文件，在图库中选择所需的图形模块，并将选中的对象进行复制。

b．将复制的图形模块粘贴到所要绘制的图样中。

c．根据实际情况的需要，单击“修改”工具栏中的“旋转”按钮、“镜像”按钮或“缩放”按钮，对图形模块进行适当的修改和调整。

② 在 AutoCAD 2014 中，还可以借助“标准”工具栏“工具选项板”中的“建筑”选项卡提供的“公制样例”来绘制门窗。使用这种方法添加门窗时，可以根据需要直接对门窗的尺度和角度进行设置和调整，使用起来比较方便。然而，需要注意的是，“工具选项板”中仅提供普通平开门的绘制，而且使用它绘制的平面窗中玻璃为单线形式，而非建筑平面图中常用的双线形式，因此，不推荐初学者使用这种方法绘制门窗。

6．绘制楼梯和台阶

楼梯和台阶都是建筑的重要组成部分，是人们在室内和室外进行垂直交通的必要建筑构件。在本例别墅的首层平面图中，共有一处楼梯和三处台阶，如图 6-40 所示。

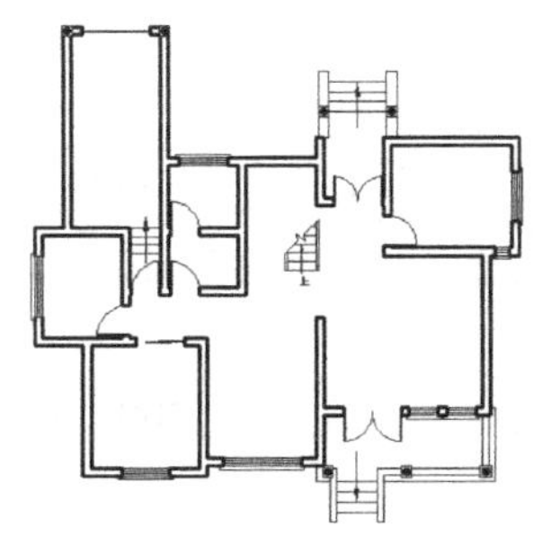

图 6-40　楼梯和台阶

（1）绘制楼梯。楼梯是上下楼层之间的交通通道，通常由楼梯段、休息平台和栏杆（或栏板）组成。在本例别墅中，楼梯为常见的双跑式。楼梯宽度为 900mm，踏步宽为 260mm，高为 175mm；楼梯平台净宽 960mm。本节只介绍首层楼梯平面的画法，至于二层楼梯的画法，将在后面的章节中介绍。

首层楼梯平面的绘制过程分为 3 个阶段：首先绘制楼梯踏步线；然后在踏步线两侧（或一侧）绘制楼梯扶手；最后绘制楼梯剖断线以及用来标识方向的带箭头引线和文字，进而完成楼梯平面的绘制。如图 6-41 所示为首层楼梯平面图。

具体绘制方法如下。

① 在“图层”下拉列表中选择“楼梯”图层，将其设置为当前图层。

② 绘制楼梯踏步线。单击“绘图”工具栏中的“直线”按钮，以平面图上相应位置点作为起点（通过计算得到的第一级踏步的位置），绘制长度为1020mm的水平踏步线。然后，单击“修改”工具栏中的“矩形阵列”按钮，选择已绘制的第一条踏步线为阵列对象输入行数为6、列数为1、行间距为260、列间距为1，如图6-42所示。

③ 绘制楼梯扶手。单击“绘图”工具栏中的“直线”按钮，以楼梯第一条踏步线两侧端点作为起点，分别向上绘制垂直方向的线段，长度为1500mm。然后，单击“修改”工具栏中的“偏移”按钮，将绘制的两线段向梯段中央偏移，偏移量均为60mm（即扶手宽度），如图6-43所示。

图6-41　首层楼梯平面图　　图6-42　绘制楼梯踏步线　　图6-43　绘制楼梯踏步边线

④ 绘制剖断线。单击“绘图”工具栏中的“构造线”按钮，设置角度为45°，绘制剖断线并使其通过楼梯右侧栏杆线的上端点。命令行提示与操作如下：

```
命令: _xline
指定点或 [水平(H)/垂直(V)/角度(A)/二等分(B)/偏移(O)]: A↙
输入构造线的角度 (0) 或 [参照(R)]:  45↙
指定通过点://选取右侧栏杆线的上端点为通过点
指定通过点: ↙
```

单击“绘图”工具栏中的“直线”按钮，绘制“Z”字形折断线；然后单击“修改”工具栏中的“修剪”按钮，修剪楼梯踏步线和栏杆线，如图6-44所示。

⑤ 绘制带箭头的引线。首先在“命令行中输入“Qleader”命令，在命令行中输入“S”，设置引线样式；在弹出的【引线设置】对话框中进行如下设置：在“引线和箭头”选项卡中，选择“引线”为“直线”，“箭头”为“实心闭合”，如图6-45所示；在“注释”选项卡中，选择“注释类型”为“无”，如图6-46所示。然后以第一条楼梯踏步线的中点为起点，垂直向上绘制长度为750mm的带箭头引线；然后单击“修改”工具栏中的“旋转”按钮，将带箭头引线旋转180度；最后，单击“修改”工具栏中的“移动”按钮，将引线垂直向下移动60mm，如图6-47所示。

⑥ 标注文字。单击“绘图”工具栏中的“多行文字”按钮，设置文字高度为300，在引线下端输入文字“上”。

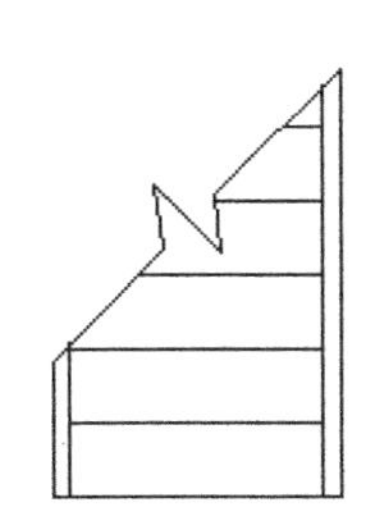

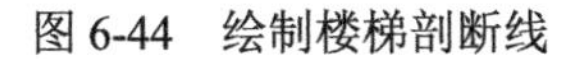
图 6-44　绘制楼梯剖断线

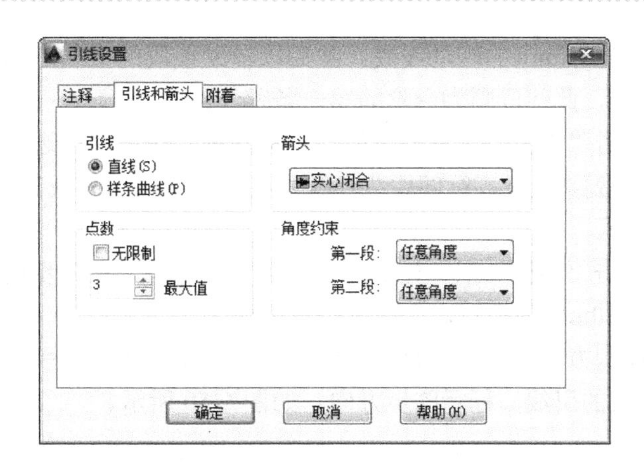

图 6-45　“引线和箭头”选项卡参数设置

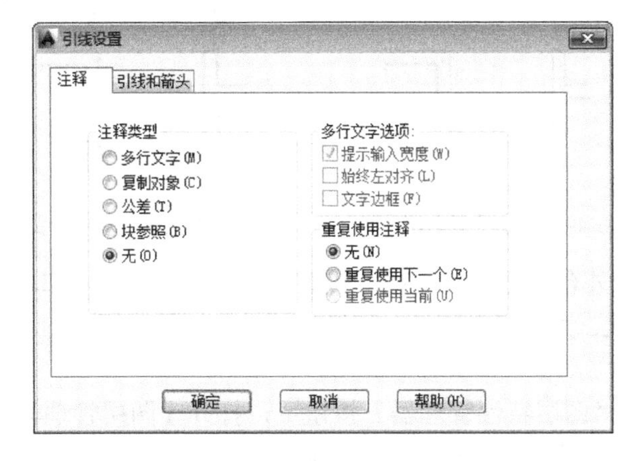

图 6-46　“注释”选项卡

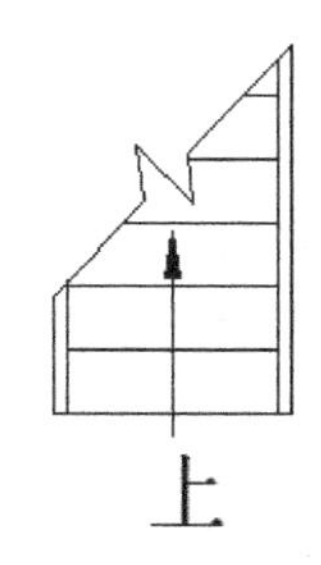

图 6-47　添加箭头和文字

说明

楼梯平面图是在距地面 1m 以上的位置，用一个假想的剖切平面，沿水平方向剖开（尽量剖到楼梯间的门窗），然后向下做投影得到的投影图。楼梯平面一般来说是分层绘制的，在绘制时，按照特点可分为底层平面、标准层平面和顶层平面。

在楼梯平面图中，各层被剖切到的楼梯，按国标规定，均在平面图中以一条 45°的折断线表示。在每一梯段处画有一个长箭头，并注写“上”或“下”标明方向。

楼梯的底层平面图中，只有一个被剖切的梯段及栏板，和一个注有“上”字的长箭头。

（2）绘制台阶。本例中有三处台阶，其中室内台阶一处，室外台阶两处。下面以正门处台阶为例，如图 6-48 所示，介绍台阶的绘制方法。

台阶的绘制思路与前面介绍的楼梯平面的绘制思路基本相似，因此，可以参考楼梯的画法进行绘制。

具体绘制方法如下。

① 单击“图层”工具栏中的“图层特性管理器”按钮，打开【图层管理器】对话框，创建新图层，将新图层命名为“台阶”，并将其设置为当前图层。

② 单击“绘图”工具栏中的“直线”按钮，以别墅正门中点为起点，垂直向上绘制一

条长度为 3600mm 的辅助线段；然后以辅助线段的上端点为中点，绘制一条长度为 1770mm 的水平线段，此线段则为台阶的第一条踏步线。

③ 单击“修改”工具栏中的“矩形阵列”按钮，选择第一条踏步线为阵列对象，输入行数为 4、列数为 1、行间距为-300，列间距为 0；完成第二、三、四条踏步线的绘制，如图 6-49 所示。

④ 单击“绘图”工具栏中的“矩形”按钮，在踏步线的左右两侧分别绘制两个尺寸为 340mm×1980mm 的矩形，为两侧条石平面。

⑤ 绘制方向箭头。选择“标注”菜单栏中的“多重引线”命令，在台阶踏步的中间位置绘制带箭头的引线，标示踏步方向，如图 6-50 所示。

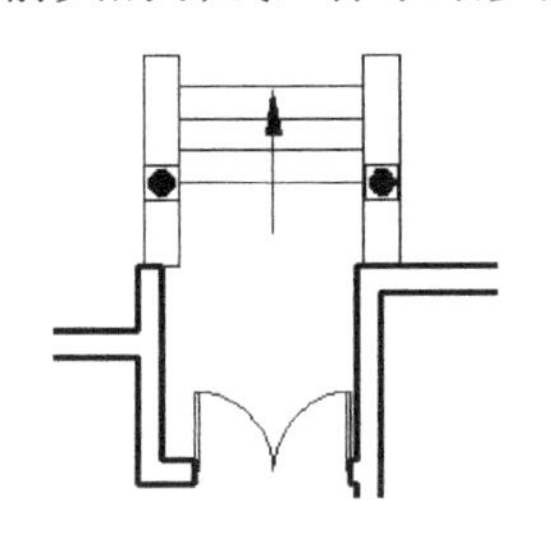

图 6-48　正门处台阶平面图

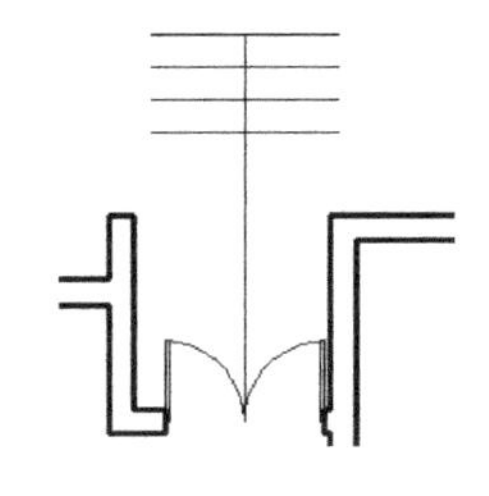

图 6-49　绘制台阶踏步线

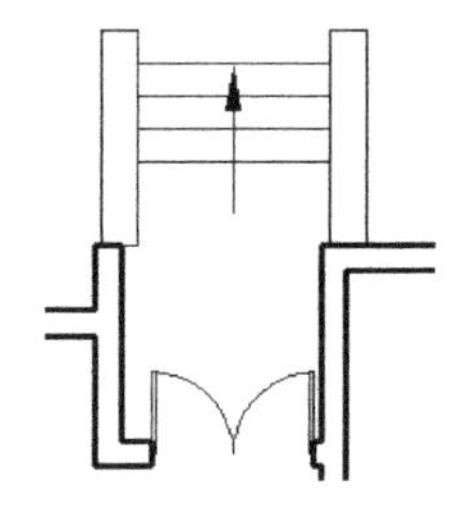

图 6-50　添加方向箭头

⑥ 绘制立柱。在本例中，两个室外台阶处均有立柱，其平面形状为圆形，内部填充为实心，下面为方形基座。由于立柱的形状、大小基本相同，可以将其做成图块，再把图块插入各相应点即可。具体绘制方法如下。

首先，单击“图层”工具栏中的“图层特性管理器”按钮，打开【图层管理器】对话框，创建新图层，将新图层命名为“立柱”，并将其设置为当前图层；接着单击“绘图”工具栏中的“矩形”按钮，绘制边长为 320mm 的正方形基座；单击“绘图”工具栏中的“圆”按钮，绘制直径为 240mm 的圆形柱身平面；然后，单击“绘图”工具栏中的“图案填充”按钮，打开【图案填充和渐变色】对话框，如图 6-51 所示，选择填充类型为“预定义”，图案为“SOLID”，在“边界”选项栏中单击“添加：选择对象”按钮，在绘图区域选择已绘制的圆形柱身为填充对象，如图 6-52 所示。

单击“绘图”工具栏中的“创建块”按钮，将图形定义为“立柱”图块；最后，单击“绘图”工具栏中的“插入块”按钮，将定义好的“立柱”图块，插入平面图中的相应位置，完成正门处台阶平面的绘制。

7．绘制家具

在建筑平面图中，通常要绘制室内家具，以增强平面方案的视觉效果。在本任务别墅的首层平面中，共有 7 种不同功能的房间，分别是客厅、工人房、厨房、餐厅、书房、卫生间和车库。不同功能的房间内布置的家具也有所不同，对于这些种类和尺寸都不尽相同的室内家具，如果使用“直线”“偏移”等简单的二维线条编辑工具一一绘制，不仅绘制过程烦琐容易出错，而且浪费绘图者的时间和精力。因此，笔者推荐借助 AutoCAD 图库来完成平面家具的绘制。

AutoCAD 图库的使用方法，在前面介绍门窗画法的时候曾有所提及。下面将结合首层客厅家具和卫生间洁具的绘制实例，详细讲述一下 AutoCAD 图库的用法。

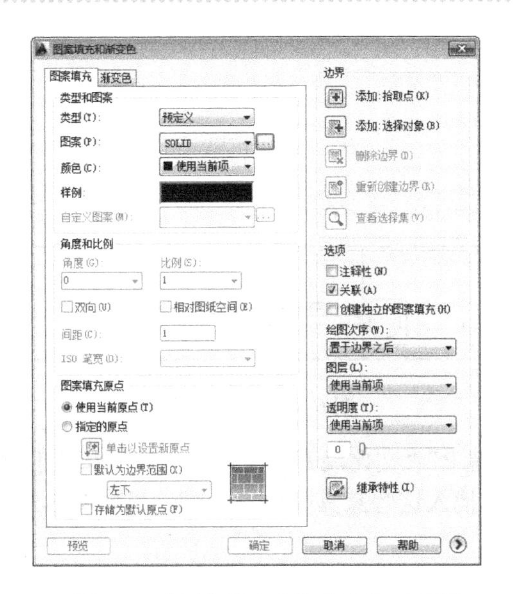

图 6-51 【图案填充和渐变色】对话框

图 6-52　绘制立柱平面

（1）绘制客厅家具。客厅是主人会客和休闲的空间，因此，在客厅里通常会布置沙发、茶几、电视柜等家具，如图 6-53 所示。

① 在“图层”下拉列表中选择“家具”图层，将其设置为当前图层。

② 单击“标准”工具栏中的“打开”按钮，在打开的【选择文件】对话框中，打开“光盘/源文件/CAD 图库”文件，如图 6-54 所示。

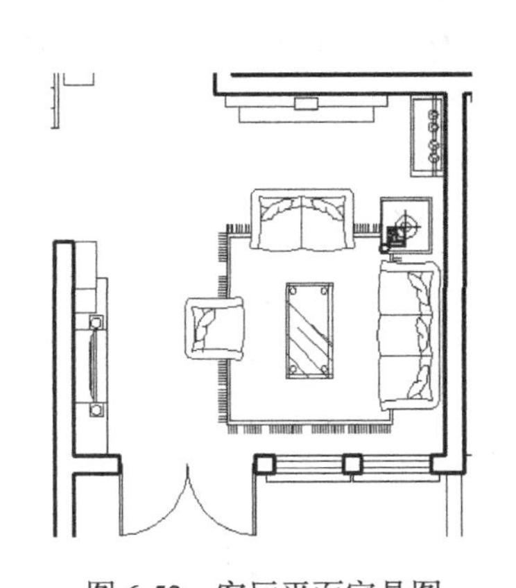

图 6-53　客厅平面家具图

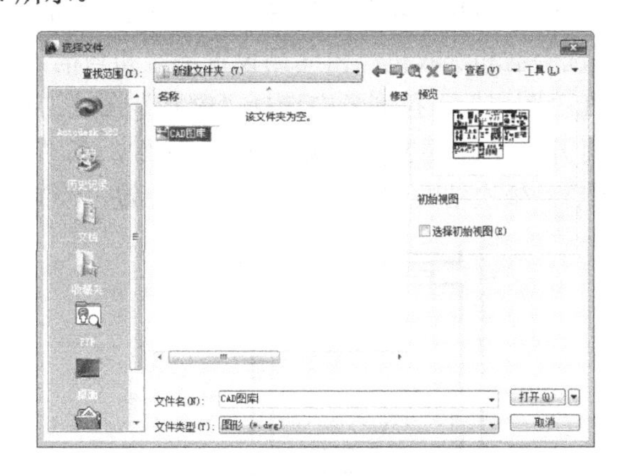

图 6-54　打开“CAD 图库”文件

③ 在“沙发和茶几”一栏中，选择名称为“组合沙发—004P”的图形模块，如图 6-55 所示，选中该图形模块，然后右击，在弹出的快捷菜单中选择“复制”命令。

④ 返回“别墅首层平面图”绘图界面，选择“编辑”菜单栏中的“粘贴为块”命令，将复制的组合沙发图形，插入到客厅平面的相应位置。

⑤ 在图库的“灯具和电器”一栏中，选择“电视柜 P”图块，如图 6-56 所示，将其复制并粘贴到首层平面图中；单击“绘图”工具栏中的“旋转”按钮，使该图形模块以自身中心点为基点旋转 90°，然后将其插入客厅的相应位置。

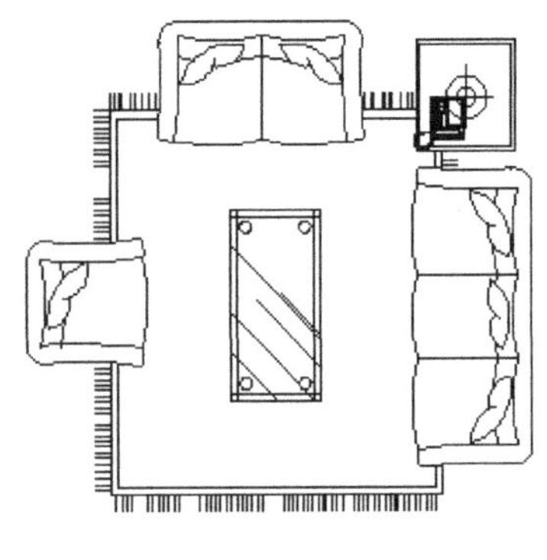

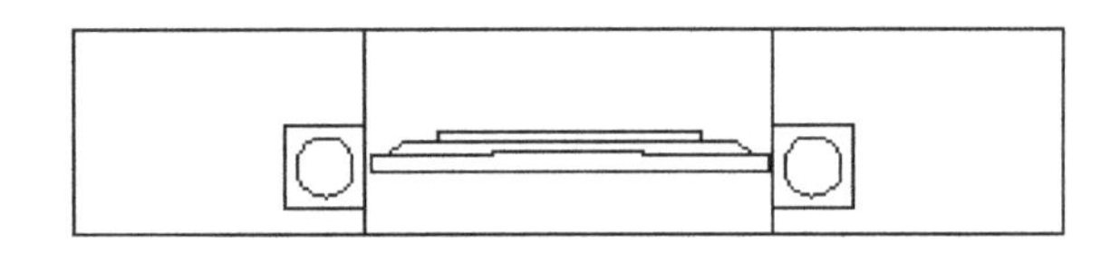

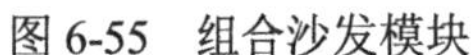

图 6-55　组合沙发模块　　　　图 6-56　电视柜模块

⑥ 用相同的方法，在图库中选择“电视墙 P”“文化墙 P”“柜子—01P”和“射灯组 P”图形模块分别进行复制，并在客厅平面内依次插入这些家具模块，绘制结果如图 6-53 所示。

技巧荟萃

在使用图库插入家具模块时，经常会遇到家具尺寸太大或太小，角度与实际要求不一致，或在家具组合图块中，部分家具需要更改等情况。在这种时候，可以使用“修改”工具栏中的“缩放”按钮和“旋转”按钮等绘图工具来调整家具的比例和角度，如有必要还可以将图形模块先进行分解，然后再对家具的样式或组合进行修改。

（2）绘制卫生间洁具。卫生间主要是供人盥洗和沐浴的房间，因此，卫生间内应设置浴盆、马桶、洗手池和洗衣机等设施。如图 6-57 所示的卫生间由两部分组成，在家具安排上，外间设置洗手盆和洗衣机；内间则设置浴盆和马桶。下面介绍一下卫生间洁具的绘制步骤。

① 在“图层”下拉列表中选择“家具”图层，将其设置为当前图层。

② 打开“光盘/源文件/CAD 图库”文件，在“洁具和厨具”一栏中，选择合适的洁具模块，复制后，依次粘贴到平面图中的相应位置，绘制结果如图 6-58 所示。

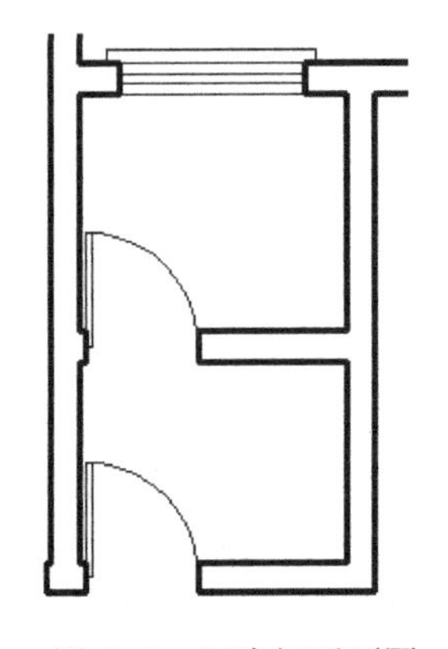

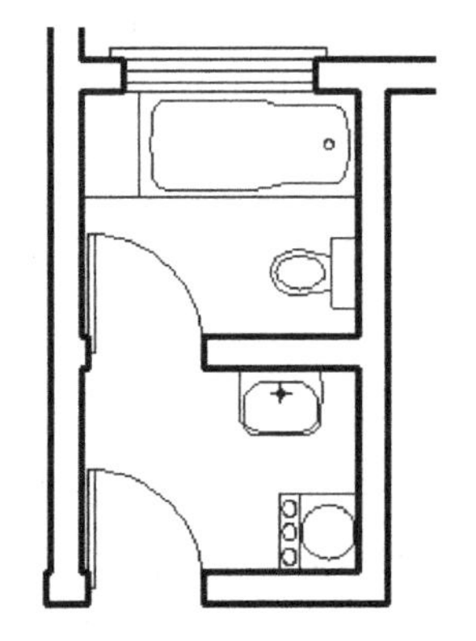

图 6-57　卫生间平面图　　　　图 6-58　绘制卫生间洁具

说明

在图库中，图形模块的名称很简要，除汉字外还经常包含英文字母或数字，通常来说，这些名称都是用来表明该家具的特性或尺寸的。例如，前面使用过的图形模块“组合沙发—

004P”，其名称中“组合沙发”表示家具的性质；“004”表示该家具模块是同类型家具中的第四个；字母“P”则表示这是该家具的平面图形。例如，一个床模块名称为“单人床 9×20”，表示该单人床宽度为 900mm、长度为 2000mm。有了这些简单又明了的名称，绘图者就可以依据自己的实际需要快捷地选择有用的图形模块，而无需再辨认和测量了。

8. 平面标注

在别墅的首层平面图中，标注主要包括四部分，即轴线编号、平面标高、尺寸标注和文字标注。完成标注后的首层平面图，如图 6-59 所示。

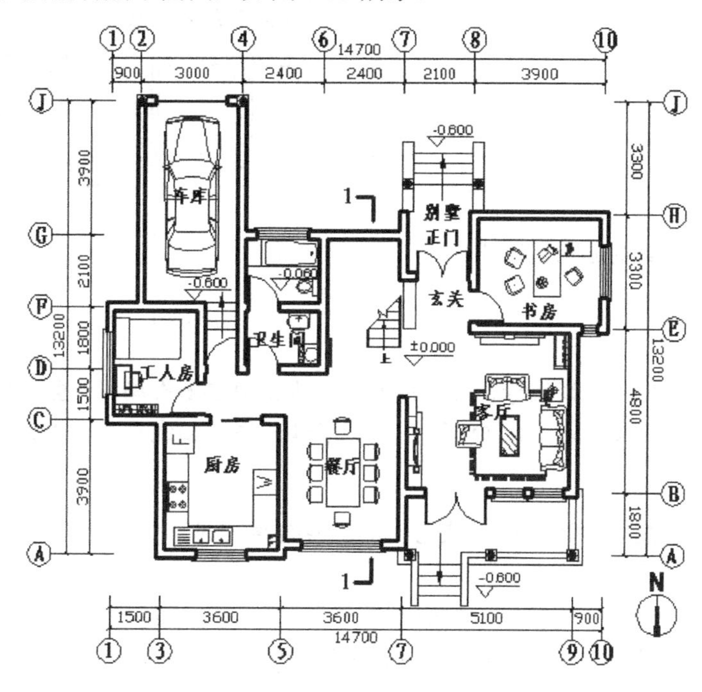

图 6-59　首层平面标注

下面将依次介绍这 4 种标注方式的绘制方法。

（1）轴线编号。在平面形状较简单或对称的房屋中，平面图的轴线编号一般标注在图形的下方及左侧。对于较复杂或不对称的房屋，在图形上方和右侧也可以标注。本例中，由于平面形状不对称，因此需要在上、下、左、右 4 个方向均标注轴线编号。

具体绘制方法如下。

① 单击“图层”工具栏中的“图层特性管理器”按钮，打开【图层管理器】对话框，打开“标注”图层，使其保持可见。创建新图层，将新图层命名为“轴线编号”，其属性按默认设置，并将其设置为当前图层。

② 单击“绘图”工具栏中的“直线”按钮，以轴线端点为绘制直线的起点，竖直向下绘制长为 3000mm 的短直线，完成第一条轴线延长线的绘制。

③ 单击“绘图”工具栏中的“圆”按钮，以绘制的轴线延长线端点作为圆心，绘制半径为 350mm 的圆。然后，单击“修改”工具栏中的“移动”按钮，向下移动所绘圆，移动距离为 350mm，如图 6-60 所示。

④ 重复上述步骤，完成其他轴线延长线及编号圆的绘制。

⑤ 单击“绘图”工具栏中的“多行文字”按钮A，设置文字“样式”为“宋体”，文字高度为300；在每个轴线端点处的圆内输入相应的轴线编号，如图6-61所示。

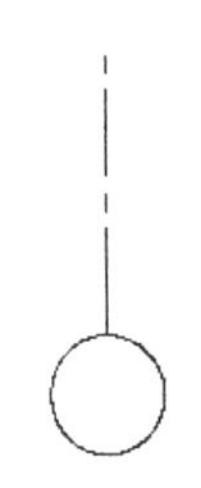

图6-60　绘制第一条轴线的延长线及编号圆

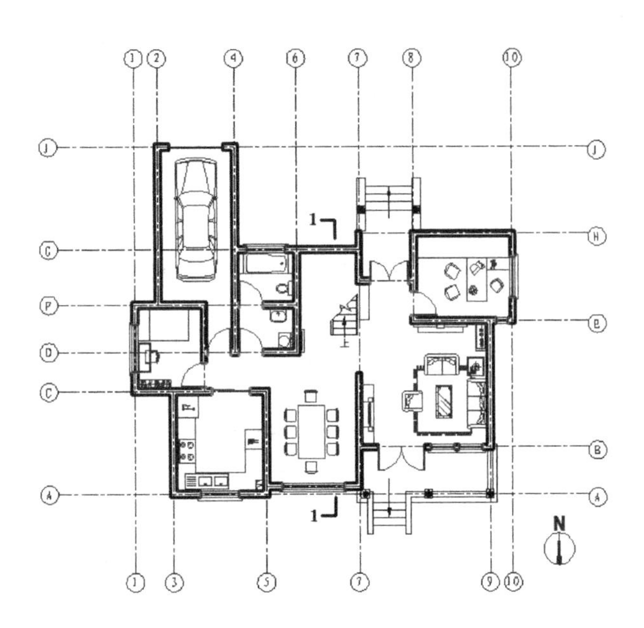

图6-61　添加轴线编号

注意

平面图上水平方向的轴线编号，用阿拉伯数字从左向右依次编写；垂直方向的编号，用大写英文字母自下而上顺次编写。I、O及Z三个字母不得作轴线编号，以免与数字1、0及2混淆。

如果两条相邻轴线间距较小而导致它们的编号有重叠时，可以通过“移动”命令将这两条轴线的编号分别向两侧移动少许距离。

（2）平面标高。建筑物中的某一部分与所确定的标准基点的高度差称为该部位的标高，在图样中通常用标高符号结合数字来表示。建筑制图标准规定，标高符号应以直角等腰三角形表示，如图6-62所示。

具体绘制方法如下。

① 在“图层”下拉列表中选择“标注”图层，将其设置为当前图层。

② 单击“绘图”工具栏中的“正多边形”按钮，绘制边长为350mm的正方形。

③ 单击“绘图”工具栏中的“旋转”按钮，将正方形旋转45°；然后单击“绘图”工具栏中的“直线”按钮，连结正方形左右两个端点，绘制水平对角线。

④ 单击水平对角线，将十字光标移动至其右端点处单击，将夹持点激活（此时，夹持点成红色），然后向右移动鼠标，在命令行中输入600后，按回车键，完成绘制。单击“修改”工具栏中的“修剪”按钮，对多余线段进行修剪。

⑤ 单击“绘图”工具栏中的“创建块”按钮，将标高符号定义为图块。

⑥ 单击“绘图”工具栏中的“插入块”按钮，将已创建的图块插入到平面图中需要标高的位置。

⑦ 单击“绘图”工具栏中的“多行文字”按钮A，设置字体为“宋体”，文字高度为300，在标高符号的长直线上方添加具体的标注数值。

如图6-63所示为台阶处室外地面标高。

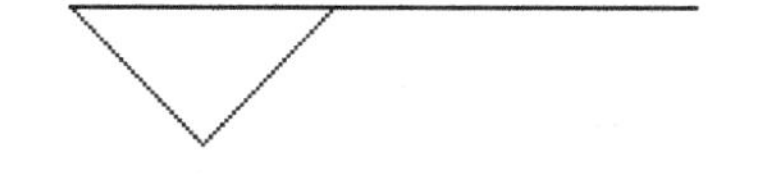

图 6-62　标高符号

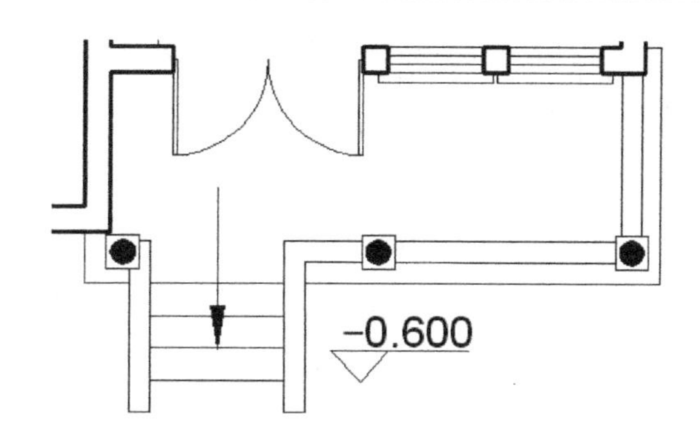

图 6-63　台阶处室外地面标高

一般来说，在平面图上绘制的标高反映的是相对标高，而不是绝对标高。绝对标高指的是把我国青岛市附近的黄海海平面作为零点面测定的高度尺寸。

通常情况下，室内标高要高于室外标高，主要是房间标高要高于卫生间、阳台标高。在绘图中，常见的是将建筑首层室内地面的高度设为零点，标为±0.000；低于此高度的建筑部位标高值为负值，在标高数字前加“-”号；高于此高度的建筑部位标高值为正值，标高数字前不加任何符号。

（3）尺寸标注。本例中采用的尺寸标注分为两道，一道为各轴线之间的距离，另一道为平面总长度或总宽度。

具体绘制方法如下。

① 在“图层”下拉列表中选择“标注”图层，将其设置为当前图层。

② 设置标注样式。选择“格式”菜单栏中的“标注样式”命令，打开【标注样式管理器】对话框，单击“新建”按钮，打开【创建新标注样式】对话框，在“新样式名”文本框中输入“平面标注”，如图 6-64 所示。

单击“继续”按钮，打开【新建标注样式：平面标注】对话框，进行以下设置。

a．选择“线”选项卡，在“基线间距”文本框中输入 200，在“超出尺寸线”文本框中输入 200，在“起点偏移量”文本框中输入 300，如图 6-65 所示。

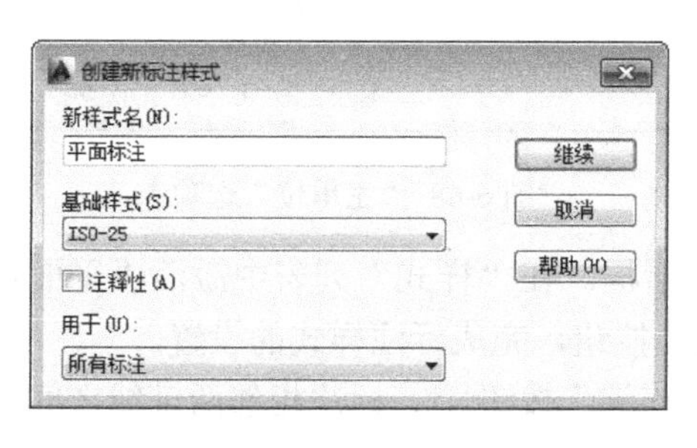

图 6-64 【创建新标注样式】对话框

图 6-65 “线”选项卡

b．选择“符号和箭头”选项卡，在“箭头”选项组中的“第一个”和“第二个”下拉列表中选择“建筑标记”选项，在“引线”下拉列表中选择“实心闭合”选项，在“箭头大小”文本框中输入250，如图6-66所示。

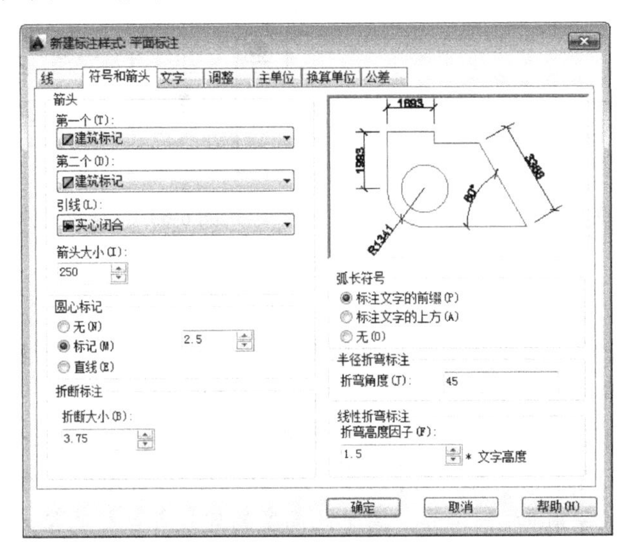

图6-66 “符号与箭头”选项卡

c．选择“文字”选项卡，在“文字外观”选项组中的“文字高度”文本框中输入300，如图6-67所示。

d．选择“主单位”选项卡，在“精度”选项组中的下拉列表中选择0，其他选项默认如图6-68所示。

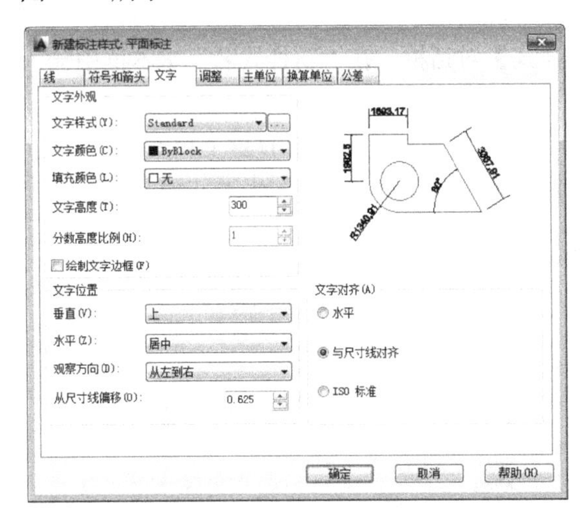

图6-67 “文字”选项卡参数设置

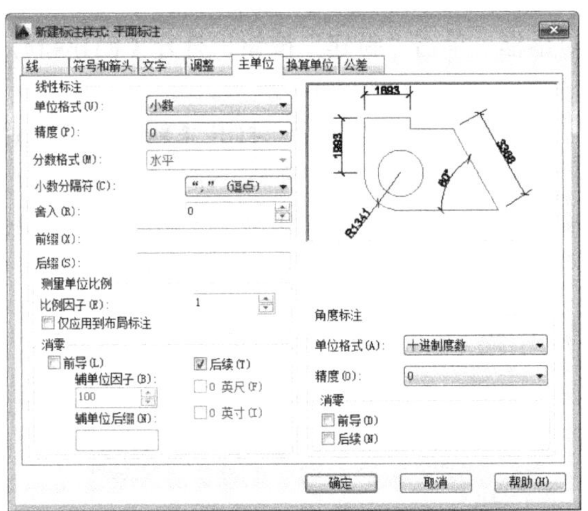

图6-68 “主单位”选项卡

单击“确定”按钮，返回【标注样式管理器】对话框。在“样式”列表中激活“平面标注”标注样式，单击“置为当前”按钮，单击“关闭”按钮，完成标注样式的设置。

③ 单击“标注”工具栏中的“线性”按钮和“连续”按钮，标注相邻两轴线之间的距离。

④ 单击“标注”工具栏中的“线性”按钮，在已绘制的尺寸标注的外侧，对建筑平面横向和纵向的总长度进行尺寸标注。

⑤ 完成尺寸标注后，单击“图层”工具栏中的“图层特性管理器”按钮，打开【图层特性管理器】对话框，关闭“轴线”图层，如图 6-69 所示。

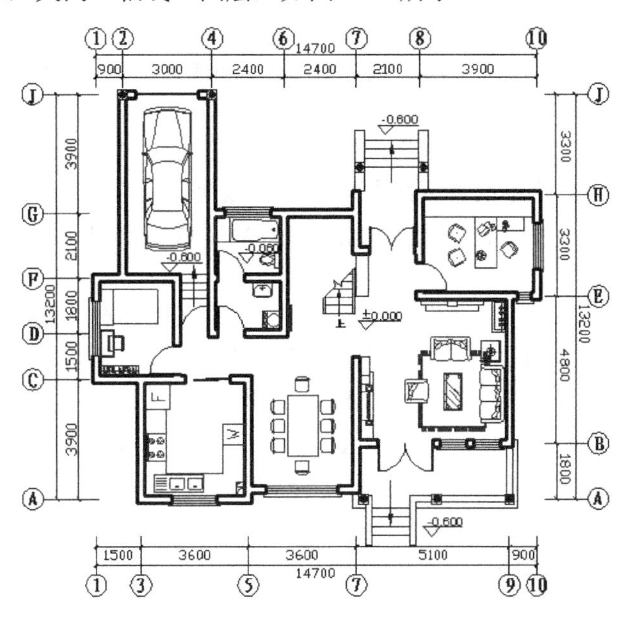

图 6-69　添加尺寸标注

（4）文字标注。在平面图中，各房间的功能用途可以用文字进行标识。下面以首层平面中的厨房为例，介绍文字标注的具体方法。

① 在“图层”下拉列表中选择“文字”图层，将其设置为当前图层。

② 单击“绘图”工具栏中的“多行文字”按钮A，在平面图中指定文字的插入位置后，弹出的多行文字编辑器，如图 6-70 所示；在该编辑器中设置文字样式为“Standard”，字体为“宋体”，文字高度为 300。

③ 在【文字格式】对话框中输入文字“厨房”，并拖动“宽度控制”滑块来调整文本框的宽度，然后，单击“确定”按钮，完成该处的文字标注。

文字标注结果如图 6-71 所示。

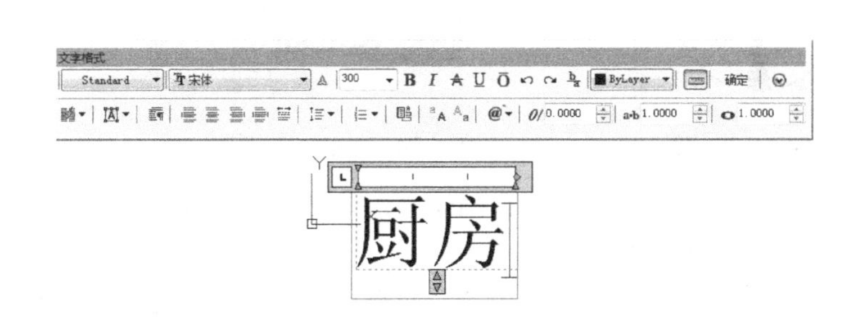

图 6-70　多行文字编辑器

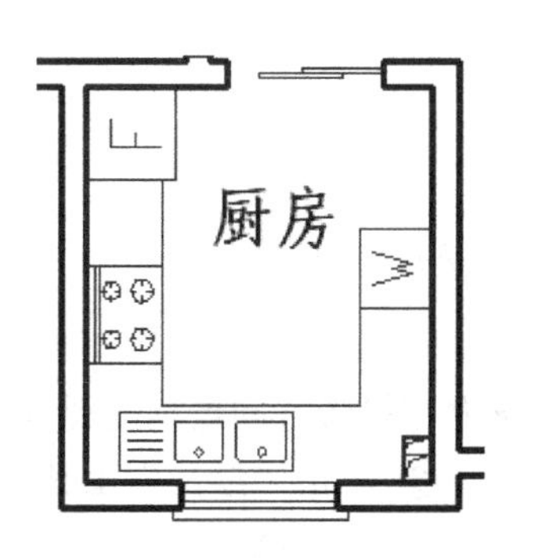

图 6-71　标注厨房文字

8．绘制指北针和剖切符号

在建筑首层平面图中应绘制指北针以标明建筑方位；如果需要绘制建筑的剖面图，则还应在首层平面图中画出剖切符号以标明剖面剖切位置。

下面将分别介绍平面图中指北针和剖切符号的绘制方法。

（1）绘制指北针。

① 单击“图层”工具栏中的“图层特性管理器”按钮，打开【图层特性管理器】对话框，创建新图层，将新图层命名为“指北针与剖切符号”，并将其设置为当前图层；

② 单击“绘图”工具栏中的“圆”按钮，绘制直径为1200mm的圆。

③ 单击“绘图”工具栏中的“直线”按钮，绘制圆的垂直方向的直径作为辅助线。

④ 单击“绘图”工具栏中的“偏移”按钮，将辅助线分别向左、右两侧偏移，偏移量均为75mm。

⑤ 单击“绘图”工具栏中的“直线”按钮，将两条偏移线与圆的下方交点同辅助线上端点连接起来；然后单击“修改”工具栏中的“删除”按钮，删除三条辅助线（原有辅助线及两条偏移线），得到一个等腰三角形，如图6-72所示。

⑥ 单击“绘图”工具栏中的“图案填充”按钮，打开【图案填充和渐变色】对话框，选择填充类型为“预定义”，图案为“SOLID”，对绘制的等腰三角形进行填充。

⑦ 单击“图层”工具栏中的“图层特性管理器”按钮，打开【图层管理器】对话框，打开“文字”图层，使其保持可见。

⑧ 单击“绘图”工具栏中的“多行文字”按钮A，设置文字高度为500mm，在等腰三角形上端顶点的正上方书写大写的英文字母“N”，标示平面图的正北方向，如图6-73所示。

（2）绘制剖切符号。

① 单击“绘图”工具栏中的“直线”按钮，在平面图中绘制剖切面的定位线，并使得该定位线两端伸出被剖切外墙面的距离均为1000mm，如图6-74所示。

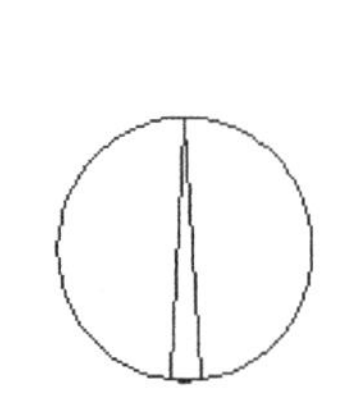

图6-72　圆与三角形

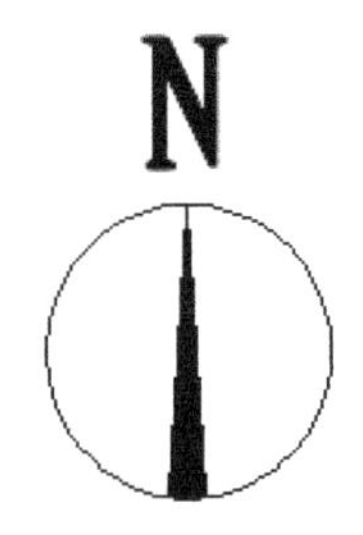

图6-73　指北针

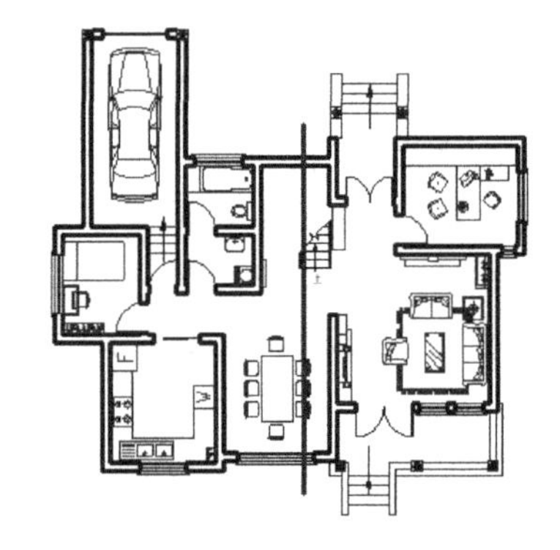

图6-74　绘制剖切面定位线

② 单击“绘图”工具栏中的“直线”按钮，分别以剖切面定位线的两端点为起点，向剖面图投影方向绘制剖视方向线，长度为500mm。

③ 单击“绘图”工具栏中的“圆”按钮，分别以定位线两端点为圆心，绘制两个半径为700mm的圆。

④ 单击“修改”工具栏中的“修剪”按钮，修剪两圆之间的投影线条；然后删除两圆，得到两条剖切位置线。

⑤ 将剖切位置线和剖视方向线的线宽都设置为 0.30mm。

⑥ 单击“绘图”工具栏中的“多行文字”按钮 A，设置文字高度为 300mm，在平面图两侧剖视方向线的端部书写剖面剖切符号的编号 1，如图 6-75 所示，完成首层平面图中剖切符号的绘制。

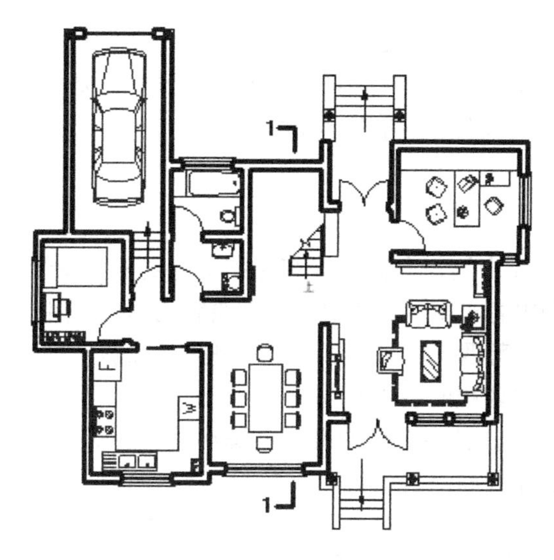

图 6-75　绘制剖切符号

使用上述方法完成别墅二层平面图的绘制，如图 6-76 所示。

使用上述方法完成别墅屋顶平面图的绘制，如图 6-77 所示。

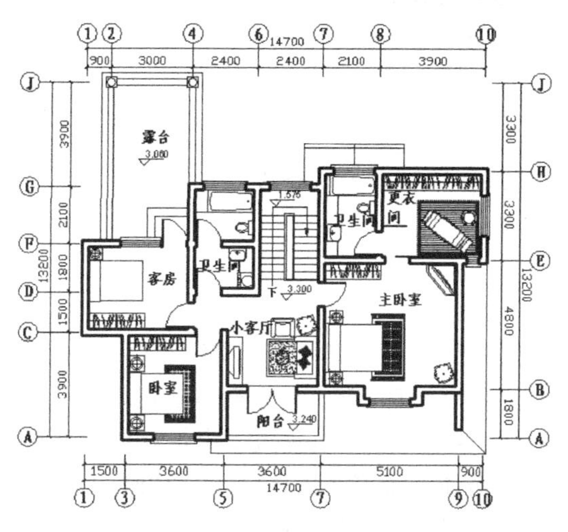

图 6-76　别墅二层平面图

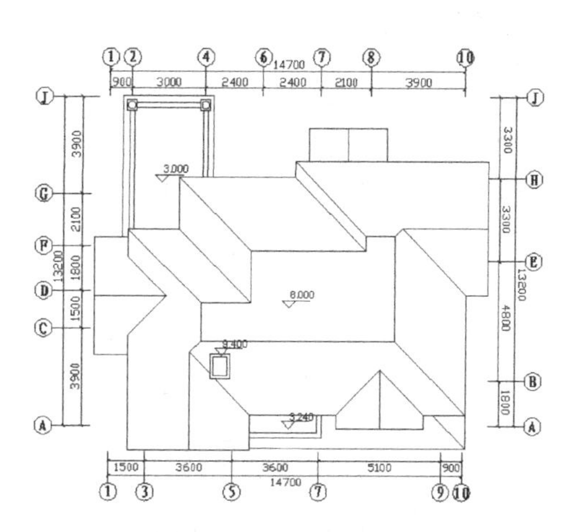

图 6-77　别墅屋顶平面图

说明

剖面的剖切符号，应由剖切位置线及剖视方向线组成，它们均应以粗实线绘制。剖视方向线应垂直于剖切位置线，长度应短于剖切位置线，绘图时，剖面剖切符号不宜与平面上的图线相接触。

剖面剖切符号的编号，宜采用阿拉伯数字，按顺序由左至右，由下至上连续编排，并应注写在剖视方向线的端部。

在方案图中可以不标轴线号，但是在初设图和方案图中必须标注。上面介绍的尺寸界线伸长处理办法是根据笔者的经验给出的，只要标注效果相同，方法是多样的。

房间内标注的数字为使用面积，单位为 m^2。

【知识点详解】

我们以某别墅方案设计为例，向读者详细介绍了各层平面图绘制的步骤及常用方法。从总体上来说，底层平面图内容丰富，是各层平面图绘制的基础，因此应认真、准确、清晰地绘制。千万不可一开始就丢三落四、草草了事或尺寸搭接不准确，否则，在绘制后面的各层平面图，乃至立面、剖面、立体建模时会苦不堪言。

在具体绘图时，初学者往往会对密密麻麻的图形望而兴叹，甚至产生厌恶感。其实，只要把握住由粗到细、由总体到局部的过程，分类、分项地绘制，就非常容易了。一些无法确定尺寸或定位的图形，可以多借助辅助线来完成，不要总想着一步到位。

在本书中，一再强调图层的划分和管理，该环节非常重要。因为图层处理好了，可为后面的设计、绘图工作带来方便，希望读者养成习惯。

建筑平面图（除屋顶平面图外）是指用假想的水平剖切面，在建筑各层窗台上方将整幢房屋剖开所得到的水平剖面图。建筑平面图是表达建筑物的基本图样之一，它主要反映建筑物的平面布局情况。通常情况下，建筑平面图应该表达以下内容。

（1）墙（或柱）的位置和尺度。

（2）门、窗的类型、位置和尺度。

（3）其他细部的配置和位置情况，如楼梯、家具和各种卫生设备等。

（4）室外台阶、花池等建筑的大小和位置。

（5）建筑物及其各部分的平面尺寸标注。

（6）各层地面的标高。通常情况下，将首层平面的室内地坪标高定为±0.000。

（7）说明，如材料名称、构件名称、构造做法、统计表及图名等。文字说明是图纸内容的重要组成部分，制图规范对文字标注中的字体、字号等方面作了一些具体规定。

① 一般原则：字体端正，排列整齐，清晰准确，美观大方，避免过于个性化的文字标注。

② 字体：一般标注推荐使用仿宋字，标题可用楷体、隶书、黑体字等。举例如下。

仿宋：室内设计（小四）、室内设计（四号）、室内设计（二号）；

黑体：室内设计（四号）、室内设计（小二）；

楷体：室内设计（四号）、室内设计（二号）；

隶书：室内设计（三号）、室内设计（一号）；

字母、数字及符号：01234abcd%@或 01234abcd%@。

③ 字的大小：标注的文字高度要适中，同一类型的文字采用同样的大小，较大的字用于较概括性的说明内容，较小的字用于较细致的说明内容。

④ 字体及大小的搭配注意体现层次感。

任务二　绘制客厅平面布置图

【任务背景】

室内平面布置图就是对绘制完成的建筑平面图进行后期的装饰设计。平面布置图也可以简称平面装饰条图，主要反映房屋的大小和房间的布置、装饰材料、门窗类型和位置等。

客厅平面图的主要绘制思路为：首先用已绘制的首层平面图生成客厅平面图轮廓，然后在客厅平面图中添加各种家具图形；最后对所绘制的客厅平面图进行尺寸标注，如有必要，还要添加室内方向索引符号进行方向的标识，如图 6-78 所示。

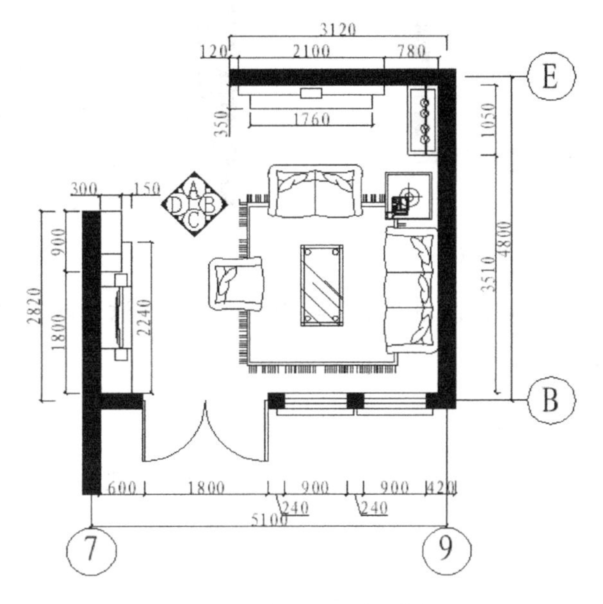

图 6-78　客厅平面布置图

【操作步骤】

1．设置绘图环境

（1）创建图形文件。由于本章所绘的客厅平面图是首层平面图中的一部分，因此不必使用“新建”命令来创建新的图形文件，可以利用已经绘制好的首层平面图直接创建。具体做法如下。

打开已绘制的“别墅首层平面图.dwg”文件，选择“文件”菜单栏中的“另存为”命令，打开【图形另存为】对话框。在“文件名”下拉列表框中输入新的图形文件名称“客厅平面图”。单击“保存”按钮，建立图形文件。

（2）清理图形元素。

① 单击“绘图”工具栏中的“删除”按钮，删除平面图中多余的图形元素，仅保留客厅四周的墙线及门窗。

② 单击“绘图”工具栏中的“图案填充”按钮，在弹出的【图案填充和渐变色】对话框中，选择填充图案为“SOLID”，填充客厅墙体，填充结果如图 6-79 所示。

2．绘制家具

客厅是别墅主人会客和休闲娱乐的场所。在客厅中，应设置的家具有沙发、茶几、电视柜等。除此之外，还可以设计和摆放一些可以体现主人个人品位和兴趣爱好的室内装饰物品，如图 6-80 所示。

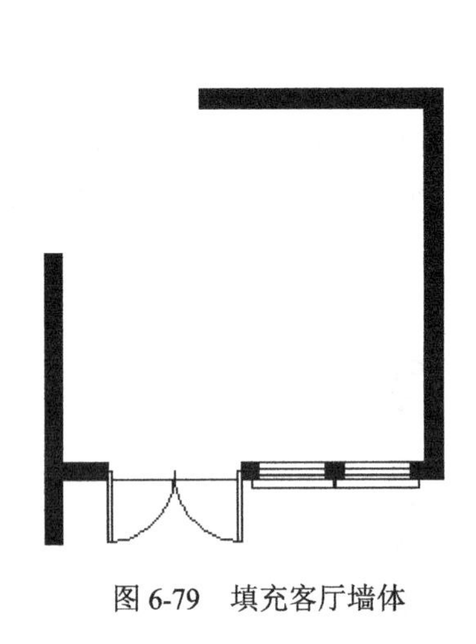

图 6-79　填充客厅墙体

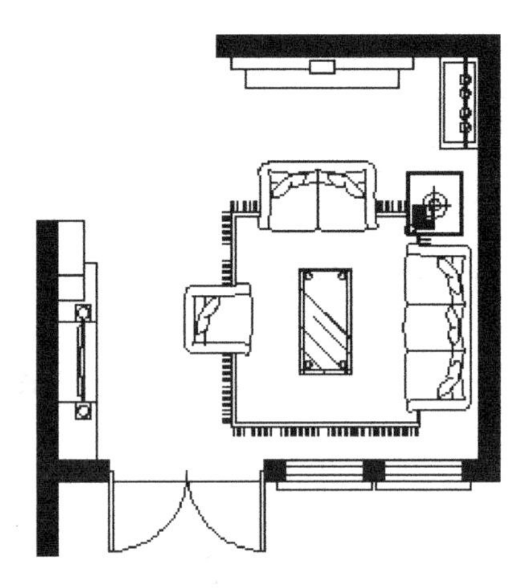

图 6-80　绘制客厅家具

平面家具的绘制方法在前面的章节中已经介绍过了，在这里就不重复介绍了。参照前面所学命令读者自行绘制。

3．室内平面标注

（1）轴线标识。单击工具栏中的“图层特性管理器”按钮，打开【图层特性管理器】对话框，选择“轴线”和“轴线编号”图层，并将它们打开，删除客厅相关轴线与轴号外的所有轴线和轴号图形。

（2）尺寸标注。

① 在“图层”下拉列表中选择“标注”图层，将其设置为当前图层。

② 设置标注样式。选择“格式”菜单栏中的“标注样式”命令，打开【标注样式管理器】对话框，创建新的标注样式，并将其命名为“室内标注”。

单击“继续”按钮，打开【新建标注样式：室内标注】对话框，进行如下设置。

选择“符号和箭头”选项卡，在“箭头”选项组中的“第一个”和“第二个”下拉列表中选择“建筑标记”选项，在“引线”下拉列表中选择“点”选项，在“箭头大小”微调框中输入 50；选择“文字”选项卡，在“文字外观”选项组中的“文字高度”微调框中输入 150。

完成设置后，将新建的“室内标注”标注样式设为当前标注样式。

③ 选择“标注”菜单栏中的“线性标注”命令，对客厅平面中的墙体尺寸、门窗位置和主要家具的平面尺寸进行标注。

标注结果如图 6-81 所示。

（3）方向索引。在绘制一组室内设计图纸时，为了统一室内方向标识，通常要在平面图中添加方向索引符号。具体绘制方法如下。

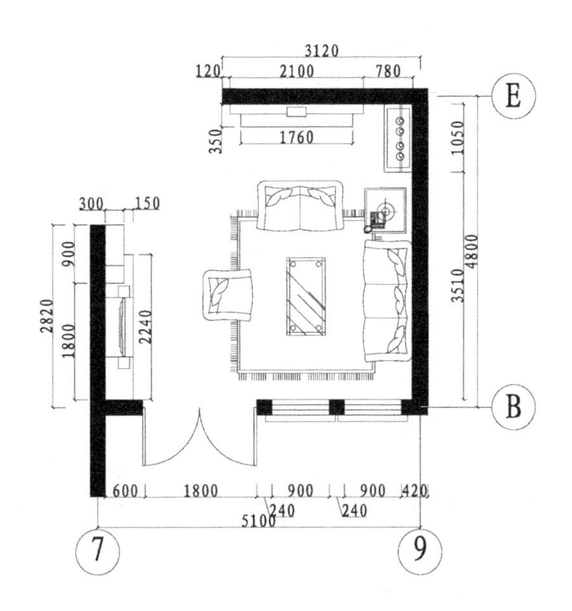

图 6-81　添加轴线标识和尺寸标注

① 在“图层”下拉列表中选择“标注”图层，将其设置为当前图层。

② 单击“绘图”工具栏中的“矩形”按钮，绘制一个边长为 300mm 的正方形；再单击“绘图”工具栏中的“直线”按钮，绘制正方形对角线；然后单击“绘图”工具栏中的“旋转”按钮，将绘制的正方形旋转 45°。

③ 单击“绘图”工具栏中的“圆”按钮，以正方形对角线的交点为圆心，绘制半径为 150mm 的圆，该圆与正方形内切。

④ 单击“绘图”工具栏中的“分解”按钮，将正方形进行分解，并删除正方形下半部的两条边和垂直方向的对角线，剩余图形为等腰直角三角形与圆；然后，单击“修改”工具栏中的“修剪”按钮，结合已知圆，修剪正方形的水平对角线。

⑤ 单击“绘图”工具栏中的“图案填充”按钮，在弹出的【图案填充和渐变色】对话框中，选择填充图案为“SOLID”，对等腰三角形中未与圆重叠的部分进行填充，得到如图 6-82 所示的索引符号。

图 6-82　绘制方向索引符号

⑥ 单击“绘图”工具栏中的“创建块”按钮，将所绘索引符号定义为图块，命名为“室内索引符号”。

⑦ 单击“绘图”工具栏中的“插入块”按钮，在平面图中插入索引符号，并根据需要调整符号角度。

⑧ 单击“绘图”工具栏中的“多行文字”按钮，在索引符号的圆内添加字母或数字进行标识，结果如图 6-82 所示。

【知识点详解】

在房屋建筑中，一个特定的室内空间领域总存在竖向分隔（隔断或墙体）来界定空间。因此，根据具体情况，就存在绘制 1 个或多个立面图来表达隔断、墙体、家具及构配件的设计情况。内视符号标注在平面图中，包含视点位置、方向和编号 3 个信息，建立平面图和室内立面图之间的联系。内视符号的形式如图 6-83 所示，图中立面图编号可用英文字母或阿拉伯数字表示，黑色的箭头指向表示立面的方向。如图 6-83（a）所示为单向内视符号，如图 6-83（b）所示为双向内视符号，如图 6-83（c）所示为四向内视符号，A、B、C、D 顺时针标注。

图 6-83　内视符号

其他室内设计的常用符号及意义如表 6-1 所示。

表 6-1　室内设计图常用符号图例

符　号	说　明	符　号	说　明
3.600 3.600	标高符号，线上数字为标高值，单位为 m，下面的符号在标注位置比较拥挤时采用	i=5%	表示坡度
1　　1	标注剖切位置的符号，标注数字的方向为投影方向，“1”与剖面图的编号“3-1”对应	2　　2	标注绘制断面图的位置，标数字的方向为投影方向，“2”与断面图的编号“3-2”对应
	对称符号。在对称图形的中轴位置画此符号，可以不用画另一半图形		指北针
	楼板开方孔		楼板开圆孔
@	表示重复出现的固定间隔，如“双向木格栅@500”	ϕ	表示直径，如 $\phi 30$
平面图 1:100	图名及比例	1　1：5	索引详图名及比例
	单扇平开门		旋转门
	双扇平开门		卷帘门
	子母门		单扇推拉门
	单扇弹簧门		双扇推拉门
	四扇推拉门		折叠门

续表

符　号	说　明	符　号	说　明
	窗		首层楼梯
	顶层楼梯		中间层楼梯

任务三　绘制首层顶棚平面图

【任务背景】

建筑室内顶棚图主要表达的是建筑室内各房间顶棚的材料和装修做法，以及灯具的布置情况。由于各房间的使用功能不同，其顶棚的材料和做法均有各自不同的特点，常需要使用图形填充结合适当文字加以说明。因此，如何使用引线和多行文字命令添加文字标注，仍是绘制过程中的重点。

别墅首层顶棚图的主要绘制思路为：首先清理首层平面图，留下墙体轮廓，并在各门窗洞口位置绘制投影线；然后绘制吊顶并根据各房间选用的照明方式绘制灯具；最后进行文字说明和尺寸标注。绘制的别墅首层顶棚平面图如图 6-84 所示。

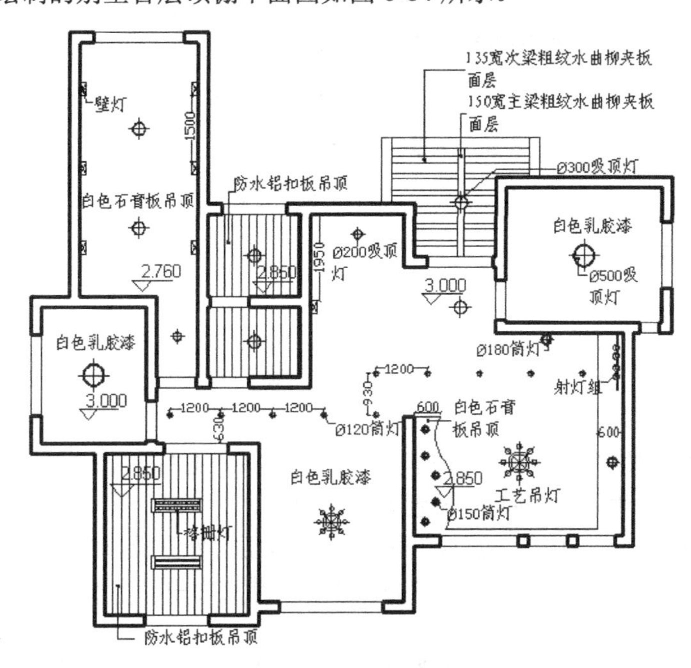

图 6-84　别墅首层顶棚平面图

【操作步骤】

1. 设置绘图环境

（1）创建图形文件。

打开已绘制的“别墅首层平面图.dwg”文件，选择“文件”菜单栏中的“另存为”命令，打开【图形另存为】对话框。在“文件名”下拉列表框中输入新的图形文件名称“别墅首层顶棚平面图.dwg”。单击“保存”按钮，建立图形文件。

（2）清理图形元素。

① 单击工具栏中的“图层特性管理器”按钮，打开【图层管理器】对话框，关闭“轴线”“轴线编号”和“标注”图层。

② 单击“修改”工具栏中的“删除”按钮，删除首层平面图中的家具、门窗图形以及所有的文字。

③ 选择“文件”菜单栏中的“绘图实用程序”→“清理”命令，清理用不到的图层和其他图形元素。清理后所得平面图形如图 6-85 所示。

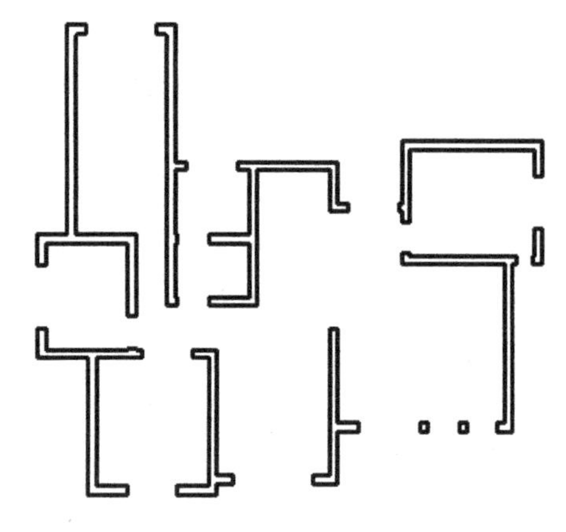

图 6-85　清理后的平面图

2. 补绘平面轮廓

（1）绘制门窗投影线。

① 在“图层”下拉列表中选择“门窗”图层，将其设置为当前图层。

② 单击“绘图”工具栏中的“直线”按钮，在门窗洞口处，绘制洞口投影线。

（2）绘制入口雨篷轮廓。

① 单击工具栏中的“图层特性管理器”按钮，打开【图层管理器】对话框，创建新图层，将新图层命名为“雨篷”，并将其设置为当前图层。

② 单击“绘图”工具栏中的“直线”按钮，以正门外侧投影线中点为起点向上绘制长度为 2700mm 的雨篷中心线；然后，以中心线的上侧端点为中点，绘制长度为 3660mm 的水平边线。

③ 单击“修改”工具栏中的“偏移”按钮，将屋顶中心线分别向两侧偏移，偏移量均为 1830mm，得到屋顶两侧边线。再次单击“修改”工具栏中的“偏移”按钮，将所有边线均向内偏移 240mm，得到入口雨篷轮廓线，如图 6-86 所示。

经过补绘后的平面图如图 6-87 所示。

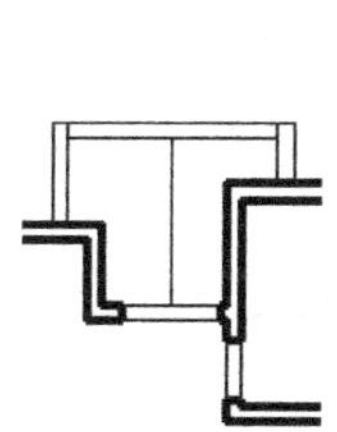
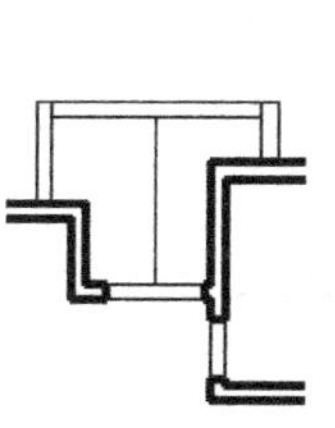

图 6-86　绘制入口雨篷轮廓线

图 6-87　补绘顶棚平面轮廓

3．绘制吊顶

在别墅首层平面中，有 3 处做吊顶设计，即卫生间、厨房和客厅。其中，卫生间和厨房是出于防水或防油烟的需要，安装铝扣板吊顶；在客厅上方局部设计石膏板吊顶，既美观大方又为各种装饰性灯具的设置和安装提供了方便。下面分别介绍这三处吊顶的绘制方法。

（1）绘制卫生间吊顶。

基于卫生间使用过程中的防水要求，在卫生间顶部安装铝扣板吊顶。

① 单击工具栏中的“图层特性管理器”按钮，打开【图层管理器】对话框，创建新图层，将新图层命名为“吊顶”，并将其设置为当前图层。

② 单击“绘图”工具栏中的“图案填充”按钮，打开【图案填充和渐变色】对话框，在对话框中选择填充图案为“LINE”，并设置图案填充角度为 90°、比例为 60。

在绘图区域中选择卫生间顶棚平面作为填充对象，进行图案填充，如图 6-88 所示。

（2）绘制厨房吊顶。

基于厨房使用过程中的防水和防油的要求，在厨房顶部安装铝扣板吊顶。

① 在“图层”下拉列表中选择“吊顶”图层，将其设置为当前图层。

② 单击“绘图”工具栏中的“图案填充”按钮，打开【图案填充和渐变色】对话框，在对话框中选择填充图案为“LINE”，并设置图案填充角度为 90°、比例为 60。

在绘图区域中选择厨房顶棚平面作为填充对象，进行图案填充，如图 6-89 所示。

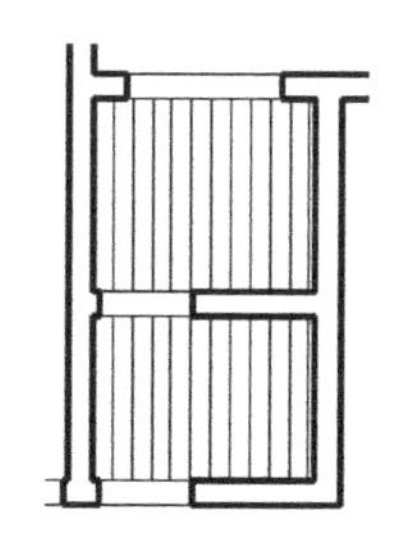

图 6-88　绘制卫生间吊顶

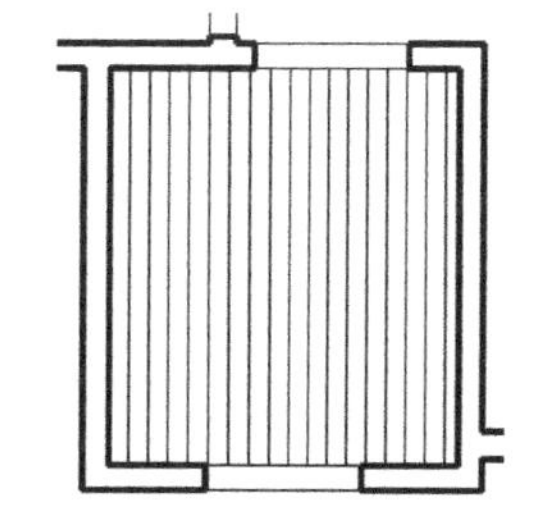

图 6-89　绘制厨房吊顶

（3）绘制客厅吊顶。客厅吊顶的方式为周边式，不同于卫生间和厨房所采用的完全式吊顶。客厅吊顶的重点部位在西面电视墙的上方。

① 单击“修改”工具栏中的“偏移”按钮，将客厅顶棚东、南两个方向的轮廓线向内偏移，偏移量分别为 600mm 和 100mm，得到“轮廓线 1”和“轮廓线 2”。

② 单击“修改”工具栏中的“样条曲线”按钮，以客厅西侧墙线为基准线，绘制样条曲线，如图 6-90 所示。

③ 单击“修改”工具栏中的“移动”按钮，将样条曲线水平向右移动，移动距离为 600mm。

④ 单击“绘图”工具栏中的“直线”按钮，连结样条曲线与墙线的端点。

⑤ 单击“修改”工具栏中的“修剪”按钮，修剪吊顶轮廓线条，完成客厅吊顶的绘制，如图 6-91 所示。

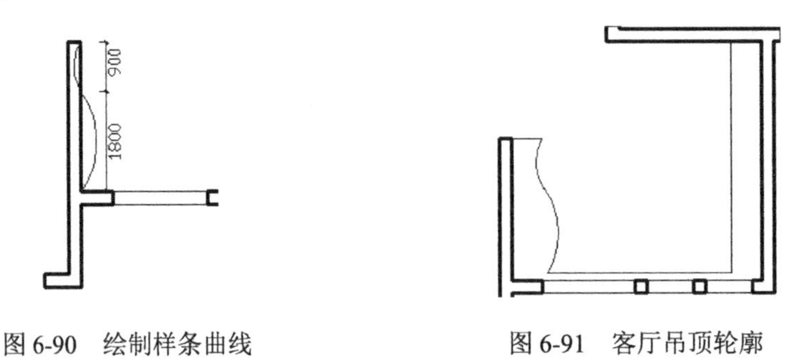

图 6-90　绘制样条曲线　　图 6-91　客厅吊顶轮廓

4．绘制入口雨篷顶棚

别墅正门入口雨篷的顶棚由一条水平的主梁和两侧数条对称布置的次梁组成。

（1）在“图层”下拉列表中选择“顶棚”图层，将其设置为当前图层。

（2）绘制主梁。单击“绘图”工具栏中的“偏移”按钮，将雨篷中心线依次向左、右两侧进行偏移，偏移量均为 75mm；然后，单击“修改”工具栏中的“删除”按钮，将原有中心线删除。

（3）绘制次梁。单击“绘图”工具栏中的“图案填充”按钮，打开【图案填充和渐变色】对话框，在对话框中选择填充图案为“STEEL”，并设置图案填充角度为 135°、比例为 135。

（4）在绘图区域中选择中心线两侧的矩形区域作为填充对象，进行图案填充，如图 6-92 所示。

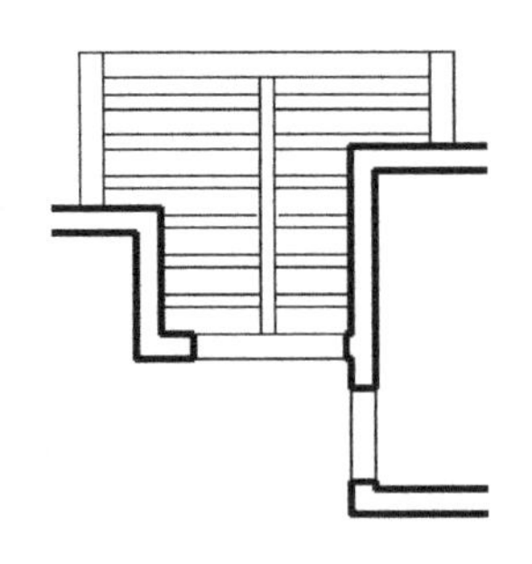

图 6-92　绘制入口雨篷的顶棚

5．绘制灯具

不同种类的灯具由于材料和形状的差异，其平面图形也大有不同。在本别墅实例中，灯具种类主要包括：工艺吊灯、吸顶灯、筒灯、射灯和壁灯等。在 AutoCAD 图样中，并不需要详细描绘出各种灯具的具体式样，一般情况下，每种灯具都是用灯具图例来表示的。下面分别介绍几种灯具图例的绘制方法。

（1）绘制工艺吊灯。

工艺吊灯仅在客厅和餐厅使用，与其他灯具相比，形状比较复杂。

① 单击工具栏中的“图层特性管理器”按钮，打开【图层管理器】对话框，创建新图层，将新图层命名为“灯具”，并将其设置为当前图层。

② 单击“绘图”工具栏中的“圆”按钮，绘制两个同心圆，它们的半径分别为150mm和200mm。

③ 单击“绘图”工具栏中的“直线”按钮，以圆心为端点，向右绘制一条长度为400mm的水平线段。

④ 单击“绘图”工具栏中的“圆”按钮，以线段右端点为圆心，绘制一个较小的圆，其半径为50mm。然后单击“绘图”工具栏中的“移动”按钮，水平向左移动小圆，移动距离为100mm，如图6-93所示。

⑤ 单击“修改”工具栏中的“环形阵列”按钮，项目总数为“8”，项目间角度为“360”；选择同心圆圆心为阵列中心点；选择如图6-93所示的水平线段和右侧小圆为阵列对象；生成工艺吊灯图例，如图6-94所示。

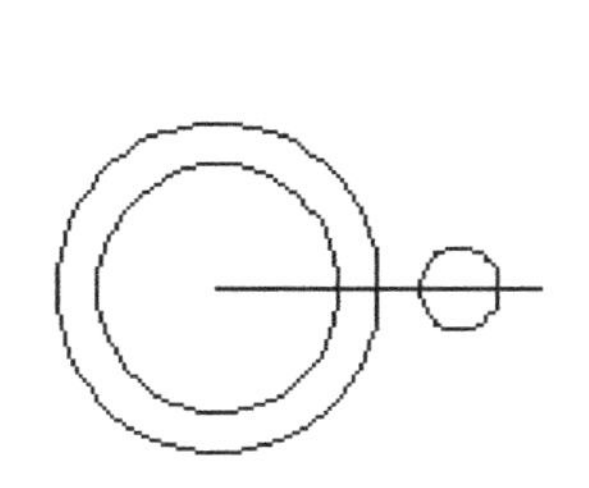

图6-93　绘制第一个吊灯单元

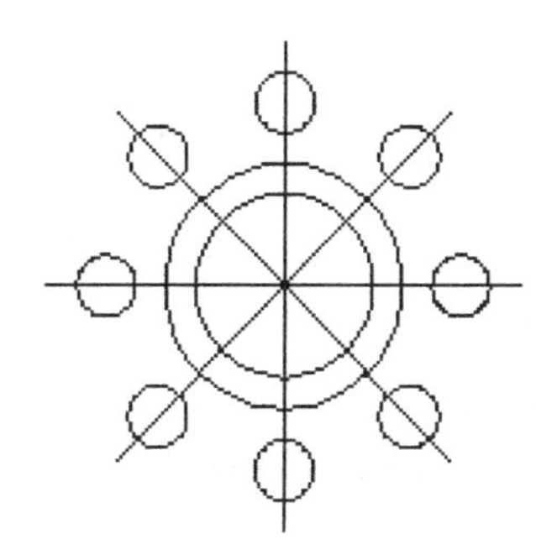

图6-94　工艺吊灯图例

（2）绘制吸顶灯。

在别墅首层平面中，使用最广泛的灯具要算吸顶灯了。别墅入口、卫生间和卧室的房间都使用吸顶灯来进行照明。常用的吸顶灯图例有圆形和矩形两种。在这里，主要介绍圆形吸顶灯图例。

① 单击“绘图”工具栏中的“圆”按钮，绘制两个同心圆，半径分别为90mm和120mm。

② 单击“绘图”工具栏中的“直线”按钮，绘制两条互相垂直的直径；激活已绘直径的两端点，将直径向两侧分别拉伸，每个端点处拉伸量均为40mm，得到一个正交十字。

③ 单击“绘图”工具栏中的“图案填充”按钮，在打开的【图案填充和渐变色】对话框中，选择填充图案为“SOLID”，对同心圆中的圆环部分进行填充。

如图6-95所示为绘制完成的吸顶灯图例。

（3）绘制格栅灯。

在别墅中，格栅灯是专用于厨房的照明灯具。

① 单击“绘图”工具栏中的“矩形”按钮，绘制尺寸为1200mm×300mm的矩形格栅灯轮廓。

② 单击“修改”工具栏中的“分解”按钮，将矩形分解；然后选择“偏移”命令，将矩形两条短边分别向内偏移，偏移量均为80mm。

③ 单击“绘图”工具栏中的“矩形”按钮，绘制两个尺寸为1040mm×45mm的矩形灯管，两个灯管平行间距为70mm。

④ 单击“绘图”工具栏中的“图案填充”按钮，打开【图案填充和渐变色】对话框，在对话框中选择填充图案为“ANSI32”，并设置填充比例为“10”，对两矩形灯管区域进行填充。

如图6-96所示为绘制完成的格栅灯图例。

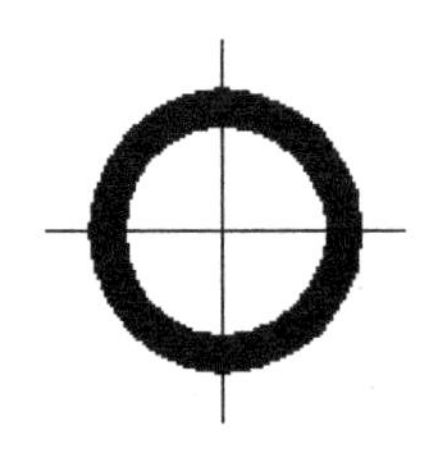

图6-95 吸顶灯图例

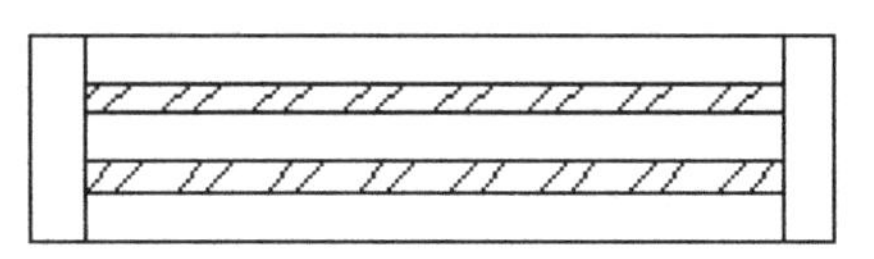

图6-96 格栅灯图例

（4）绘制筒灯。

筒灯体积较小，主要应用于室内装饰照明和走廊照明。常见筒灯图例由两个同心圆和一个十字组成。

① 单击“绘图”工具栏中的“圆”按钮，绘制两个同心圆，它们的半径分别为45mm和60mm。

② 单击“绘图”工具栏中的“直线”按钮，绘制两条互相垂直的直径。

③ 激活已绘两条直径的所有端点，将两条直径分别向其两端方向拉伸，每个方向的拉伸量均为20mm，得到正交的十字。

如图6-97所示为绘制完成的筒灯图例。

（5）绘制壁灯

在别墅中，车库和楼梯侧墙面都通过设置壁灯来辅助照明。本图中使用的壁灯图例由矩形及其两条对角线组成。

① 单击“绘图”工具栏中的“矩形”按钮，绘制尺寸为300mm×150mm的矩形。

② 单击“绘图”工具栏中的“直线”按钮，绘制矩形的两条对角线。

如图6-98所示为绘制完成的壁灯图例。

（6）绘制射灯组。

射灯组的平面图例在下一任务绘制客厅立面图A时有介绍，具体绘制方法见相关章节内容。

（7）在顶棚图中插入灯具图例。

① 单击“绘图”工具栏中的“创建块”按钮，将所绘制的各种灯具图例分别定义为图块。

② 单击“绘图”工具栏中的“插入块”按钮，根据各房间或空间的功能，选择合适的灯具图例并根据需要设置图块比例，然后将其插入顶棚中相应的位置。

如图6-99所示为客厅顶棚灯具布置效果。

6. 尺寸标注与文字说明

（1）尺寸标注。

在顶棚图中，尺寸标注的内容主要包括灯具和吊顶的尺寸以及它们的水平位置。这里的尺寸标注依然同前面一样，是通过“线性标注”命令来完成的。

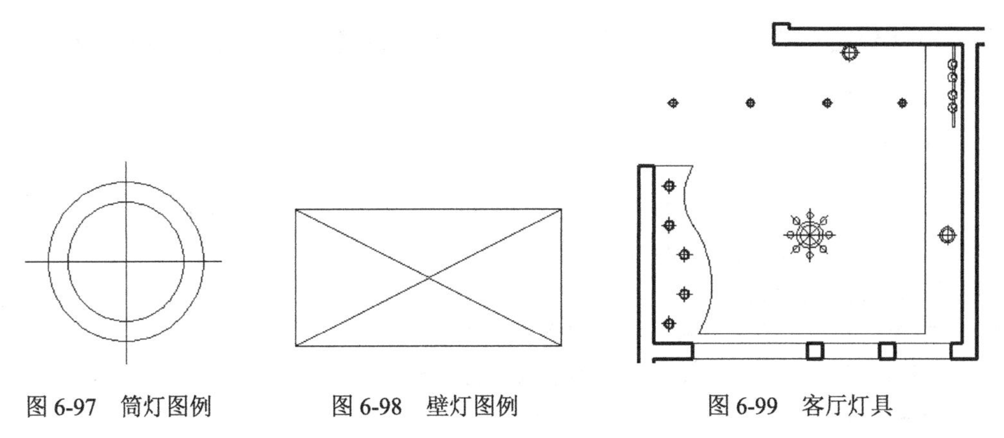

图 6-97　筒灯图例　　　　图 6-98　壁灯图例　　　　图 6-99　客厅灯具

① 在“图层”下拉菜单中选择“标注”图层，将其设置为当前图层。

② 选择“标注”菜单栏中的“标注样式”命令，将“室内标注”设置为当前标注样式。

③ 选择“标注”菜单栏中的“线性标注”命令，对顶棚图进行尺寸标注。

（2）标高标注。

在顶棚图中，各房间顶棚的高度需要通过标高来表示。

① 单击“绘图”工具栏中的“插入块”按钮，将标高符号插入到各房间顶棚位置。

② 单击“绘图”工具栏中的“多行文字”按钮 A，在标高符号的长直线上方添加相应的标高数值。

标注结果如图 6-100 所示。

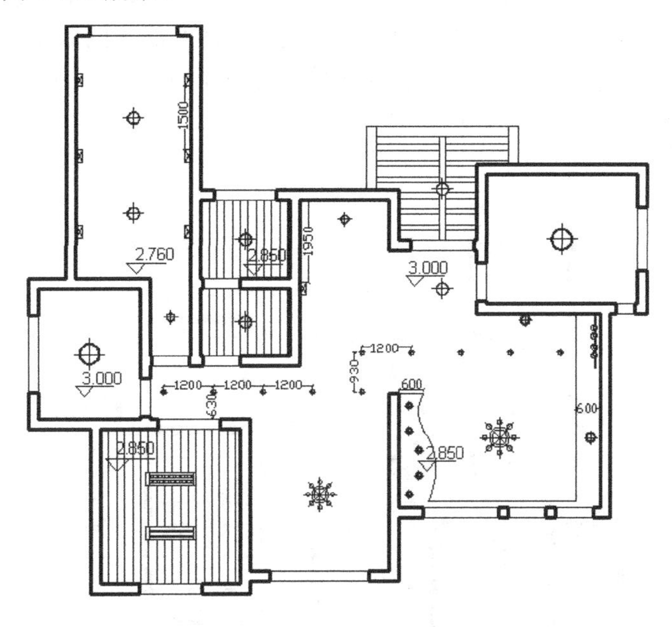

图 6-100　添加尺寸与标高标注

（3）文字说明。

在顶棚图中，各房间的顶棚材料和灯具的类型都要通过文字说明来表达。

① 在“图层”下拉列表中选择“文字”图层，将其设置为当前图层。

② 选择“标注”菜单栏中的“多重引线”命令，并设置引线箭头大小为 60。

③ 单击“绘图”工具栏中的“多行文字”按钮A，设置字体为“仿宋GB2312”，文字高度为300，在引线的一端添加文字说明，结果如图6-89所示。

【知识点详解】

室内设计顶棚图是根据顶棚在其下方假想的水平镜面上的正投影绘制而成的镜像投影图。室内顶棚图中应表达的内容有以下几部分。

（1）顶棚的造型及材料说明。

（2）顶棚灯具和电器的图例、名称规格等说明。

（3）顶棚造型尺寸标注，灯具、电器的安装位置标注。

（4）顶棚标高标注。

（5）顶棚细部做法的说明。

（6）详图索引符号、图名、比例等。

任务四　绘制首层地坪平面图

【任务背景】

室内地坪图是表达建筑物内部各房间地面材料铺装情况的图样。由于各房间地面用材因房间功能的差异而有所不同，因此在图样中通常选用不同的填充图案结合文字来表达。

别墅首层地坪图的绘制思路：首先由已知的首层平面图生成平面墙体轮廓；再在，各门窗洞口位置绘制投影线；然后，根据各房间地面的材料类型，选取适当的填充图案对各房间地面进行填充；最后，添加尺寸和文字标注，如图6-101所示。

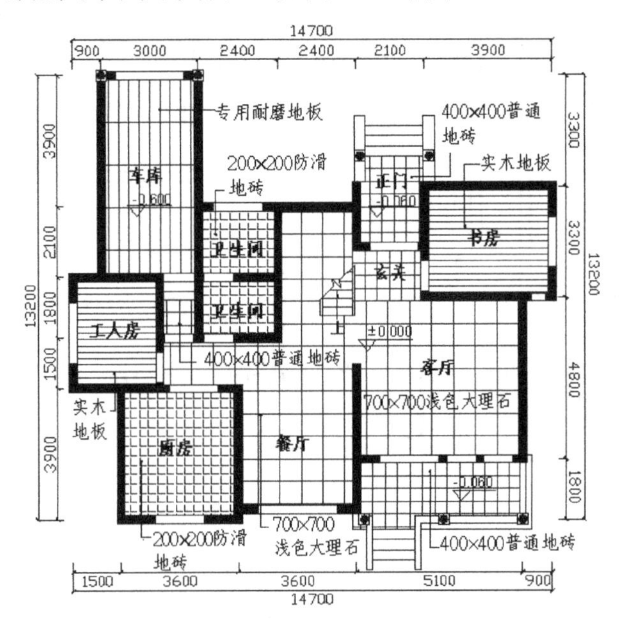

图6-101　别墅首层地坪平面图

【操作步骤】

1．设置绘图环境

（1）创建图形文件。

打开已绘制的“别墅首层平面图.dwg”文件，选择“文件”菜单栏中的“另存为”命令，打开【图形另存为】对话框。在“文件名”下拉列表框中输入新的图形名称“别墅首层地坪图”。单击“保存”按钮，建立图形文件。

（2）清理图形元素。

① 单击工具栏中的“图层特性管理器”按钮，打开【图层管理器】对话框，关闭“轴线”“轴线编号”和“标注”图层。

② 单击“修改”工具栏中的“删除”按钮，删除首层平面图中所有的家具和门窗图形。

③ 选择“文件”菜单栏中的“图形实用工具”→“清理”命令，清理用不到的图形元素。清理后，所得平面图形如图 6-102 所示。

2．补充平面元素

（1）填充平面墙体。

① 在“图层”下拉列表中选择“墙体”图层，将其设置为当前图层。

② 单击“绘图”工具栏中的“图案填充”按钮，打开【图案填充和渐变色】对话框，在对话框中选择填充图案为“SOLID”，在绘图区域中拾取墙体内部的点，选择墙体作为填充对象进行填充。

（2）绘制门窗投影线。

① 在“图层”下拉列表中选择“门窗”图层，将其设置为当前图层。

② 单击“绘图”工具栏中的“直线”按钮，在门窗洞口处，绘制洞口平面投影线，如图 6-103 所示。

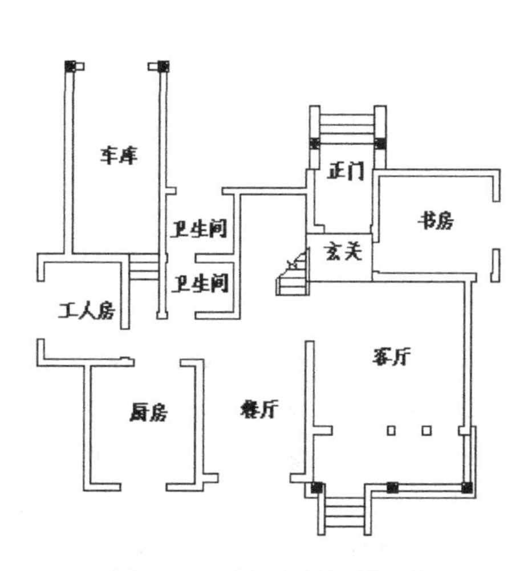

图 6-102　清理后的平面图

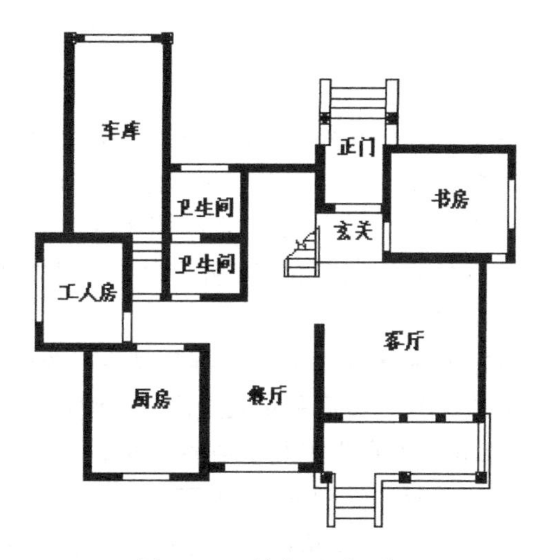

图 6-103　补充平面元素

3．绘制地板

（1）绘制木地板。

在首层平面中，铺装木地板的房间包括工人房和书房。

① 单击工具栏中的“图层特性管理器”按钮，打开【图层特性管理器】对话框，创建新图层，将新图层命名为“地坪”，并将其设置为当前图层。

② 单击“绘图”工具栏中的“图案填充”按钮，打开【图案填充和渐变色】对话框，在对话框中选择填充图案为“LINE”，并设置图案填充比例为 60；在绘图区域中依次选择工人房和书房平面作为填充对象，进行地板图案的填充。如图 6-104 所示，为书房地板绘制效果。

（2）绘制地砖。

在本例中，使用的地砖种类主要有两种，即卫生间、厨房使用的防滑地砖和入口、阳台等处地面使用的普通地砖。

① 绘制防滑地砖。在卫生间和和厨房里，地面的铺装材料为 200×200 的防滑地砖。单击“绘图”工具栏中的“图案填充”按钮，打开【图案填充和渐变色】对话框，在对话框中选择填充图案为“ANGEL”，并设置图案填充比例为 30。在绘图区域中依次选择卫生间和厨房平面作为填充对象，进行防滑地砖图案的填充。如图 6-105 所示，为卫生间防滑地板的绘制效果。

图 6-104　绘制书房木地板

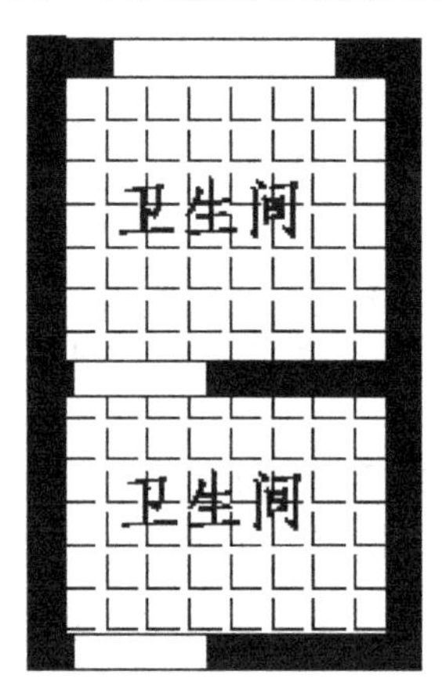

图 6-105　绘制卫生间防滑地砖

② 绘制普通地砖。

在别墅的入口和外廊处，地面铺装材料为 400×400 的普通地砖。单击“绘图”工具栏中的“图案填充”按钮，打开【图案填充和渐变色】对话框，在对话框中选择填充图案为“NET”，并设置图案填充比例为 120；在绘图区域中依次选择入口和外廊平面作为填充对象，进行普通地砖图案的填充。如图 6-106 所示为主入口处地砖绘制效果。

（3）绘制大理石地面。

通常客厅和餐厅的地面材料有很多种选择，如普通地砖、耐磨木地板等。在本例中，设计者选择在客厅、餐厅和走廊地面铺装浅色大理石材料，其光亮、易清洁而且耐磨损。

① 单击“绘图”工具栏中的“图案填充”按钮，打开【图案填充和渐变色】对话框，在对话框中选择填充图案为“NET”，并设置图案填充比例为 210。

② 在绘图区域中依次选择客厅、餐厅和走廊平面作为填充对象，进行大理石地面图案的填充。如图 6-107 所示，为客厅大理石地面的绘制效果。

（4）绘制车库地板。

本例中车库地板材料采用的是车库专用耐磨地板。

① 单击“绘图”工具栏中的“图案填充”按钮，打开【图案填充和渐变色】对话框，

在对话框中选择填充图案为“GRATE”，并设置图案填充角度为 90°、比例为 400。

② 在绘图区域中选择车库平面作为填充对象，进行车库地板图案的填充，如图 6-108 所示。

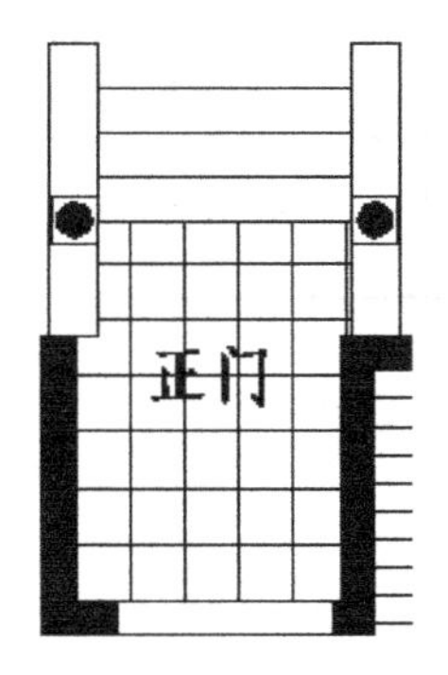

图 6-106　绘制主入口普通地砖

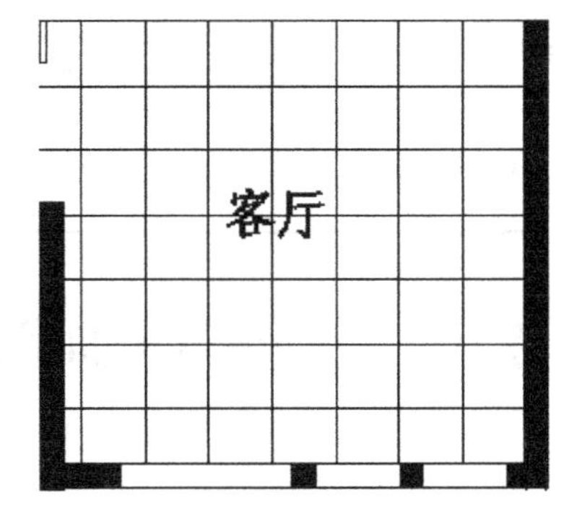

图 6-107　绘制客厅大理石地面

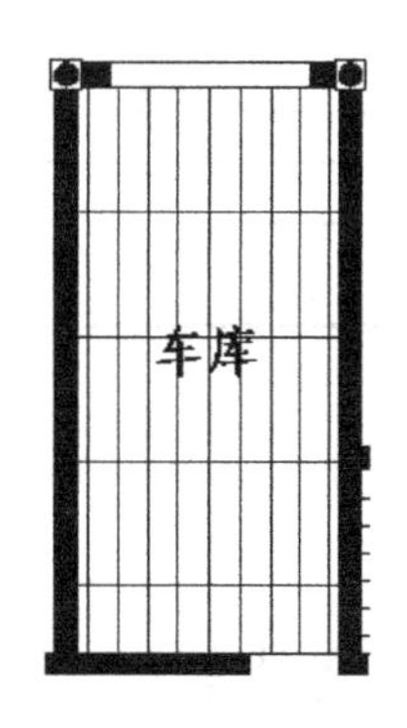

图 6-108　绘制车库地板

4．尺寸标注与文字说明

（1）尺寸与标高标注。

在本图中，尺寸和平面标高标注的内容及要求与平面图基本相同。由于本图是基于首层平面图绘制而成的，因此，本图中的尺寸标注可以直接沿用首层平面图的标注结果。

（2）文字说明。

① 在“图层”下拉列表中选择“文字”图层，将其设置为当前图层。

② 在命令行中输入“QLEADER”命令，设置字体为“仿宋 GB2312”，文字高度为 300，在引线一端添加文字说明，标明该房间地面的铺装材料和做法，如图 6-101 所示。

【知识点详解】

室内设计图中经常使用材料图例来表示材料，在无法用图例表示的地方，一般采用文字说明。常用材料图例如表 6-2 所示。

表 6-2　常用材料图例

材料图例	说　明	材料图例	说　明
	自然土壤		夯实土壤
	毛石砌体		普通砖
	石材		砂、灰土
	空心砖		松散材料
	混凝土		钢筋混凝土
	多孔材料		金属
	矿渣、炉渣		玻璃

续表

材料图例	说明	材料图例	说明
	纤维材料		防水材料，上下两种根据绘图比例大小选用
	木材		液体，须注明液体名称

任务五 绘制客厅立面图A

【任务背景】

立面图是用来研究建筑立面的造型和装修的图样。立面图主要是反映建筑物的外貌和立面装修的情况，这是因为建筑物给人的美感主要来自其立面的造型和装修。

室内立面图主要反映室内墙面装修与装饰的情况。本书主要介绍室内立面图的绘制过程，选取的实例为别墅客厅中的立面A。绘制的客厅立面图A，如图6-109所示。

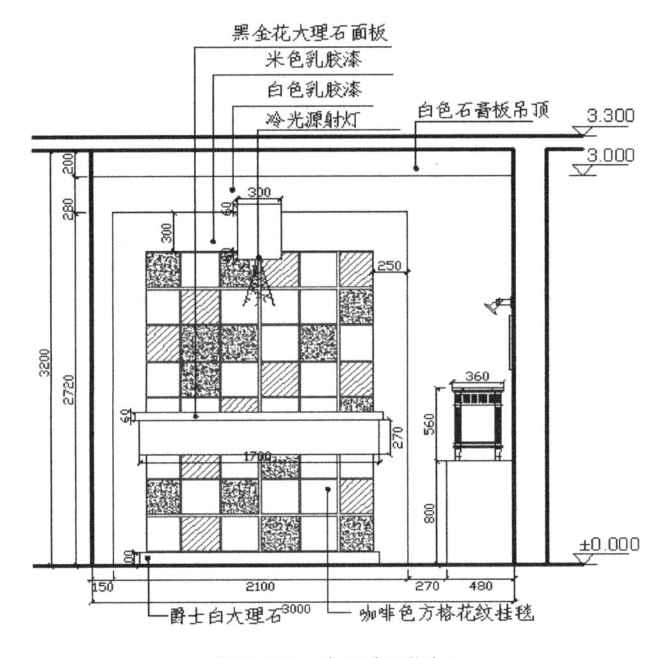

图6-109 客厅立面图A

【操作步骤】

1．设置绘图环境

（1）创建图形文件。打开已绘制的“客厅平面图.dwg”文件，选择“文件”菜单栏中的“另存为”命令，打开【图形另存为】对话框。在“文件名”下拉列表框中输入新的图形文件名称“客厅立面图A”。单击“保存”按钮，建立图形文件。

（2）清理图形元素。

① 单击“图层”工具栏中的“图层特性管理器”按钮，打开【图层管理器】对话框，关闭与绘制对象无关的图层，如“轴线”“轴线编号”图层等。

② 单击“修改”工具栏中的“删除”按钮和“修剪”按钮，清理平面图中多余的家具和墙体线条。清理后，所得平面图形如图 6-110 所示。

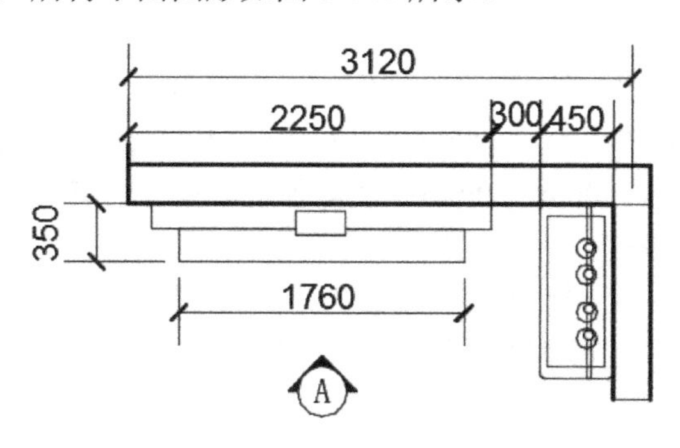

图 6-110　清理后的平面图形

2．绘制地面、楼板与墙体

在室内立面图中，被剖切的墙线和楼板线都用粗实线表示。

（1）绘制室内地坪。

① 单击“图层”工具栏中的“图层特性管理器”按钮，打开【图层管理器】对话框，创建新图层，将新图层命名为“粗实线”，设置该图层的线宽为“0.30mm”；并将其设置为当前图层。

② 单击“绘图”工具栏中的“直线”按钮，在平面图上方绘制长度为 4000mm 的室内地坪线，其标高为±0.000。

（2）绘制楼板线和梁线。

① 单击“绘图”工具栏中的“偏移”按钮，将室内地坪线连续向上偏移两次，偏移量依次为 3200mm 和 100mm，得到楼板定位线。

② 单击“图层”工具栏中的“图层特性管理器”按钮，打开【图层管理器】对话框，创建新图层，将新图层命名为“细实线”，并将其设置为当前图层。

③ 单击“修改”工具栏中的“偏移”按钮，将室内地坪线向上偏移 3000mm，得到梁底定位线。

④ 将所绘梁底定位线转移到“细实线”图层。

（3）绘制墙体。

① 单击“绘图”工具栏中的“直线”按钮，由平面图中的墙体，生成立面图中的墙体定位线。

② 单击“修改”工具栏中的“修剪”按钮，对墙线、楼板线以及梁底定位线进行修剪，如图 6-111 所示。

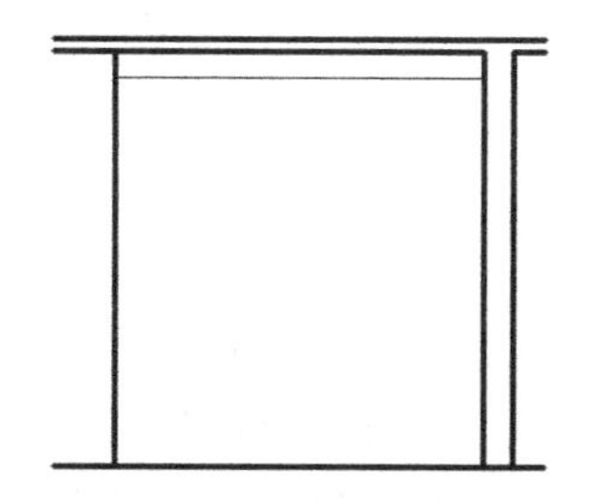

图 6-111　绘制地面、楼板与墙体

3．绘制文化墙

（1）绘制墙体。

① 单击“图层”工具栏中的“图层特性管理器”按钮，打开【图层管理器】对话框，

创建新图层，将新图层命名为“文化墙”，并将其设置为当前图层。

② 单击“修改”工具栏中的“偏移”按钮，将左侧墙线向右偏移，偏移量为150mm，得到文化墙左侧定位线。

③ 单击“绘图”工具栏中的“矩形”按钮，以定位线与室内地坪线交点为左下角点绘制“矩形 1”，尺寸为 2100mm×2720mm；然后单击“修改”工具栏中的“删除”按钮，删除定位线。

④ 单击“绘图”工具栏中的“矩形”按钮，依次绘制“矩形 2”“矩形 3”“矩形 4”和“矩形 5”，各矩形尺寸依次为 1600mm×2420mm、1700mm×100mm、300mm×420mm 和 1760mm×60mm；使得各矩形底边中点均与“矩形 1”的底边中点重合。

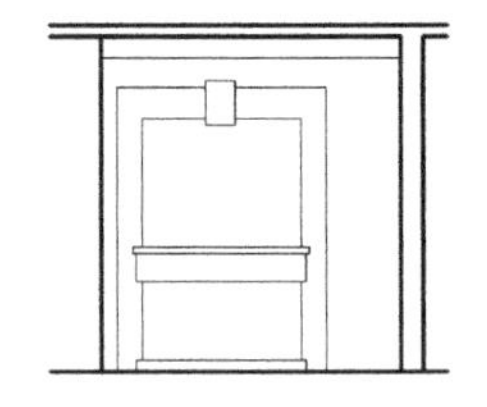

图 6-112　绘制文化墙墙体

⑤ 单击“修改”工具栏中的“移动”按钮，依次向上移动“矩形 4”“矩形 5”和“矩形 6”，移动距离分别为 2360mm、1120mm 和 850mm。

⑥ 单击“修改”工具栏中的“修剪”按钮，修剪多余线条，如图 6-112 所示。

（2）绘制装饰挂毯。

① 单击“标准”工具栏中的“打开”按钮，在弹出的【选择文件】对话框中，选择“光盘/源文件/CAD 图库”文件打开图库。

② 在“装饰”一栏中，选择“挂毯”图形模块进行复制，如图 6-113 所示。

返回“客厅立面图”的绘图界面，将复制的图形模块粘贴到立面图右侧空白区域。

③ 由于“挂毯”模块的尺寸为 1140mm×840mm，小于铺放挂毯的矩形区域（1600mm×2320mm），因此，有必要对挂毯模块进行重新编辑。首先单击“修改”工具栏中的“分解”按钮，将“挂毯”图形模块进行分解。然后单击“修改”工具栏中的“复制”按钮，以挂毯中的方格图形为单元，复制并拼贴成新的挂毯图形。最后，将编辑后的挂毯图形填充到文化墙中央矩形区域，绘制结果如图 6-114 所示。

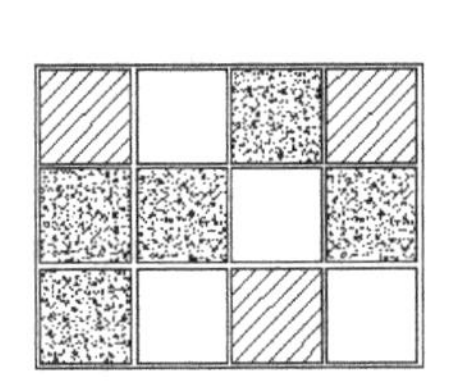

图 6-113　挂毯模块

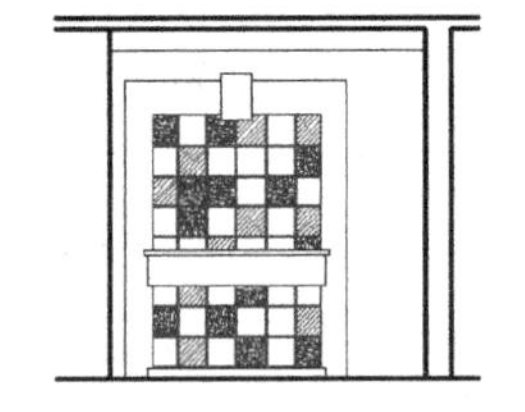

图 6-114　绘制装饰挂毯

（3）绘制筒灯。

① 单击“标准”工具栏中的“打开”按钮，在弹出的【选择文件】对话框中，选择“光盘/源文件/CAD 图库”文件打开图库。

② 在“灯具和电器”一栏中，选择“筒灯立面”模块，如图 6-115 所示；选中该图形后，右击，在弹出的快捷菜单中选择“带基点复制”命令，选取筒灯图形上端顶点作为基点。

③ 返回“客厅立面图”绘图界面，将复制的“筒灯立面”模块，粘贴到文化墙中“矩形 4”的下方，如图 6-116 所示。

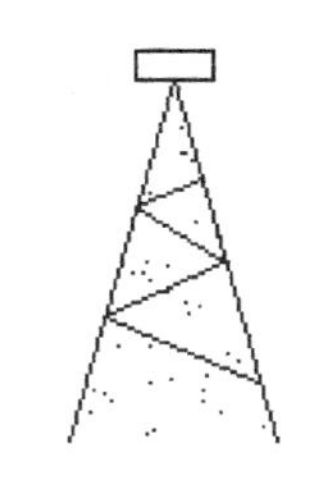

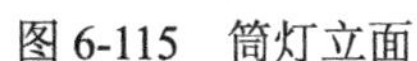

图 6-115　筒灯立面

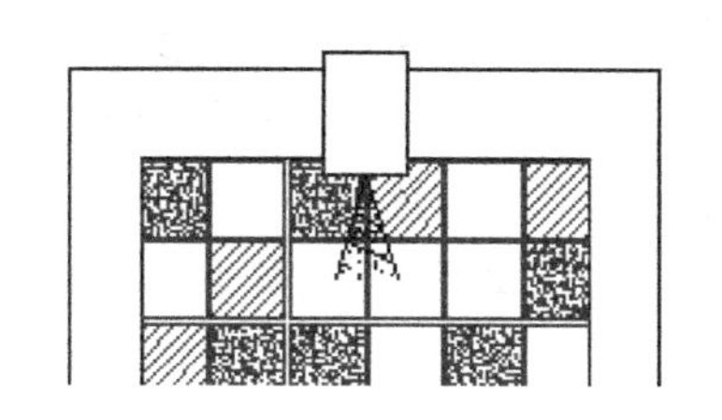

图 6-116　绘制筒灯

4．绘制家具

（1）绘制柜子底座。

① 在“图层”下拉列表中选择“家具”图层，将其设置为当前图层。

② 单击“绘图”工具栏中的“矩形”按钮，以右侧墙体的底部端点为矩形右下角点，绘制尺寸为 480mm×800mm 的矩形。

（2）绘制装饰柜。

① 单击“标准”工具栏中的“打开”按钮，在弹出的【选择文件】对话框中，选择“光盘/源文件/CAD 图库”文件打开图库。

② 在“柜子”一栏中，选择“柜子—01CL”模块，如图 6-117 所示，选中该图形，将其复制。

返回“客厅立面图 A”的绘图界面，将复制的图形粘贴到已绘制的柜子底座上方。

（3）绘制射灯组。

① 单击“修改”工具栏中的“偏移”按钮，将室内地坪线向上偏移，偏移量为 2000mm，得到射灯组定位线。

② 单击“标准”工具栏中的“打开”按钮，在弹出的【选择文件】对话框中，选择“光盘/源文件/CAD 图库”文件，将图库打开。

③ 在“灯具”一栏中，选择“射灯组 CL”模块，如图 6-118 所示，选中该图形后右击，在弹出的快捷菜单中选择“复制”命令。

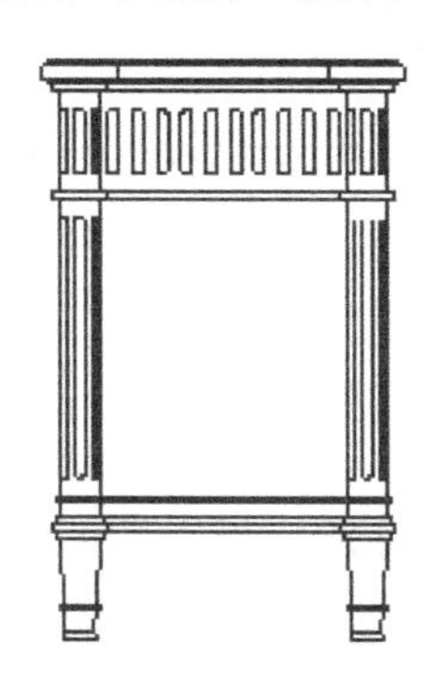

图 6-117　“柜子—01CL”图形模块

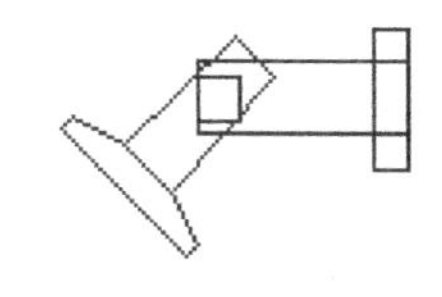

图 6-118　“射灯组 CL”图形模块

返回“客厅立面图 A”的绘图界面，将复制的“射灯组 CL”模块，粘贴到已绘制的定位线处。

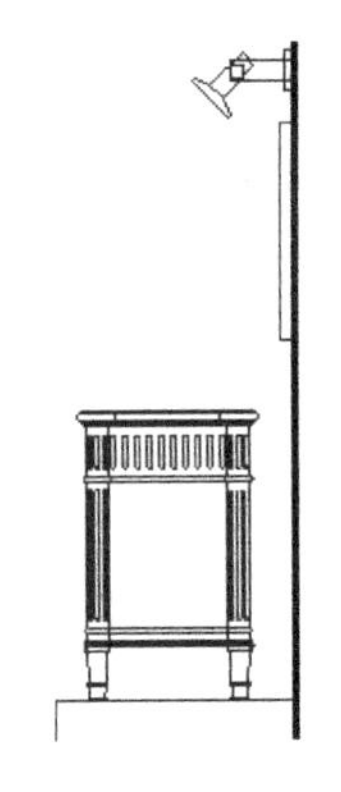

图 6-119　以装饰柜为中心的家具组合立面

④ 单击“修改”工具栏中的“删除”按钮，删除定位线。

（4）绘制装饰画。

在装饰柜与射灯组之间的墙面上，挂有裱框装饰画一幅。从本图中，只看到画框侧面，其立面可用相应大小的矩形表示。具体绘制方法如下。

① 单击“修改”工具栏中的“偏移”按钮，将室内地坪线向上偏移，偏移量为 1500mm，得到画框底边定位线。

② 单击“绘图”工具栏中的“矩形”按钮，以定位线与墙线交点作为矩形右下角点，绘制尺寸为 30mm×420mm 的画框侧面。

③ 单击“修改”工具栏中的“删除”按钮，删除定位线。

如图 6-119 所示为以装饰柜为中心的家具组合立面。

5．室内立面标注

（1）室内立面标高。

① 在“图层”下拉列表中选择“标注”图层，将其设置为当前图层。

② 单击“绘图”工具栏中的“插入块”按钮，在立面图中地坪、楼板和梁的位置插入标高符号。

③ 单击“绘图”工具栏中的“多行文字”按钮A，在标高符号的长直线上方添加标高数值。

（2）尺寸标注。

在室内立面图中，对家具的尺寸和空间位置关系都要使用“线性标注”命令进行标注。

① 选择“标注”菜单栏中的“标注样式”命令，打开【标注样式管理器】对话框，选择“室内标注”作为当前标注样式。

② 单击“标注”工具栏中的“线性标注”按钮，对家具的尺寸和空间位置关系进行标注。

（3）文字说明。

在室内立面图中，通常用文字说明来表达各部位表面的装饰材料和装修做法。

① 在“图层”下拉列表中选择“文字”图层，将其设置为当前图层。

② 在命令行中输入“QLEADER”命令。设置字体为“仿宋 GB2312”，文字高度为 100，在引线一端添加文字说明。标注的结果如图 6-120 所示。

利用 A 立面图的方法完成 B 立面图的绘制，如图 6-121 所示。

【知识点详解】

以平行于室内墙面的切面将前面的部分切去后，剩余部分的正投影图即为室内立面图。室内立面图中应表达的内容有以下几部分。

（1）墙面造型、材质及家具陈设在立面上的正投影图。

（2）门窗立面及其他装饰元素立面。

（3）立面各组成部分的尺寸及地坪吊顶标高。

（4）材料名称及细部做法说明。

（5）详图索引符号、图名、比例等。

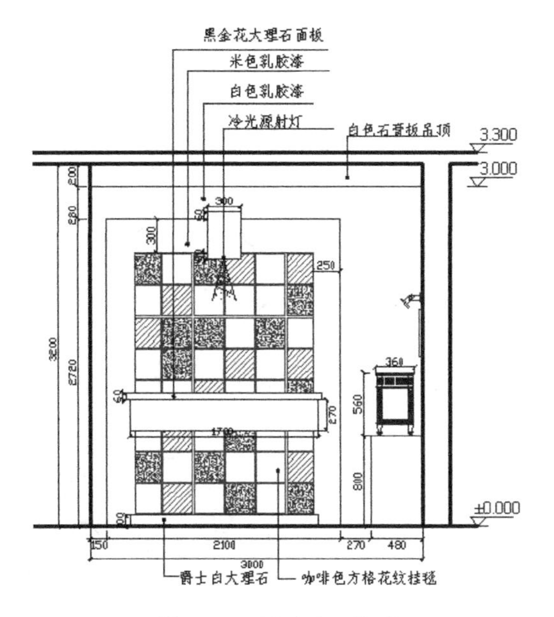

图 6-120　室内立面标注

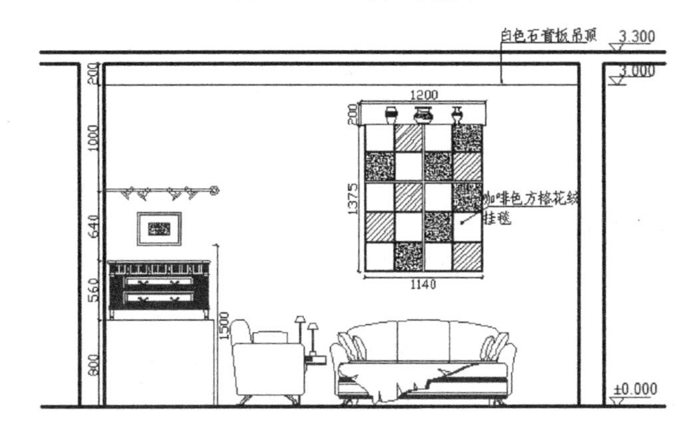

图 6-121　客厅 B 立面图

上机实验 6

实验 1　绘制如图 6-122 所示的办公室室内设计平面图。

◆ 目的要求

本实验绘制的是一个办公室室内设计平面图，通过本实验，使读者进一步熟悉和掌握室内设计的基本知识以及 AutoCAD 的基本操作方法。

◆ 操作提示

（1）绘制轴线。

（2）绘制外部墙线。

（3）绘制柱子。

（4）绘制内部墙线。

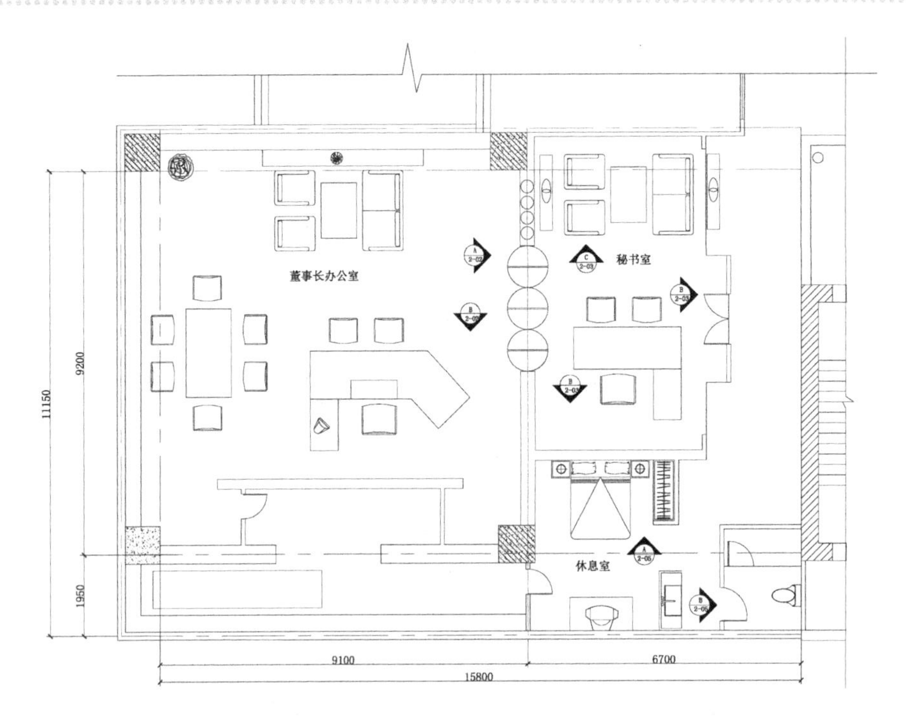

图 6-122　办公室室内设计平面图

（5）补添柱子。

（6）绘制室内装饰。

（7）添加尺寸、文字标注。

实验 2　绘制如图 6-123 所示的办公室立面图 A。

◆ 目的要求

本实验室内立面图着重表现庄重典雅和具有文化气息的设计风格，并考虑到与室内地面的协调。装饰的重点在于墙面、屏风造型及其交接部位，采用的材料主要为天然石材、木材、不锈钢、局部软包等。

通过本实验，使读者进一步掌握和巩固室内设计立面图绘制的基本思路和方法。

◆ 操作提示

（1）绘制立面 A 的外轮廓。

（2）补充立面 A 的内部细节。

（3）添加尺寸和文字细节。

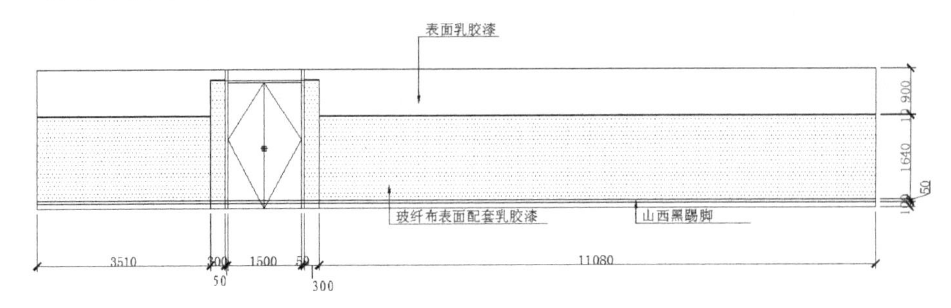

图 6-123　办公室立面图 A 的绘制

实验 3　绘制如图 6-124 所示的办公室立面图 B。

◆ 目的要求

本实验主要包括立面轮廓绘制、立面装饰元素及细部处理、尺寸标注、文字说明及其他符号标注、线宽设置等知识。

通过本实验使读者进一步掌握和巩固室内设计立面图绘制的基本思路和方法。

◆ 操作提示

（1）绘制立面 B 的外轮廓。

（2）补充立面 B 的内部细节。

（3）添加尺寸和文字细节

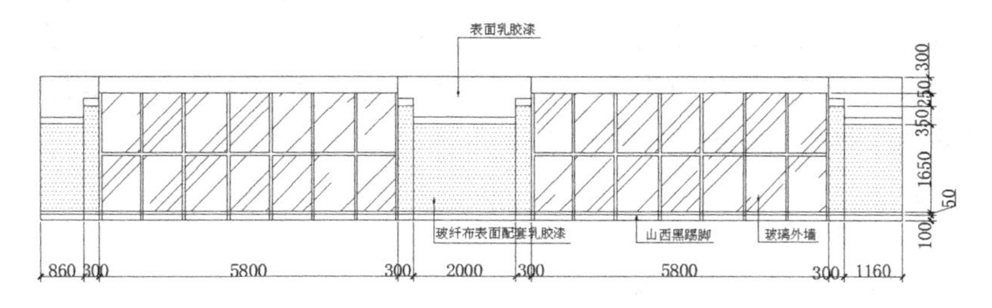

图 6-124　办公室立面图 B 的绘制

项目七　绘制住宅室内设计图

【学习情境】

随着生活质量的不断提高，人们对赖以生存的环境提出了更高层次的要求。特别是生活水平和文化素质的提高以及住宅条件的改善，“室内设计”已不再是专业人士的专利，普通百姓参与设计或动手布置家居已形成风气，这就给广大设计人员提出了更高的要求。

本项目将以三居室住宅建筑室内设计为例，详细讲述住宅室内设计平面图的绘制过程，并讲述住宅平面设计的相关知识和技巧。本项目包括住宅平面图绘制的知识要点、平面图的绘制、装饰图块的插入和尺寸文字标注等内容。

【能力目标】

- 掌握住宅室内设计图的具体绘制方法。
- 灵活应用各种 AutoCAD 命令。
- 提高室内设计图绘制的速度和效率。

【课时安排】

10 课时（讲课 4 课时，练习 6 课时）

任务一　绘制住宅室内平面图

【任务背景】

住宅自古以来是人类生活的必需品，随着社会的发展，其使用功能以及风格流派也不断地变化和衍生。现代居室不仅仅是人类居住的环境和空间，同时也是房屋居住者品位的体现和生活理念的象征。不同风格的住宅能给居住者提供舒适的居住环境，而且还能营造不同的生活气氛，改变居住者的心情。一个好的室内设计是经过设计师精心布置，仔细雕琢，并根据一定的设计理念完成的。

典型的住宅装饰风格有中式风格、古典主义风格、新古典主义风格、现代简约风格、实用主义风格等。本章主要介绍现代简约风格的住宅平面图的绘制。简约风格是近来比较流行的一种风格，追求时尚与潮流，注重居室空间的布局与使用功能的结合。

住宅室内装饰设计有以下几点原则。

（1）住宅室内装饰设计应遵循实用、安全、经济、美观的基本设计原则。

（2）住宅室内装饰设计时，必须确保建筑物安全，不得任意改变建筑物承重结构和建筑构造。

（3）住宅室内装饰设计时，不得破坏建筑物外立面，若开安装孔洞，在设备安装后，必须修整，保持原建筑立面效果。

（4）住宅室内装饰设计应在住宅的分户门以内的住房面积范围进行，不得占用公用部位。

（5）住宅装饰室内设计时，在考虑客户的经济承受能力的同时，宜采用新型的节能型和环保型装饰材料及用具，不得采用有害人体健康的伪劣建材。

（6）住宅室内装饰设计应贯彻国家颁布、实施的建筑、电气等设计规范的相关规定。

（7）住宅室内装饰设计必须贯彻现行的国家和地方有关防火、环保、建筑、电气、给排水等标准的有关规定。

本方案为 110m^2 三室一厅的居室设计，业主为一对拥有一个孩子的年轻夫妇。针对上班族的业主，设计师采用简约明朗的线条，将空间进行了合理的分隔。面对纷扰的都市生活，营造一处能让心灵静谧沉淀的生活空间，是本房业主心中的一份渴望，也是本设计在该方案中所体现的主要思想。因此，开放式的大厅设计给人以通透感，避免视觉给人带来的压迫感，可缓解业主工作一天的疲惫。没有夸张，不显浮华，通过干净的设计手法，将业主的工作空间巧妙地融入到生活空间中，如图 7-1 所示。

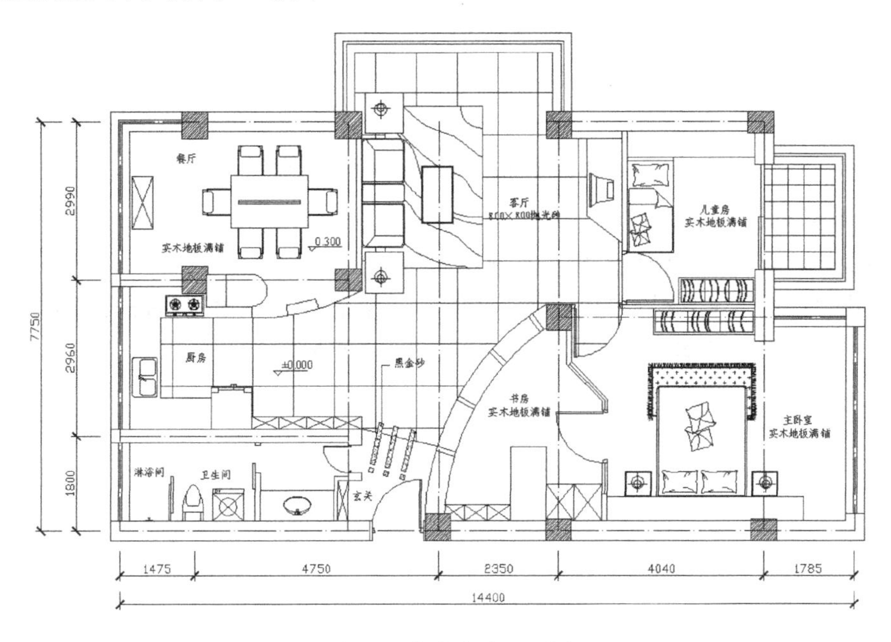

图 7-1　住宅室内平面图

【操作步骤】

1．绘图准备

新建文件后，单击“图层”工具栏中的“图层特性管理器”按钮，打开【图层特性管理器】对话框。新建“墙线”“门窗”“装饰”“地板”“文字”“尺寸标注”和“轴线”图层各图层设置如下。

“墙线”图层：颜色为白色，线型为实线，线宽为 0.3mm。

“门窗”图层：颜色为蓝色，线型为实线，线宽为默认。

“装饰”图层：颜色为蓝色，线型为实线，线宽为默认。

“地板”图层：颜色为 9，线型为实线，线宽为默认。

“文字”图层：颜色为白色，线型为实线，线宽为默认。

“尺寸标注”图层：颜色为蓝色，线型为实线，线宽为默认。

“轴线”图层：颜色为红色，线型为虚线，线宽为默认。

注意

建议创建几个新图层来组织图形，而不是将所有图形均创建在图层“0”上

设置完成后的【图层特性管理器】对话框如图 7-2 所示。

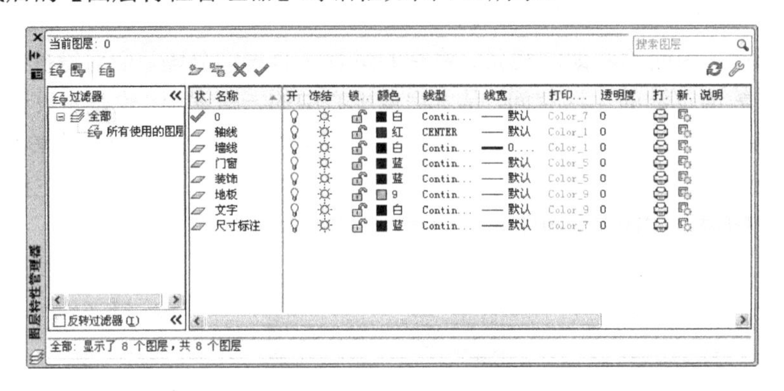

图 7-2 【图层特性管理器】对话框

2．绘制轴线

设置完成后将“轴线”图层设置为当前层如图 7-3 所示。

（1）单击“绘图”工具栏中的“直线”按钮，在图中分别绘制一条长度为 14400mm 的水平直线和一条长度为 7750mm 的垂直直线，如图 7-4 所示。

图 7-3 设置当前图层　　图 7-4 绘制轴线

此时，轴线的线型虽然为点画线，但是由于比例太小，显示出来的还是实线的形式，此时选择刚刚绘制的轴线，然后右击，在弹出的快捷菜单中选择“特性”命令，如图 7-5 所示，打开【特性】对话框，如图 7-6 所示。

将“线型比例”设置为“50”，按【Enter】键确认，关闭【特性】对话框，此时轴线显示如图 7-7 所示。

（2）单击“修改”工具栏中的“偏移”按钮，将垂直直线向右偏移 1475mm，如图 7-8 所示。

（3）单击“修改”工具栏中的“偏移”按钮，继续偏移其他轴线，偏移的尺寸分别为水平直线向上偏移 1800mm、4240mm、4760mm 和 7750mm；垂直直线向右偏移 4465mm、6225mm、8575mm、12615mm 和 14400mm，如图 7-9 所示。

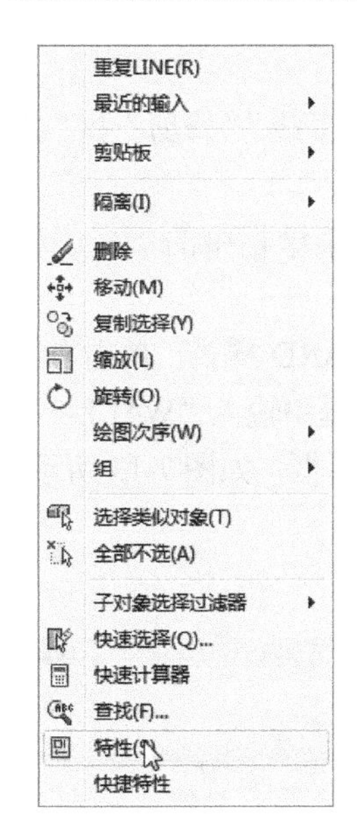

图 7-5　快捷菜单

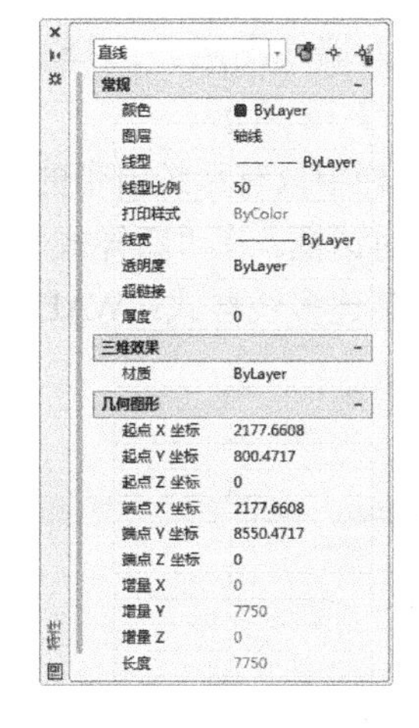

图 7-6 【特性】对话框

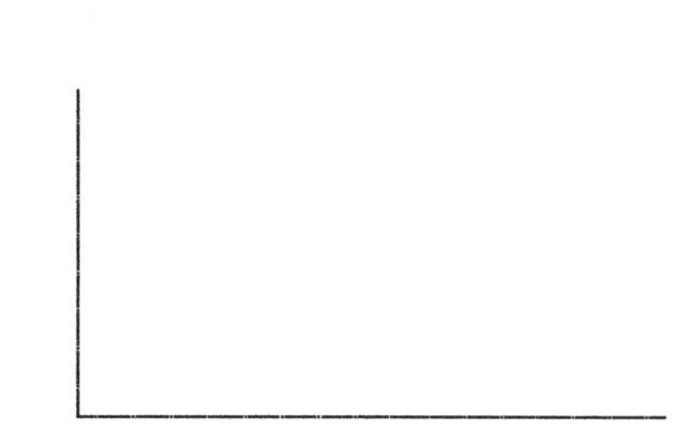

图 7-7　轴线显示

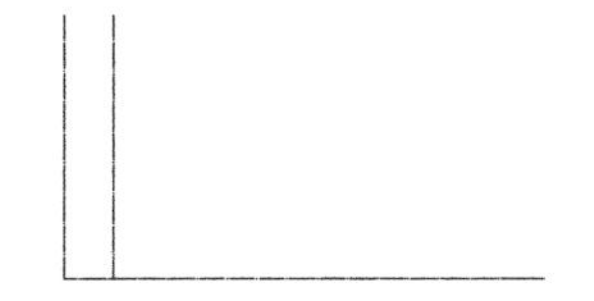

图 7-8　偏移垂直线

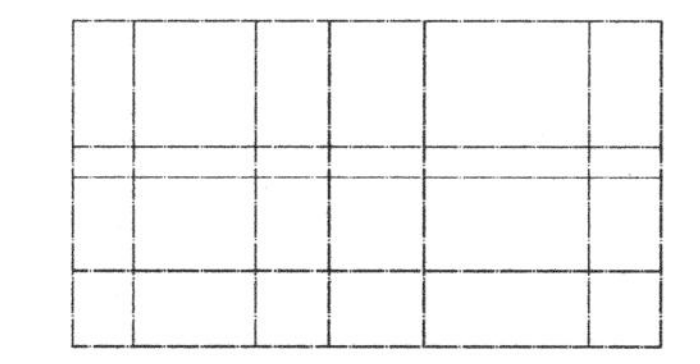

图 7-9　偏移轴线

（4）单击“修改”工具栏中的“修剪”按钮，然后选择图中左边第 4 条垂直直线，作为修剪的基准线右击，再单击从上数第 3 条水平直线左端上的一点，删除左半部分，如图 7-10 所示。重复“修剪”命令，删除从上数第 2 条水平线的右半段及其他多余轴线，删除后的结果如图 7-11 所示。

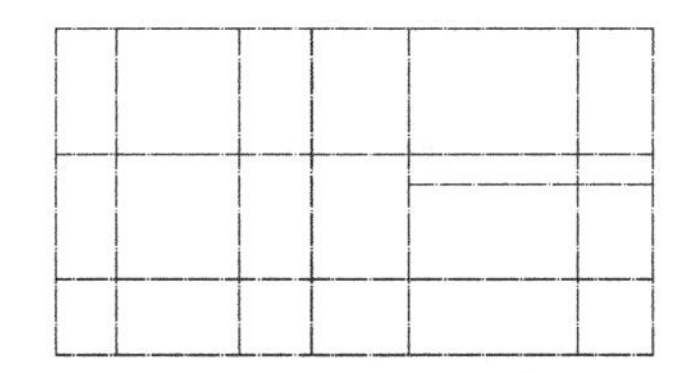

图 7-10　修剪水平线

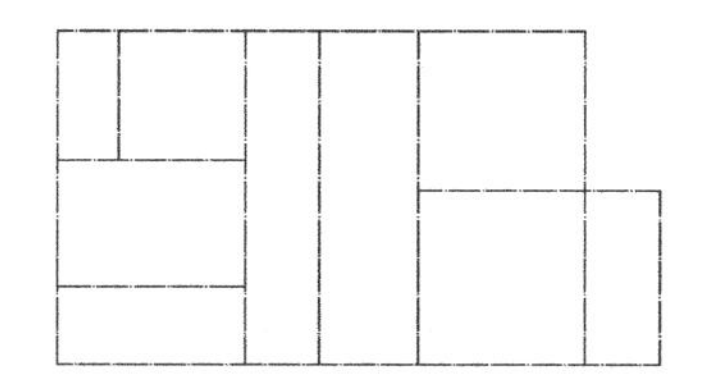

图 7-11　修剪轴线

注意

通过全局修改或单个修改每个对象的线型比例因子，可以以不同的比例使用同一个线型。

默认情况下，全局线型和单个线型比例均设置为 1.0。比例越小，每个绘图单位中生成的重复图案就越多。例如，设置为 0.5 时，每一个图形单位在线型定义中显示重复两次的同一图案。不能显示完整线型图案的短线段显示为连续线段。对于太短，甚至不能显示一个虚线小段的线段，可以使用更小的线型比例。

3. 设置多线

一般建筑结构的墙线均是通过多线命令按钮绘制的，本例中将使用“多线”“修剪”和“偏移”命令来完成绘制。

(1) 在绘制多线之前，将当前图层设置为墙线图层。选择“格式”菜单栏中的“多线样式”命令，打开【多线样式】对话框，，如图 7-12 所示。

在【多线样式】对话框中，可以看到样式栏中只有系统自带的 STANDARD 样式，单击右侧的“新建”按钮，打开【创建新的多线样式】对话框。在“新样式名”文本框中输入“WALL-1”，作为多线的名称。单击“继续”按钮，打开【新建多线样式：WALL-1】对话框，如图 7-13 所示。

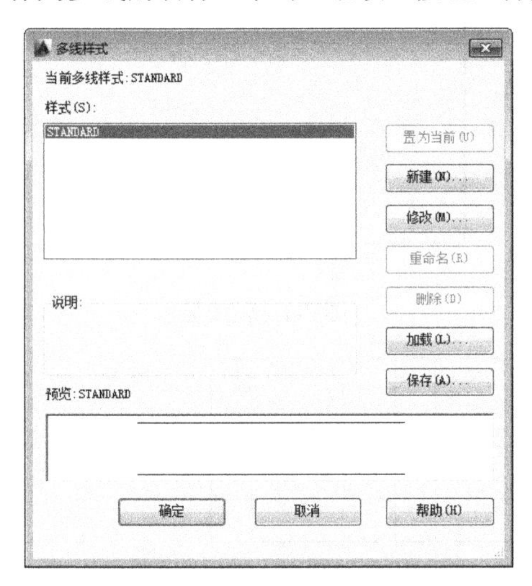

图 7-12 【多线样式】对话框

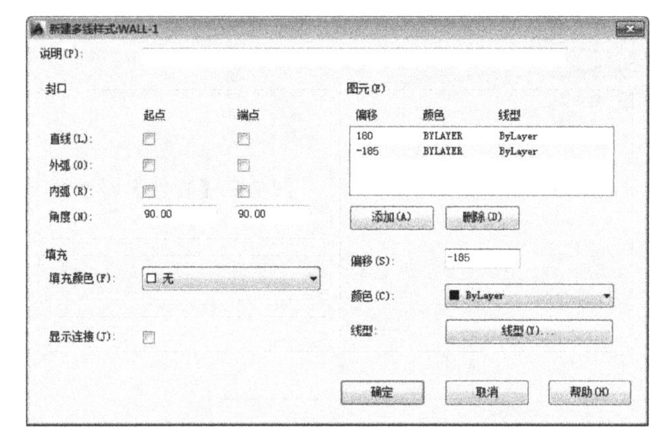

图 7-13 【新建多线样式：WALL-1】对话框

(2)“WALL-1”为绘制外墙时应用的多线样式，由于外墙的宽度为“370”，所以如图 7-13 中所示，将偏移分别修改为“185”和“-185”，并将“封口”选项栏中“直线”后面的两个复选框选中，单击“确定”按钮，返回【多线样式】对话框中，单击“确定”按钮返回绘图状态。

4. 绘制墙线

(1) 选择“绘图”菜单栏中的“多线”命令，进行设置及绘图，命令行提示与操作如下。

```
命令：mline
当前设置：对正=上，比例=20.00，样式=STANDARD
指定起点或[对正(J)/比例(S)/样式(ST)]：st          //设置多线样式
输入多线样式名或[?]：WALL-1                        //多线样式为 WALL-1
当前设置：对正=上，比例=20.00，样式=WALL-1
指定起点或[对正(J)/比例(S)/样式(ST)]：j
输入对正类型[上(T)/无(Z)/下(B)]<上>：z（设置对中模式为无）
当前设置：对正=无，比例=20.00，样式=WALL-1
指定起点或[对正(J)/比例(S)/样式(ST)]：s
输入多线比例<20.00>：1                             //设置线型比例为 1
当前设置：对正=无，比例=1.00，样式=WALL-1
指定起点或[对正(J)/比例(S)/样式(ST)]：             //选择底端水平轴线左端
指定下一点：                                       //选择底端水平轴线右端
指定下一点或[放弃(U)]：
```

继续绘制其他外墙墙线，如图 7-14 所示。

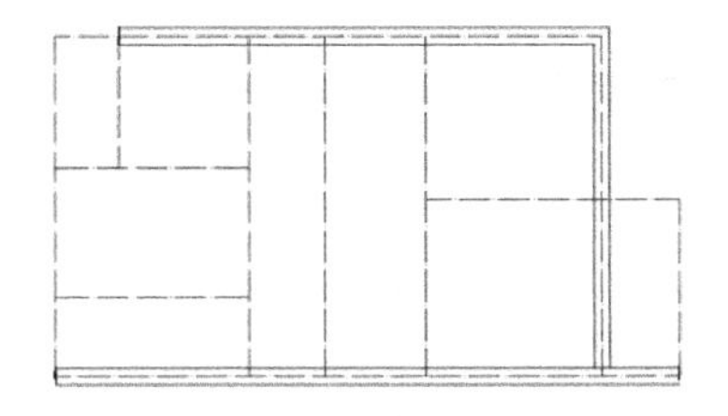

图 7-14　绘制外墙墙线

提示

AutoCAD 的工具栏并没有显示所有的可用命令，在需要时用户需要自己添加。例如，“绘图”工具栏中默认没有多线命令（mline）。选择“视图”菜单栏中的“工具栏”命令，打开【自定义用户界面】对话框，如图 7-15 所示，在左侧列表中找到“多线”，按住鼠标左键把它拖至 AutoCAD 绘图区，若不放到任何已有工具条中，则它以单独工具条显示；否则成为已有工具条一员。刚拖出的“多线”命令没有图标，需要为其添加图标添加方法如下：把命令拖出后，不要关闭自定义窗口，单击选中“多线”命令，并单击对话框右下角的⊙图标，这时界面右侧会弹出一个面板，此时即可给“多线”命令选择或绘制相应的图标。可以发现，AutoCAD 允许我们给每个命令自定义图标。

（2）按照步骤 1 方法，再次新建多线样式，并命名为“WALL-2”，并将偏移量设置为“120”和“-120”，作为内墙墙线的多线样式。然后在图中绘制内墙墙线，如图 7-16 所示。

图 7-15　【自定义用户界面】对话框

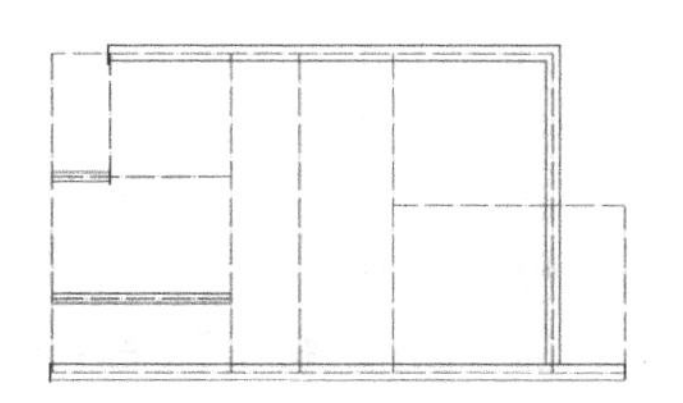

图 7-16　绘制内墙墙线

注意

居室的墙体厚度一般设置为外墙240mm，隔墙120mm，根据具体情况而定。

5. 绘制柱子

本例中柱子的尺寸为500mm×500mm和500mm×400mm两种，首先在空白处将柱子绘制好，然后再移动到适当的轴线位置上。

（1）单击“绘图”工具栏中的“矩形”按钮▭，在图中绘制边长为500mm×500mm和500mm×400mm的两个矩形，如图7-17所示。

（2）单击“绘图”工具栏中的“填充”按钮▧，打开【图案填充和渐变色】对话框，如图7-18所示。选择图案“ANSI31”，单击“边界”选项栏中的“添加：拾取点”按钮，返回绘图界面，在其中一个矩形的中心，单击，可以看到矩形的图线变成了虚线，说明已经选择了边界，按【Enter】键确认，然后将“比例”微调框的数值修改为“30”，完成填充。

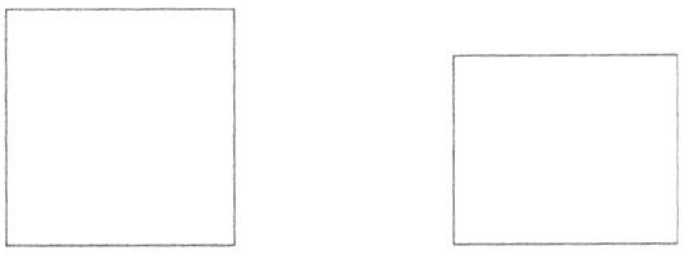

图7-17 绘制柱子轮廓

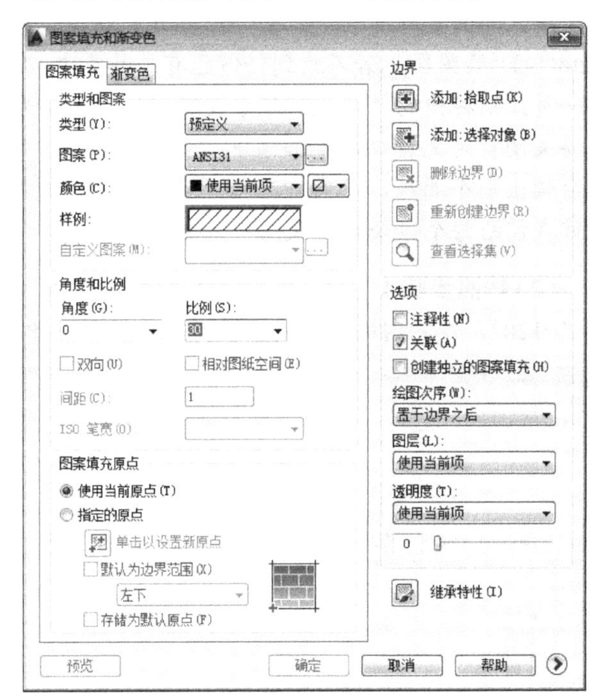

图7-18 【图案填充和渐变色】对话框

提示

工具条的添加方法：

① 右击任意工具条空白处，在弹出的快捷菜单中单击所需的工具条名称，使其名称前出现“勾选”标记，表示选中。

② 选择“视图”菜单栏中的“工具栏”→“自定义”选项，进行自定义工具的设置。

（3）按照相同的方法，填充另外一个矩形，注意，不能同时填充两个矩形，因为如果同时填充，填充的图案将是一个对象，两个矩形的位置就无法变化，不利于编辑。填充后的效果

如图 7-19 所示。

（4）因为柱子需要和轴线定位，为了定位方便和准确，在柱子截面的中心绘制两条辅助线，分别通过两个对边的中心，此时可以单击“对象捕捉”工具栏中的“捕捉到中点”命令按钮，绘制完成后如图 7-20 所示。

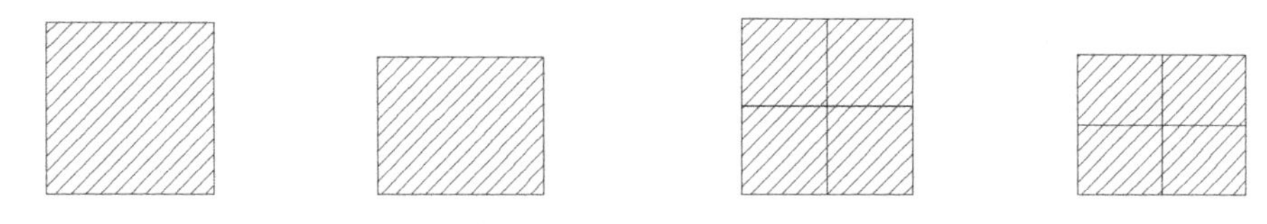

图 7-19　填充图形　　　　图 7-20　绘制辅助线

（5）单击“绘图”工具栏中的“复制”按钮，将 500mm×500mm 截面的柱子复制到轴线的位置，命令行提示与操作如下：

```
命令：_copy
选择对象：指定对角点：找到 4 个                              //选择矩形
选择对象：
当前设置：复制模式=多个
指定基点或[位移(D)/模式(O)]<位移>:
指定第二个点或 [阵列(A)] <使用第一个点作为位移>:
                                    //选择矩形的辅助线上端与边的交点，如图 7-21 所示
指定第二个点或 [阵列(A)/退出(E)/放弃(U)] <退出>:    //选择如图 7-22 所示的位置进行复制
```

（6）按照步骤 1 至步骤 5 的方法，将其他柱子截面插入到轴线图中，插入完成后的效果如图 7-23 所示。

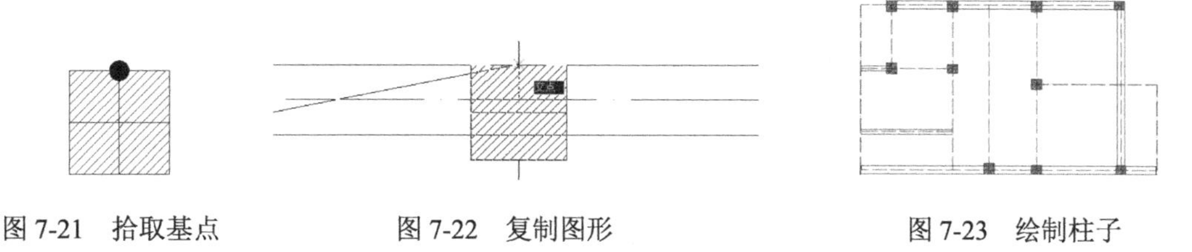

图 7-21　拾取基点　　　　图 7-22　复制图形　　　　图 7-23　绘制柱子

提示

正确选择“复制”的基点，对于图形定位是非常重要的。第二个点选择定位时，用户可打开“捕捉”和“极轴”状态开关，自动捕捉有关点，自动定位。结点是我们在 AutoCAD 中常用来做定位、标注以及移动、复制等复杂操作的关键点。

在实际应用中我们会发现，有时选择稍微复杂的图形时并不出现结点，给图形操作带来了麻烦。当选择的图形不出现结点的时候，按复制快捷键【Ctrl+C】，结点就会在选择的图形中显示出来。

6．绘制窗线

（1）选择“格式”菜单栏中的“多线样式”命令，在打开的【多线样式】对话框中单击“新建”按钮，打开【创建新的多线样式】对话框，在“新样式名”文本框中输入“WINDOW”为新样式命名。单击“继续”按钮，在打开的【新建多线样式：WINDOW】对话框中设置

“WINDOW”样式，如图 7-24 所示。

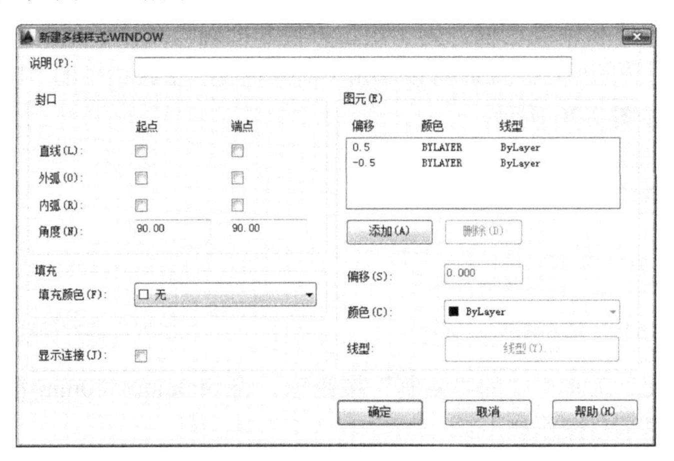

图 7-24 【新建多线样式：WINDOW】对话框

（2）单击“图元”选项组中的“添加”按钮两次，添加两条线段，将 4 条线段的偏移距离分别修改为“185”“30”“-30”和“-185”，同时选中“封口”选项组“直线”选项后的两个复选框，如图 7-25 所示。

（3）选择“绘图”菜单栏中的“多线”命令，将多线样式修改为“WINDOW”，然后设置比例为“1”，对正方式为无，绘制窗线，绘制完成后如图 7-26 所示。

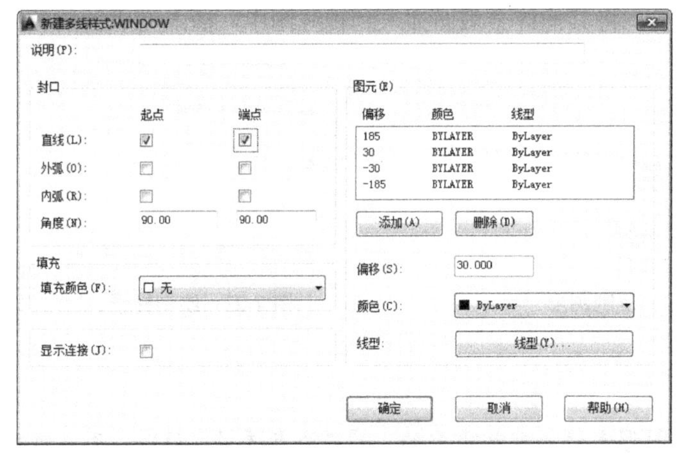

图 7-25 添加线段图元

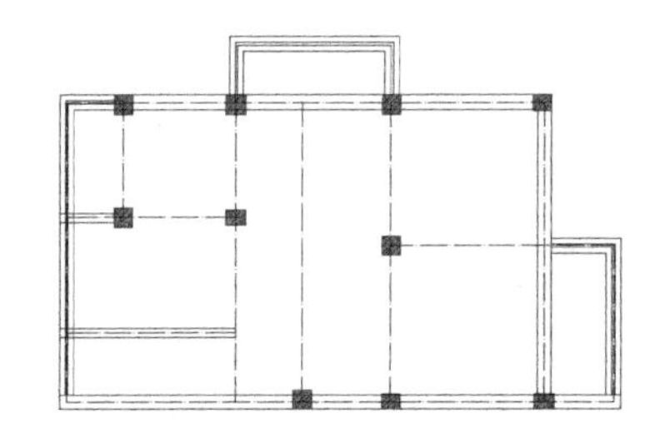

图 7-26 绘制窗线

7. 编辑墙线及窗线

绘制完的墙线和窗线，需要对多线的交点进行细部处理。选择“修改”菜单栏中的“对象”→“多线”命令，打开【多线编辑工具】对话框，如图 7-27 所示。其中共包含 12 种多线样式，用户可以根据自己的需要对多线进行编辑。在本例中，对多线与多线的交点进行编辑。

（1）单击第一个多线样式“十形闭合”，然后先选择如图 7-28 所示的垂直多线，再选择水平多线，修改后的多线交点如图 7-29 所示。

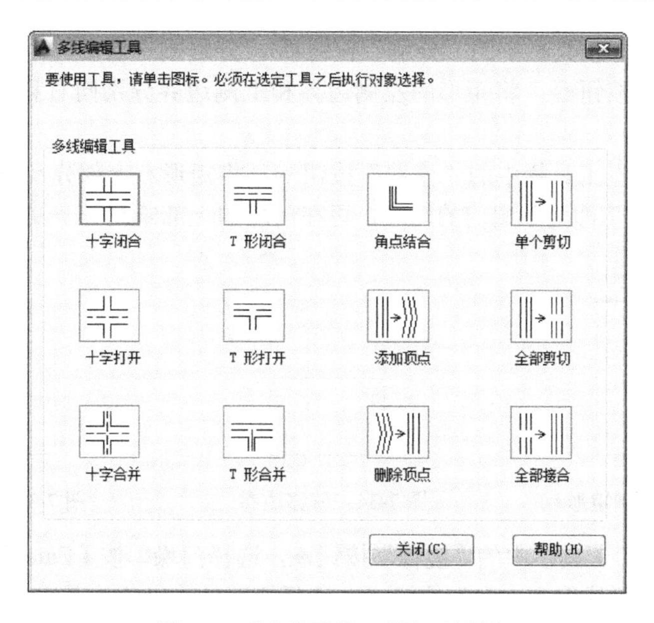

图 7-27　【多线编辑工具】对话框

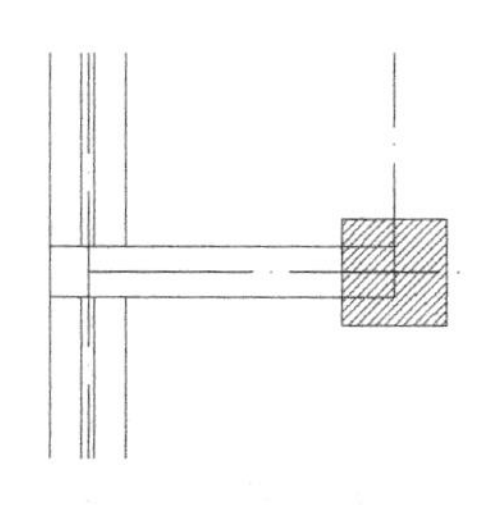

图 7-28　选择多线

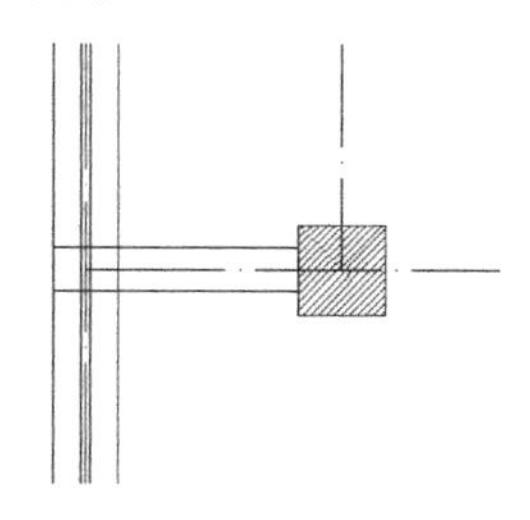

图 7-29　修改后的多线

（2）注意到如图 7-29 所示的水平多线与柱子的交点也需要编辑，单击水平多线，可以看到多线显示出编辑点（蓝色小方块），如图 7-30 所示。单击右边的编辑点，将其移动到柱子边缘，如图 7-31 所示。

（3）多线编辑完成后如图 7-32 所示。

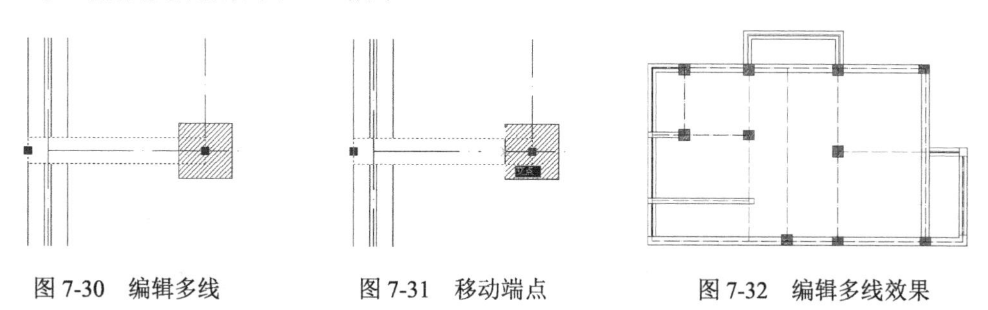

图 7-30　编辑多线　　图 7-31　移动端点　　图 7-32　编辑多线效果

8．绘制单扇门

本例中共有 5 扇单开式门和 3 扇推拉门，可以首先绘制一个门，将其保存为图块，在以后需要的时候通过插入图块的方法调用，节省绘图时间。

（1）将“门窗”图层设置为当前图层。单击“绘图”工具栏中的“矩形”按钮□，在绘图区中绘制一个 60mm×80mm 的矩形作为单开门的图块，如图 7-33 所示。

（2）单击“修改”工具栏中的“分解”按钮，分解刚刚绘制的矩形。再单击“修改”工具栏中的“偏移”按钮，将矩形的左侧边界和上侧边界分别向右和向下偏移40mm，如图7-34所示。

（3）单击“修改”工具栏中的“修剪”按钮，将矩形右上部分及内部的直线修剪掉，如图7-35所示，此图形即为单扇门的门垛，再在门垛的上部绘制一个920mm×40mm的矩形，如图7-36所示。

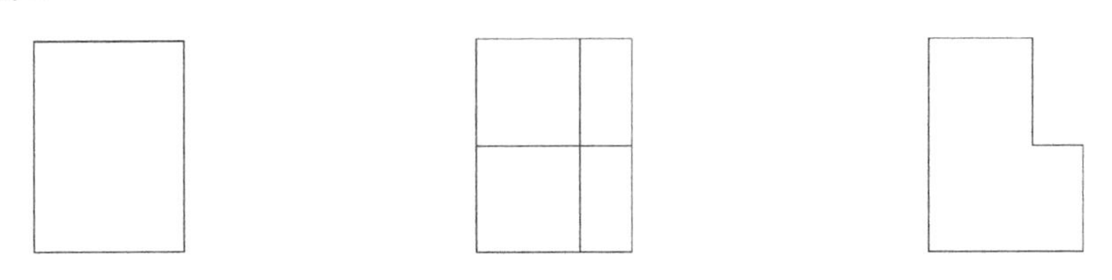

图7-33　绘制矩形　　图7-34　偏移边界　　图7-35　修剪矩形

（4）单击“修改”工具栏中的“镜像”按钮，选择门垛，按【Enter】键确认后单击“对象捕捉”工具栏中的“捕捉到中点”按钮，选择矩形的中轴作为基准线，镜像到另外一侧，如图7-37所示。

图7-36　绘制矩形　　图7-37　镜像图形

注意

默认情况下，镜像文字、属性和属性定义时，它们在镜像图像中不会反转或倒置。文字的对齐和对正方式在镜像对象前后相同。

（5）单击“修改”工具栏中的“旋转”按钮，然后选择中间的矩形（即门扇），以右上角的点为轴，将门扇顺时针旋转90°，如图7-38所示。再单击“绘图”工具栏中的“圆弧”按钮，以矩形的角点为圆弧的起点，以矩形下方角点为圆心，绘制门的开启线，如图7-39所示。

图7-38　旋转门扇　　图7-39　绘制开启线

（6）绘制完成后，在命令行中输入wblock命令，打开【写块】对话框，单击“基点”栏中的“拾取点”按钮，返回绘图界面，在图形上选择一点，重新返回【写块】对话框，在“文件名和路径”栏中选取保存块的路径，将名称修改为“单扇门”，选择刚刚绘制的门图块，并选“对象”选项栏中的“从图形中删除”单选项，单击“确定”按钮，保存该图块，如图 7-40 所示。

（7）将当前图层设置为“门窗”图层，单击“绘图”工具栏中的“插入块”按钮，打开【插入】对话框。在“名称”下拉列表中选取“单扇门”选项，单击“确定”按钮，在如图 7-41 所示的位置插入“单扇门”图块。上一步选择基点时，为了绘图方便，可将基点选择在右侧门垛的中点位置，如图 7-42 所示，这样便于插入定位。

（8）单击“修改”工具栏中的“修剪”按钮，将门图块中间的墙线删除，并在左侧的墙线处绘制封闭直线，如图 7-43 所示。

图 7-40　创建门图块

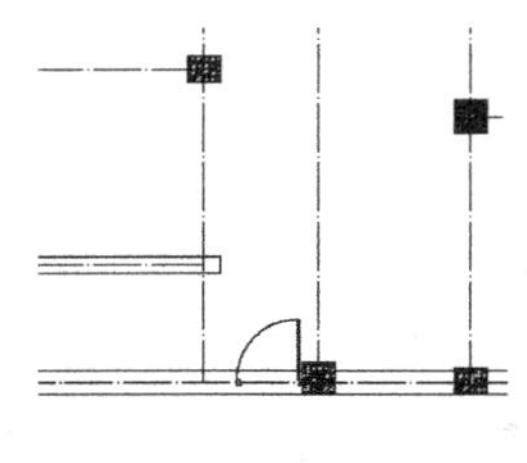

图 7-41　插入门图块

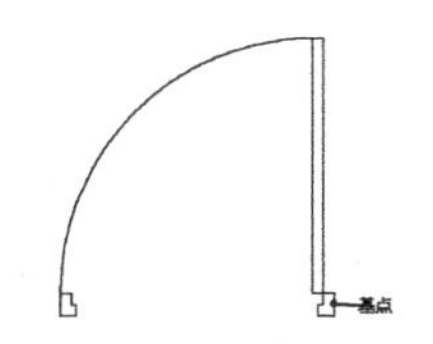

图 7-42　选择基点

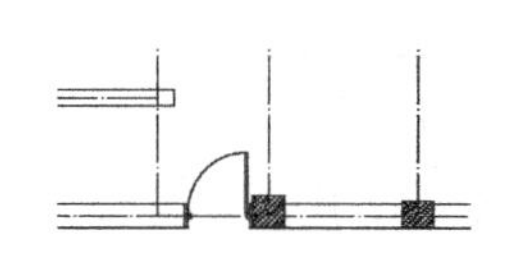

图 7-43　删除多余墙线

9．绘制推拉门

（1）将当前图层设置为“门窗”图层，单击“绘图”工具栏中的“矩形”按钮，在图中绘制一个 1000mm×60mm 的矩形，如图 7-44 所示。

（2）单击“修改”工具栏中的“复制”按钮，选择矩形，将其复制到右侧，选择基点时首先选择左侧角点，然后选择右侧角点，复制后如图 7-45 所示。

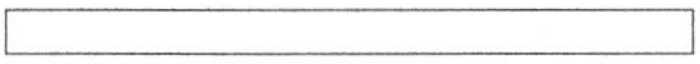

图 7-44　绘制矩形

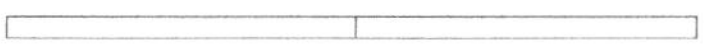

图 7-45　复制矩形

（3）单击“修改”工具栏中的“移动”按钮，选中右侧矩形后，按【Enter】键确认，然后选择两个矩形交界处直线的上端点作为基点，将其移动到直线的下端点，如图 7-46 所示，移动后如图 7-47 所示。

图 7-46　基点选择

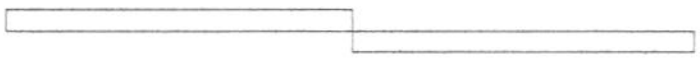

图 7-47　移动矩形

（4）在命令行中输入 wlock 命令，打开【写块】对话框。选择如图 7-48 所示的点作为基点，然后选取保存块的路径，将名称修改为“推拉门”，选择刚刚绘制的门图块，并选中“对象”选项栏中的“从图形中删除”单选项，单击“确定”按钮保存图块。

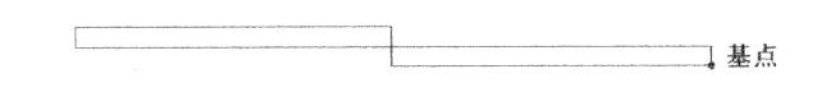

图 7-48　选择基点

（5）单击“绘图”工具栏中的“插入块”按钮，打开【插入】对话框，然后在“名称”下拉列表中选取“推拉门”选项。单击“确定”按钮，将其插入到如图 7-49 所示的位置。

（6）单击“修改”工具栏中的“旋转”按钮，选择插入的推拉门图块，然后以插入点为基点，旋转“-90°”，如图 7-50 所示。

（7）单击“修改”工具栏中的“修剪”按钮，将门图块间的多余墙线删除，如图 7-51 所示。

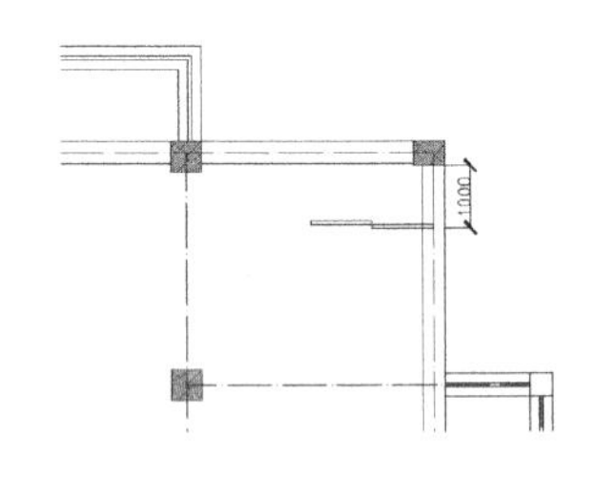

图 7-49　插入推拉门图块

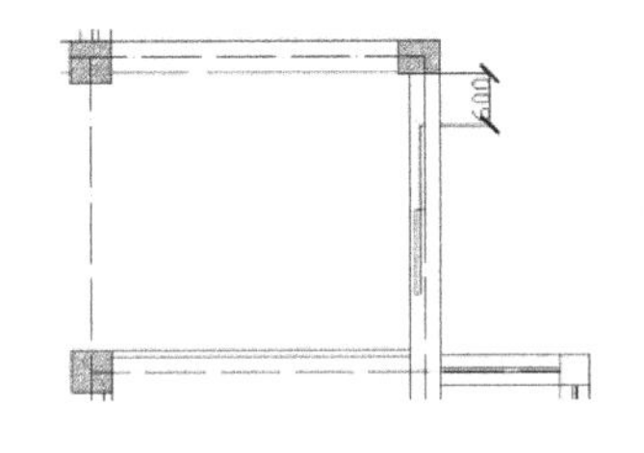

图 7-50　旋转图块

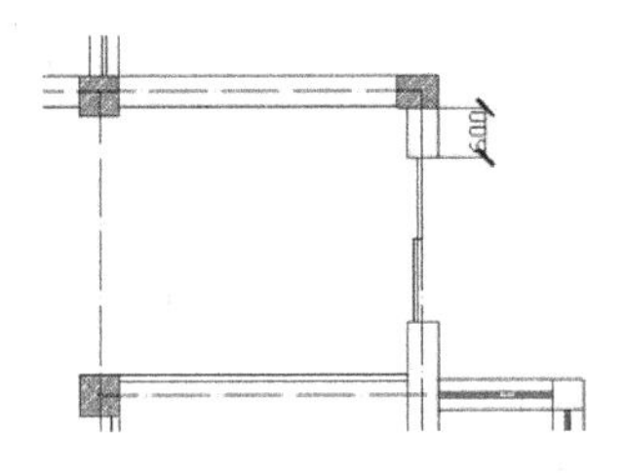

图 7-51　删除多余墙线

10. 设置隔墙线型

建筑结构包括承载受力的承重墙以及用来分割空间、美化环境的非承重墙。在前面绘制了承载受力的承重墙和柱子结构，这一节将绘制非承重墙。

（1）选取“格式”菜单栏中的“多线样式”命令，打开【多线编辑】对话框。单击“新建”按钮，新建一个多线样式，命名为“WALL-IN”。

（2）单击“继续”按钮，打开【新建多线样式：WALL-IN】对话框，设置偏移分别为“50”和“-50”，如图 7-52 所示。

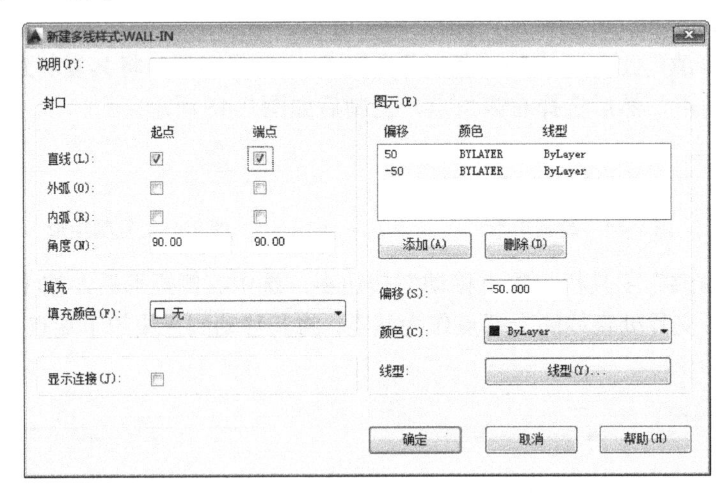

图 7-52　设置隔墙多线样式

11. 绘制隔墙

（1）将“墙线”图层设置为当前图层，在如图 7-53 所示的位置绘制隔墙，绘制方法与绘制外墙类似。选取“绘图”菜单栏中的“多线”命令，设置多线样式为“WALL-IN”，比例为

1，对正方式为上，由 A 向 B 绘制隔墙①，如图 7-54 所示。

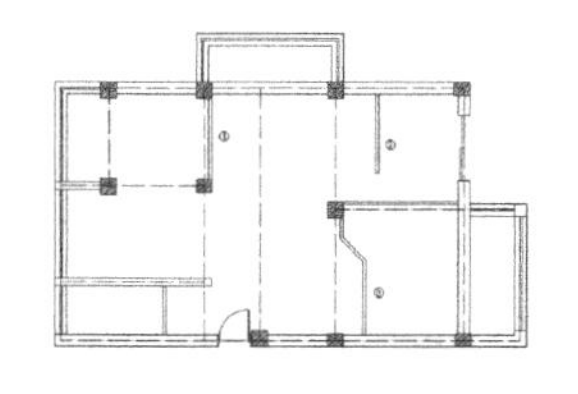

图 7-53　绘制隔墙

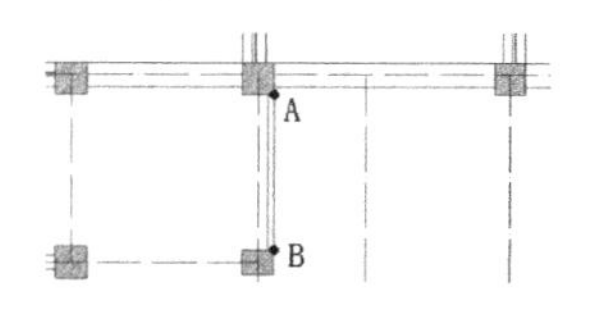

图 7-54　绘制隔墙①

（2）选取“绘图”菜单栏中的“多线”命令，当出现提示时，单击如图 7-55 所示的 A 点，按【Enter】键或右击，取消多线设置。再次选取“绘图”菜单栏中的“多线”命令，在命令行中依次输入“@1100，0”“@0，-2400”，绘制完成隔墙②，如图 7-55 所示。

（3）用同样的方法绘制隔墙③，选取“绘图”菜单栏中的“多线”命令，单击如图 7-56 所示的 A 点，在命令行中依次输入“@0, -600”“@700, -700”，然后单击图中点 B，绘制完成，如图 7-57 所示。按以上步骤，绘制其他隔墙，绘制完成后如图 7-57 所示。单击“修改”工具栏中的“移动”按钮和“剪切”按钮，将门窗插入到图中，最后如图 7-57 所示。

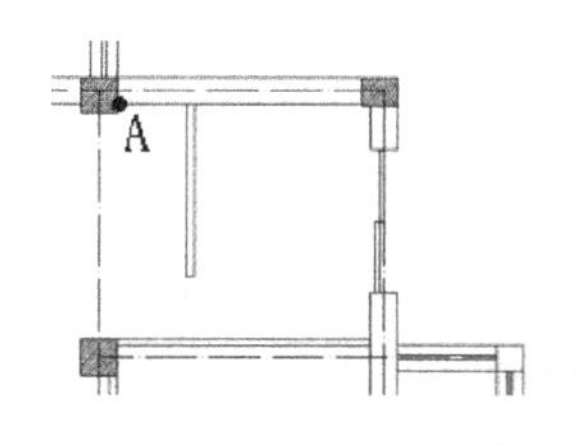

图 7-55　绘制隔墙②

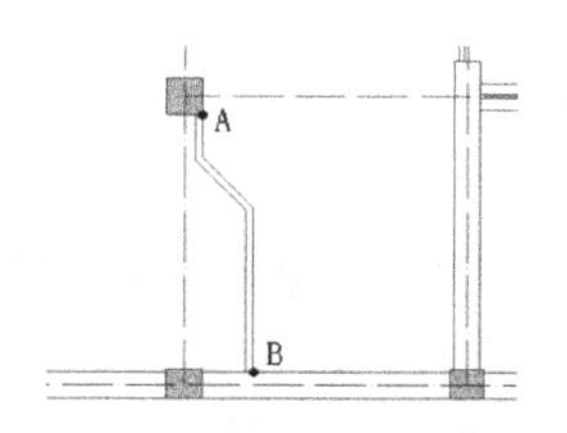

图 7-56　绘制隔墙③

（4）单击“绘图”工具栏中的“圆弧”按钮，绘制如图 7-58 所示的阴影部分，即书房区域，其隔墙为弧形。

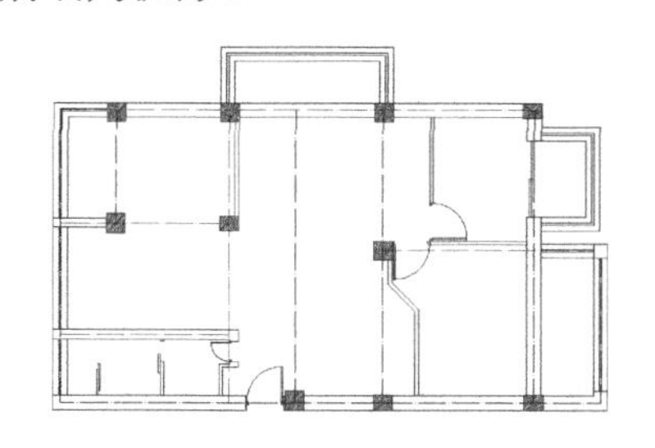

图 7-57　绘制隔墙并插入门窗

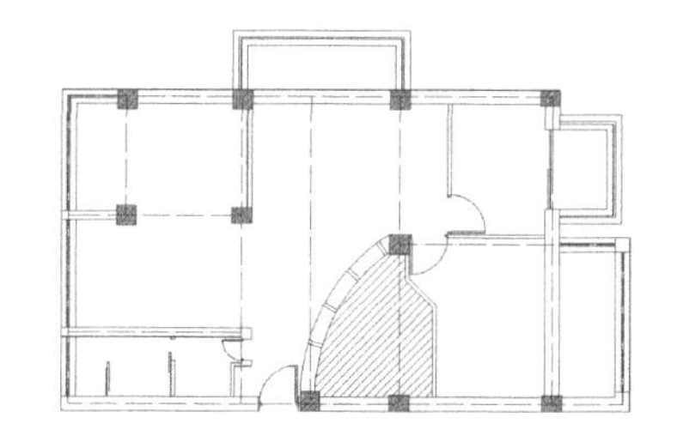

图 7-58　书房区域

（5）将“墙线”图层设置为当前图层，然后单击“绘图”工具栏中的“圆弧”按钮，以柱子的角点为基点，绘制弧线，如图 7-59 所示。绘制过程中依次单击图中的 A、B、C 点，绘制弧线。

（6）单击“修改”工具栏中的“偏移”按钮，将弧线向右偏移 380mm，然后选择弧线，绘制结果如图 7-60 所示。

（7）单击“绘图”工具栏中的“直线”按钮，在两条弧线中间绘制小分割线，如图 7-61 所示。

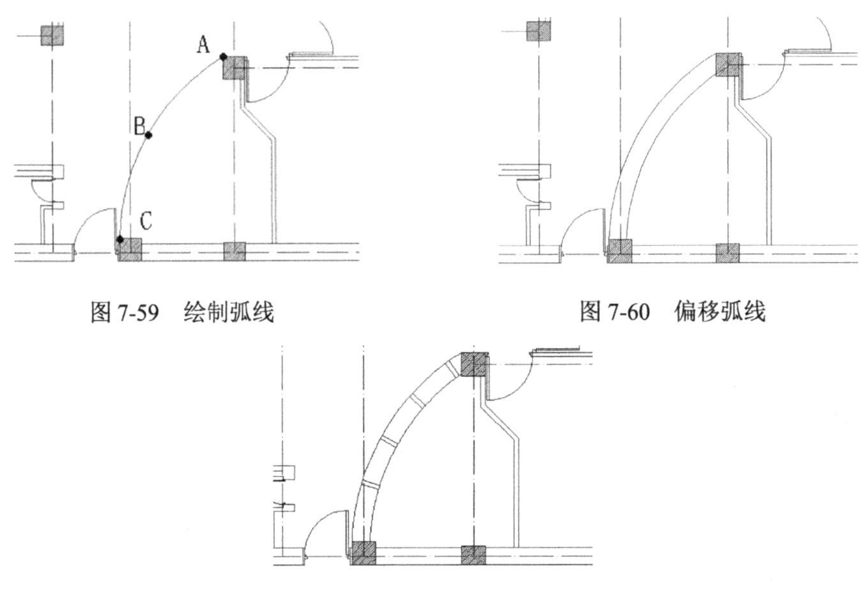

图 7-59　绘制弧线　　　　图 7-60　偏移弧线

图 7-61　绘制分割线

12．绘制装饰

（1）绘制餐桌。

① 绘制饭厅的餐桌及座椅的装饰图块。将当前图层设置为“装饰”图层。单击“绘图”工具栏中的“矩形”按钮，绘制一个 1500mm×1000mm 的矩形，如图 7-62 所示。

② 单击“对象捕捉”工具栏中的“捕捉到中点”按钮，在矩形的长边和短边方向的中点各绘制一条直线作为辅助线，如图 7-63 所示。

图 7-62　绘制矩形　　　　图 7-63　绘制辅助线

③ 在空白处绘制一个 1200mm×40mm 的矩形，如图 7-64 所示。单击“修改”工具栏中的“移动”按钮，单击“对象捕捉”工具栏中的“捕捉到中点”按钮，以矩形底边中点为基点，移动矩形至刚刚绘制的辅助线交叉点处，如图 7-65 所示。

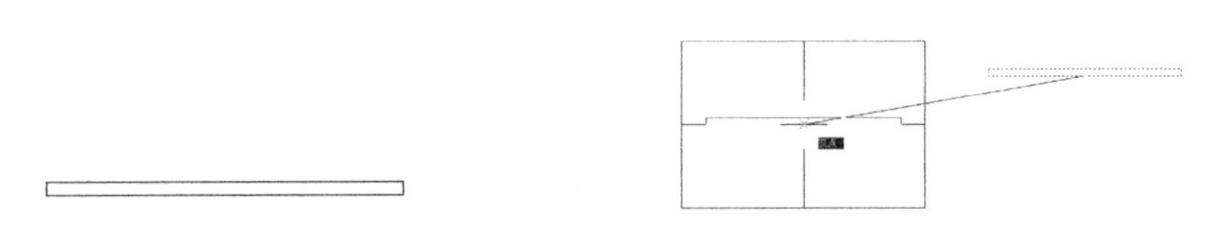

图 7-64　绘制矩形 2　　　　图 7-65　移动矩形

④ 单击“修改”工具栏中的“镜像”按钮，将刚刚移动的矩形以水平辅助线为轴，镜像到下侧，如图 7-66 所示。

⑤ 在空白处，绘制边长为 500mm 的正方形，如图 7-67 所示。

⑥ 单击“修改”工具栏中的“偏移”按钮，将正方形向内偏移 20mm，如图 7-68 所示。

在正方形的上侧空白处，绘制一个400mm×200mm的矩形，如图7-69所示。

图7-66　镜像矩形　　图7-67　绘制正方形　　图7-68　偏移正方形

⑦ 单击“修改”工具栏中的“圆角”按钮，设置矩形的倒圆角半径为50mm，将矩形的4个角设置为倒圆角，如图7-70所示。

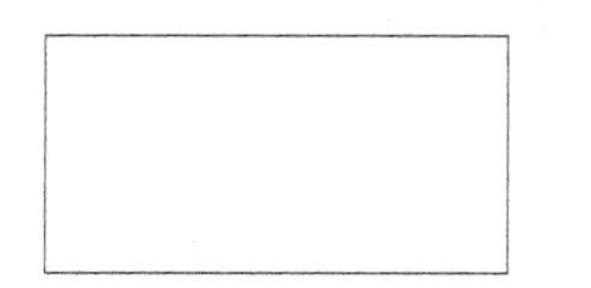

图7-69　绘制矩形

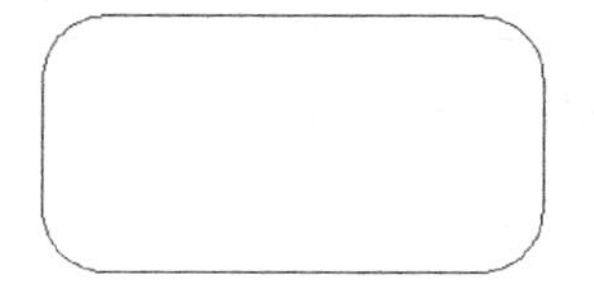

图7-70　设置倒圆角

⑧ 单击“对象捕捉”工具栏中的“捕捉到中点”按钮和“修改”工具栏中的“移动”按钮，将设置完成倒角的矩形，移动到刚刚绘制的正方形的一边的中心处，如图7-71所示。

⑨ 单击“修改”工具栏中的“修剪”按钮，将矩形内部的直线删除，如图7-72所示。

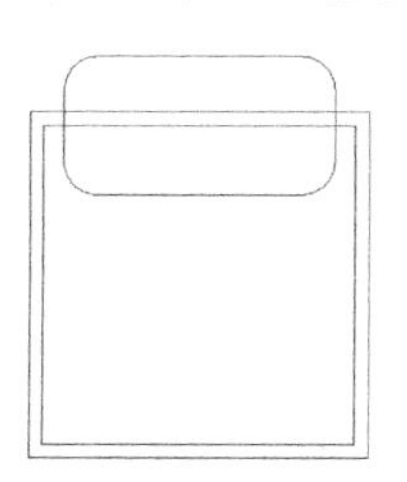

图7-71　移动矩形

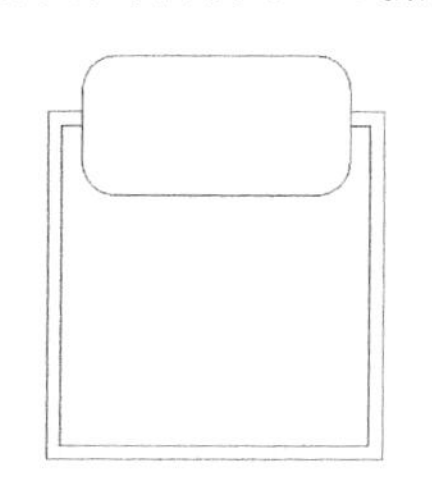

图7-72　删除多余直线

⑩ 在矩形的上方绘制直线，直线的端点及位置如图7-73所示。至此椅子的图块绘制完成。移动时，将移动的基点选定为内部正方形的下侧角点，并使其与餐桌的外边重合，如图7-74所示。再单击“修改”工具栏中的“修剪”按钮，将餐桌边缘内部的多余线段删除，如图7-75所示。

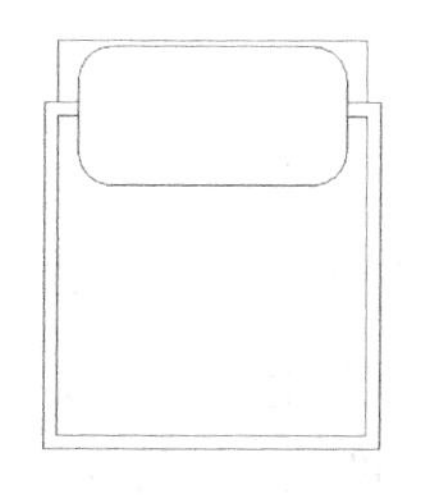

图7-73　绘制直线

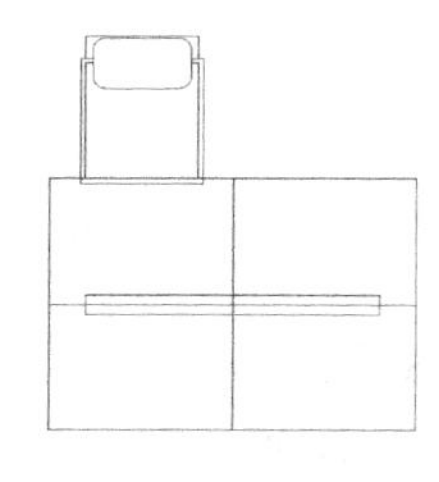

图7-74　移动图块

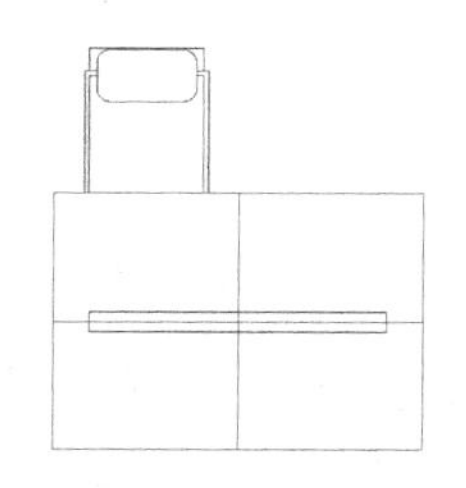

图7-75　删除直线

⑪ 单击“修改”工具栏中的“镜像”按钮及“旋转”按钮，复制椅子图形，并删除辅助线，最终如图7-76所示。

⑫ 将图形保存为“餐桌”图块，然后插入到平面图的餐厅位置，如图7-77所示。

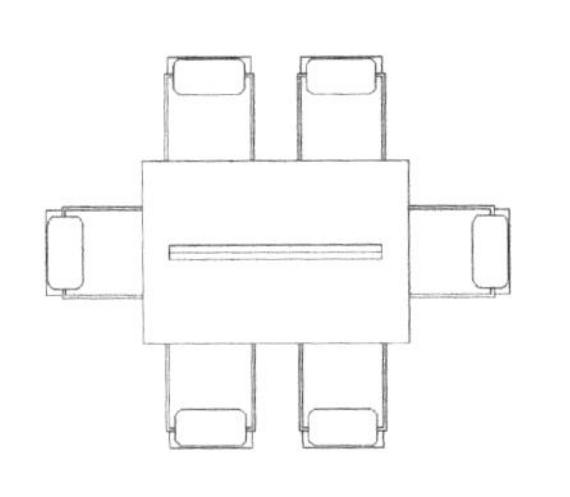

图 7-76　复制椅子图块

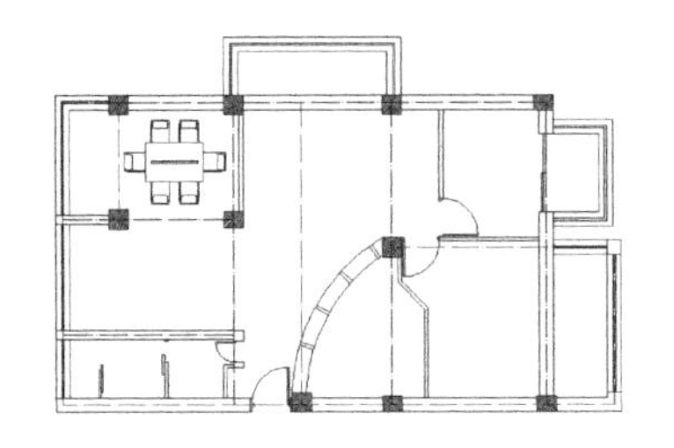

图 7-77　插入餐桌图块

建筑制图时，常会应用到一些标准图块，如卫具、桌椅等，此时用户可以从 AutoCAD 设计中心直接调用这些建筑图块。

（2）绘制书房门窗。

① 将当前图层设置为门窗，然后单击“绘图”工具栏中的“插入块”按钮，将“单扇门”图块插入图中。并保证基点插入到如图 7-78 所示的 A 点。

② 单击“修改”工具栏中的“旋转”按钮，以刚才插入的 A 点为基点，旋转“90°”，如图 7-79 所示。

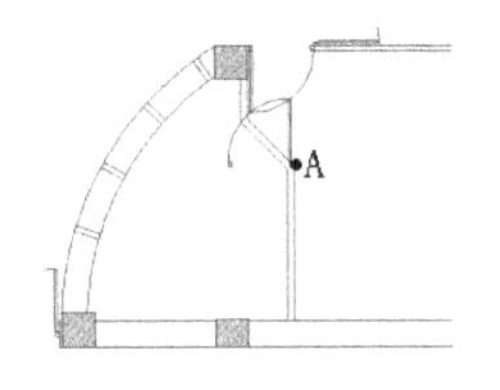

图 7-78　插入门图块

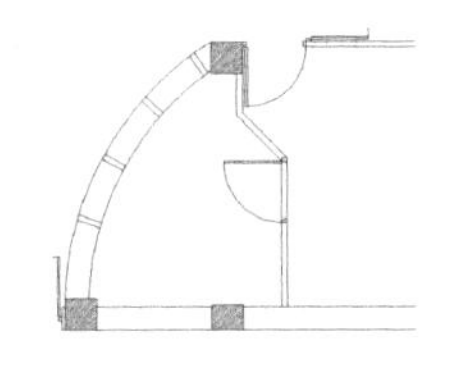

图 7-79　旋转图块

③ 单击“修改”工具栏中的“移动”按钮，将图块向下移动 200mm，移动后如图 7-80 所示。在门垛的两侧分别绘制一条直线，作为分割的辅助线，如图 7-81 所示。

④ 单击“修改”工具栏中的“剪切”按钮，以辅助线为修剪的边界，将隔墙多余的线修剪删除，并删除辅助线，如图 7-82 所示。

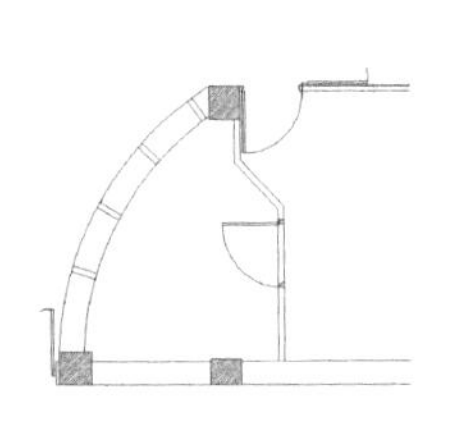

图 7-80　移动图块

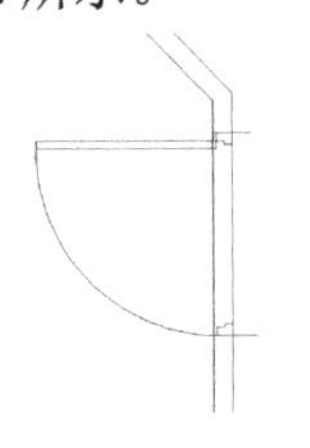

图 7-81　绘制辅助线

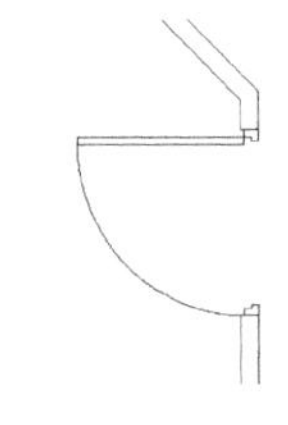

图 7-82　删除隔墙线

⑤ 选择“格式”菜单栏中的“多线样式”选项，打开【多线样式】对话框，以“WALL-IN”多线为“基础样式”，新建多线样式“WINDOW2”。在两条多线中间添加一条线，将偏移量分别设置为“50”“0”“-50”，如图 7-83 所示。在刚刚插入的门两侧，绘制多线，如图 7-84 所示。

（3）绘制衣柜。

衣柜是卧室中必不可少的设施，设计时要充分利用空间，并考虑人的活动范围。

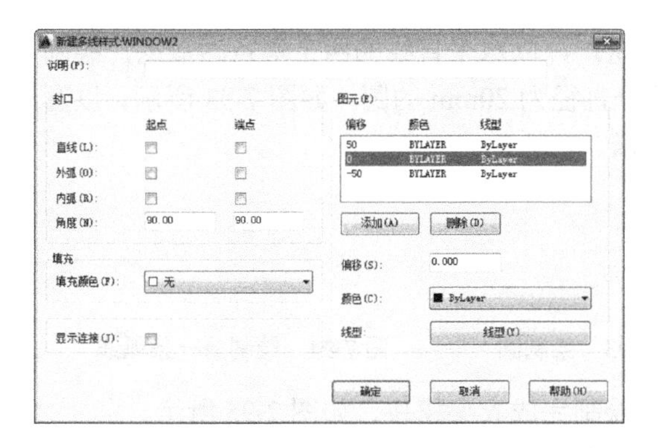

图 7-83　设置多线

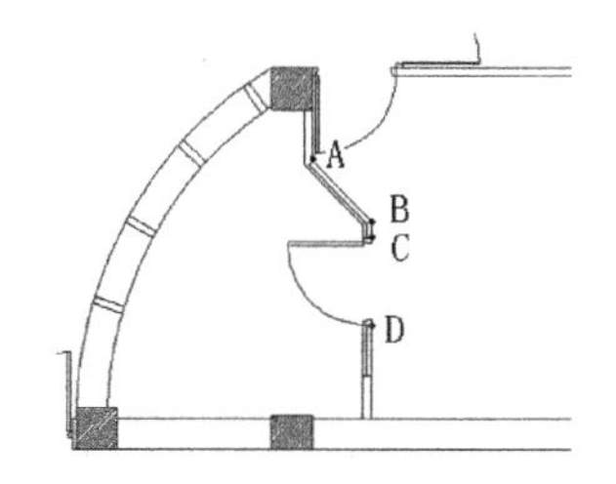

图 7-84　绘制窗线

① 绘制一个 2000mm×500mm 的矩形，如图 7-85 所示。单击“修改”工具栏中的“偏移”按钮，将矩形向内偏移 40mm，结果如图 7-86 所示。

图 7-85　绘制衣柜轮廓

图 7-86　偏移矩形

选择矩形，单击“修改”工具栏中的“分解”按钮，将矩形分解。选择“绘图”菜单栏中的“点”→“定数等分”命令，选择内部矩形的下直线，将其分解为 3 份。

单击“对象捕捉”工具栏中的“对象捕捉设置”按钮，打开【草图设置】对话框的“对象捕捉”选项，如图 7-87 所示。勾选“节点”复选框，单击“确定”按钮，退出对话框。

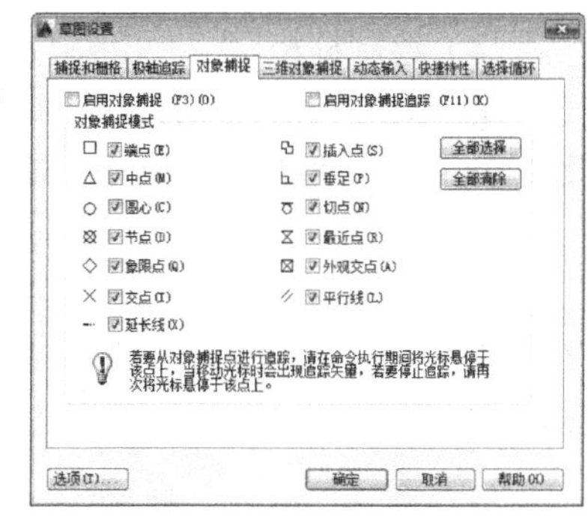

图 7-87　对象捕捉设置

② 单击“绘图”工具栏中的“直线”按钮，捕捉等分的直线的 3 分点，如图 7-88 所示，绘制 3 条垂直直线，如图 7-89 所示。

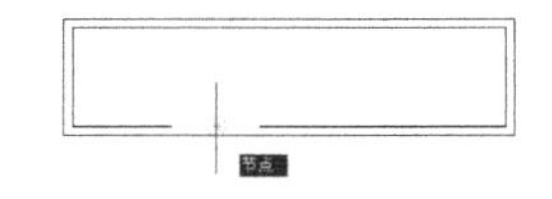

图 7-88　捕捉三分点

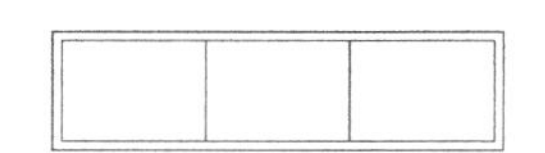

图 7-89　绘制垂直线

③ 单击“绘图”工具栏中的“直线”按钮，和“对象捕捉”工具栏中的“捕捉到中点”按钮，在矩形内部绘制一条水平直线，直线两端点分别在两侧边的中点，如图 7-90 所示。

④ 绘制衣架图块。单击“绘图”工具栏中的“直线”按钮，绘制一条长为 400mm 的水平直线，再单击“对象捕捉”工具栏中的“捕捉到中点”按钮，绘制一条通过其中点的直线，如图 7-91 所示。

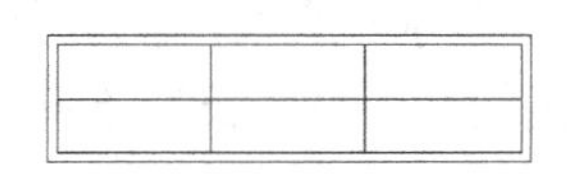

图 7-90　绘制水平线

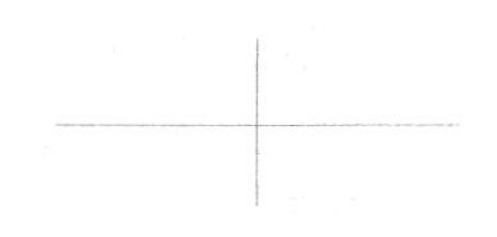

图 7-91　绘制直线

⑤ 单击“绘图”工具栏中的“圆弧”按钮，以水平直线的两个端点为端点，绘制一条弧线，如图 7-92 所示。在弧线的两端绘制两个直径为 20mm 的圆，如图 7-93 所示。以圆的下端为端点，绘制另外一条弧线，如图 7-94 所示。

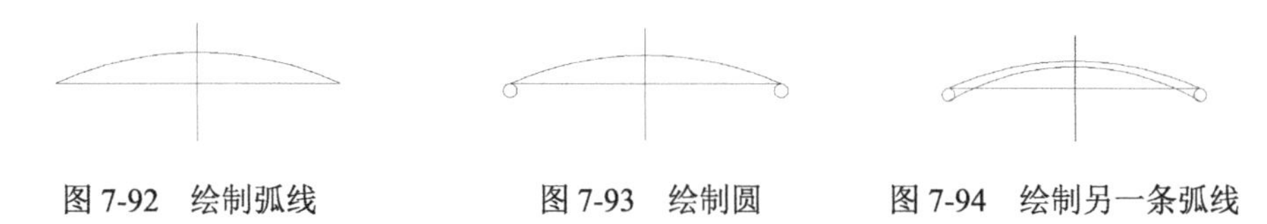

图 7-92　绘制弧线　　图 7-93　绘制圆　　图 7-94　绘制另一条弧线

⑥ 删除辅助线及弧线内部的圆形部分，绘制完成衣架模块，如图 7-95 所示。

⑦ 将衣架模块保存为图块，并将插入点设置为弧线的中点。然后将其插入到衣柜中，如图 7-96 所示。

⑧ 将衣柜插入到图中，并绘制另外一个衣柜模块，如图 7-97 所示。

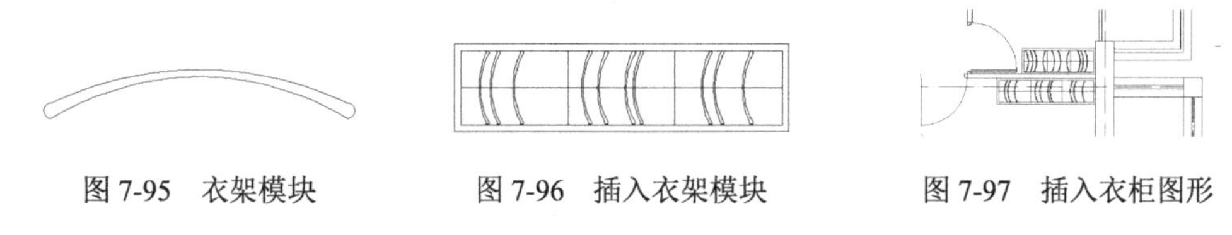

图 7-95　衣架模块　　图 7-96　插入衣架模块　　图 7-97　插入衣柜图形

（4）绘制橱柜。

① 单击“绘图”工具栏中的“矩形”按钮，绘制一个边长为 800mm 的正方形，如图 7-98 所示。然后绘制一个 150mm×100mm 的矩形，绘制完成后如图 7-99 所示。

图 7-98　绘制正方形　　图 7-99　绘制小矩形

② 单击“修改”工具栏中的“镜像”按钮，选择刚刚绘制的小矩形，单击“对象捕捉”工具栏中的“捕捉到中点”按钮，以正方形的上边中点为基点，引出垂直对称轴，将小矩形复制到另外一侧，如图 7-100 所示。

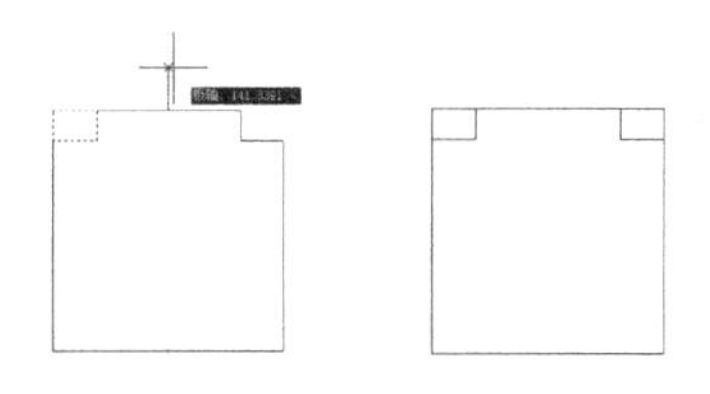

图 7-100　复制矩形

③ 单击“绘图”工具栏中的“直线”按钮，单击“对象捕捉”工具栏中的“捕捉到中点”按钮，以左上角矩形右边的中点为起点，绘制一条水平直线，作为厨柜的门，如图 7-101 所示。在柜门的右侧绘制一条垂直直线，在直线上侧绘制两个边长为 50mm 的小正方形，作为柜门的拉手，如图 7-102 所示。

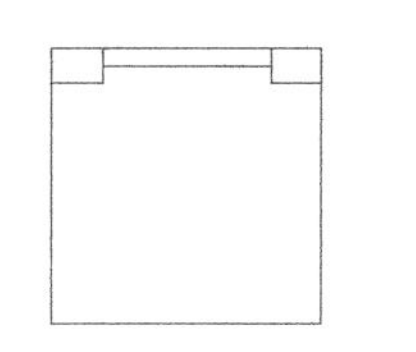

图 7-101　绘制柜门

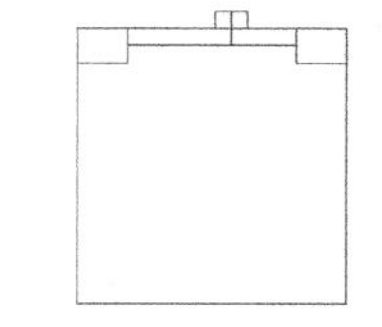

图 7-102　绘制柜门拉手

④ 单击“修改”工具栏中的“移动”按钮，选择刚刚绘制的橱柜模块，将其移动至厨房的橱柜位置，如图 7-103 所示。

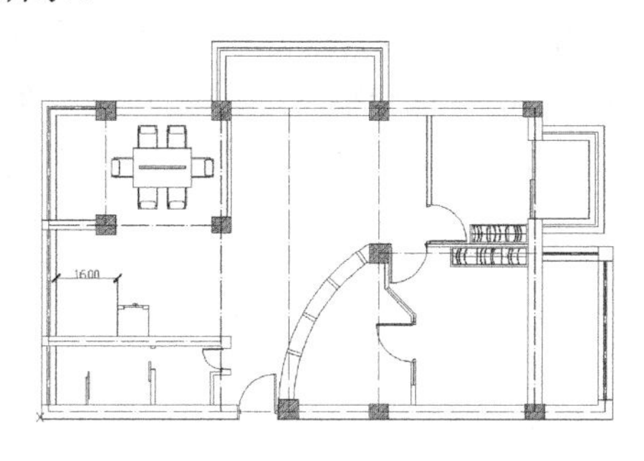

图 7-103　插入橱柜模块

（5）绘制吧台。

① 单击“绘图”工具栏中的“矩形”按钮，绘制一个 400mm×600mm 的矩形，如图 7-104 所示。然后在其右侧绘制一个 500mm×600mm 的矩形，作为吧台的台板如图 7-105 所示。

图 7-104　绘制矩形　　图 7-105　绘制吧台的台板

② 单击“绘图”工具栏中的“圆”按钮，以矩形右侧的边缘中点为圆心，绘制半径为 300mm 的圆，如图 7-106 所示。

③ 选择右侧的矩形和圆，单击“绘图”工具栏中的“分解”按钮，将其分解，删除右侧的垂直边，如图 7-107 所示。再单击“绘图”工具栏中的“修剪”按钮，选择上下两条水平直线作为基准线，将圆的左侧删除，如图 7-108 所示。

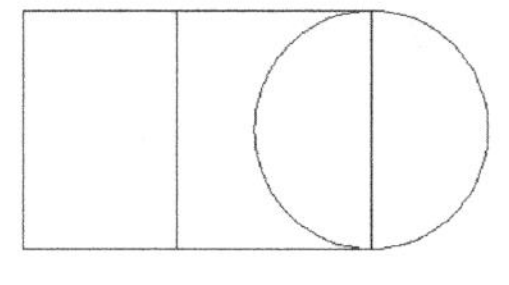

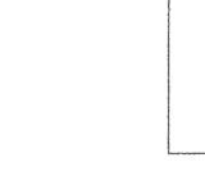

图 7-106　绘制圆

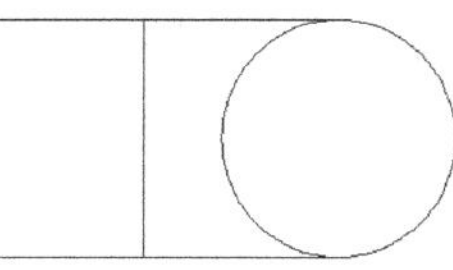

图 7-107　删除直线

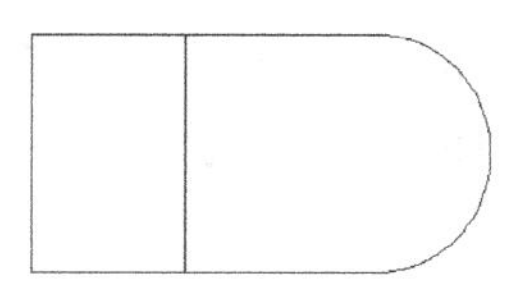

图 7-108　删除半圆

将吧台移至如图 7-109 所示的位置。

④ 选择与吧台重合的柱子，单击“绘图”工具栏中的“分解”按钮将其分解，然后单击“绘图”工具栏中的“剪切”按钮，删除吧台内柱子的部分，如图 7-110 所示。

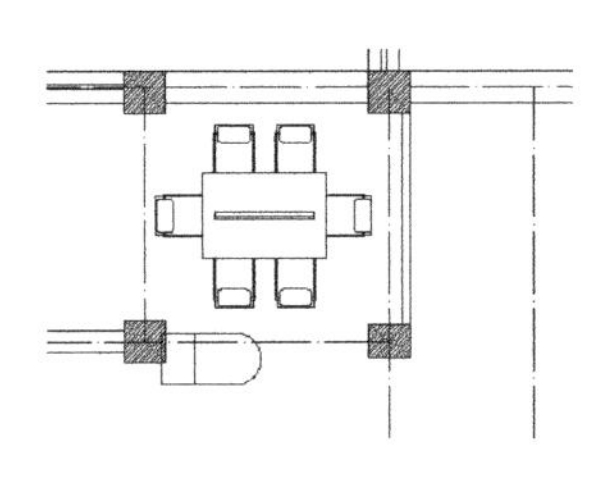

图 7-109　移动吧台

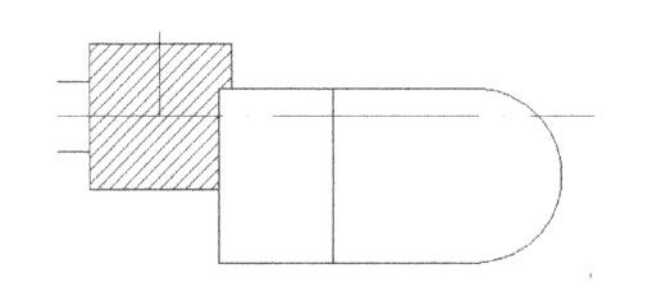

图 7-110　删除多余直线

（6）绘制厨房水池和煤气灶。

① 单击“绘图”工具栏中的“直线”按钮，在洗衣机模块底部的左端点单击选择直线起始点，如图 7-111 所示，依次在命令行中输入“@0，600”“@–1000，0”“@0，1520”和“@1800，0”，最后将其端点与吧台相连，完成厨房灶台的绘制，绘制结果如图 7-112 所示。

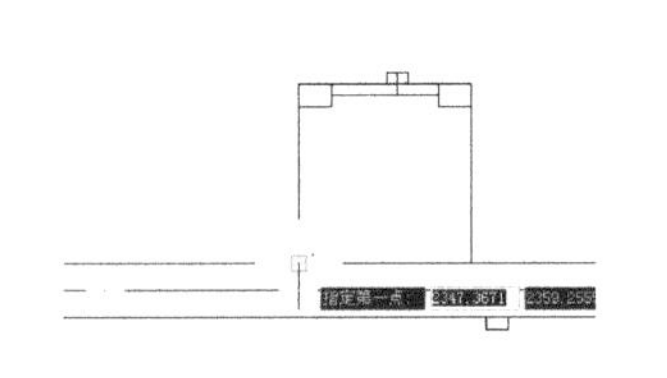

图 7-111　直线起始点

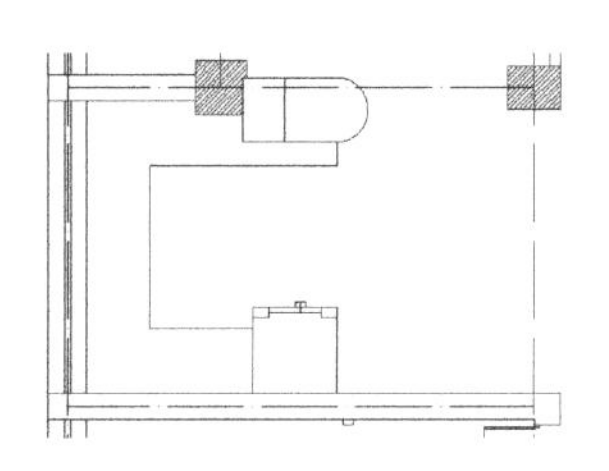

图 7-112　绘制灶台

② 单击“绘图”工具栏中的“圆弧”按钮，单击刚刚绘制的灶台线结束点，然后在图中绘制如图 7-113 所示的弧线，作为客厅与餐厅的分界线，同时也代表第一级台阶。

③ 选择弧线，单击“修改”工具栏中的“偏移”按钮，在命令行中输入偏移距离为 200，代表台阶宽度为 200mm，将弧线偏移，单击“修改”工具栏中的“修剪”和“绘图”工具栏中的“直线”按钮，绘制第二级台阶，最终如图 7-114 所示。

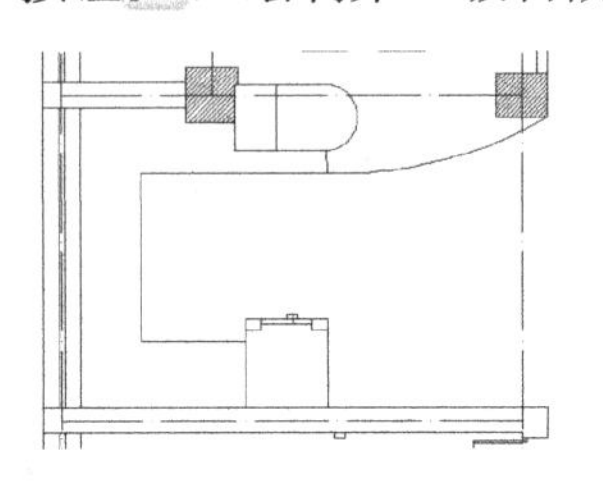

图 7-113　绘制台阶

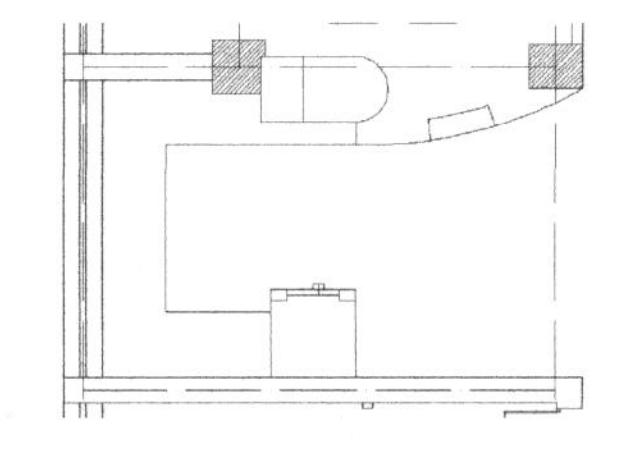

图 7-114　绘制第二级台阶

④ 单击“绘图”工具栏中的“矩形”按钮，在灶台左下部，绘制一个 500mm×750mm 的矩形，作为水池轮廓，如图 7-115 所示。在矩形中绘制两个边长为 300mm 的正方形，并排放置，如图 7-116 所示。

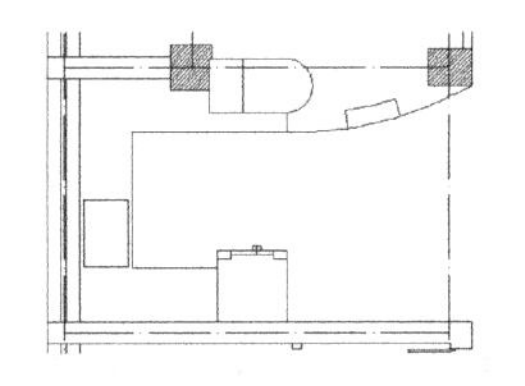

图 7-115　绘制水池轮廓

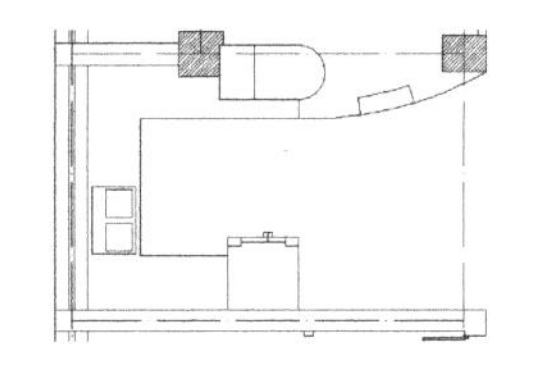

图 7-116　绘制小正方形

⑤ 单击“修改”工具栏中的“圆角”按钮，设置圆角的半径为 50mm，将矩形的角均修改为圆角，如图 7-117 所示。

⑥ 在两个小矩形的中间部位绘制水龙头，如图 7-118 所示。绘制完成后将其保存为水池图块。另外以同样的方法绘制厕所的水池和便池。

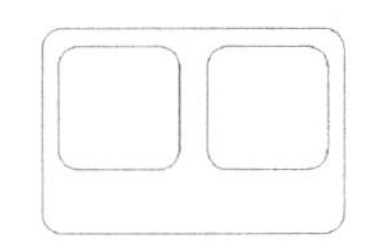
图 7-117　修改倒圆角

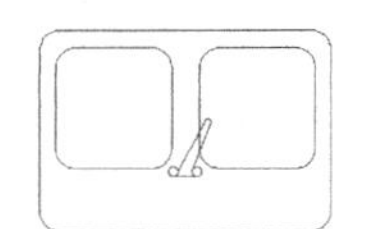
图 7-118　绘制水龙头

⑦ 煤气灶的绘制与水池类似，单击“绘图”工具栏中的“矩形”按钮，绘制一个 750mm×400mm 的矩形，如图 7-119 所示。

⑧ 在距离底边 50mm 的位置，绘制一条水平直线，如图 7-120 所示，作为控制板与灶台的分界线。在控制板的中心位置绘制一条垂直直线，作为辅助线，然后单击“对象捕捉”工具栏中的“捕捉到中点”按钮。再绘制一个 70mm×40mm 的矩形，放在辅助线的中点，作为显示窗口如图 7-121 所示。在矩形左侧绘制控制旋钮的图形，如图 7-122 所示。

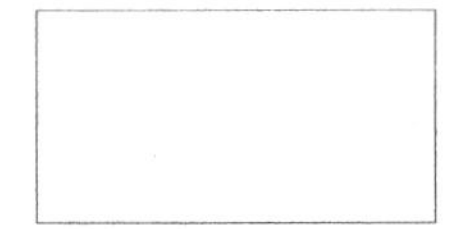
图 7-119　绘制矩形

图 7-120　绘制水平直线

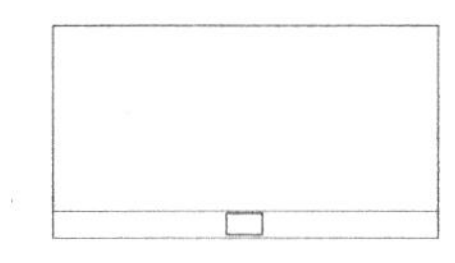
图 7-121　绘制显示窗口

⑨ 单击“修改”工具栏中的“复制”按钮，将控制旋钮复制到另外一侧，对称轴为显示窗口的中线，如图 7-123 所示。

⑩ 单击“绘图”工具栏中的“矩形”按钮，在空白处绘制一个 700mm×300mm 的矩形，并绘制中线作为辅助线，如图 7-124 所示。同时在刚刚绘制的燃气灶上边的中点绘制一条垂直直线作为辅助线，如图 7-125 所示。

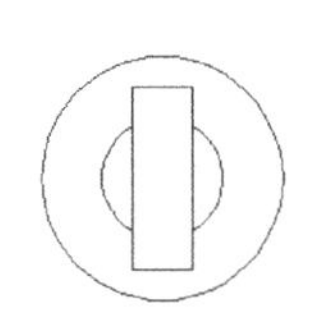

图 7-122　控制旋钮

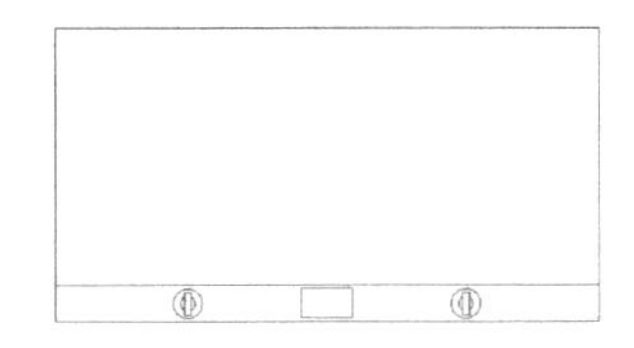
图 7-123　复制控制旋钮

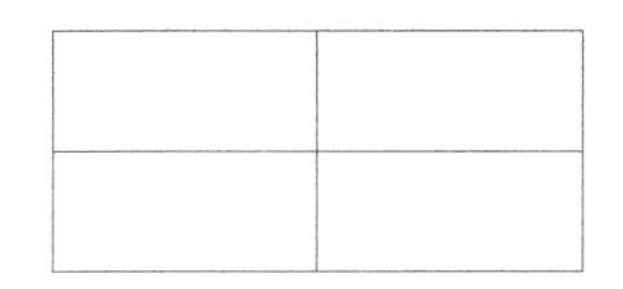
图 7-124　绘制矩形

⑪ 将小矩形的中心与燃气灶的辅助线中点对其进行移动，单击“修改”工具栏中的“圆角”按钮，将矩形的角修改为倒圆角，倒圆角直径为 30mm，如图 7-126 所示。

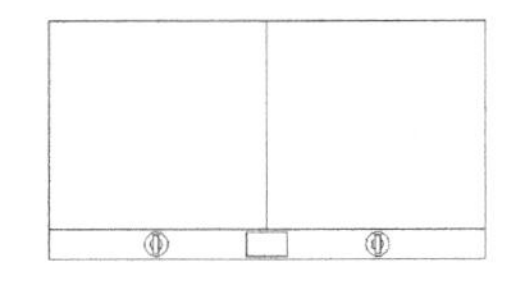
图 7-125　绘制垂直辅助线

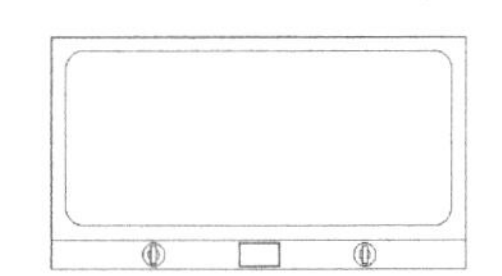
图 7-126　移动矩形

⑫ 燃气灶炉口的绘制。首先单击“绘图”工具栏中的“圆”按钮，绘制一个直径为 200mm

的圆，如图 7-127 所示。然后单击“修改”工具栏中的“偏移”按钮，将圆形向内偏移 50mm、70mm 和 90mm，绘制完成后如图 7-128 所示。

⑬ 单击“绘图”工具栏中的“矩形”按钮，在图中绘制一个 20mm×60mm 的矩形，按照如图 7-129 所示的图形移动矩形，并将多余的线删除。选择刚刚绘制的矩形，单击“修改”工具栏中的“复制”按钮，然后在原位置复制矩形，再单击“修改”工具栏中的“旋转”按钮，选择矩形，按【Enter】键确认，再单击大圆的圆心作为旋转的基准点，在命令行中输入“72”，按【Enter】键结束，如图 7-130 所示。

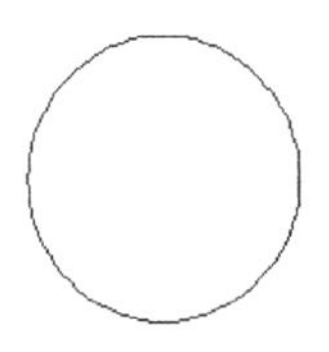

图 7-127　绘制圆

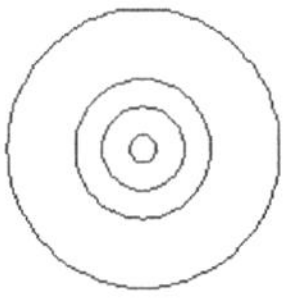

图 7-128　偏移圆形

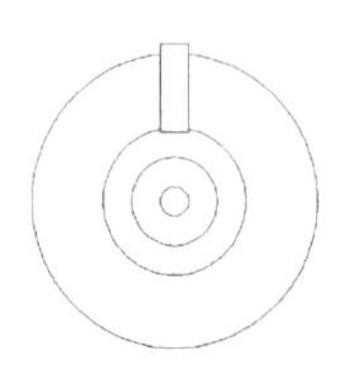

图 7-129　绘制矩形

⑭ 按照步骤⑬的方法，继续旋转复制矩形，共绘制 5 个矩形，删除矩形内部的圆，如图 7-131 所示。

⑮ 单击“修改”工具栏中的“移动”按钮和“复制”按钮，将绘制好的图形移动到燃气灶图块的左侧，如图 7-132 所示。将燃气灶图形保存为燃气灶图块，方便以后绘图时使用。

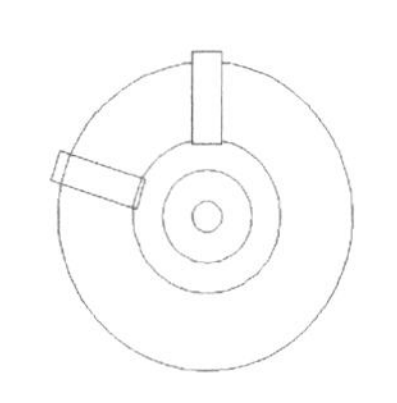

图 7-130　旋转矩形

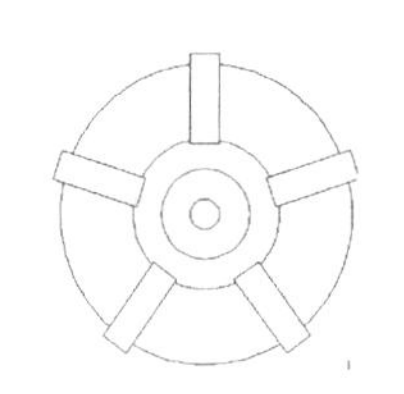

图 7-131　复制矩形

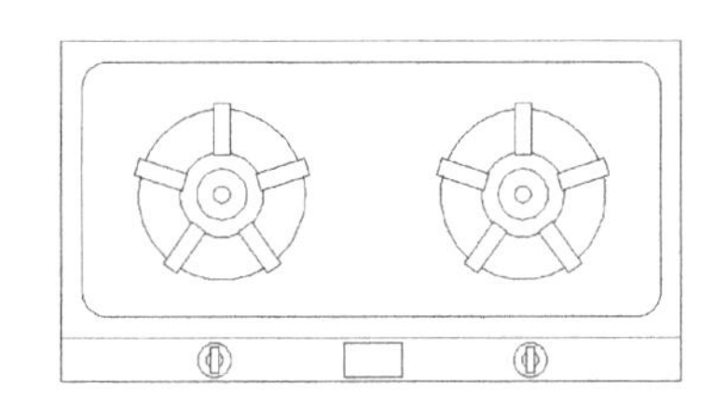

图 7-132　燃气灶图块

⑯ 按照步骤（1）～步骤（6）的方法，绘制其他房间的装饰图形，最终图形如图 7-133 所示。

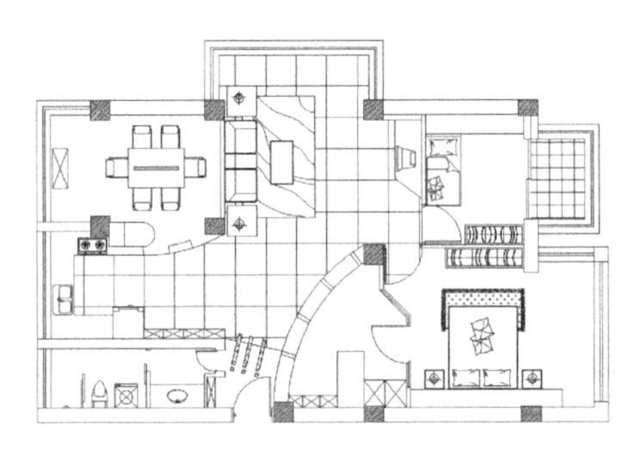

图 7-133　插入装饰图块

提示

目前，国内开发了多套适合我国规范的建筑 CAD 制图专业软件，如天正、广厦等，这些以 AutoCAD 为平台开发的 CAD 软件，通常根据建筑制图的特点，对许多图形进行模块化、参数化处理，所以在使用这些专业软件时，可以大大提高 CAD 制图的速度，而且格式规范统一，降低了 CAD 制图易出现的小错误，给制图人员带来了极大的方便，节约了大量的制图时间。感兴趣的读者可尝试使用相关软件制图。

13. 尺寸标注

（1）单击“样式”工具栏中的“标注样式”按钮，打开【标注样式管理器】对话框。

（2）单击“修改”按钮，打开【新建标注样式：ISO-25】对话框。打开“线”选项卡，按如图 7-134 所示方式设置标注样式参数。打开“符号和箭头”选项卡，进行如图 7-135 所示的参数设置，在“箭头”选项栏“第一个”和“第二个”下拉列表中选择“建筑标记”选项，在“箭头大小”微调框中输入“150”。在“文字”选项卡中设置“文字高度”为“150”，“从尺寸线偏移”为“50”，如图 7-136 所示。

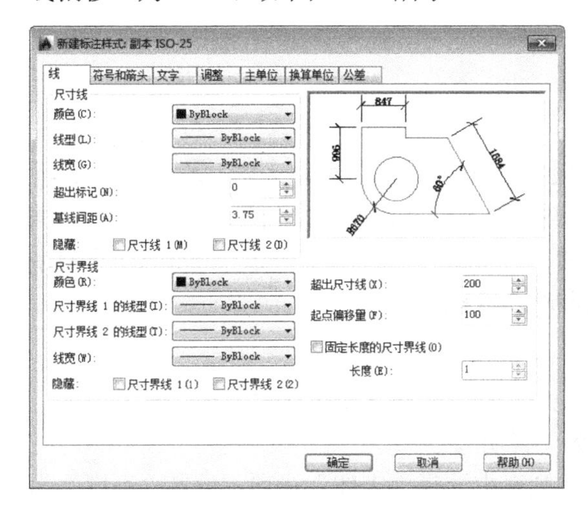

图 7-134　“线”选项卡

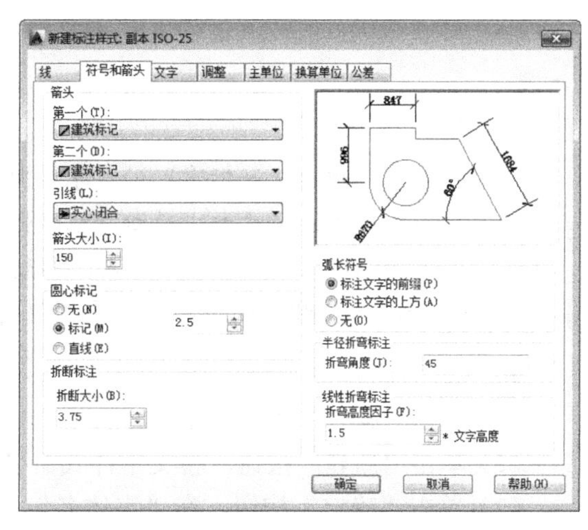

图 7-135　“符号和箭头”选项卡

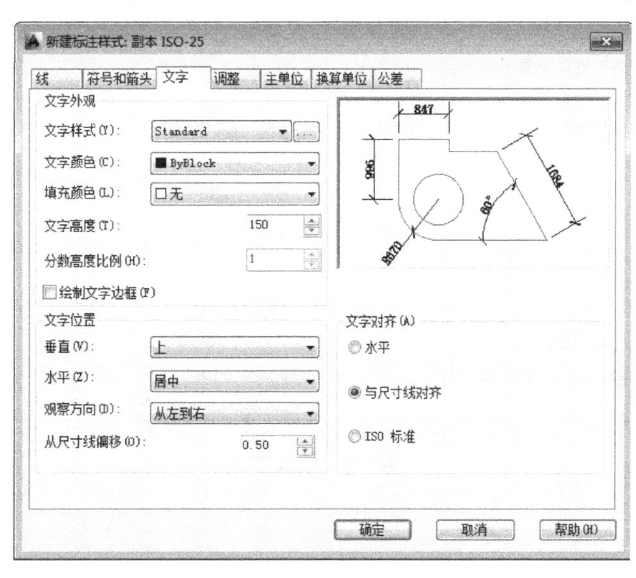

图 7-136　“文字”选项卡

（3）单击“标注”工具栏中的“线性”按钮，标注轴线间的距离，如图 7-137 所示。

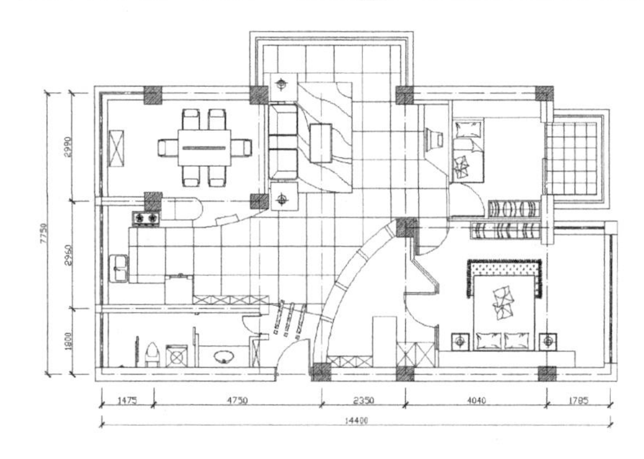

图 7-137　尺寸标注

注意

按《房屋建筑制图统一标准》的要求，对标注样式进行设置，包括文字、单位、箭头等，此处应注意各项涉及的尺寸大小值都应以实际图纸上的尺寸乘以制图比例的倒数(如制图比例为 1∶100，即为 100)。假定需要在 A4 图纸上看到 3.5mm 单位的字，则在 AutoCAD 中的字高应设置为 350mm，此方法类似于“图框”的相对缩放概念。

14．文字标注

（1）单击“样式”工具栏中的“文字样式”按钮，打开【文字样式】对话框。

（2）单击“新建”按钮，将文字样式命名为“说明”。

（3）单击“确定”按钮，在“字体名”下拉列表中选择“宋体”选项，设置“高度”为“150”，如图 7-138 所示。

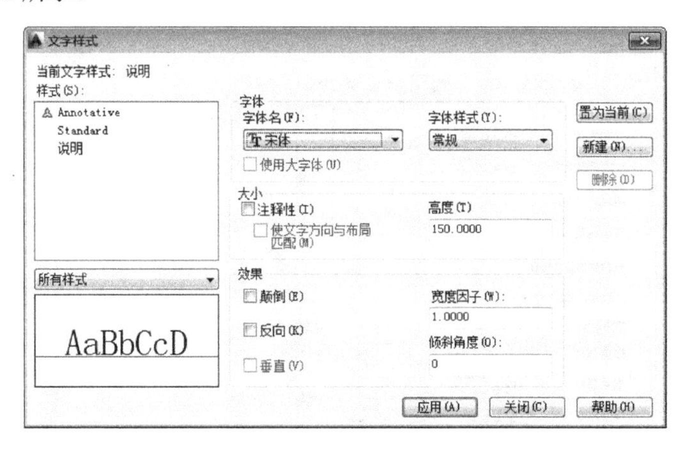

图 7-138　修改字体

注意

在 AutoCAD 中输入汉字时，可以选择不同的字体，在“字体名”下拉列表中有些字体前面有“@”标记，如“@仿宋_GB2312”，这说明该字体是为横向输入汉字用的，即输入的汉字逆时针旋转 90°，如图 7-139 所示。如果要输入正向的汉字，不能选择前面带“@”标记的字体。

在图中的相应位置输入需要标注的文字，如图 7-140 所示。

书房
实木地板满铺

图 7-139　横向汉字

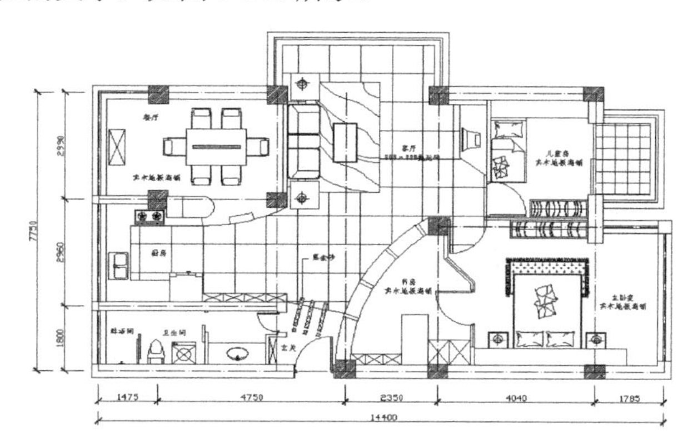

图 7-140　输入文字标注

注意

在使用 AutoCAD 时，除了默认的 Standard 字体外，一般只有两种字体定义。一种是常规定义，字体宽度为 0.75。一般所有的汉字、英文字都采用这种字体。第二种字体定义采用与第一种同样的字库，但是字体宽度为 0.5。这种字体，是在尺寸标注时所采用的专用字体，因为在大多数施工图中，有很多细小的尺寸挤在一起，采用较窄的字体，标注就会减少很多相互重叠的情况发生。

15．标高

（1）选择“格式”菜单栏中的“文字样式”命令，打开【文字样式】对话框，新建样式“标高”，将文字字体设置为“宋体”。

（2）绘制标高符号如图 7-141 所示，插入标高，完成住宅室内平面图的绘制。

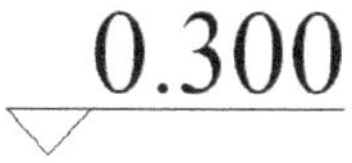

0.300

图 7-141　标高样式

任务二　绘制住宅顶棚布置图

【任务背景】

顶棚是室内装饰的重要组成部分，也是室内空间装饰中最富有变化，引人注目的部分。顶棚设计的好坏直接影响到房间整体特点和氛围的体现。例如，古典型风格的顶棚显得高贵典雅，而简约型风格的顶棚则充分体现现代气息。从不同的角度出发，依据设计理念进行合理的搭配。

本任务将在上一任务绘制平面图的基础上，绘制住宅顶棚布置图。顶棚布置的概念和样式，以及顶棚布置图如图 7-142 所示。

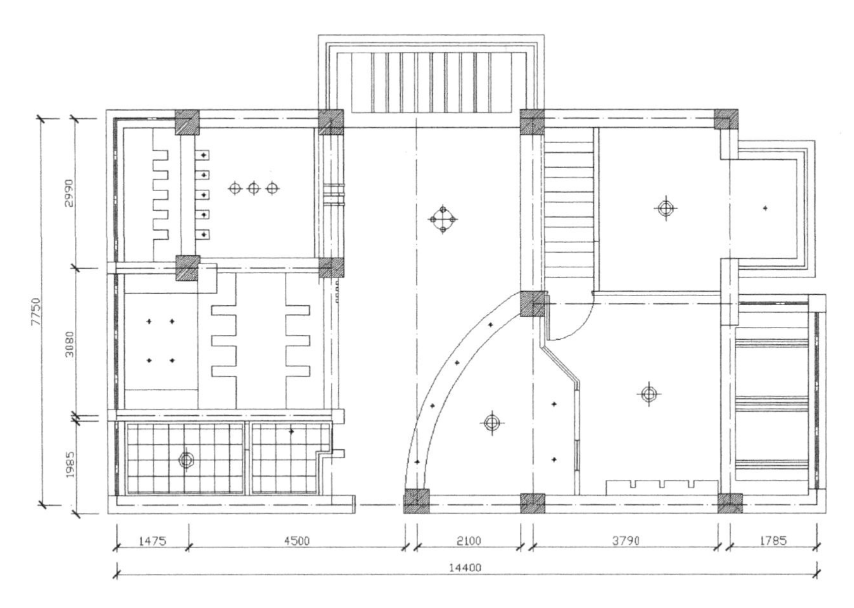

图 7-142　住宅顶棚布置图

【操作步骤】

1．绘图准备

（1）新建文件，命名为“顶棚布置图”，并保存。

（2）打开上一任务绘制的平面图，单击“图层”下拉按钮，将“装饰”“文字”和“地板”图层关闭。关闭后的图形如图 7-143 所示。

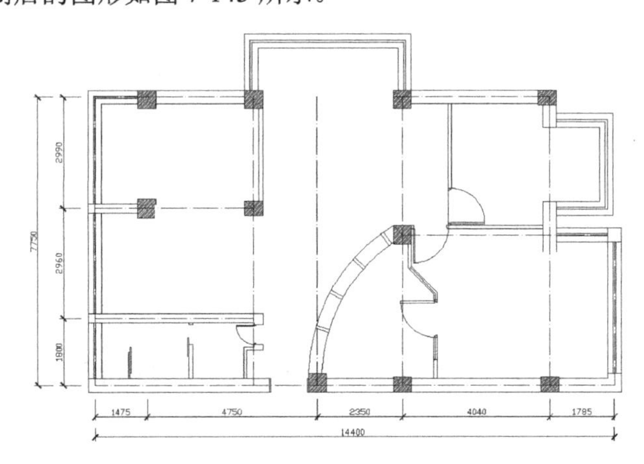

图 7-143　关闭图层后的图形

（3）选中图中的所有图形，按快捷键【Ctrl+C】复制，然后单击“窗口”菜单栏，切换到“顶棚布置图”中，按快捷键【Ctrl+V】粘贴，将图形复制到当前的文件中。

2．设置图层

（1）单击“图层”工具栏中的“图层特性管理器”按钮，打开【图层特性管理器】对话框，可以看到，随着图形的复制，图形所在的图层也复制到了本文件中，如图 7-144 所示。

（2）单击“新建图层”按钮，新建“屋顶”“灯具”2 个图层。

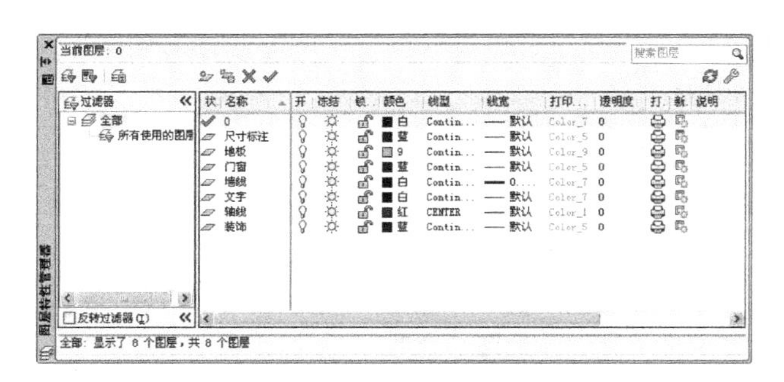

图 7-144 【图层特性管理器】对话框

说明

如何删除顽固图层？

当要删除的图层可能含有对象，或是自动生成的块等时，可试着冻结你要的图层然后执行清理命令。“清理”命令可按如下路径执行：“菜单”→“文件”→“图形实用工具”→“清理”，如图 7-145 所示。

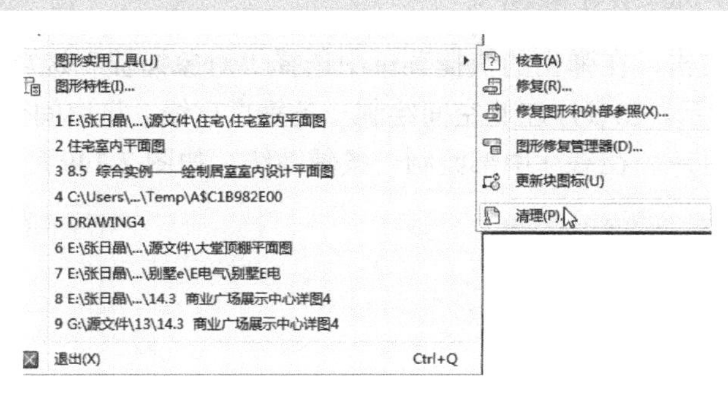

图 7-145 “清理”命令

3．绘制餐厅屋顶

（1）将当前图层设置为“屋顶”图层，选取“格式”菜单栏中的“多线样式”命令，打开【多线样式】对话框。

（2）单击“新建”按钮，新建多线样式，命名为“CEILING”，按照如图 7-146 所示的方式将多线的偏移距离设置为“150”、“-150”，命令行提示与操作如下：

```
命令：mline
当前设置：对正=上，比例=20.00，样式=STANDARD
指定起点或[对正(J)/比例(S)/样式(ST)]：j
输入对正类型[上(T)/无(Z)/下(B)]<上>：z              //设置对中为无
当前设置：对正=无，比例=20.00，样式=STANDARD
指定起点或[对正(J)/比例(S)/样式(ST)]：st
输入多线样式名或[?]：CEILING                      //设置多线样式为CEILING
当前设置：对正=无，比例=20.00，样式=CEILING
指定起点或[对正(J)/比例(S)/样式(ST)]：s
输入多线比例<20.00>：1                            //设置绘图比例为1
当前设置：对正=无，比例=1.00，样式=CEILING
指定起点或[对正(J)/比例(S)/样式(ST)]：
指定下一点：                                      //选择绘图起点
```

```
指定下一点或[放弃(U)]:                          //选择绘图终点
指定下一点或[放弃(U)]:
```

绘制完成后如图 7-147 所示。

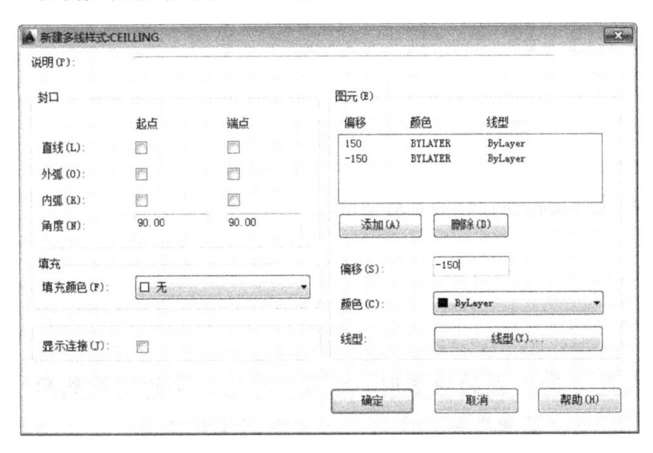

图 7-146　设置多线样式

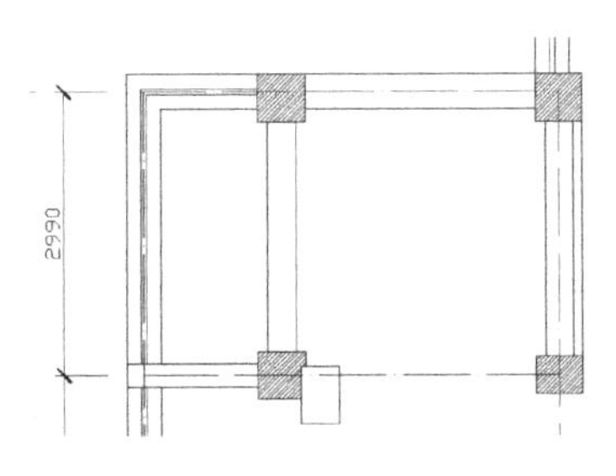

图 7-147　绘制多线

（3）在工具栏中右击，在弹出的快捷菜单中选择“对象捕捉”选项，打开“对象捕捉”工具栏，如图 7-148 所示。在餐厅左侧空间绘制一条垂直直线，将空间分割为两部分。然后单击“捕捉到中点”按钮，在餐厅中部绘制一条辅助线，如图 7-149 所示。

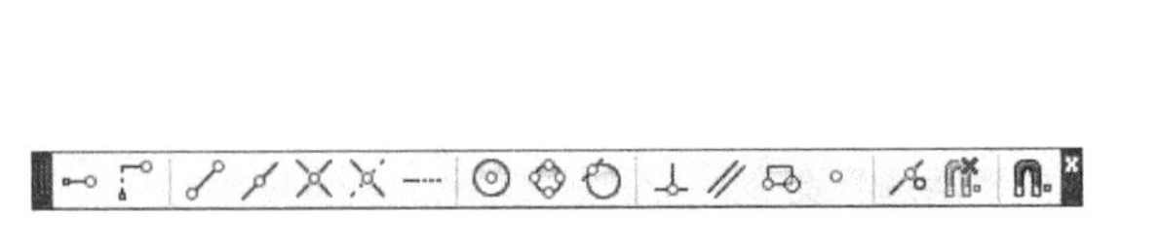

图 7-148　“对象捕捉”工具栏

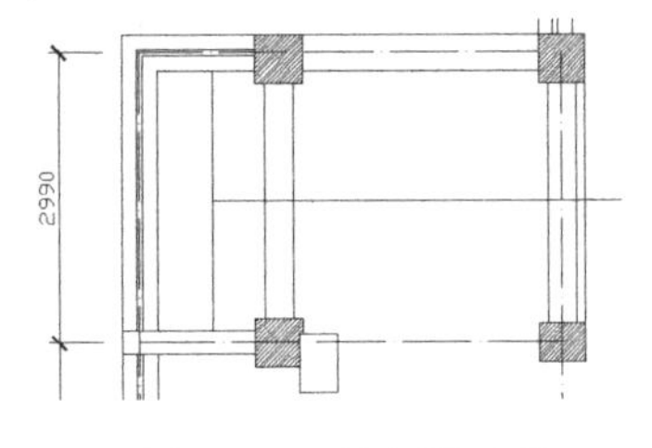

图 7-149　绘制辅助线

（4）在空白处绘制一个 300mm×180mm 的矩形，如图 7-150 所示。单击“修改”工具栏中的“移动”按钮，同样单击“对象捕捉”工具栏中的“捕捉到中点”按钮，将其移动到如图 7-151 所示的位置。

图 7-150　绘制矩形

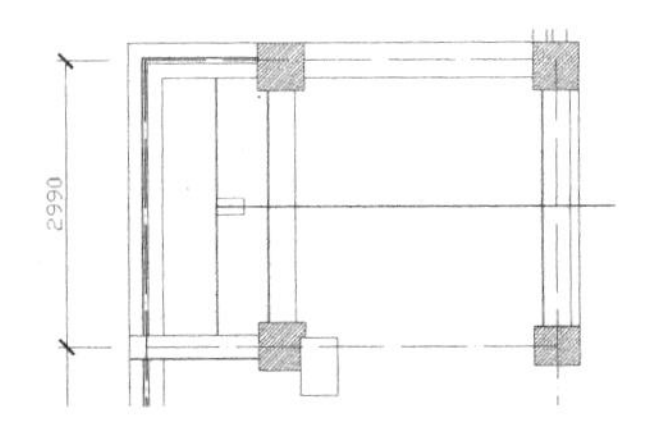

图 7-151　移动矩形

（5）单击“修改”工具栏中的“复制”按钮，复制矩形，选择一个基点，在命令行中输入移动的坐标“@0，400”，用同样的方法，复制 4 个矩形，如图 7-152 所示。

（6）单击“修改”工具栏中的“分解”按钮，将 5 个矩形分解，单击“修改”工具栏中的“修剪”按钮，将多余的线删除，如图 7-153 所示。

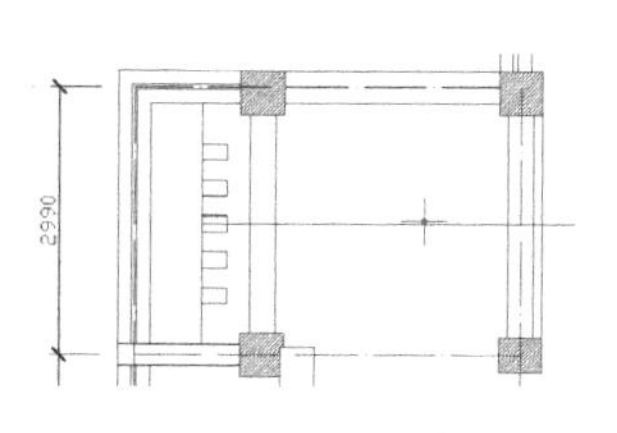

图 7-152　复制矩形

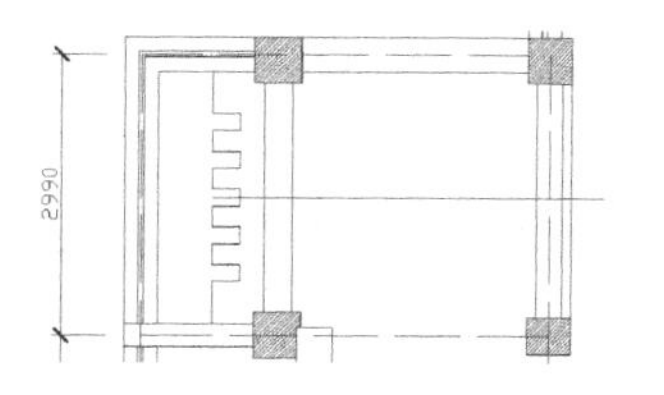

图 7-153　修剪图形

（7）单击“绘图”工具栏中的“矩形”按钮和“修改”工具栏中的“复制”按钮以及“移动”按钮，绘制一个 420mm×50mm 的矩形，复制 3 个，移动到如图 7-154 所示的位置，并删除多余的线段，绘图过程和上面的方法类似。

4．绘制厨房屋顶

（1）单击“绘图”工具栏中的“直线”按钮，将厨房顶棚分割为如图 7-155 所示的几个部分。

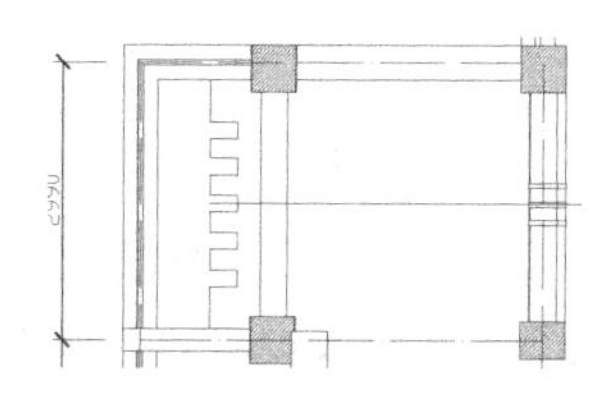

图 7-154　绘制矩形装饰

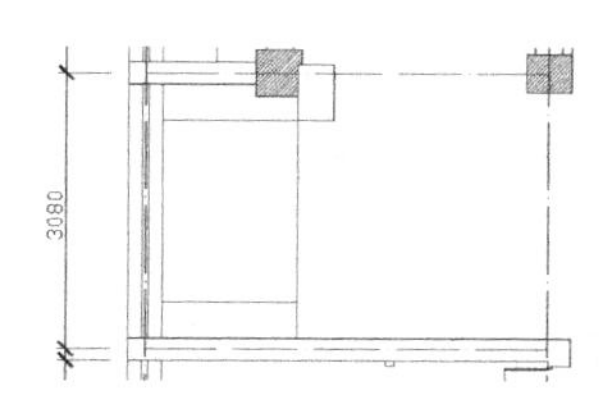

图 7-155　分割厨房顶棚

（2）选择“绘图”菜单栏中的“多线”命令，选择“CEILING”多线样式，绘制多线，如图 7-156 所示。单击“修改”工具栏中的“分解”按钮，将多线分解，删除多余的直线。单击“绘图”工具栏中的“直线”按钮，在厨房右侧的空间绘制两条垂直直线，如图 7-157 所示。

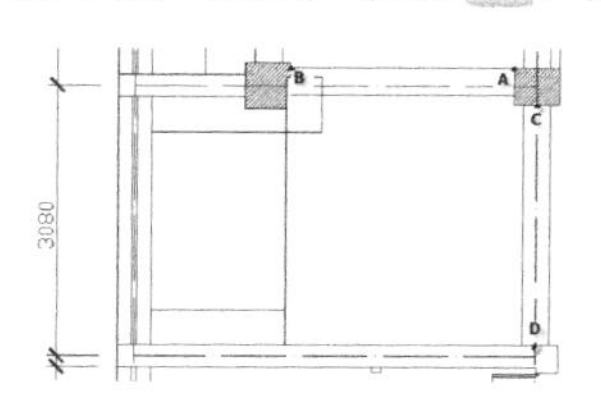

图 7-156　绘制多线

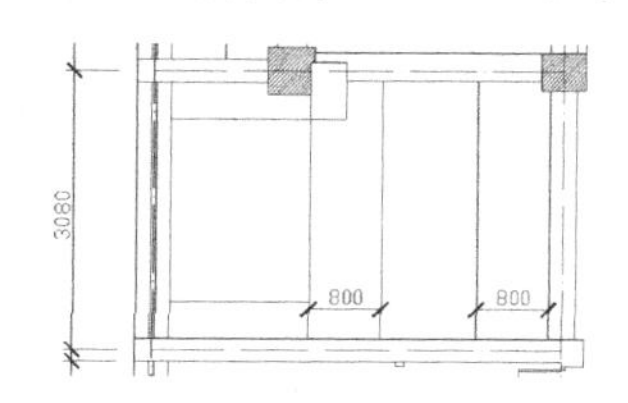

图 7-157　绘制垂直直线

（3）单击“绘图”工具栏中的“矩形”按钮，同餐厅的屋顶样式一样，绘制边长为 500mm×200mm 的矩形，并修改为如图 7-158 所示的样式。

（4）单击“绘图”工具栏中的“矩形”按钮，绘制一个 60mm×60mm 的矩形，单击“修改”工具栏中的“移动”按钮，并其移动到右侧柱子下方，如图 7-159 所示。

（5）单击“绘图”工具栏中的“矩形阵列”按钮，设置行数为“4”，列数为“1”，行间距为“-120”，选择刚刚绘制的小矩形，阵列图形，如图 7-160 所示。

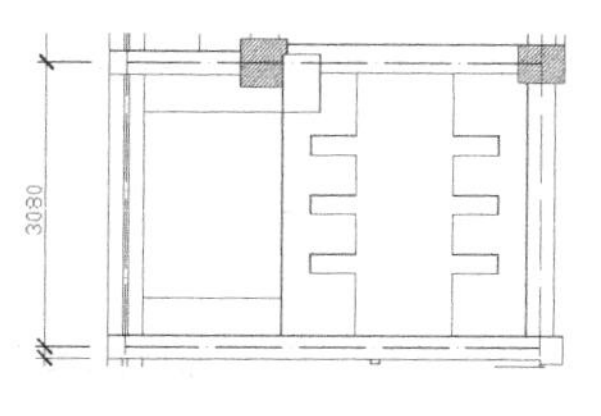

图 7-158　绘制屋顶图形

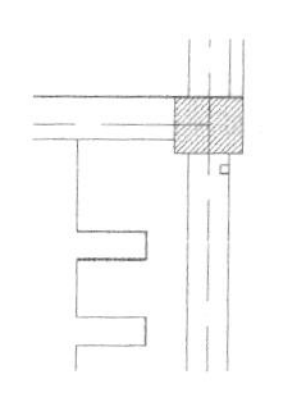

图 7-159　绘制矩形

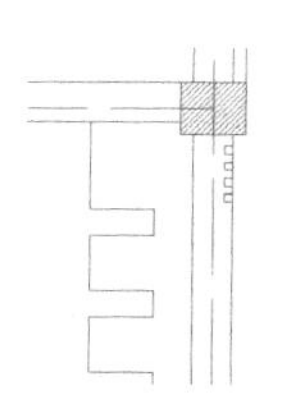

图 7-160　阵列矩形

注意

厨房的顶棚造型应与餐厅协调一致。

5. 绘制卫生间屋顶

（1）选择“格式”菜单栏中的“多线样式”命令，打开【创建新的多线样式】对话框，新建多线样式，并命名为“T_CEILING”。

（2）设置多线的偏移距离分别为“25”和“-25”。

（3）删除图形中的门窗，删除后如图 7-161 所示。

（4）选取“绘图”菜单栏中的“多线”命令，在图中绘制顶棚图案。如图 7-162 所示。

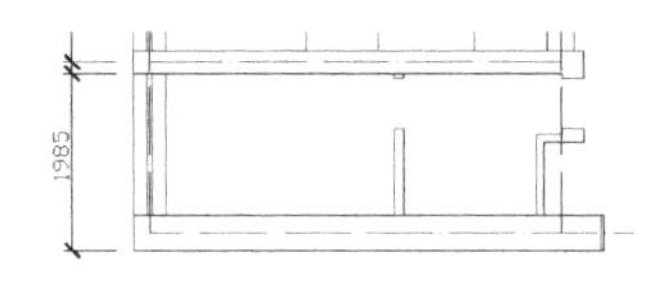

图 7-161 删除门窗

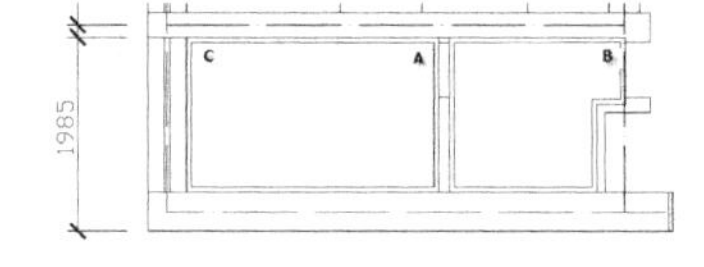

图 7-162 绘制多线

（5）单击“绘图”工具栏中的“图案填充”按钮，打开【图案填充和渐变色】对话框选择“NET”为填充图案，按照如图 7-163 所示的方式进行参数设置。选择如图 7-164 所示的填充区域。填充后的结果如图 7-165 所示。

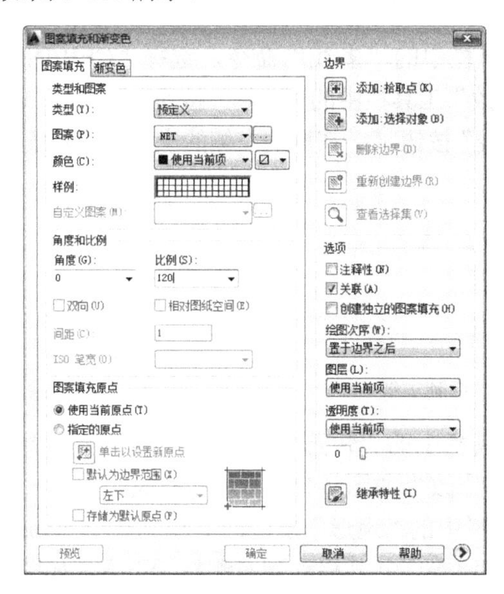

图 7-163 【图案填充和渐变色】对话框

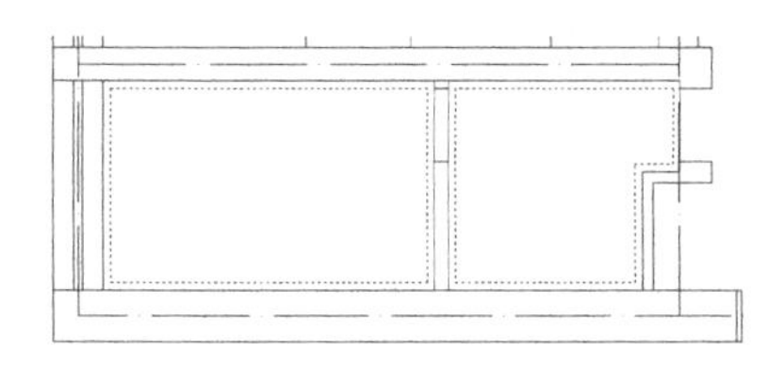

图 7-164 选择填充区域

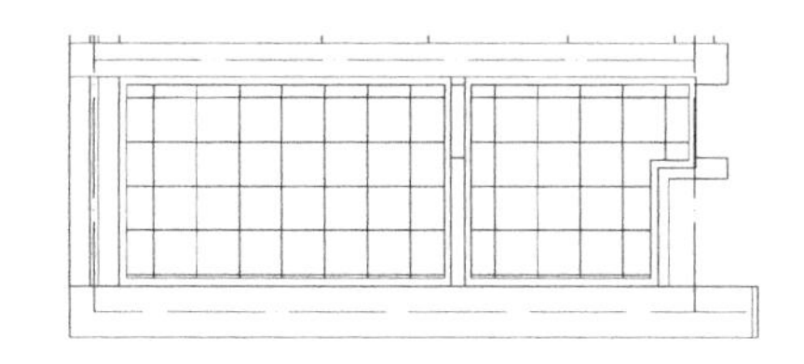

图 7-165 填充顶棚图案

使用“图案填充”命令时，使用的图案的比例因子均为1，即定义时的样式。然而，随着界限定义的改变，比例因子应作相应的改变，否则会使填充图案过密或过疏，在选择比例因子时可使用下列技巧。

（1）当处理较小区域的图案时，可以减小图案的比例因子值，相反地，当处理较大区域的图案填充时，则可以增加图案的比例因子值。

（2）比例因子选择应恰当，比例因子的选择要视具体的图形界限而定。

（3）当处理较大的填充区域时，要特别小心，如果选用的图案比例因子太小，则产生的图案就像是使用 Solid 命令得到的填充结果一样，这是因为在单位距离中有太多的线，这样不仅看起来不美观，而且还会增加文件的大小。

（4）比例因子的取值应遵循“宁大不小”的原则。

6．绘制客厅阳台屋顶

（1）单击“绘图”工具栏中的“直线”按钮，绘制直线，如图 7-166 所示。

（2）选中阳台的多线，单击“修改”工具栏中的“分解”按钮，将多线分解。单击“修改”工具栏中的“偏移”按钮，将刚刚绘制的水平直线和阳台轮廓内侧的两条垂直线向内偏移 300mm，偏移后如图 7-167 所示。

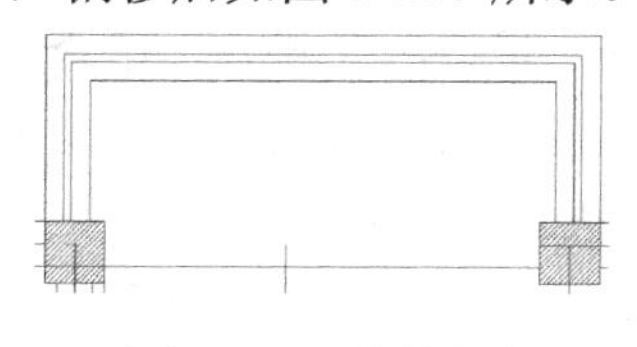

图 7-166　绘制直线

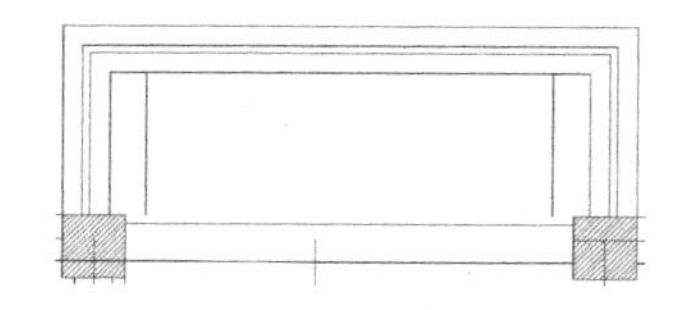

图 7-167　偏移直线

（3）单击“修改”工具栏中的“修剪”按钮，将直线修剪为如图 7-168 所示的形状。

（4）选取“绘图”菜单栏中的“多线”命令，保持多线样式为“T_CEILING”，在水平线的中点绘制多线，如图 7-169 所示。

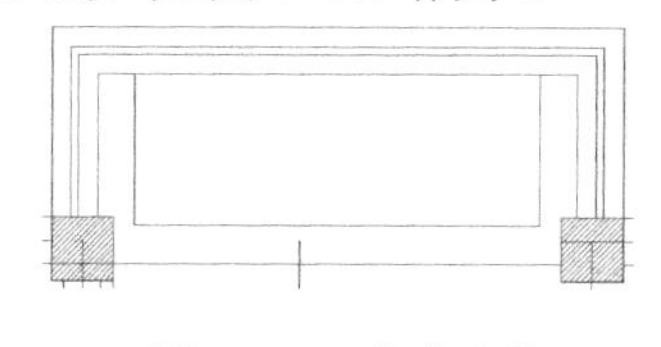

图 7-168　修剪直线

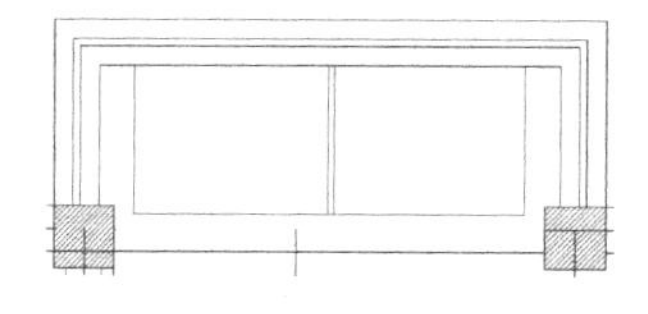

图 7-169　绘制多线

（5）单击“修改”工具栏中的“矩形阵列”按钮，设置行数为“1”，列数为“5”，列间距为“300”。

（6）选择刚刚绘制的多线，进行阵列，结果如图 7-170 所示。单击“镜像”命令按钮，将右侧的多线镜像到左侧，如图 7-171 所示。

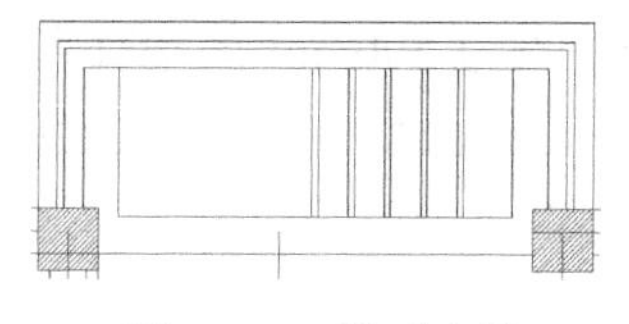

图 7-170　阵列多线

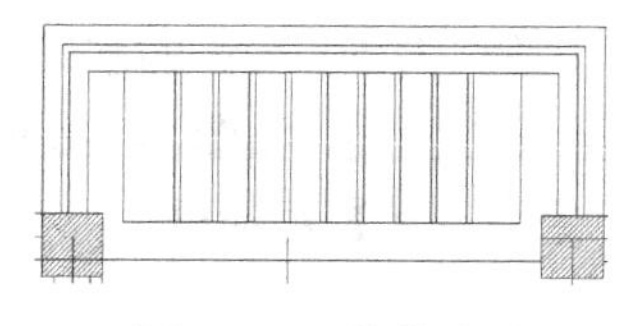

图 7-171　镜像多线

（7）按照步骤1～步骤6的方法，绘制其他室内空间的顶棚图案。绘制完成后如图7-172所示。

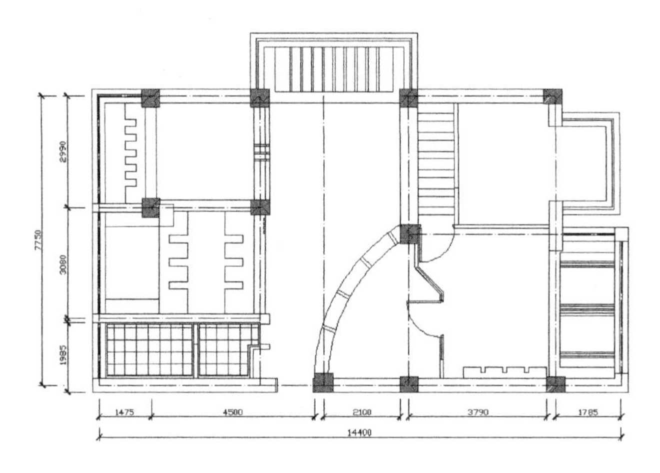

图7-172 屋顶绘制

提示

（1）有时在打开.dwg文件时，系统弹出【AutoCAD Message】对话框提示“Drawing file is not valid”，告诉用户文件不能打开。这种情况下你可以先退出打开操作，选择“文件”菜单中的“绘图实用程序”→“修复”命令，或者在命令行直接输入“recover”，然后在打开的【选择文件】对话框中输入要恢复的文件，确认后系统开始执行恢复文件操作。

（2）用AutoCAD打开一张旧图，有时会遇到异常错误而中断退出，这时首先使用上述介绍的方法进行修复，如果问题仍然存在，则可以新建一个图形文件，把旧图用图块的形式插入，解决问题。

7．各种灯具的绘制方法

（1）绘制吸顶灯。

① 将“灯具”图层设置为当前图层，如图7-173所示。单击“绘图”工具栏中的“圆”按钮⊙，在图中绘制一个直径为300mm的圆，如图7-174所示。

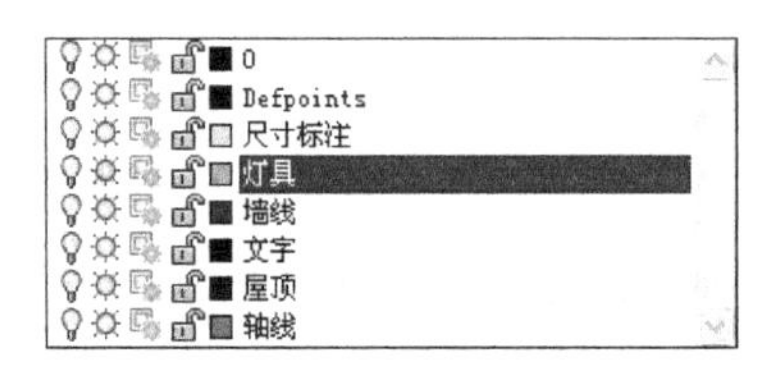

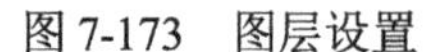

图7-173 图层设置

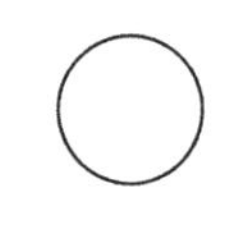

图7-174 绘制圆

② 单击“修改”工具栏中的“偏移”按钮，将圆向内偏移50mm，如图7-175所示。在空白处绘制一条长为500mm的水平直线，再绘制一条长为500mm的垂直直线，将其中点重合，再移动至圆心位置，如图7-176所示。选择此图形，单击“绘图”工具栏中的“创建块”按钮，打开【块定义】对话框。

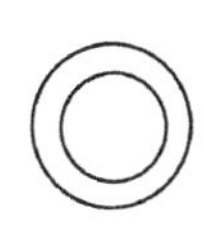

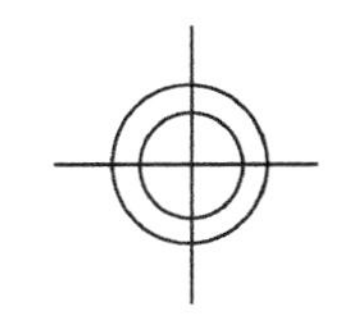

图 7-175　偏移圆形　　　　图 7-176　绘制十字图形

③ 在“名称”文本框中输入“吸顶灯”，将基点选择为圆心，其他保持默认，单击“确定”按钮保存。单击“绘图”工具栏中的“插入块”按钮，打开【插入】对话框。在“名称”下拉列表中选择“吸顶灯”图块，将其插入到图中的固定位置，最终如图 7-177 所示。

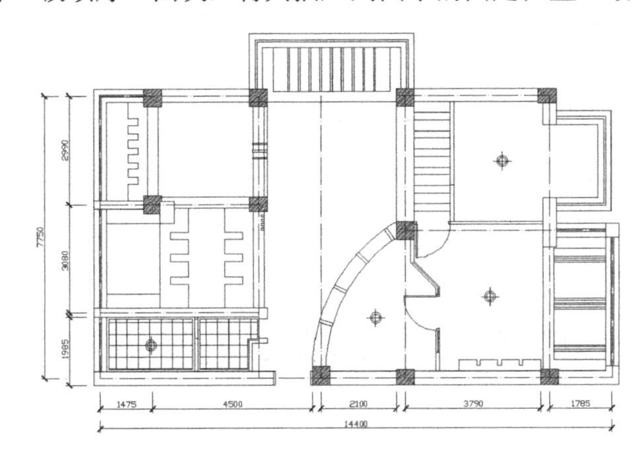

图 7-177　插入吸顶灯图块

（2）绘制吊灯。

① 单击“绘图”工具栏中的“圆”按钮，绘制一个直径为 400mm 的圆，如图 7-178 所示。单击“绘图”工具栏中的“直线”按钮，绘制两条长度均为 600mm 的相交直线，如图 7-179 所示。

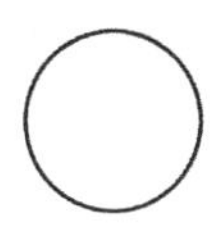

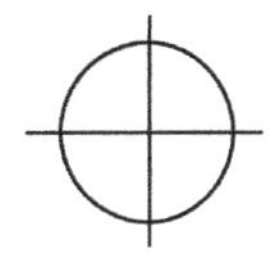

图 7-178　绘制圆　　　　图 7-179　绘制相交直线

② 单击“绘图”工具栏中的“圆”按钮，以直线和圆的交点作为圆心，绘制 4 个直径为 100mm 的小圆，如图 7-180 所示。

③ 将此图形保存为图块，命名为“吊灯”，并插入到相应的位置。同时绘制如图 7-181 所示的射灯，绘制完成的住宅顶棚布置图如图 7-182 所示。

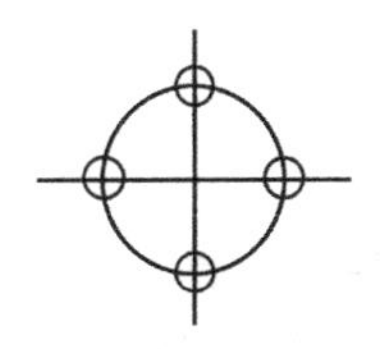

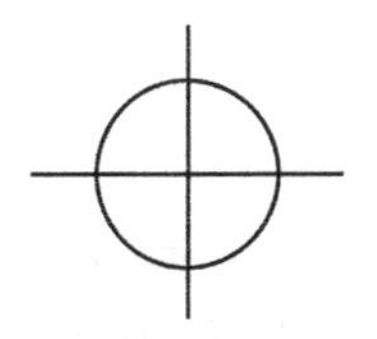

图 7-180　绘制小圆　　　　图 7-181　工艺吊灯

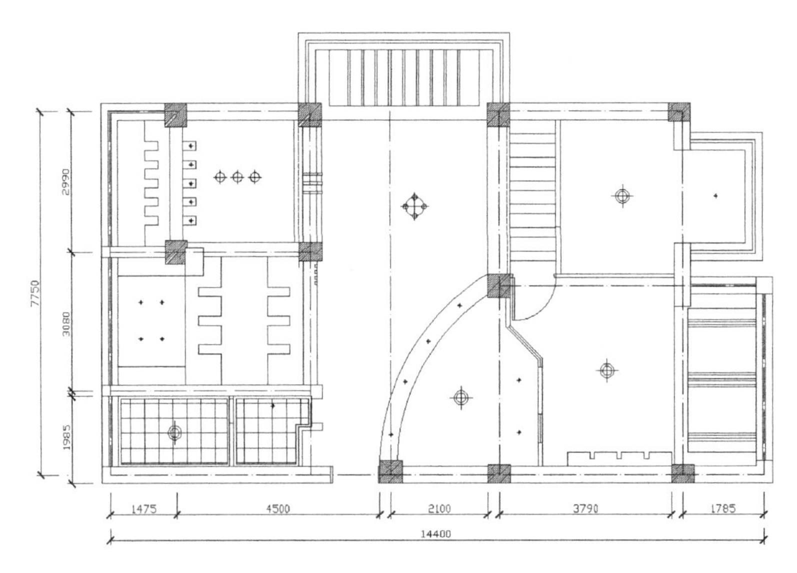

图 7-182　住宅顶棚布置图

任务三　绘制客厅立面图一

【任务背景】

客厅的背立面为客厅与餐厅的隔断，绘制时多为直线的搭配。本设计采用栏杆和吊灯进行分隔，既满足了美观简洁的效果又考虑了采光和通风的要求。

本任务绘制住宅客厅立面图。绘制思路如下：首先绘制客厅立面的主要框架，然后绘制立面包括家具图形。客厅立面图效果如图 7-183 所示。

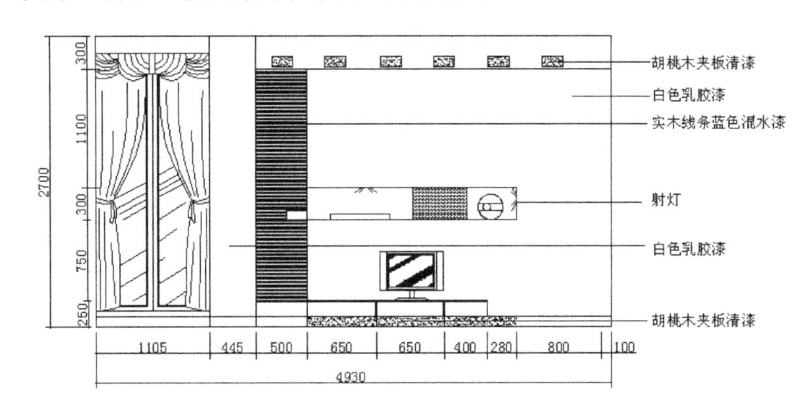

图 7-183　客厅立面图一

【操作步骤】

（1）新建文件，命名为“立面图”，并保存到适当的位置。单击“图层”工具栏中的“图层特性管理器”按钮，打开【图层特性管理器】对话框，建立图层，如图 7-184 所示。

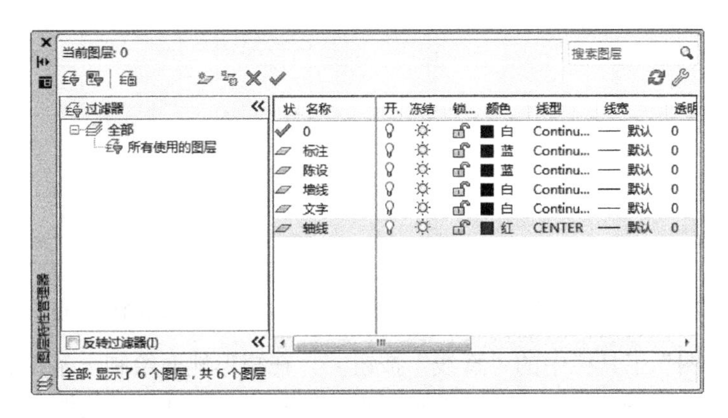

图 7-184　建立图层

（2）将“0”图层设置为当前图层，即默认层。单击“绘图”工具栏中的“矩形”按钮□，在图中绘制 4930mm×2700mm 的矩形，作为正立面的绘图区域，如图 7-185 所示。

图 7-185　绘制矩形

（3）将当前图层修改为“轴线”图层，单击“绘图”工具栏中的“直线”按钮／，在矩形的左下角点单击，在命令行中依次输入“@1105，0”和“@0，2700”，绘制轴线，如图 7-186 所示。此时轴线的线型虽为“点画线”，但是由于线型比例设置的问题，在图中仍然显示为实线。选择绘制的直线，右击，在弹出的快捷菜单中选择“属性”命令。将“线型比例”修改为“10”，修改后的轴线如图 7-187 所示。

图 7-186　绘制轴线

图 7-187　修改轴线线型比例的效果

（4）单击“修改”工具栏中的“复制”按钮，选择绘制的轴线，以下端点为基点，复制直线，复制的距离依次为 445mm、500mm、650mm、650mm、400mm、280mm、800mm，复制完成后如图 7-188 所示。

（5）将“墙线”图层设置为当前图层，在第一条和第二条垂直轴线上绘制柱线，然后绘制顶棚装饰线，如图 7-189 所示。

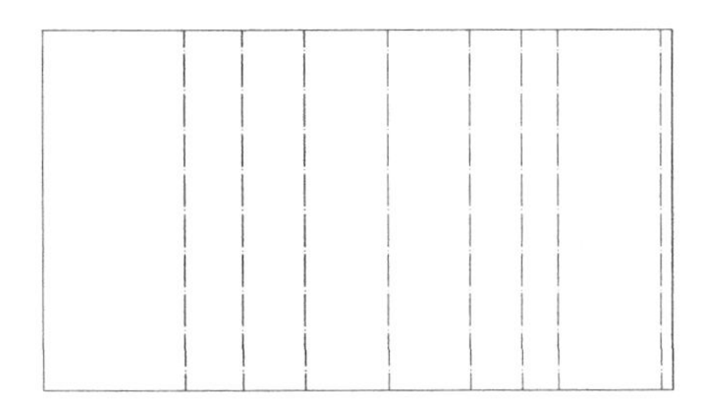

图 7-188　复制轴线

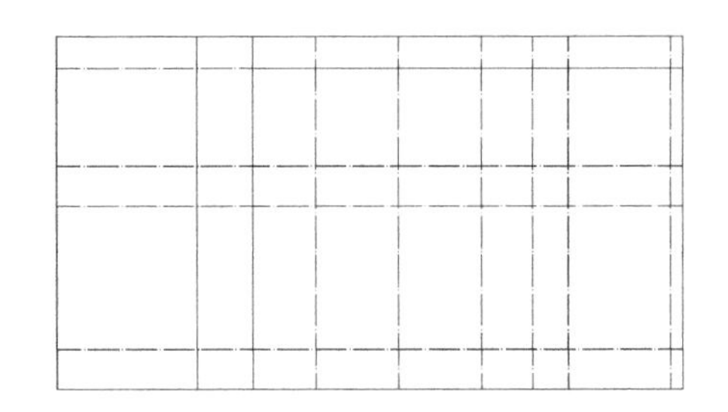

图 7-189　绘制柱线和顶棚装饰线

（6）单击“绘图”工具栏中的“直线”按钮，在矩形地面绘制一条距底边为 100mm 的直线，作为地脚线，如图 7-190 所示。重复“直线”命令，在柱线左侧距上边缘 150mm 处绘制直线，作为屋顶线如图 7-191 所示。

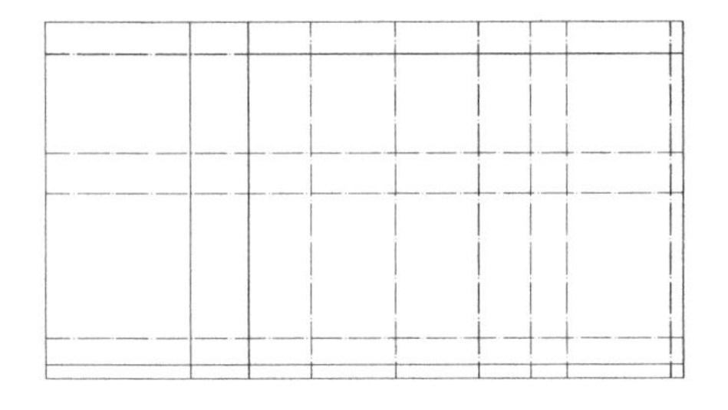

图 7-190　绘制地脚线

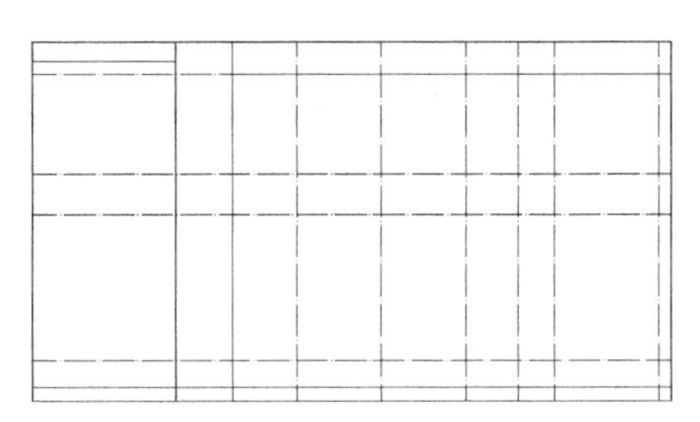

图 7-191　绘制屋顶线

（7）将“陈设”图层设置为当前图层，绘制装饰图块。柱左侧为落地窗，需绘制窗框和窗帘。首先绘制辅助线，打开“捕捉”工具栏，单击“对象捕捉”工具栏中的“捕捉到中点”按钮，单击“绘图”工具栏中的“直线”按钮，绘制一条通过左侧屋顶线中点的辅助线，如图 7-192 所示。单击“绘图”工具栏中的“矩形”按钮，在其上部绘制一个 50mm×200mm 的矩形，作为窗帘夹，如图 7-193 所示。

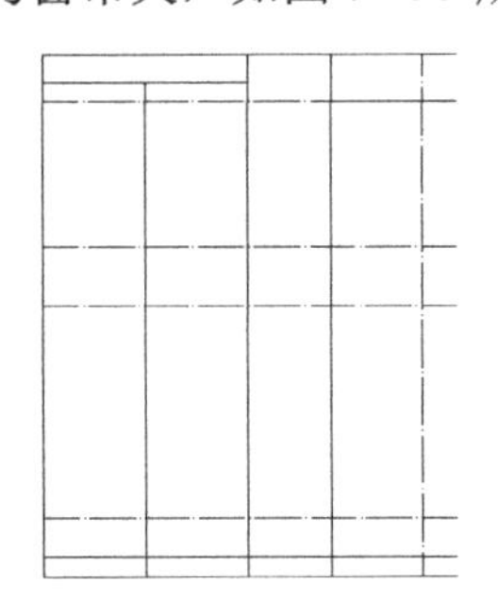

图 7-192　绘制辅助线

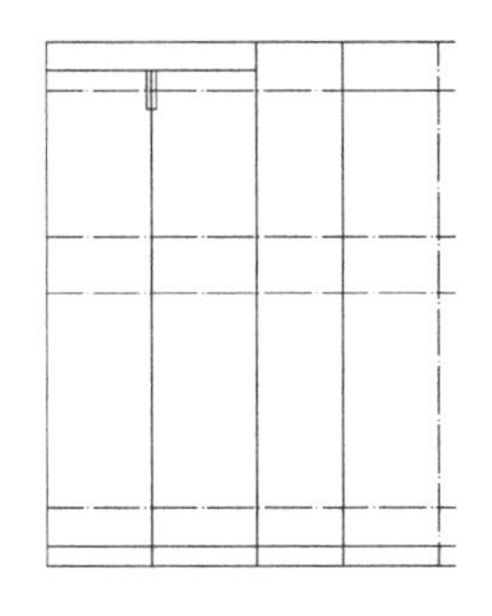

图 7-193　绘制窗帘夹

（8）单击“绘图”工具栏中的“直线”按钮，在窗户下地脚线上方 50mm 的位置绘制一条水平直线，作为窗户的下边缘轮廓线，如图 7-194 所示。单击“修改”工具栏中的“修剪”按钮，将多余的直线修剪掉，如图 7-195 所示。

（9）单击“修改”工具栏中的“偏移”按钮，将竖直辅助线向左、右分别偏移 50mm，并将窗户下边缘线向上偏移 50mm，如图 7-196 所示。重复“偏移”命令，将偏移后的竖直直线向外侧偏移 10mm，将偏移后的水平直线向上偏移 10mm。

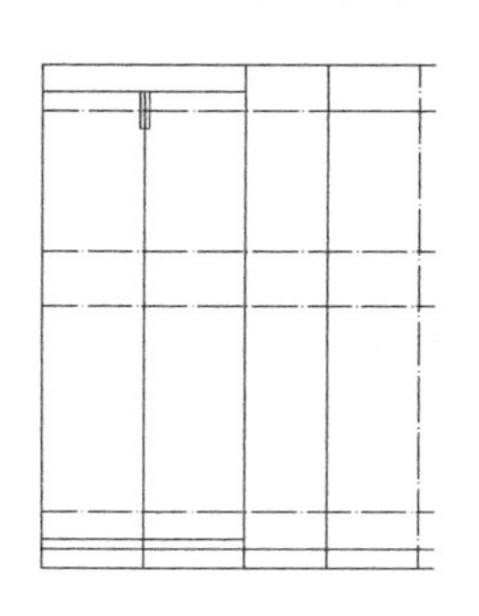

图 7-194　绘制窗户下边缘

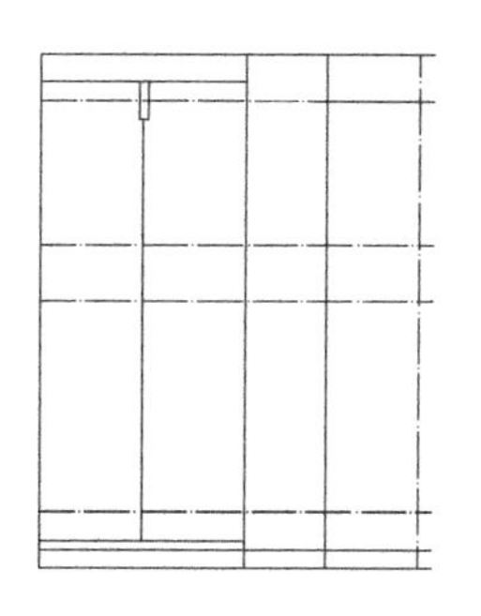

图 7-195　修剪图形

（10）单击“修改”工具栏中的“修剪”按钮，将多余线段删除，最终如图 7-197 所示。

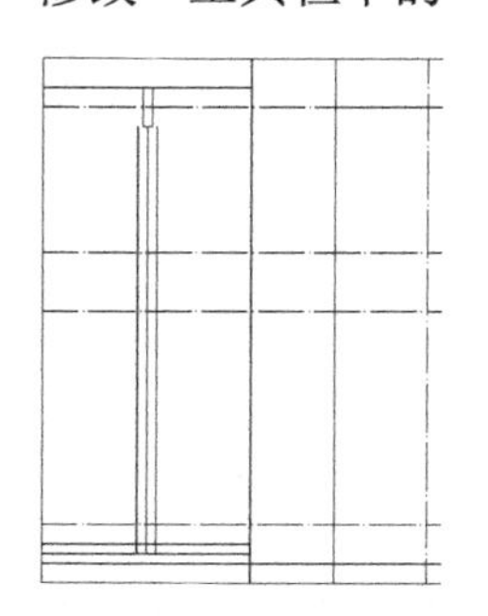

图 7-196　偏移线段

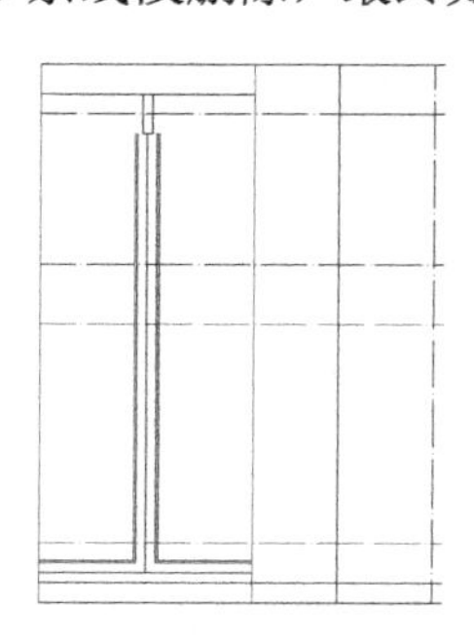

图 7-197　偏移并修剪

（11）单击“绘图”工具栏中的“圆弧”按钮，绘制窗帘的轮廓线，绘制时要细心，有些线型特殊的曲线可以使用“绘图”工具栏中的“样条曲线”绘制。绘制完成后单击“修改”工具栏中的“镜像”按钮将左侧窗帘，镜像复制到右侧，如图 7-198 所示。

（12）单击“绘图”工具栏中的“直线”按钮，在窗户的中间绘制倾斜直线，代表玻璃，如图 7-199 所示。

图 7-198　绘制窗帘

图 7-199　绘制玻璃装饰

（13）柱右侧为电视柜位置。单击“绘图”工具栏中的“矩形”按钮，在顶棚上绘制 6 个 200mm×100mm 的装饰小矩形，如图 7-200 所示。

（14）单击“绘图”工具栏中的“图案填充”按钮，选择“AR-SAND”填充图案，其余参数设置如图 7-201 所示。填充完成后如图 7-202 所示。

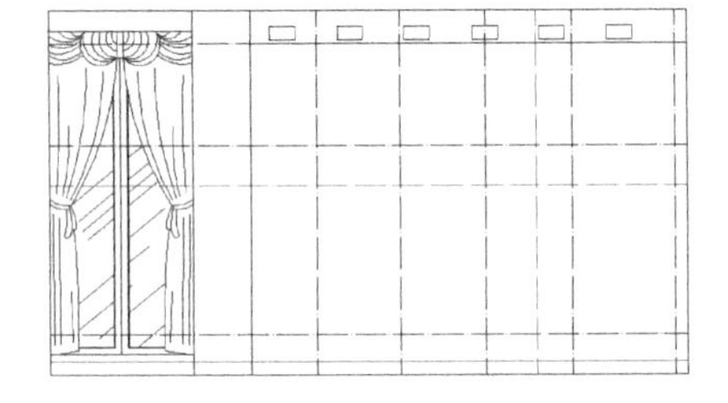

图 7-200　绘制装饰矩形

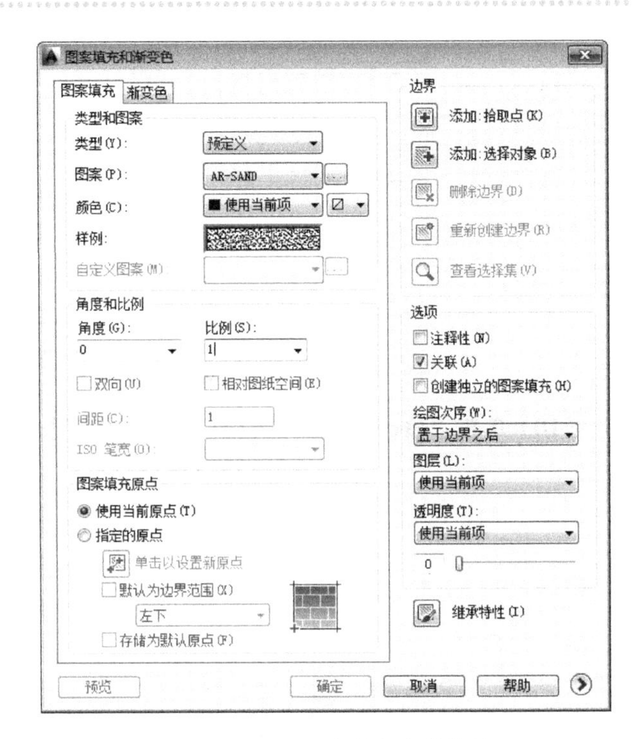

图 7-201　图案填充参数设置

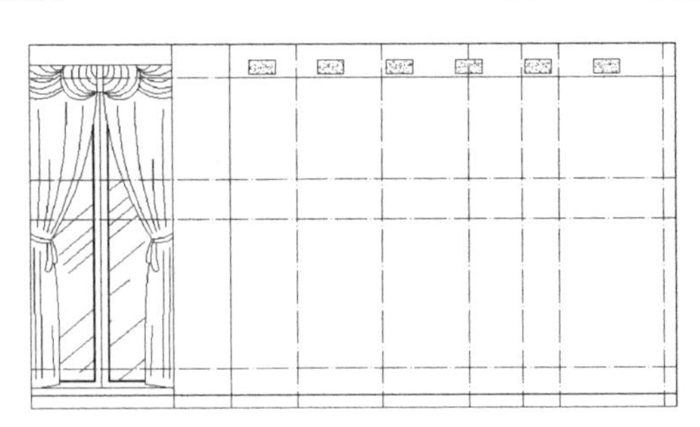

图 7-202　填充装饰图块

（15）绘制电视柜的外轮廓线，为如图 7-203 所示的阴影部分。

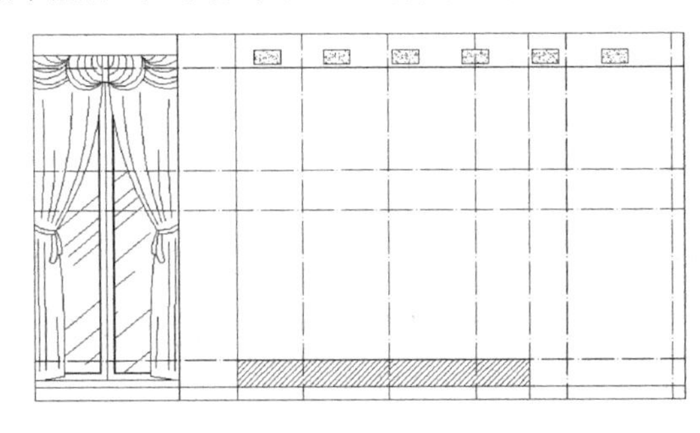

图 7-203　绘制电视柜外轮廓

（16）单击“绘图”工具栏中的“直线”按钮和“修改”工具栏中的“偏移”按钮，设置偏移距离为 10mm，绘制电视柜的隔板，如图 7-204 所示。

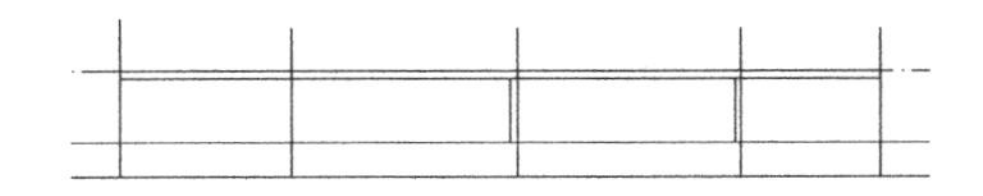

图 7-204　电视柜隔板

（17）电视柜左侧为实木条纹装饰板，先依照轴线的位置绘制一条垂直直线，单击“绘图”工具栏中的“矩形”按钮▭，在中部绘制一个 200mm×80mm 的矩形，如图 7-205 所示。

（18）单击“修改”工具栏中的“分解”按钮，将矩形分解，单击“修改”工具栏中的“修剪”按钮，将矩形右侧的直线删除，如图 7-206 所示。

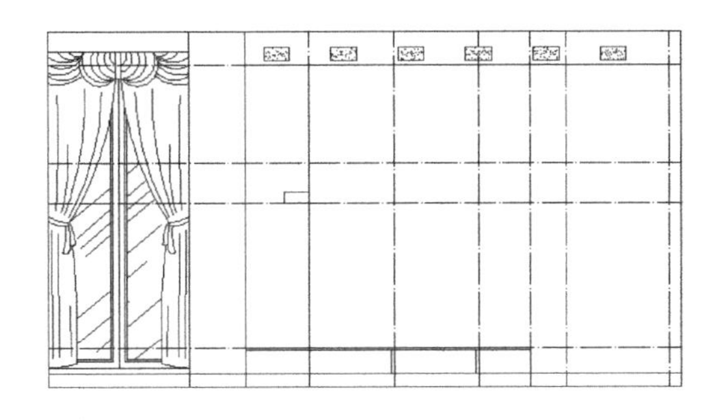

图 7-205　绘制矩形装饰

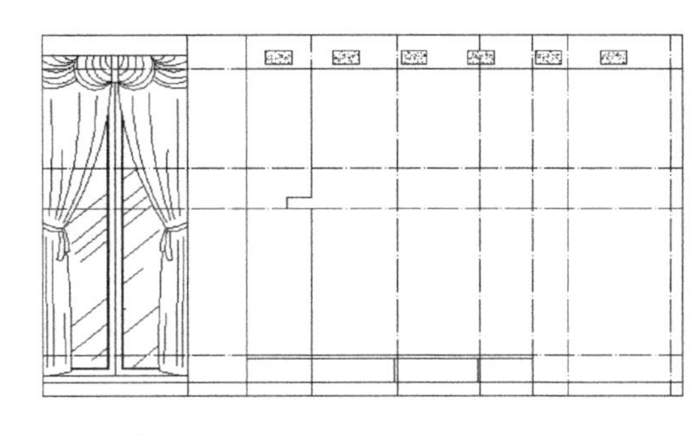

图 7-206　删除直线

（19）单击“绘图”工具栏中的“图案填充”按钮，选择填充图案为“LINE”，填充比例为“10”，选择填充区域时可以单击拾取点命令，在要填充区域内部单击，设置如图 7-207，填充装饰木板后如图 7-208 所示。

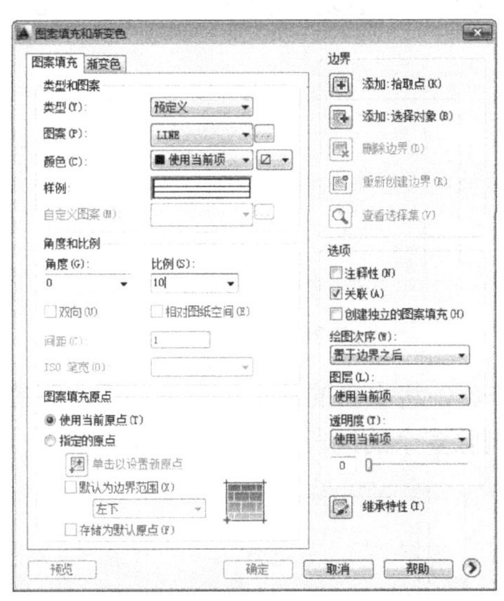

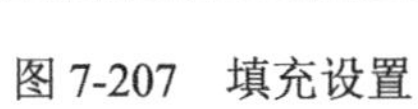

图 7-207　填充设置

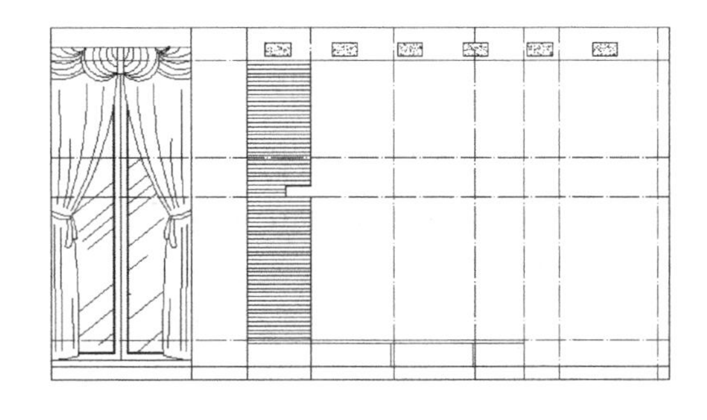

图 7-208　填充装饰木板

（20）本住宅在设计时在客厅正面墙面中部设置了凹陷部分，起装饰作用。绘制时，单击“绘图”工具栏中的“矩形”按钮▭，单击轴线的交点，绘制矩形，如图 7-209 所示。

（21）填充上一步绘制的矩形进行填充，选择填充图案为“DOTS”，设置填充比例为“20”，然后在台阶上绘制墙壁装饰和灯具，如图 7-210 所示。

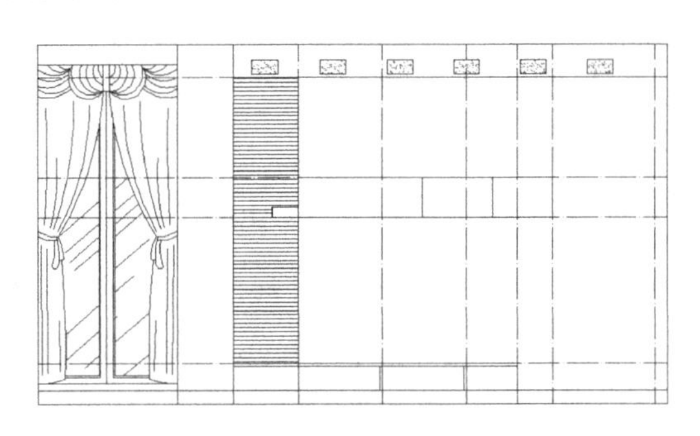

图 7-209　绘制矩形

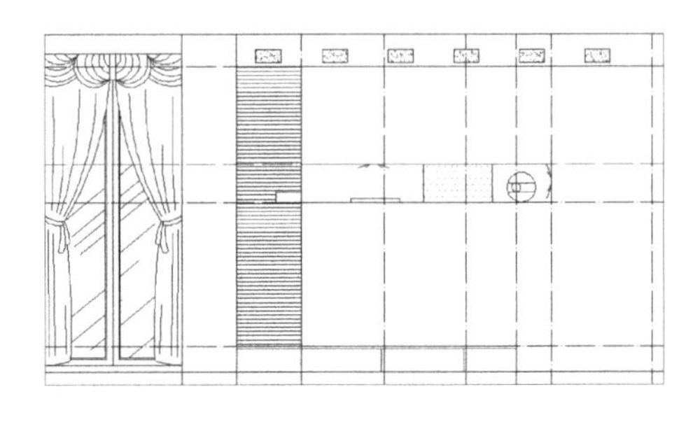

图 7-210　绘制墙壁装饰

（22）单击“绘图”工具栏中的“矩形”按钮，在空白处绘制 1000mm×600mm 的矩形，如图 7-211 所示。

（23）单击“修改”工具栏中的“分解”按钮，将矩形分解。选择左侧竖直边，单击“修改”工具栏中的“偏移”按钮，设置偏移距离为“100”，将边缘向内偏移 100mm，如图 7-212 所示。用同样的方法偏移右侧的竖直边。

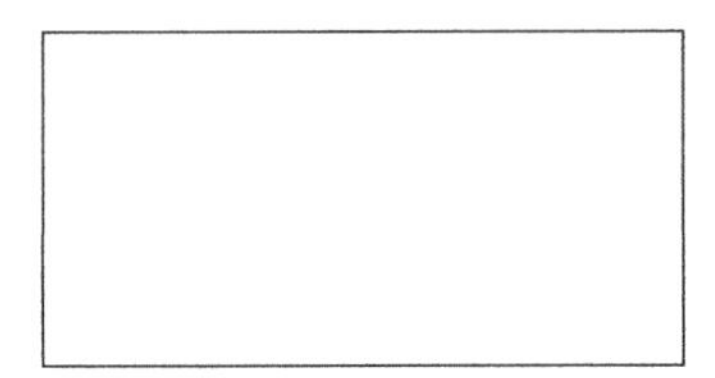

图 7-211　绘制矩形

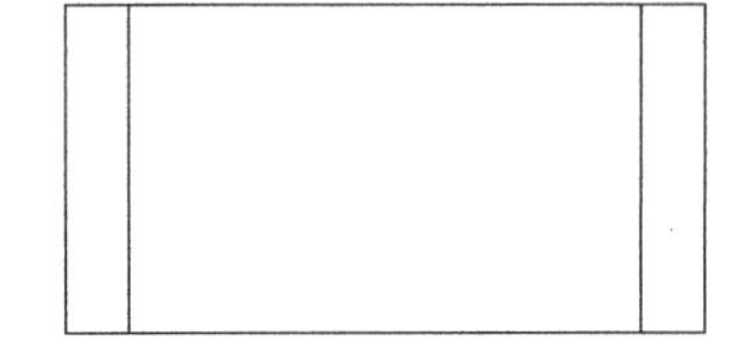

图 7-212　偏移边

（24）再单击“修改”工具栏中的“偏移”按钮，将水平的两个边及偏移后内侧的两个竖线分别向矩形内侧偏移 30mm，如图 7-213 示。删除多余的线段，如图 7-214 所示。

图 7-213　偏移水平边和竖线

图 7-214　删除多余线段

（25）单击“修改”工具栏中的“偏移”按钮，将内侧的矩形向内再次偏移，偏移距离为 20mm，如图 7-215 所示。

（26）单击“绘图”工具栏中的“直线”按钮，在内侧矩形中绘制斜向直线，可以先绘制一条斜线，然后进行复制，如图 7-216 所示。

图 7-215　偏移内侧矩形

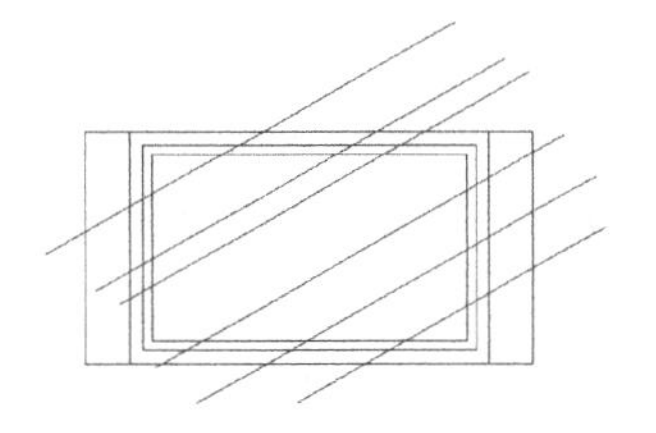

图 7-216　绘制斜向直线

（27）单击“绘图”工具栏中的“图案填充”按钮，在打开的【图案填充和渐变色】对话框中选择填充图案为“AR-SAND”。填充后删除斜向直线，如图 7-217 所示。

（28）在电视下部绘制台座，使用“绘图”工具栏中的“矩形”按钮和“直线”按钮共同绘制，具体细节不再详述。绘制完成后插入到立面图中，删除辅助线，如图 7-218 所示。

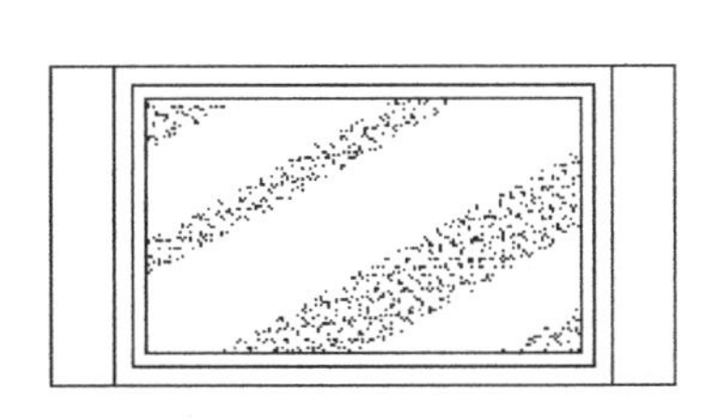

图 7-217　填充图案

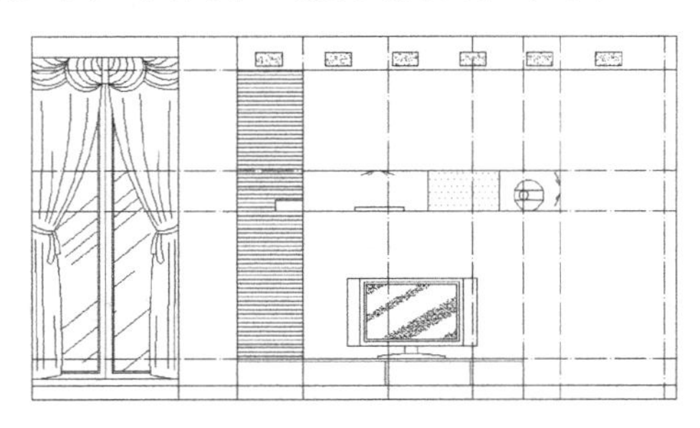

图 7-218　插入电视

（29）将当前图层设置为“文字”，单击“样式”工具栏中的“文字样式”按钮，打开【文字样式】对话框，单击“新建”按钮，新建文字样式命名为“文字标注”。取消选择“使用大字体”复选框，在“字体名”下拉列表中选择“宋体”，文字高度设置为“100”。

将文字标注插入到图中，如图 7-219 所示。

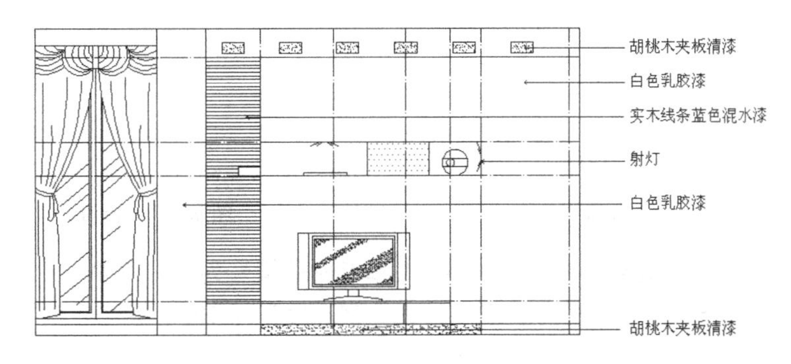

图 7-219　添加文字标注

注意

多数情况下，同一幅图中的文字可能是同一种字体，但文字高度是不统一的，如标注的文字、标题文字、说明文字等文字高度是不一致的。若在文字样式中文字高度默认为 0，则每次

用该样式输入文字时，系统都将提示输入文字高度。输入大于 0.0 的高度值则代表该样式的字体被设置了固定的文字高度，使用该字体时，其文字高度是不允许改变的。

（30）单击“样式”工具栏中的“标注样式”按钮，打开【标注样式编辑】对话框，单击“新建”按钮，将新样式命名为“立面标注”。单击“继续”按钮，编辑标注样式，按照如图 7-220～图 7-222 所示的方式进行参数设置。

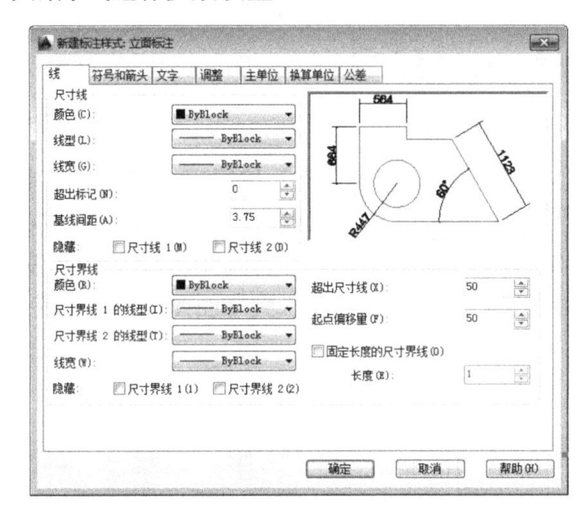

图 7-220　设置尺寸线

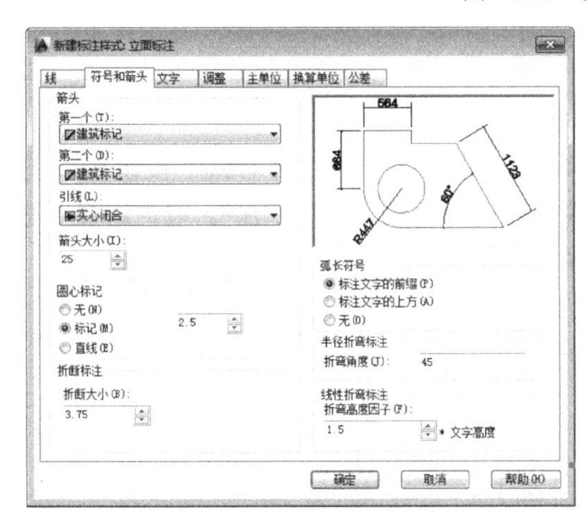

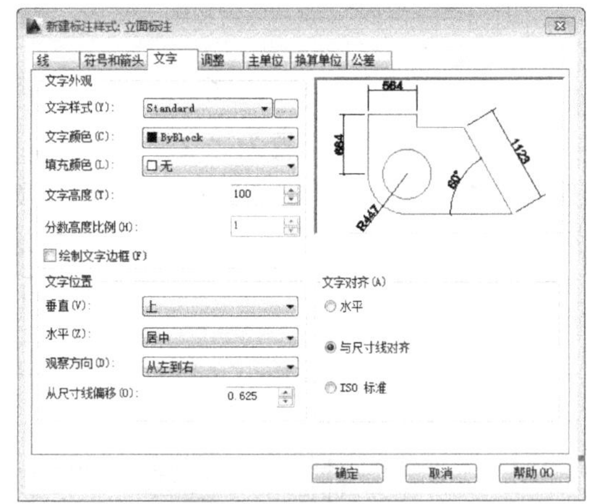

图 7-221　设置箭头　　　　图 7-222　设置文字

标注的基本参数：“超出尺寸线”为 50；“起点偏移量”为 50；“第一个”和“第二个”箭头样式为“建筑标记”；“箭头大小”为 25；“文字高度”为 100。标注后关闭“轴线”图层。

注意

对立面图的绘制步骤，需要说明的是，并不是将所有的辅助线绘制好后才绘制图样，而是由总体到局部、由粗到细，一项一项地完成。如果将所有的辅助线一次绘出，则会密密麻麻，无法分清。

任务四　绘制厨房立面图二

【任务背景】

本任务绘制住宅厨房立面。绘制思路如下：先绘制立面墙体，然后分部分绘制厨房立面家具，最终得到整个厨房的立面结构，如图 7-223 所示。

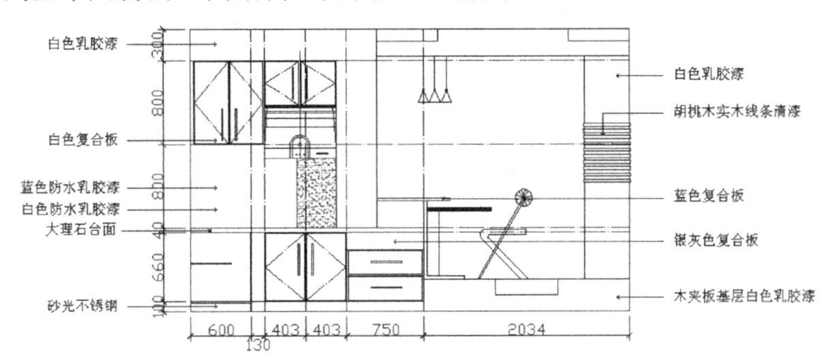

图 2-223　厨房立面图二

【操作步骤】

（1）将“0”图层设置为当前图层，单击“绘图”工具栏中的“矩形”按钮□，绘制 4320mm×2700mm 的矩形，作为绘图边界，如图 7-224 所示。

（2）将“轴线”图层设置为当前图层，根据如图 7-225 所示的距离绘制轴线。

（3）复制客厅立面图中的柱子图形到此图右侧，如图 7-226 所示。

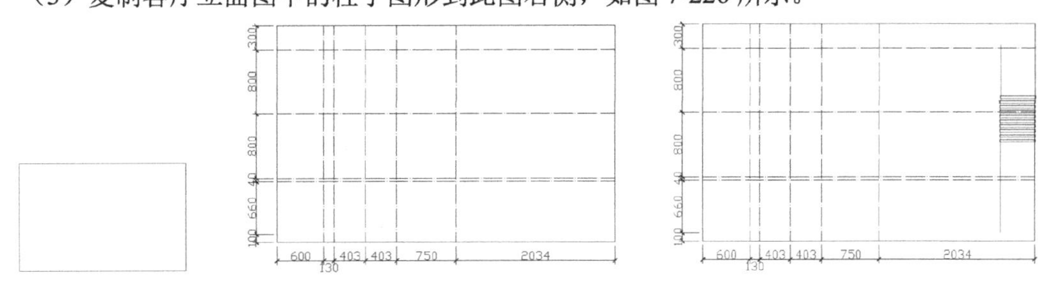

图 7-224　绘制绘图边界　　图 7-225　绘制轴线　　图 7-226　复制柱子

同样在顶棚和地面绘制装饰线和踢脚线，如图 7-227 所示。

（4）将“陈设”图层设置为当前图层，单击“绘图”工具栏中的“矩形”按钮□，通过轴线的交点，绘制灶台的边缘线。并删除多余的柱线，如图 7-228 所示。

（5）单击“绘图”工具栏中的“矩形”按钮□，单击轴线的边界，绘制灶台下面的柜门，以及分割空间的挡板，如图 7-229 所示。

（6）单击“绘图”工具栏中的“偏移”按钮，选择柜门，向内偏移 10mm，如图 7-230 所示。

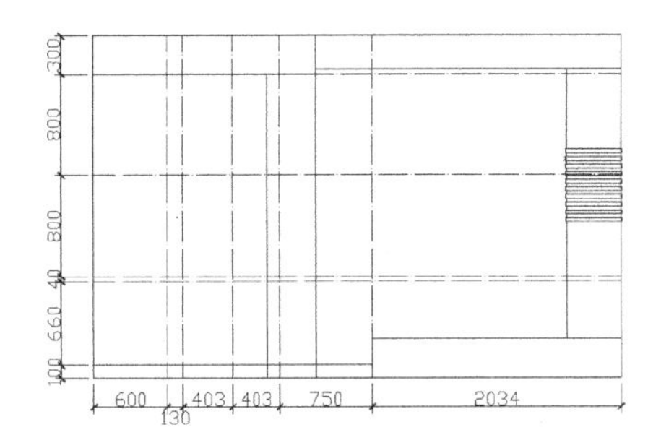

图 7-227　绘制装饰线和踢脚线

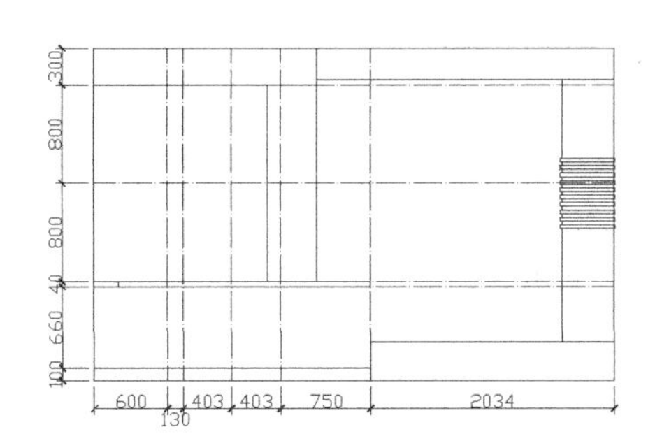

图 7-228　绘制灶台

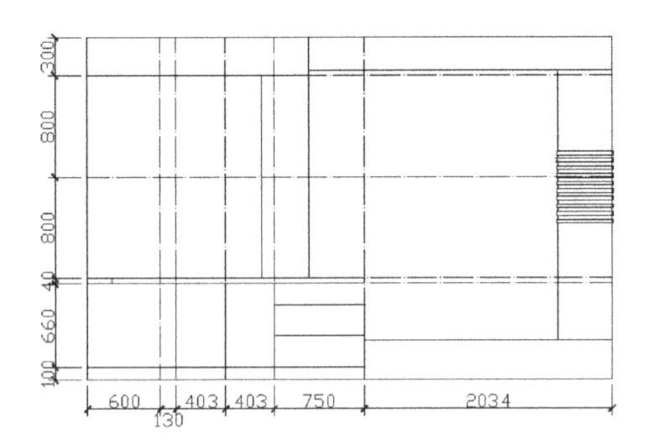

图 7-229　绘制柜门和挡板

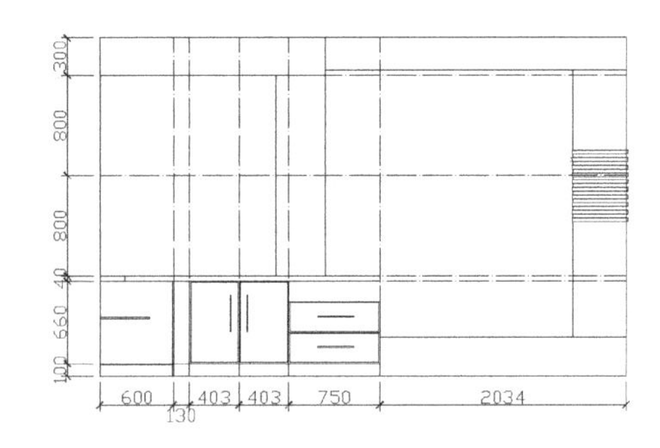

图 7-230　偏移柜门

打开“线型”下拉菜单，从菜单中选择点画线线型，如果没有，可以单击“加载”按钮重新加载，具体内容参看以前章节。

（7）单击柜门的中间上角点，如图 7-231 所示的 A 点，单击“ 对象捕捉”工具栏中的“捕捉到中点”按钮，选择柜门侧边的中点，绘制柜门的装饰线，如图 7-231 所示。选取刚刚绘制的装饰线，右击，在弹出的快捷菜单中选择“特性”选项，打开【特性】对话框，将“线型比例”设置为“10”，如图 7-232 所示。

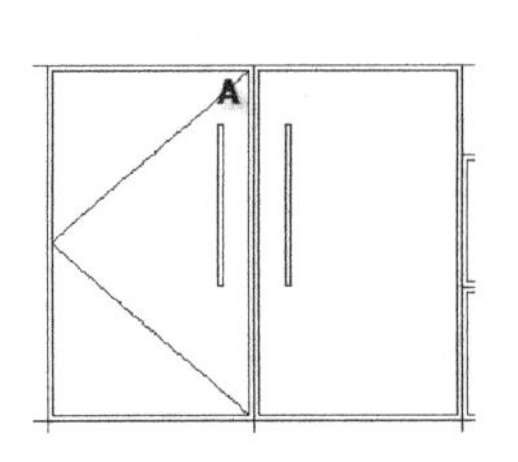

图 7-231　绘制装饰线

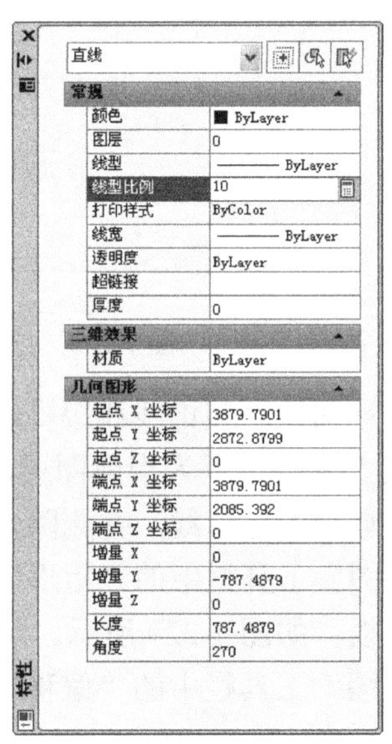

图 7-232　修改线型比例

（8）单击“修改”工具栏中的“镜像”按钮，选取刚刚绘制的装饰线，以柜门的中轴线为基准线，镜像到另外一侧，如图 7-233 所示。

按照步骤（4）～步骤（8）方法，绘制灶台上的壁柜，绘制完成后如图 7-234 所示。

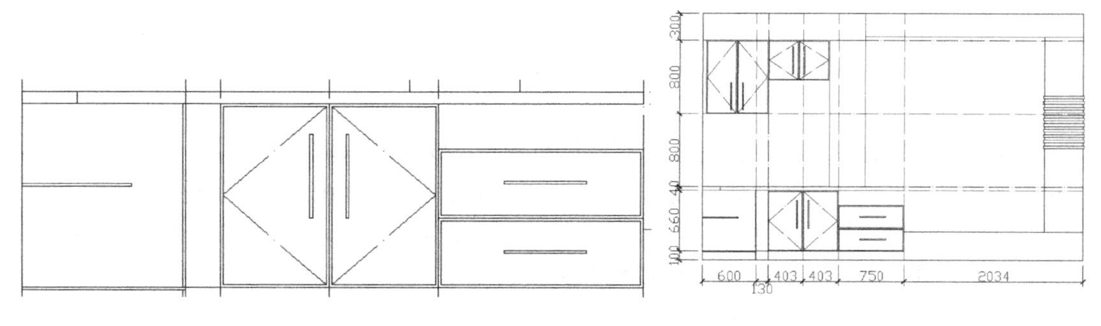

图 7-233　镜像装饰线　　　　图 7-234　绘制壁柜

（9）单击“绘图”工具栏中的“矩形”按钮，以上壁柜的交点为起始点，绘制一个 700mm×500mm 的矩形，作为抽油烟机的外轮廓，如图 7-235 所示。

（10）选取刚刚绘制的矩形，单击“修改”工具栏中的“分解”按钮，将矩形分解。再单击“修改”工具栏中的“偏移”按钮，将矩形的下边向上偏移 100mm，绘制完成后如图 7-236 所示。

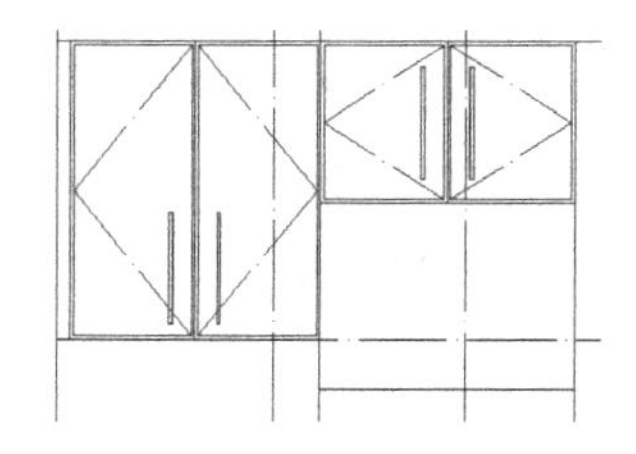

图 7-235　绘制抽油烟机

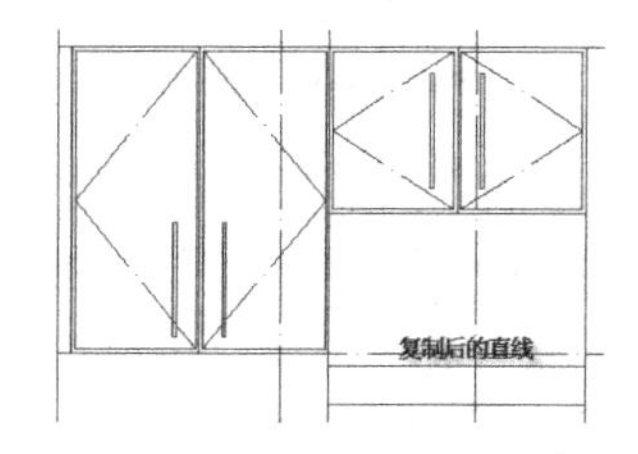

图 7-236　偏移直线

（11）单击“绘图”工具栏中的“直线”按钮，选择偏移后直线的左侧端点，在命令行中输入“@30，400”，按【Enter】键确认，单击“绘图”工具栏中的“直线”按钮，在直线的右端点单击，然后在命令行中输入“@-30，400”，绘制完成后如图 7-237 所示。

（12）选择下部的水平直线，单击“修改”工具栏中的“复制”按钮，选择直线的左端点，然后在命令行中输入复制图形移动的距离“@0，200”“@0，280”“@0，330”“@0，350”“@0，380”“@0，390”“@0，395”，如图 7-238 所示。

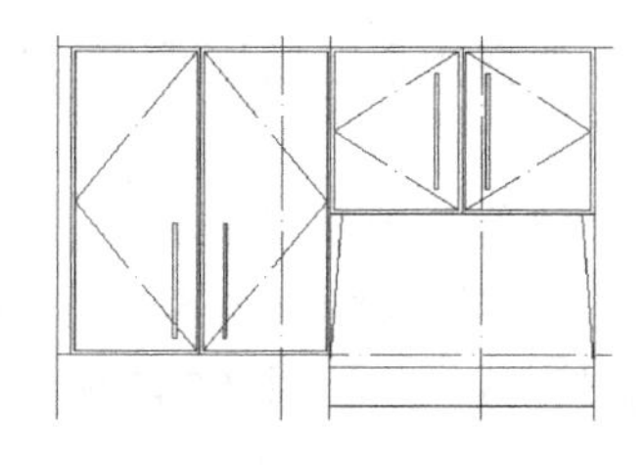

图 7-237　绘制斜线

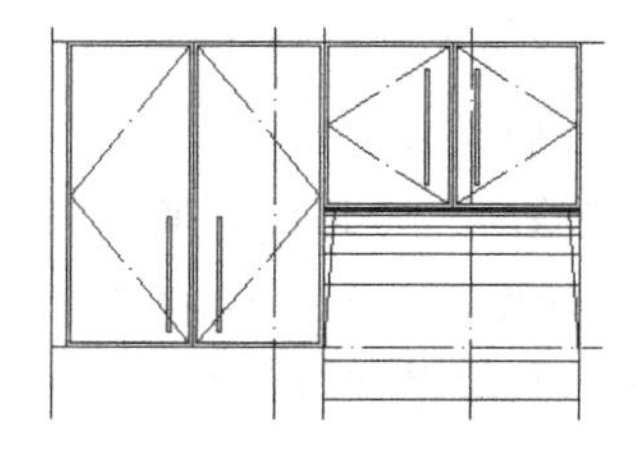

图 7-238　绘制波纹线

（13）单击“绘图”工具栏中的“直线”按钮，再单击“对象捕捉”工具栏中的“捕捉到中点”按钮，选择水平底边的中点，绘制辅助线，如图 7-239 所示。

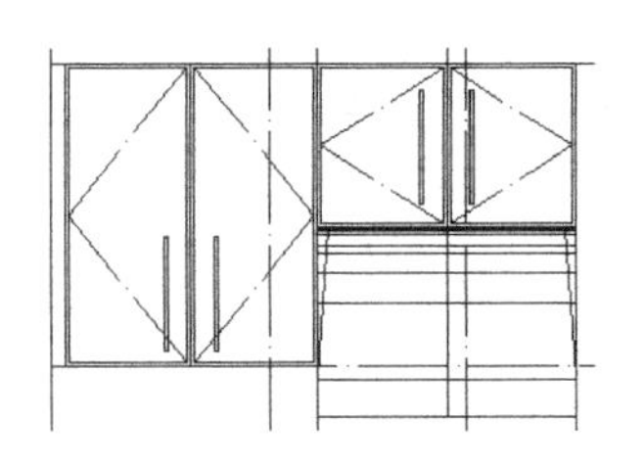

图 7-239　绘制辅助线

重复“直线”命令，在中线左边绘制一条长度为200mm的垂直线，单击“修改”工具栏中的“镜像”按钮，选择辅助中线为对称轴，将刚刚绘制的直线复制到另外一侧。

（14）单击“绘图”工具栏中的“圆弧”按钮，以两条短竖直线作为两个端点，中间点在辅助直线上单击，绘制弧线，如图7-240所示。再单击“绘图”工具栏中的“偏移”按钮，将两个短垂直线和弧线向内偏移20mm，如图7-241所示。

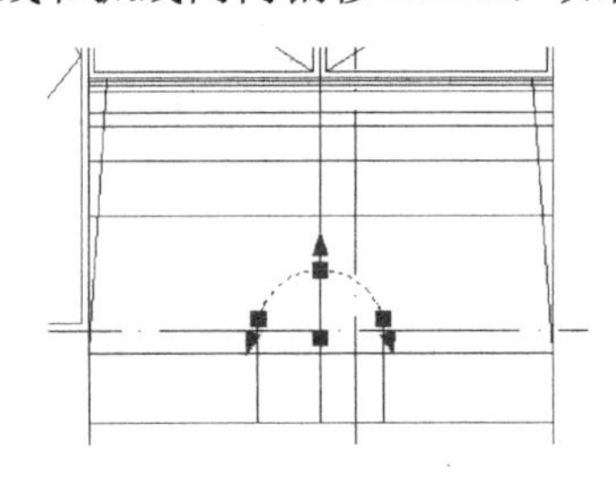

图 7-240　绘制弧线

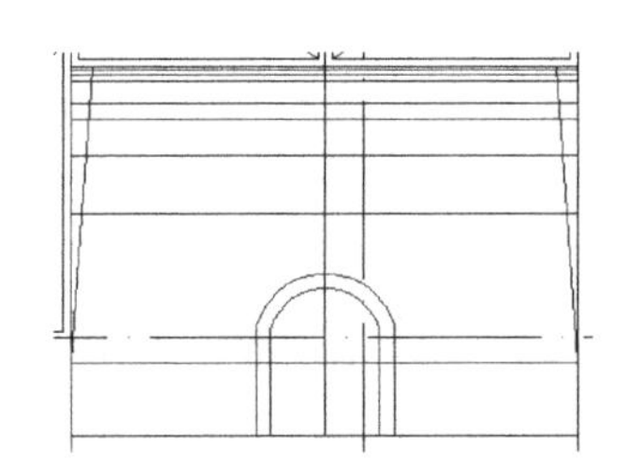

图 7-241　偏移弧线及垂直线

（15）单击“绘图”工具栏中的“圆”按钮，在弧线下面绘制直径为30mm和10mm的圆形，作为抽油烟机的指示灯，再在右侧绘制开关，如图7-242所示。

（16）在右侧绘制椅子模块。单击“绘图”工具栏中的“矩形”按钮，在右侧绘制一个20mm×900mm的矩形，如图7-243所示。

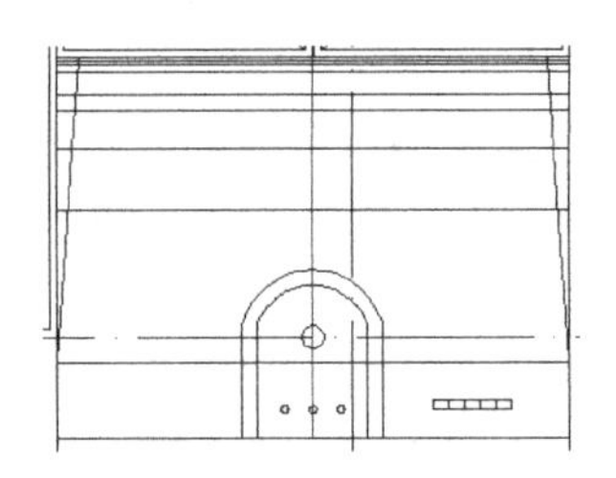

图 7-242　绘制指示灯和开关

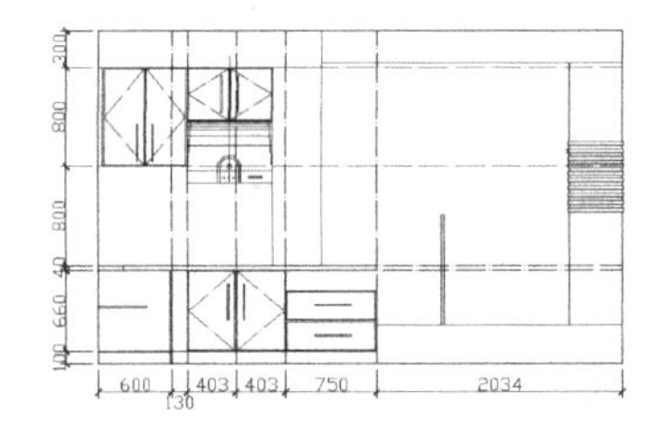

图 7-243　绘制椅子靠背

（17）单击“修改”工具栏中的“旋转”按钮，选择矩形，以如图7-244所示的A点作为旋转轴，顺时针旋转30°。

（18）单击“修改”工具栏中的“修剪”按钮，将位于地面以下的椅子部分删除。

（19）单击“绘图”工具栏中的“矩形”按钮，在右侧绘制一个50mm×600mm的矩形，单击“修改”工具栏中的“旋转”按钮，逆时针旋转45°，如图7-245所示。

（20）单击“绘图”工具栏中的“矩形”按钮，在短矩形的顶部，绘制一个尺寸为400mm×50mm的矩形，作为坐垫，如图7-246所示。

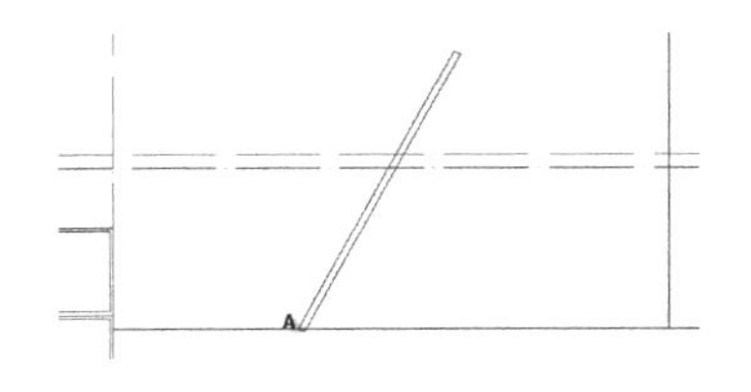

图 7-244　旋转轴

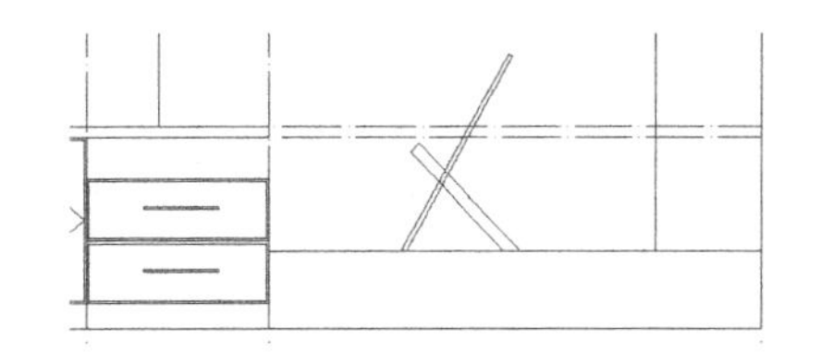

图 7-245　绘制椅子腿

（21）单击“修改”工具栏中的“分解“按钮，将矩形分解，然后单击“修改”工具栏中的“圆角”按钮，选择相交的边，将外侧倒角半径设置为 50mm，内侧半径设置为 20mm，最终如图 7-247 所示。

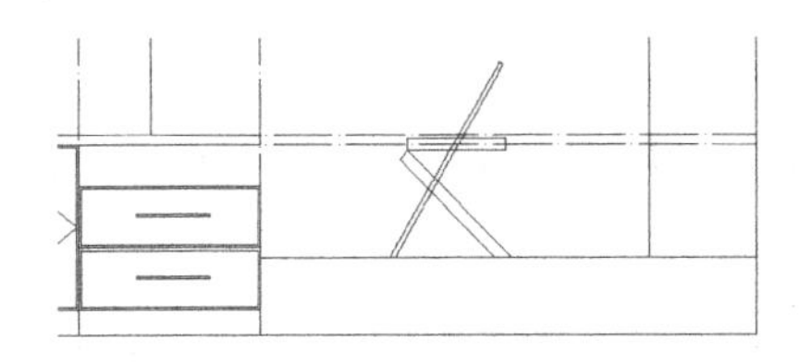

图 7-246　绘制坐垫

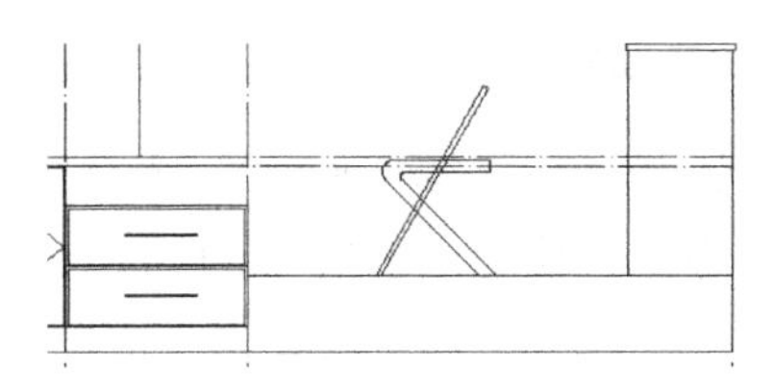

图 7-247　设置倒角

（22）单击“绘图”工具栏中的“圆”按钮，以椅背的顶端中点为圆心，绘制一个半径为 80mm 的圆，单击“绘图”工具栏中的“直线”按钮，绘制直线进行装饰，作为椅背的靠垫，如图 7-248 所示。

（23）按照步骤（16）～步骤（22）的方法，绘制此立面图的其他基本设施模块，如图 7-249 所示。

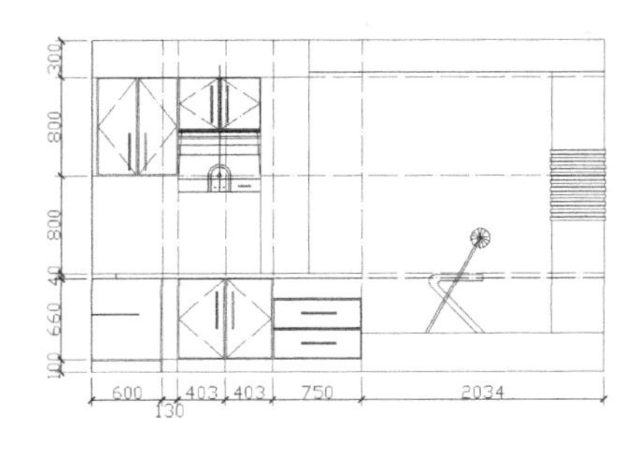

图 7-248　绘制椅子模块完成

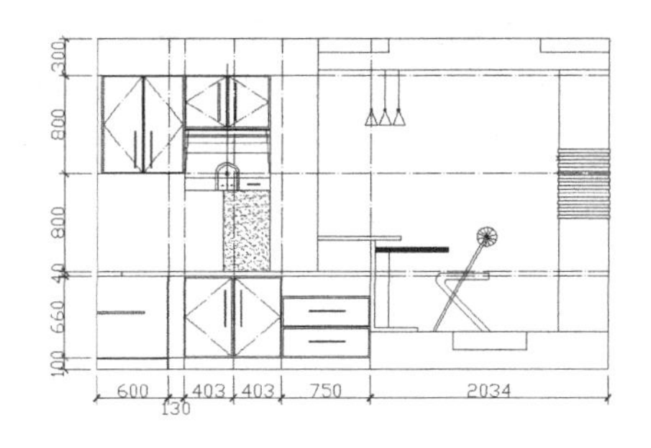

图 7-249　绘制其他设施

（24）将“文字”图层设置为当前图层，添加文字标注。

任务五　绘制书房立面图三

【任务背景】

本任务通过书房立面图的绘制帮助读者掌握此类立面图的基本绘制方法和思路。绘制思路如下：先绘制立面墙体，然后分部分绘制书房立面家具，最终得到整个书房立面结构，如图 7-250 所示。

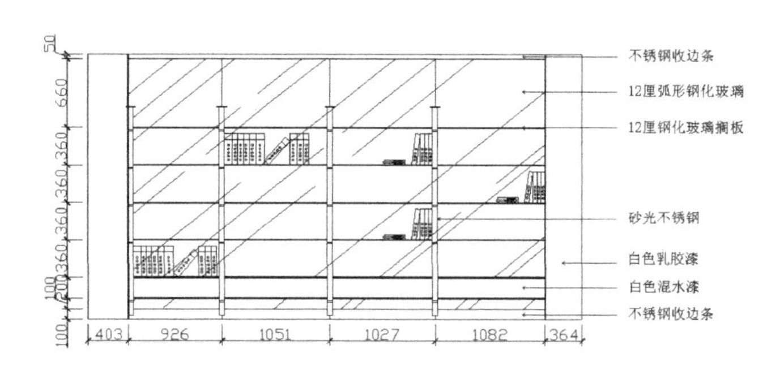

图 7-250　书房立面图二

【操作步骤】

（1）绘制书房的书柜平面图。将“0”图层设置为当前图层，选取“格式”菜单栏中的“图层界限”命令，绘制大小为4853mm×2550mm 的绘图边界，如图 7-251 所示。

（2）将“轴线”图层设置为当前图层，绘制的轴线如图 7-252 所示。

图 7-251　绘制绘图边界

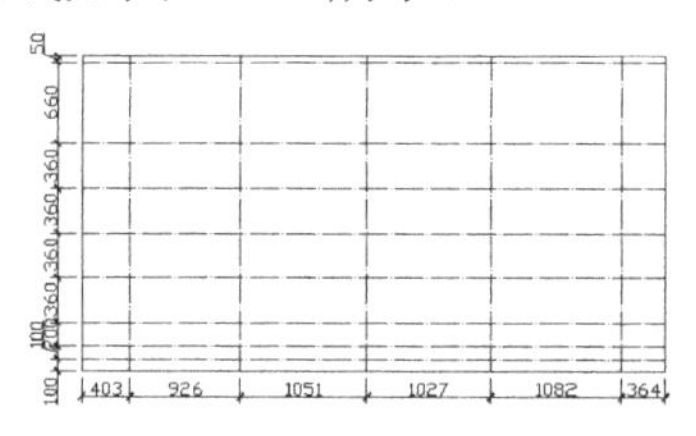

图 7-252　绘制轴线

（3）将“陈设”图层设置为当前图层，单击“绘图”工具栏中的“直线”按钮，沿轴线绘制书柜的边界和玻璃的分界线，如图 7-253 所示。

（4）单击“绘图”工具栏中的“多段线”按钮，设置线宽为 10mm，绘制书柜的水平板及两侧边缘，如图 7-254 所示。

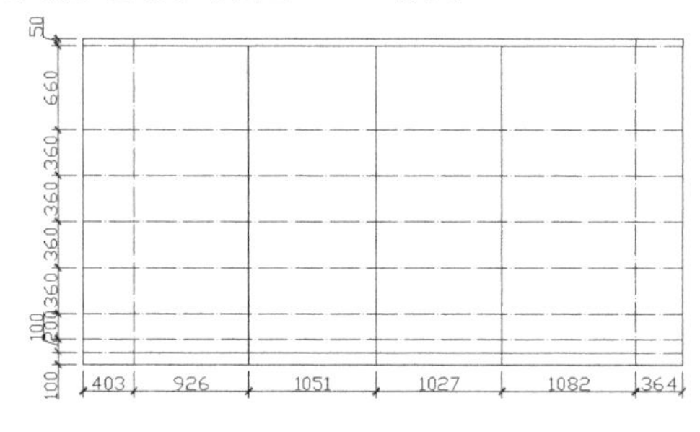

图 7-253　绘制玻璃分界线

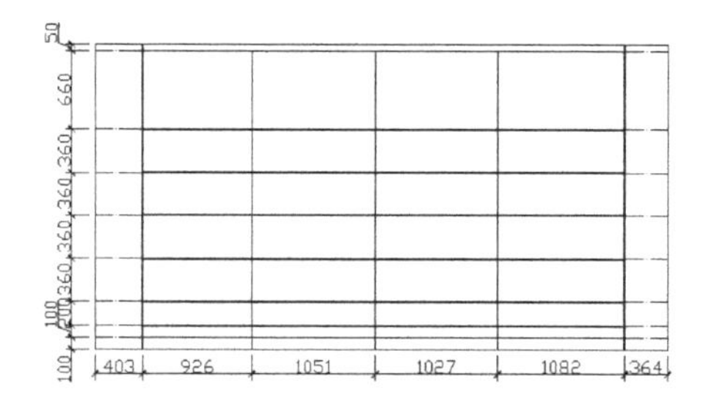

图 7-254　绘制水平板

（5）单击“绘图”工具栏中的“矩形”按钮，绘制一个 50mm×2000mm 的矩形，然后在其上端绘制一个 100mm×10mm 的矩形，作为书柜隔挡，如图 7-255 所示。

（6）选择“格式”菜单栏中的“多线样式”命令，打开【多线样式编辑器】对话框，新建多线样式，按照如图 7-256 所示的方式进行设置，然后在隔挡中绘制多线，其中上部间距“360”，最下层间距为“560”，如图 7-257 所示。将隔挡复制到书柜的竖线上，然后删除多余线段，如图 7-258 所示。

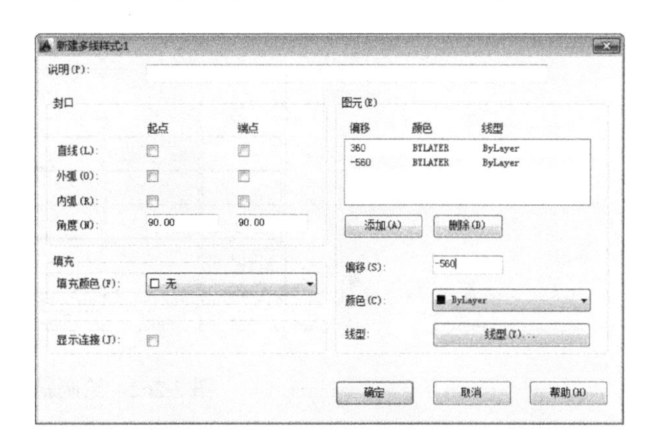

图 7-255　绘制书柜隔挡　　　　图 7-256　设置多线

（7）单击“绘图”工具栏中的“矩形”按钮，在空白处绘制一个 400mm×300mm 的矩形，单击“绘图”工具栏中的“直线”按钮，然后在其中绘制垂直直线进行分割，间距自己定义，作为书的造型如图 7-259 所示。

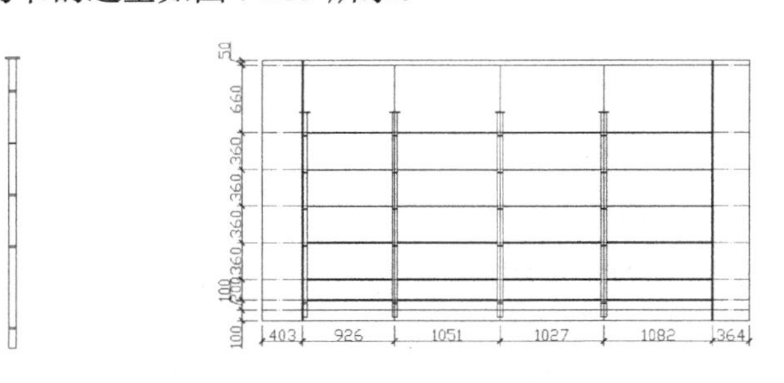

图 7-257　绘制多线　　　　图 7-258　复制隔挡　　　　图 7-259　绘制书造型

（8）单击“绘图”工具栏中的“直线”按钮，绘制一条水平直线，单击“绘图”工具栏中的“圆”按钮，在直线下方绘制圆形代表书名，如图 7-260 所示。用同样的方法绘制其他书的造型，如图 7-261 所示。

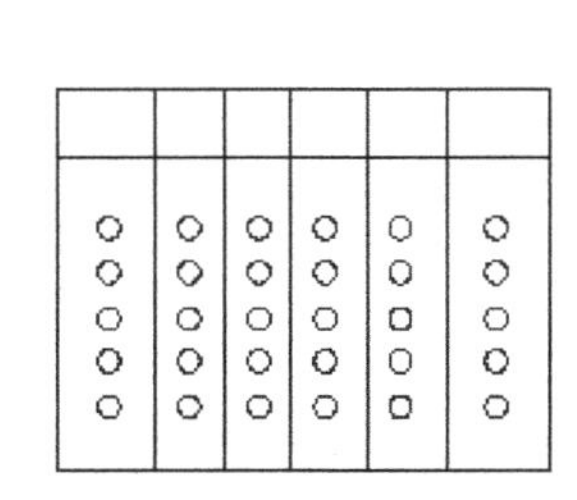

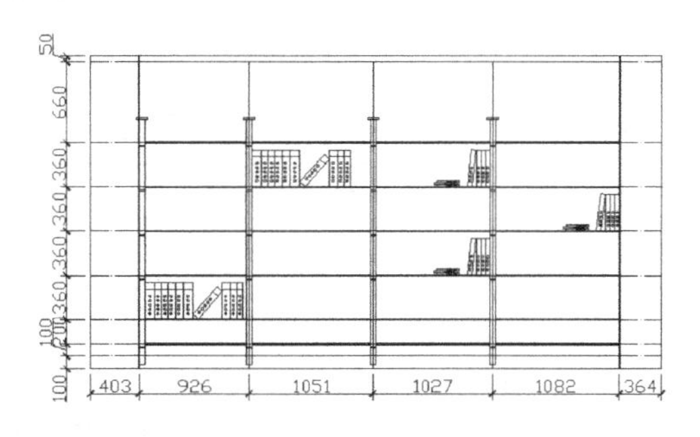

图 7-260　绘制圆形　　　　图 7-261　插入图书造型

（9）最后绘制玻璃纹路。单击“绘图”工具栏中的“直线”按钮，绘制 45° 的斜线，如图 7-262 所示。

（10）单击“修改”工具栏中的“修剪”按钮，将玻璃内轮廓外部和底部抽屉处的直线剪切掉，如图 7-263 所示。

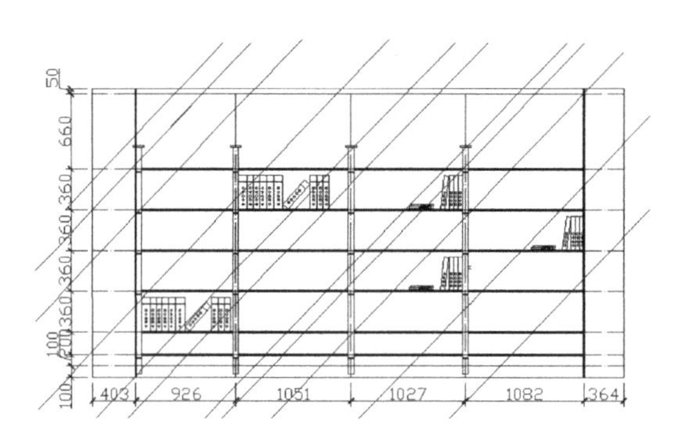

图 7-262　绘制斜线

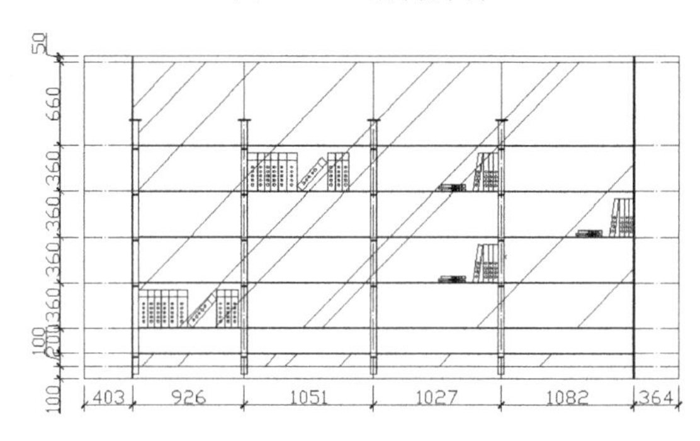

图 7-263　修剪斜线

（11）单击“修改”工具栏中的“打断”按钮，将图中的部分斜线打断，绘制完成后如图 7-264 所示。

（12）最后将“文字”图层设置为当前图层，添加文字标注。

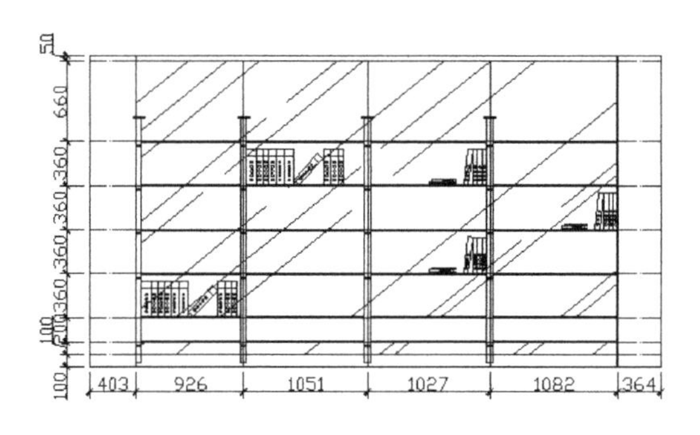

图 7-264　绘制玻璃纹路

上机实验 7

实验 1　绘制如图 7-265 所示的两居室室内平面图。

◆ 目的要求

小户型的室内平面图中，大部分房间是矩形形状。一般先绘制房间的开间和进深轴线，然后根据轴线绘制房间墙体，再创建门窗洞口造型，最后完成小户型的建筑图形。

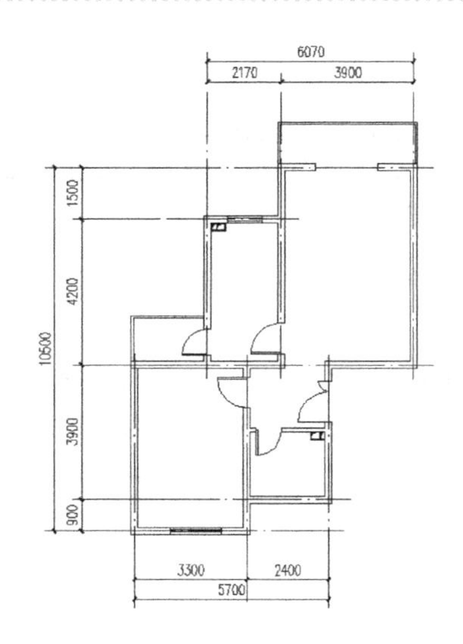

图 7-265　室内平面图

◆ 操作提示

（1）绘制墙体。

（2）绘制门窗。

（3）绘制管道井等辅助空间。

实验 2　绘制如图 7-266 所示的两居室顶棚平面图。

◆ 目的要求

由于住宅的层高在 2700mm 左右，相对比较矮，因此不建议做复杂的造型，但在门厅处可以设计局部的造型，在卫生间、厨房等安装铝扣板顶棚吊顶。顶棚一般通过刷不同色彩的乳胶漆得到很好的效果。一般取没有布置家具和洁具等设施的居室平面进行顶棚设计。

◆ 操作提示

（1）绘制顶棚造型。

（2）插入所需图块。

（3）布置灯具。

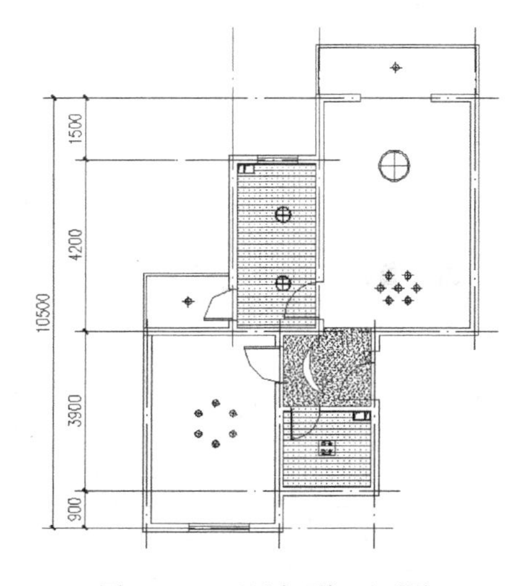

图 7-266　两居室顶棚平面图

项目八　绘制咖啡吧室内设计图

【学习情境】

咖啡吧是现代都市人休闲生活中的重要去处，是人们休息时间与朋友畅聊的最佳场所。作为一种典型的都市商业建筑，咖啡吧一般设施健全、环境幽雅，是喧嚣都市内难得的安静去处。

本项目将以某写字楼底层咖啡吧室内设计为例讲述咖啡吧类休闲商业建筑室内设计的基本思路和方法。

【能力目标】

- 掌握商业空间室内设计图的具体绘制方法。
- 灵活应用各种 AutoCAD 命令。
- 提高室内设计图绘制的速度和效率。

【课时安排】

8 课时（讲课 3 课时，练习 5 课时）

任务一　绘制咖啡吧装饰平面图

【任务背景】

咖啡吧是人们繁忙的工作中缓解疲劳的最佳场所，本例咖啡吧吧厅开阔，能同时容纳多人，室内布置了花台、电视，布局合理。前厅位置宽阔、人流畅通。下面介绍如图 8-1 所示咖啡吧装饰平面图的绘制。

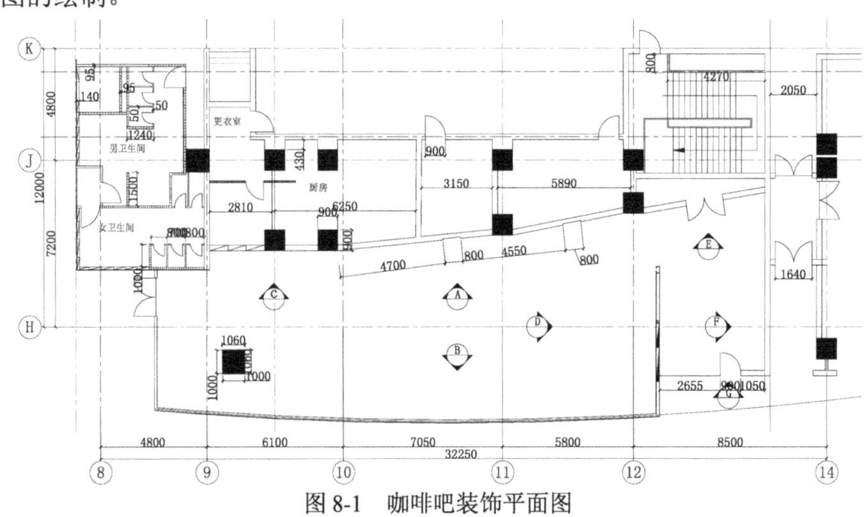

图 8-1　咖啡吧装饰平面图

【操作步骤】

1. 绘图准备

（1）单击“标准”工具栏中的“打开”按钮，打开前面绘制的“咖啡吧平面图”，如图 8-2 所示。并将其另存为“咖啡吧平面布置图”。

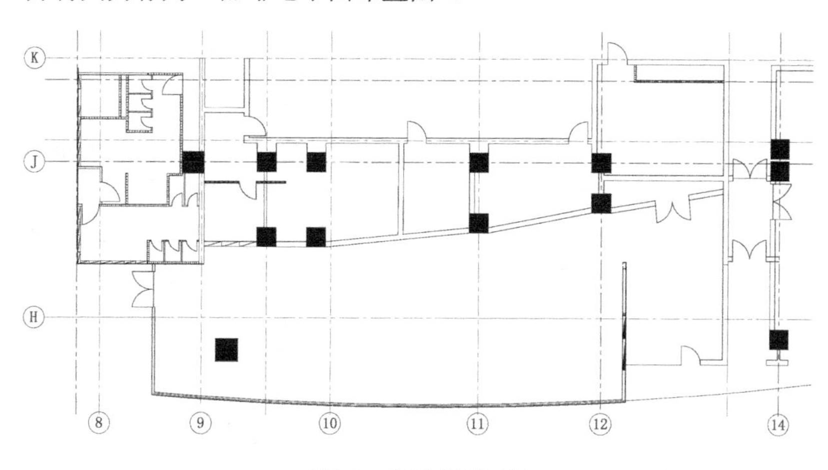

图 8-2　咖啡吧平面图

（2）关闭“尺寸”图层和“文字”图层。

（3）单击“图层”工具栏中的“图形特性管理器”按钮，新建“装饰”图层，并将其设置为当前图层，图层设置如图 8-3 所示。

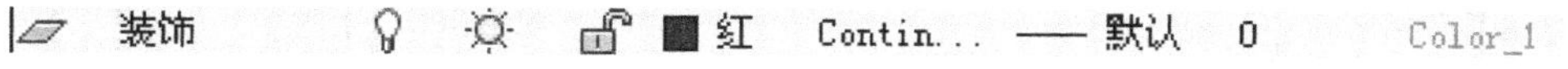

装饰　　红　Contin...　—— 默认　0　Color_1

图 8-3　“装饰”图层设置

2. 绘制所需图块

图块是多个对象组成的一个整体，在图形中图块可以反复使用，大大节省了绘图时间。下面我们绘制家具并将其制作成图块布置到模型中。

（1）绘制餐桌椅。

① 单击“绘图”工具栏中的“矩形”按钮，在空白位置绘制 200mm×100mm 的矩形，如图 8-4 所示。

② 单击“绘图”工具栏中的“圆弧”按钮，起点为矩形左上端点，终点为矩形右上端点，绘制一段圆弧，如图 8-5 所示。

③ 单击“修改”工具栏中的“修剪”按钮，修剪图形，如图 8-6 所示。

④ 单击“修改”工具栏中的“偏移”按钮，将绘制的图形向外偏移 10mm，完成椅子的制作，如图 8-7 所示。

⑤ 单击单击“绘图”工具栏中的“创建块”按钮，打开【块定义】对话框，在“名称”文本框中输入“餐椅 1”。单击“拾取点”按钮，选择椅子下边线的中点为基点，单击“选择对象”按钮，选择全部对象，结果如图 8-8 所示。

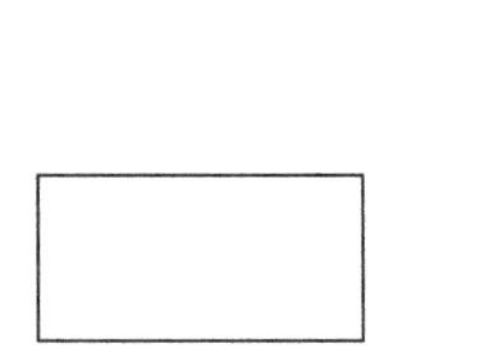

图 8-4　绘制矩形

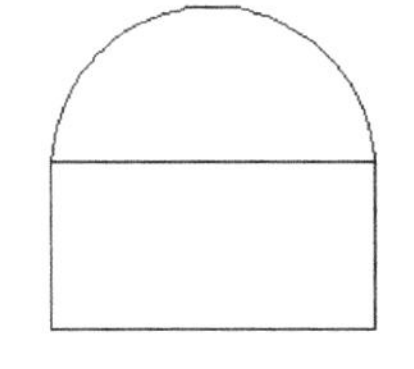

图 8-5　绘制圆弧

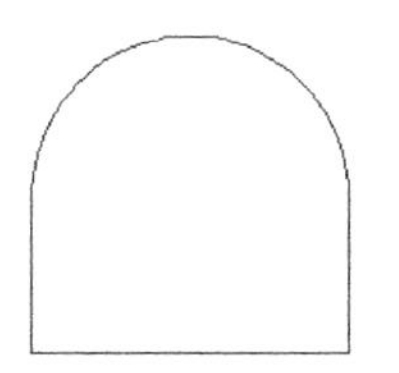

图 8-6　修剪图形

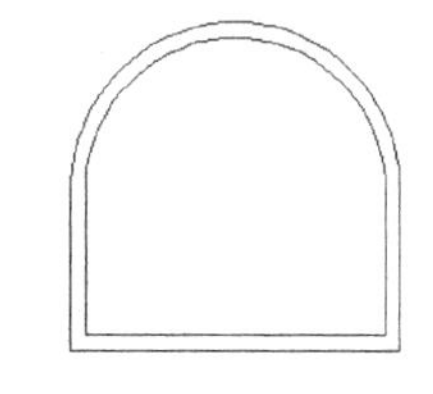

图 8-7　椅子

图 8-8　定义餐椅图块

⑥ 单击“绘图”工具栏中的“矩形”按钮▭，绘制一个尺寸为 300mm×500mm 的方形桌子，如图 8-9 所示。

⑦ 单击“绘图”工具栏中的“插入块”按钮，打开【插入】对话框。

⑧ 在“名称”下拉列表中选择“餐椅 1”图块，指定桌子任意一点为插入点，旋转“角度”为 90° 块单位“比例”为 0.5，结果如图 8-10 所示。

⑨ 插入全部椅子图形，如图 8-11 所示。

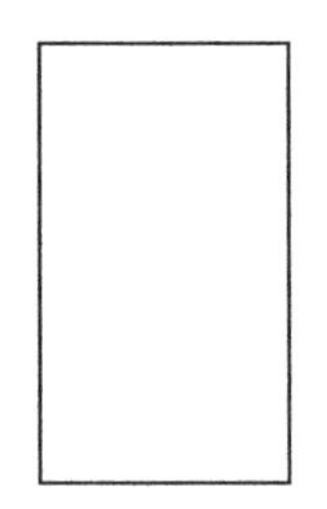

图 8-9　桌子

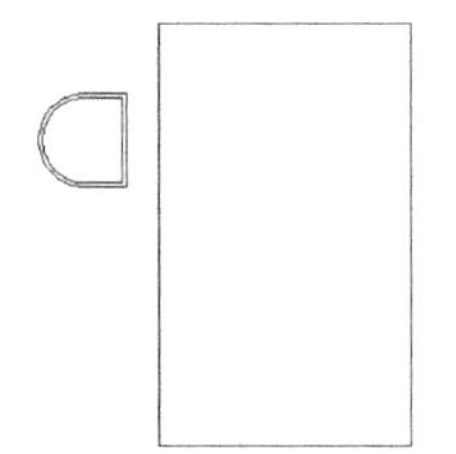

图 8-10　插入椅子图块

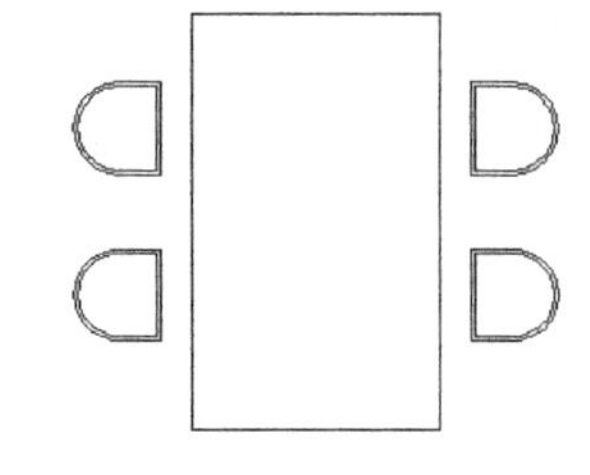

图 8-11　插入全部椅子

注意

在图形中插入块时，可以对相关参数如插入点，插入比例及旋转角度进行设置。

⑩ 利用上述方法绘制两人座桌椅，结果如图 8-12 所示。

图 8-12　两人座桌椅

（2）绘制四人座桌椅。

① 单击“绘图”工具栏中的“矩形”按钮▭，绘制一个尺寸为 500mm×500mm 的矩形，作为桌子，如图 8-13 所示。

② 单击“绘图”工具栏中的“插入块”按钮，打开【插入】对话框。在“名称”下拉列表中选择“餐椅 1”图块，指定桌子左上边线的中点为插入点，旋转 35°，结果如图 8-14 所示。

③ 插入全部椅子图形，结果如图 8-15 所示。

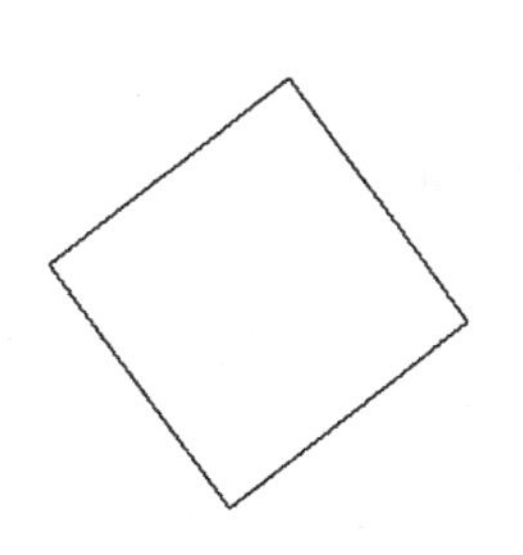

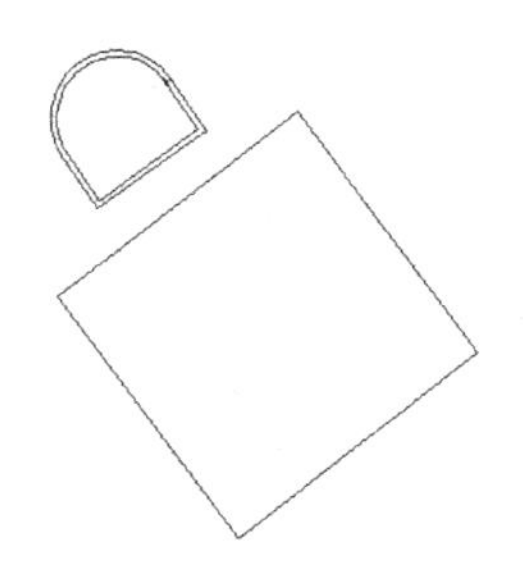

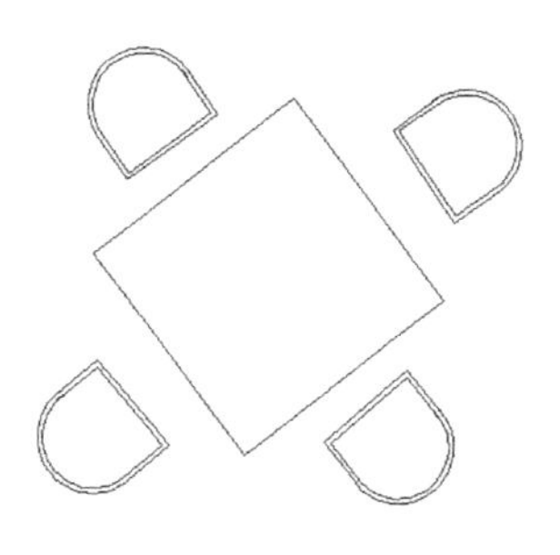

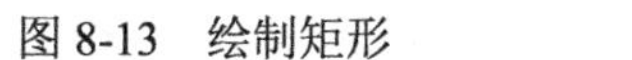

图 8-13　绘制矩形　　图 8-14　插入椅子　　图 8-15　插入全部椅子

（3）绘制卡座沙发。

① 单击“绘图”工具栏中的“矩形”按钮，绘制一个尺寸为 200mm×200mm 的矩形，如图 8-16 所示。

② 单击“修改”工具栏中的“分解”按钮，将绘制的矩形分解。

③ 单击“修改”工具栏中的“偏移”按钮，将矩形上边线向下偏移 50mm，如图 8-17 所示。

④ 单击“修改”工具栏中的“偏移”按钮，将矩形上边线和上边偏移的直线分别向下偏移 5mm。

⑤ 单击“修改”工具栏中的“圆角”按钮，将矩形上两条边和底边进行圆角处理，圆角半径为 15mm，结果如图 8-18 所示。

⑥ 单击“修改”工具栏中的“复制”按钮，将绘制的图形复制 4 个，完成卡座沙发的绘制，如图 8-19 所示。

⑦ 单击“绘图”工具栏中的“创建块”按钮，打开【块定义】对话框，在“名称”文本框中输入“卡坐沙发”。单击“拾取点”按钮，选择“卡坐沙发”坐垫下边线中点为基点，单击“选择对象”按钮，选择全部对象，如图 8-20 所示。

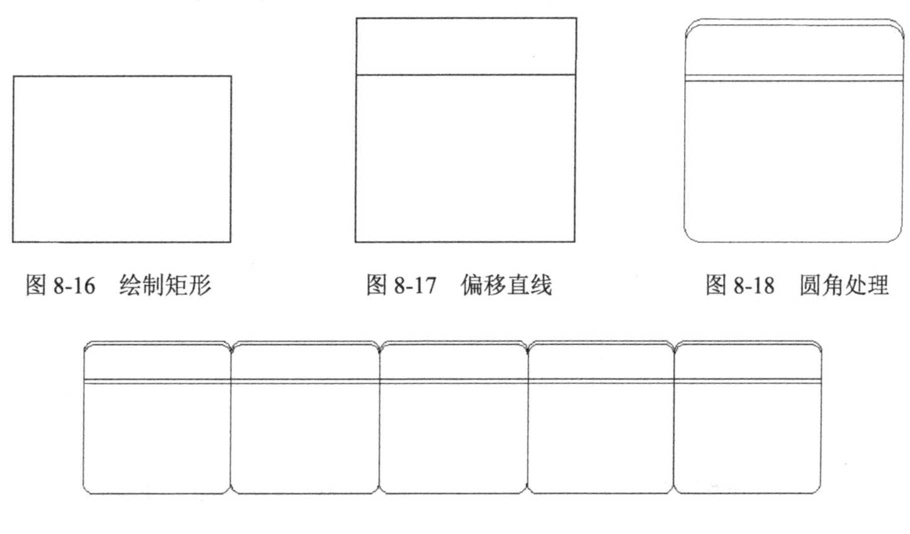

图 8-16　绘制矩形　　图 8-17　偏移直线　　图 8-18　圆角处理

图 8-19　卡座沙发

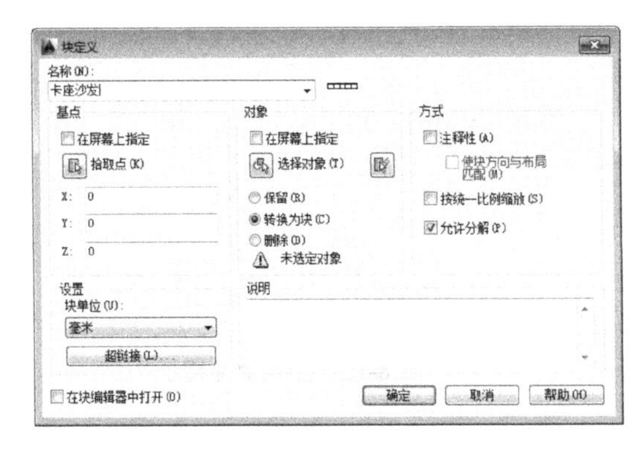

图 8-20　定义卡座沙发图块

（4）绘制双人沙发。

① 单击“绘图”工具栏中的“矩形”按钮，绘制一个尺寸为 200mm×200mm 的矩形，如图 8-21 所示。

② 单击“修改”工具栏中的“分解”按钮，将绘制的矩形分解。

③ 单击“修改”工具栏中的“偏移”按钮，将矩形上边向下偏移 2mm、15mm 和 2mm。将矩形左侧竖直边和矩形下边分别向外偏移 5mm，如图 8-22 所示。

④ 单击“修改”工具栏中的“圆角”按钮，将矩形的边进行倒圆角处理。圆角半径为 5mm，如图 8-23 所示。

图 8-21　绘制矩形　　图 8-22　偏移直线　　图 8-23　矩形倒圆角

⑤ 单击“修改”工具栏中的“镜像”按钮，将图形镜像，镜像线为矩形右边竖直边。完成双人沙发的绘制，结果如图 8-24 所示。

⑥ 单击“绘图”工具栏中的“创建块”按钮，打开【块定义】对话框，在“名称”文本框中输入“双人沙发”。单击“拾取点”按钮，选择“双人沙发”坐垫下边线的中点为基点，单击“选择对象”按钮，选择全部对象，如图 8-25 所示。

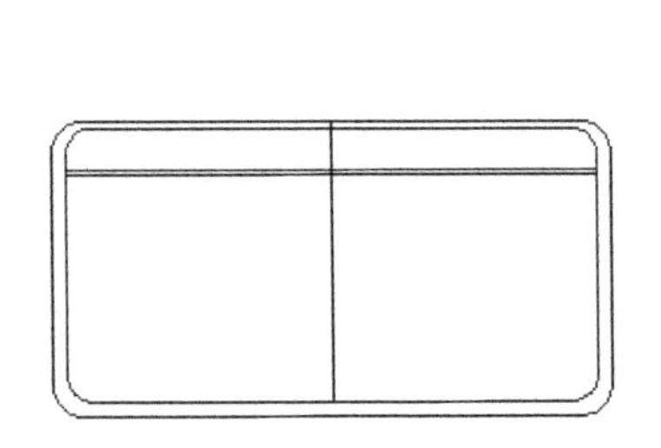

图 8-24　双人沙发的绘制

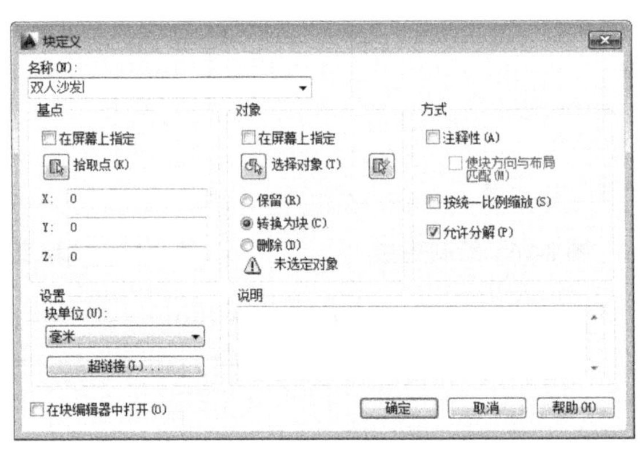

图 8-25　定义双人沙发图块

（5）绘制吧台椅。

① 单击“绘图”工具栏中的“圆”按钮，绘制直径为 140mm 的圆，如图 8-26 所示。

② 单击“修改”工具栏中的“偏移”按钮，将圆向外偏移 10mm，如图 8-27 所示。

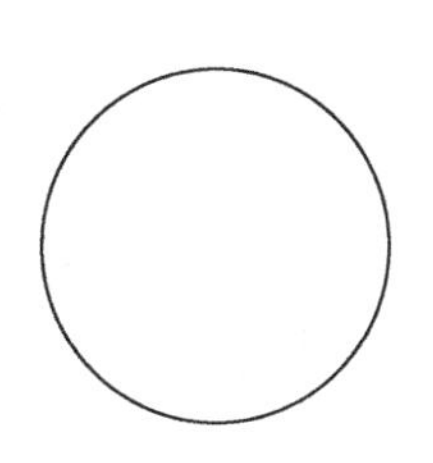

图 8-26　绘制圆

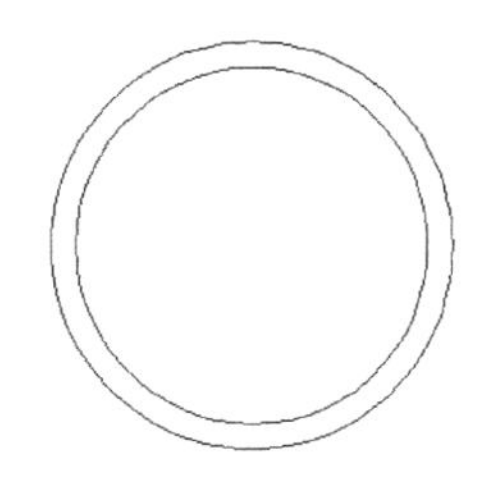

图 8-27　偏移圆

③ 单击“直线”按钮，绘制内圆与外圆的连接线，如图 8-28 所示。

④ 单击“修剪”按钮，修剪图形，完成吧台椅的绘制，如图 8-29 所示。

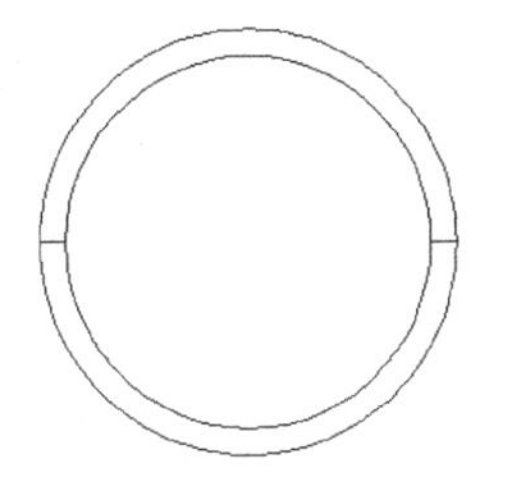

图 8-28　绘制连接线

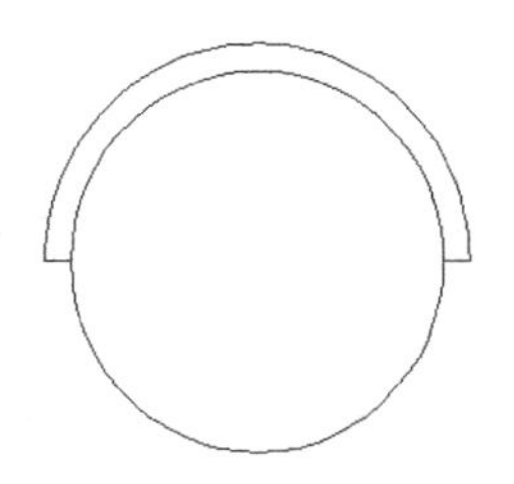

图 8-29　吧台椅

⑤ 单击“绘图”工具栏中的“创建块”按钮，打开【块定义】对话框，在“名称”文本框中输入“吧台椅”。单击“拾取点”按钮，选择“吧台椅”坐垫下侧中点为基点，单击“选择对象”按钮，选择全部对象，结果如图 8-30 所示。

（6）绘制坐便器。

① 单击“绘图”工具栏中的“矩形”按钮，在空白位置绘制 350mm×110mm 的矩形，再单击“修改”工具栏中的“偏移”按钮，将矩形向内偏移 20mm，如图 8-31 所示。

② 单击“绘图”工具栏中的“椭圆”按钮，绘制一个长轴直径为 350mm、短轴直径为 240mm 的椭圆，如图 8-32 所示。

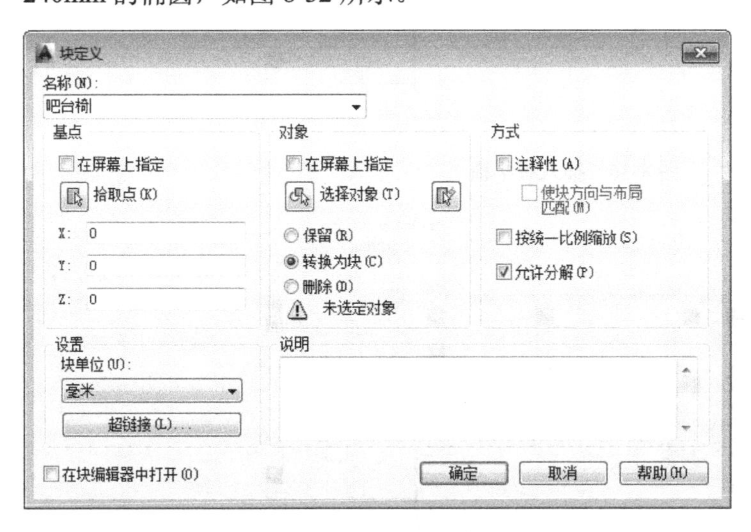

图 8-30　定义吧台椅图块

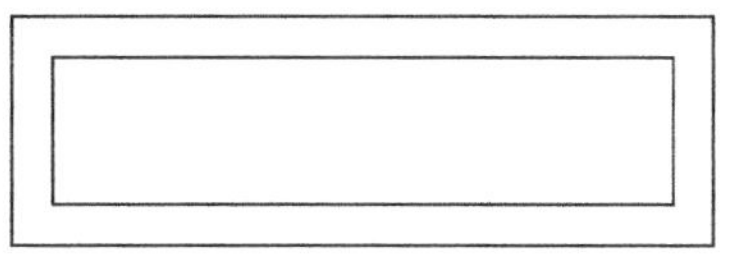

图 8-31　偏移矩形

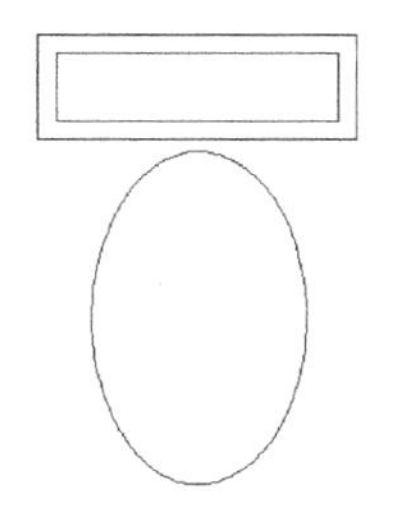

图 8-32　绘制椭圆

③ 单击“绘图”工具栏中的“圆弧”按钮，绘制两段圆弧，结果如图 8-33 所示。

④ 单击“修改”工具栏中的“偏移”按钮，将椭圆向内偏移 10mm，结果如图 8-34 所示。

⑤ 单击“绘图”工具栏中的“圆”按钮，绘制一个半径为 5mm 的圆，完成坐便器的绘制，如图 8-35 所示。最后将上面绘制的部分图形分别创建为块，以便以后调用。

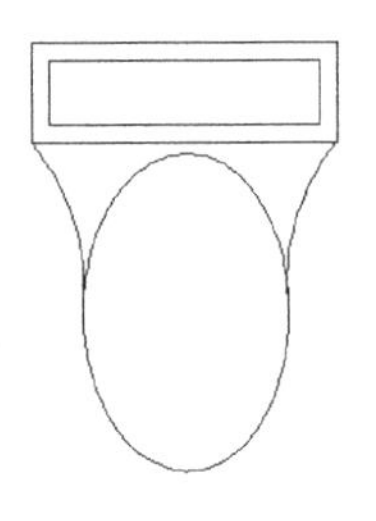

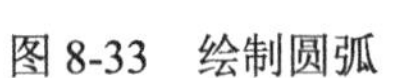

图 8-33　绘制圆弧

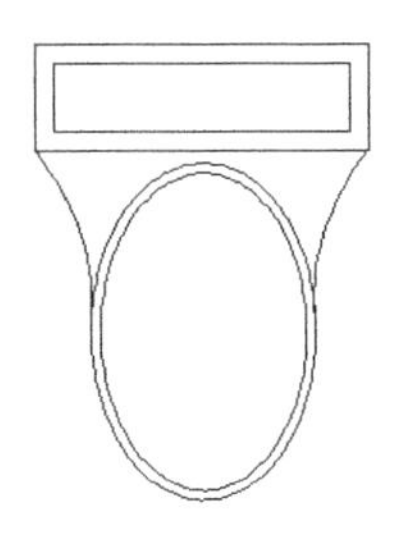

图 8-34　偏移椭圆

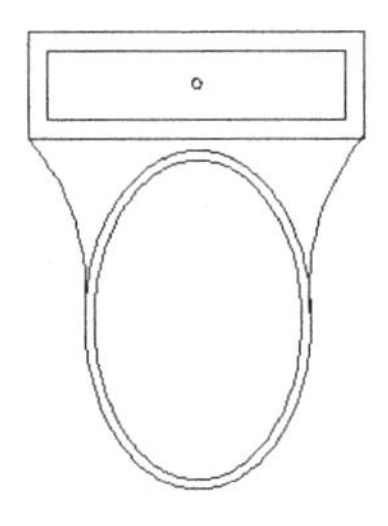

图 8-35　坐便器

3．咖啡吧大厅布置

（1）单击“绘图”工具栏中的“插入块”按钮，在“名称”下拉列表中选择“餐桌椅 1”图块，在图中相应位置插入图块并调整比例，如图 8-36 所示。

（2）单击“绘图”工具栏中的“插入块”按钮，在“名称”下拉列表中选择“四人座桌椅”图块，在图中相应位置插入图块，适当地调整插入比例，使图块与图形相匹配，如图 8-37 所示。

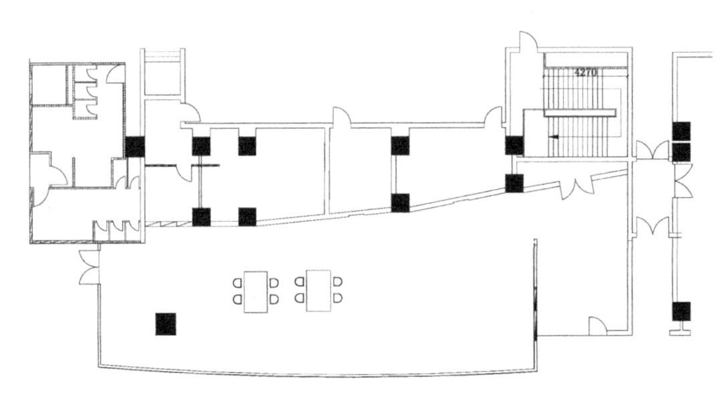

图 8-36　插入餐桌椅

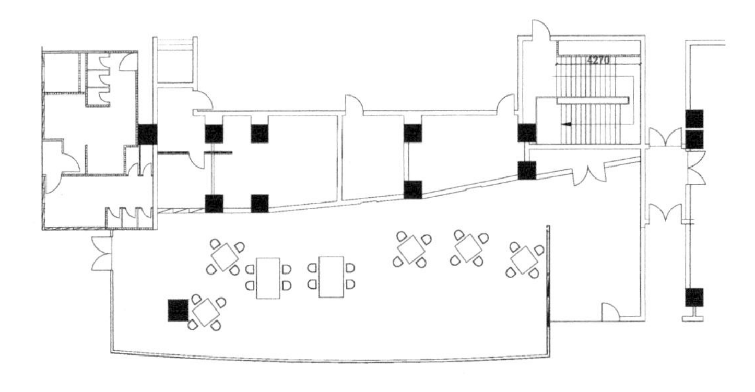

图 8-37　插入四人座桌椅

（3）单击“绘图”工具栏中的“插入块”按钮，在名称下拉列表中选择“双人座桌椅”图块，在图中相应的位置插入图块，适当地调整插入比例，使图块与图形相匹配，如图 8-38 所示。

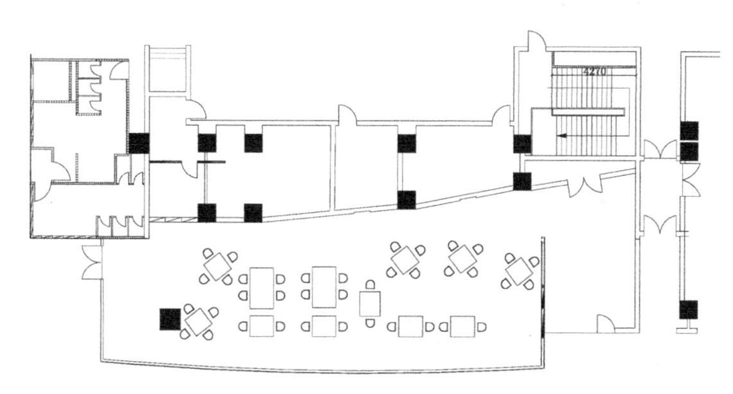

图 8-38　插入双人座桌椅

（4）单击“绘图”工具栏中的“插入块”按钮，在“名称”下拉列表中选择“卡座沙发”图块，在图中相应位置插入图块，适当调整插入比例，使图块与图形相匹配，如图 8-39 所示。

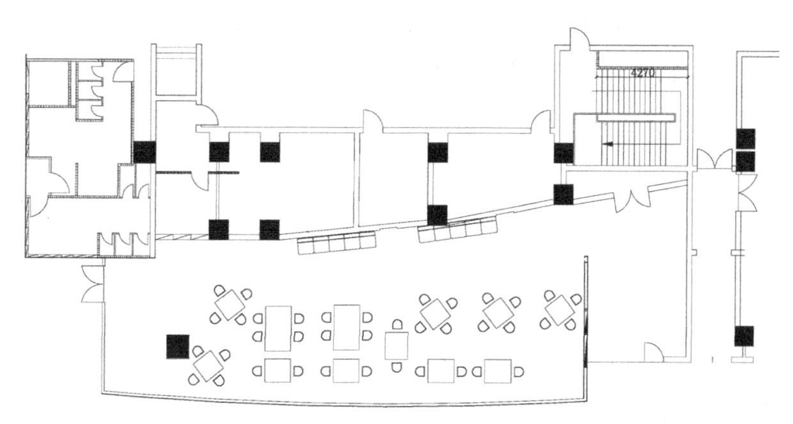

图 8-39　插入卡座沙发

（5）单击“绘图”工具栏中的“插入块”按钮，在“名称”下拉列表中选择“2 人座沙发”图块，插入图中。

（6）单击“修改”工具栏中的“偏移”按钮，选择弧度墙体，将其向内偏移 300mm，绘制出吧台桌子。

（7）单击“绘图”工具栏中的“插入块”按钮，在“名称”下拉列表中选择“吧台椅”图块，插入吧台椅，如图 8-40 所示。

（8）利用上述方法插入其余图块，完成咖啡吧大厅装饰布置图的绘制，结果如图 8-40 所示。

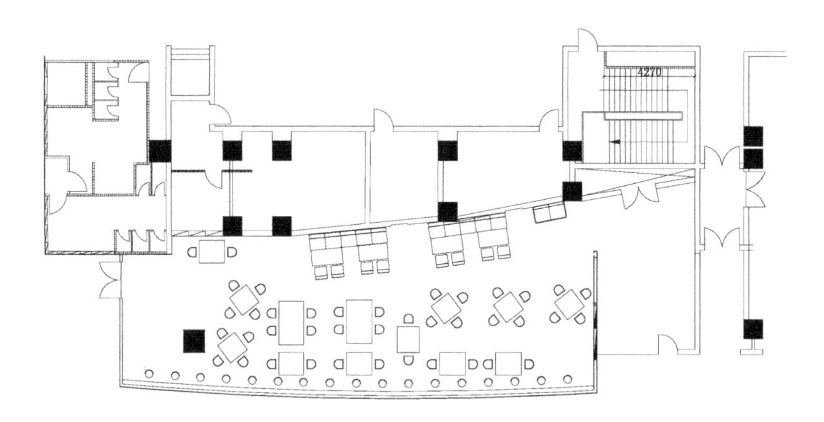

图 8-40　咖啡吧大厅装饰布置图

4．咖啡吧前厅布置

咖啡吧前厅是咖啡吧的入口，也是顾客对咖啡吧产生第一印象的地方。

（1）单击“绘图”工具栏中的“矩形”按钮，绘制一个 4720mm×600mm 的矩形，如图 8-41 所示，在刚绘制的矩形内绘制一个 1600mm×600mm 的矩形。

（2）单击“修改”工具栏中的“偏移”按钮，将上步绘制的小矩形向外偏移 20mm，如图 8-42 所示。

（3）单击“绘图”工具栏中的“直线”按钮，拾取矩形上边的中点为起点绘制一条垂直直线，取内部矩形左边中点为起点绘制一条水平直线。

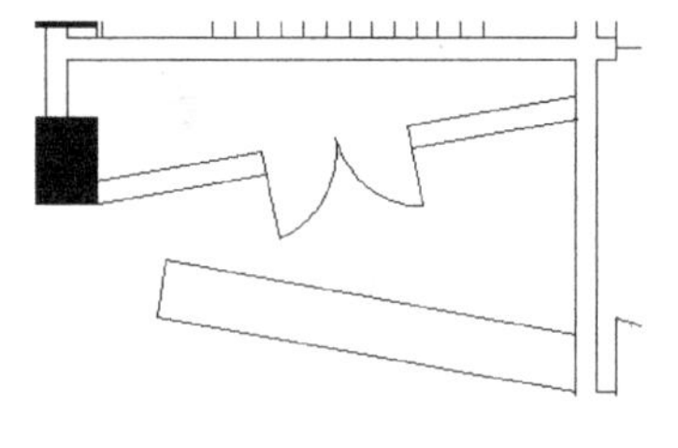

图 8-41　绘制矩形

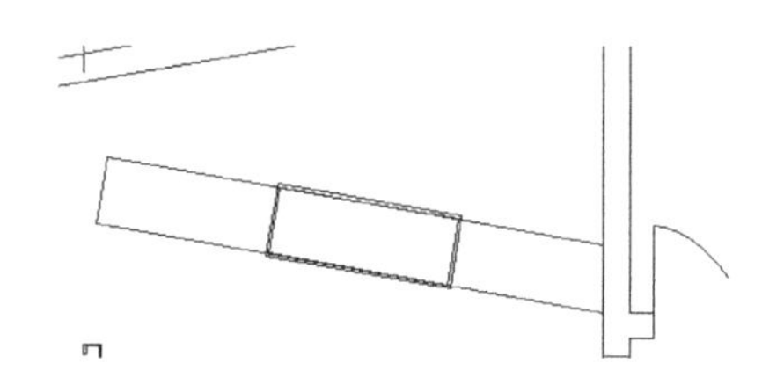

图 8-42　偏移矩形

（4）单击“修改”工具栏中的“偏移”按钮，将垂直直线分别向两侧偏移 30mm。

（5）单击“修改”工具栏中的“修剪”按钮，修剪图形，结果如图 8-43 所示。

（6）单击“绘图”工具栏中的“直线”按钮，在矩形内部绘制直线细化图形，结果如图 8-44 所示。

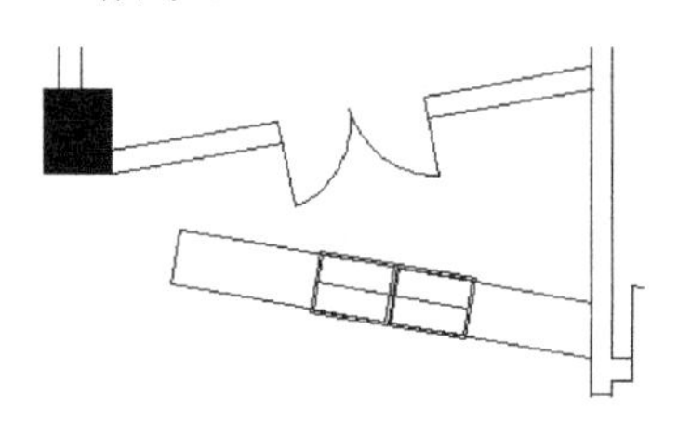

图 8-43　修剪图形

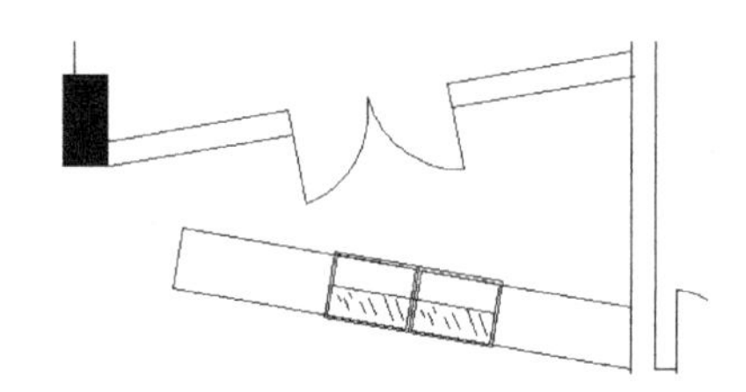

图 8-44　细化图形

（7）单击“绘图”工具栏中的“直线”按钮，在图形内部绘制两条交叉直线，如图 8-45 所示。

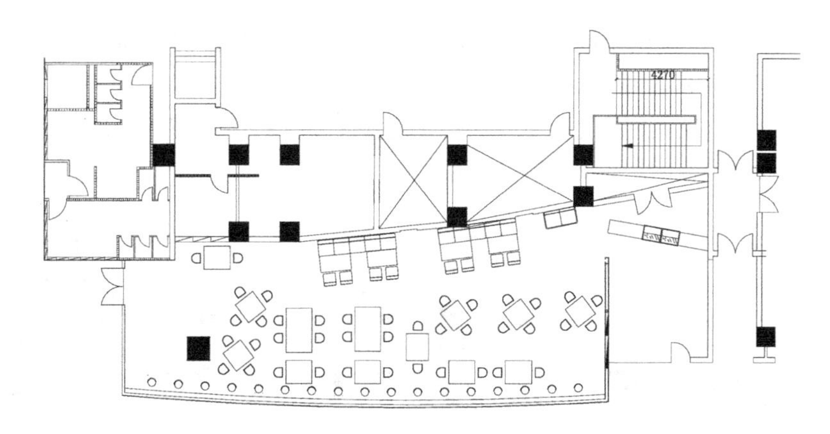

图 8-45 绘制交叉直线

5. 咖啡吧更衣室布置

单击“绘图”工具栏中的“直线”按钮，绘制更衣室的更衣柜，如图 8-46 所示。绘制方法过于简单，使用命令前面已经讲述过，在这就不再详细阐述。

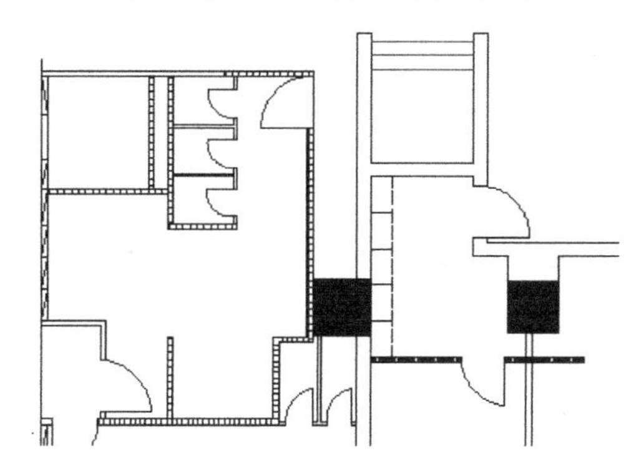

图 8-46 绘制更衣室衣柜

6. 咖啡吧卫生间布置

（1）单击“绘图”工具栏中的“插入块”按钮，在“名称”下拉列表中选择“坐便器”图块，在卫生间图形中插入坐便器图块，如图 8-47 所示。

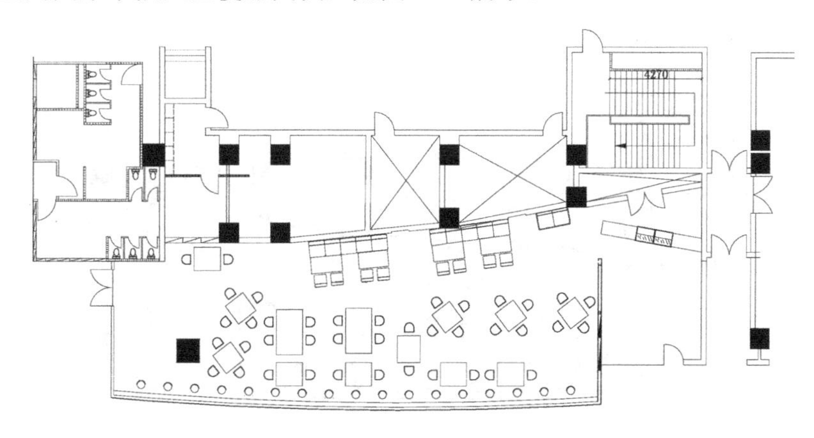

图 8-47 插入坐便器图块

（2）单击“绘图”工具栏中的“直线”按钮，在距离墙体位置300mm处绘制一条直线，作为洗手台边线，如图8-48所示。

（3）单击“绘图”工具栏中的“插入块”按钮，选择“源文件/图块/洗手盆”图块，在卫生间图形中插入洗手盆图块，如图8-49所示。

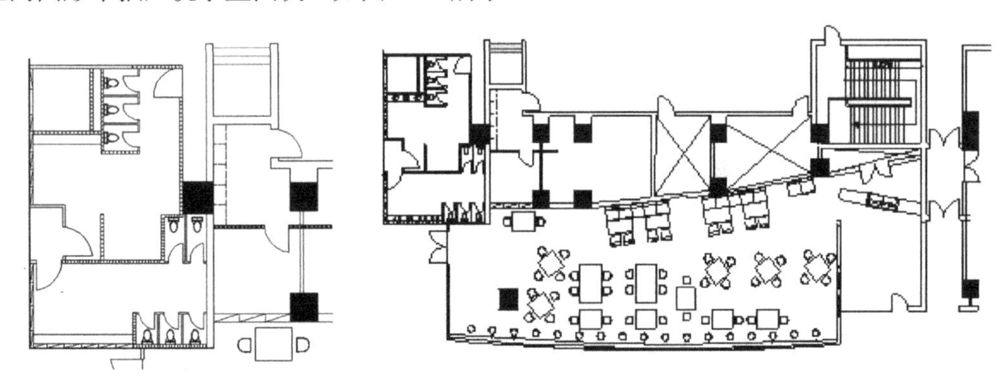

图8-48　绘制洗手台边线　　　　图8-49　插入洗手盆图块

（4）单击“绘图”工具栏中的“插入块”按钮，选择“源文件/图块/小便器”图块，在卫生间图形中插入小便器图块，如图8-50所示。

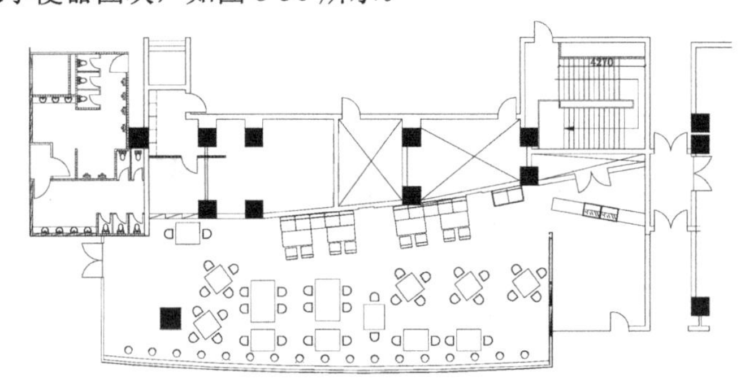

图8-50　插入小便器图块

7．布置厨房

单击“绘图”工具栏中的“插入块”按钮，在厨房中插入所需图块，完成咖啡吧装饰平面图的绘制，如图8-51所示。

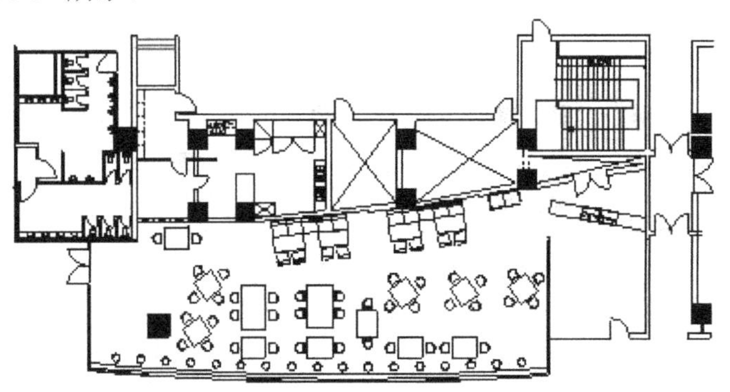

图8-51　咖啡吧装饰平面图的绘制

任务二　绘制咖啡吧顶棚平面图

【任务背景】

顶棚图是为布置灯具准备的。由于现代室内装饰的不断发展，顶棚平面图是室内设计中必不可少的工程图之一。本任务咖啡吧作了一个错层吊顶，中间以开间区域自然分开。其中，咖啡厅为方通管顶棚，按灯光需要在靠近厨房的顶棚沿线布置装饰吊灯，在中间区域布置射灯，灯具布置比较稀疏，形成了一种相对柔和的光线氛围；厨房为烤漆格栅扣板顶棚，由于厨房为工作场所，灯具在保证亮度的前提下可以根据需要随意布置；门厅顶棚为相对明亮的白色乳胶漆饰面的纸面石膏板，这样可以使空间高度比较充裕，再配以软管射灯和格栅射灯，使整个门厅显得清新明亮，如图 8-52 所示。

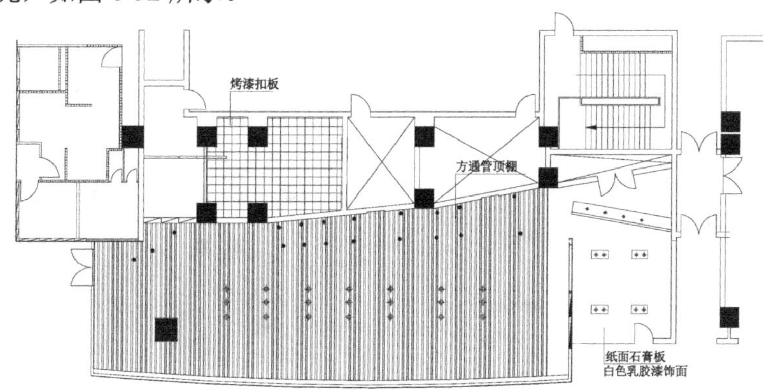

图 8-52　咖啡吧顶棚平面图

【操作步骤】

1．绘制准备

（1）单击“标准”工具栏中的“打开”按钮，打开前面绘制的“咖啡吧平面布置图”，并将其另存为“咖啡吧顶棚布置图”。

（2）关闭“家具”“轴线”“门窗”和“尺寸”图层。删除卫生间隔断和洗手台。

（3）单击“绘图”工具栏中的“直线”按钮，绘制一条直线，结果如图 8-53 所示。

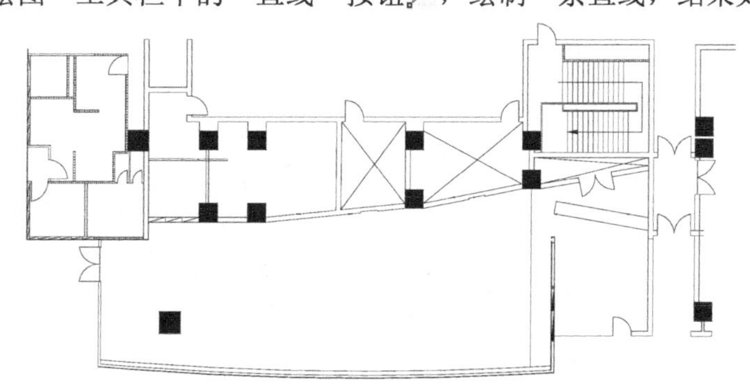

图 8-53　整理图形

2. 绘制吊顶

（1）单击“绘图”工具栏中的“图案填充”按钮，打开【图案填充和渐变色】对话框中的“图案填充”选项卡，选项卡设置如图 8-54 所示。

（2）选择咖啡厅吊顶为填充区域，如图 8-55 所示。

（3）单击“绘图”工具栏中的“图案填充”按钮，打开【图案填充和渐变色】对话框中的“图案填充”选项卡，选项卡设置如图 8-56 所示。

（4）选择咖啡厅厨房为填充区域，如图 8-57 所示。

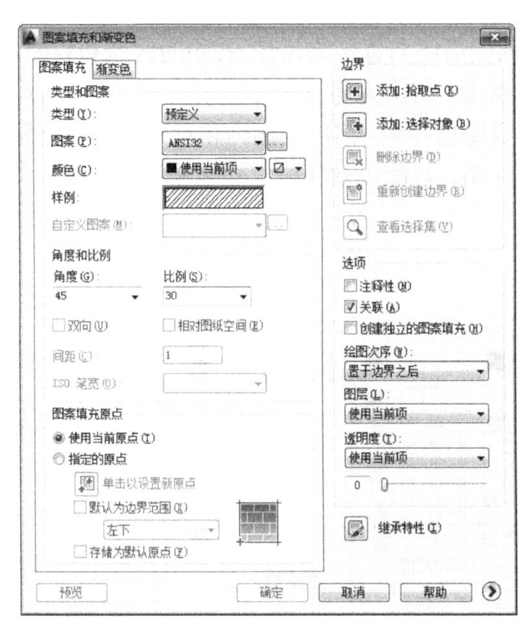

图 8-54 “图案填充”选项卡参数设置 1

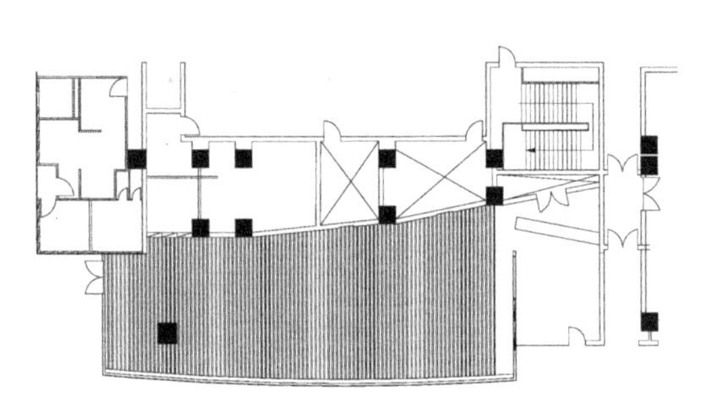

图 8-55 填充咖啡厅

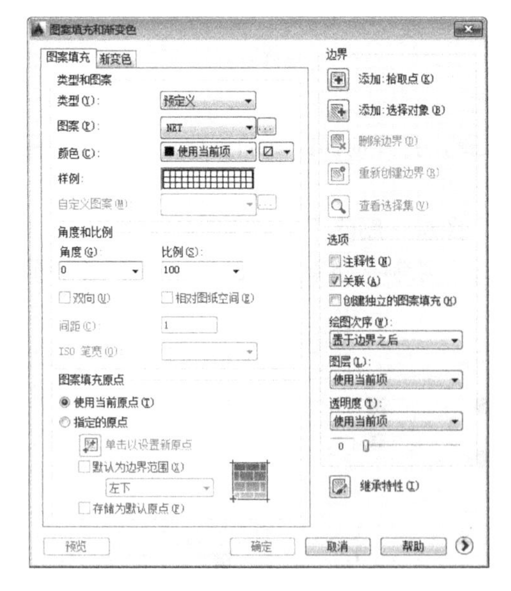

图 8-56 “图案填充”选项卡参数设置 2

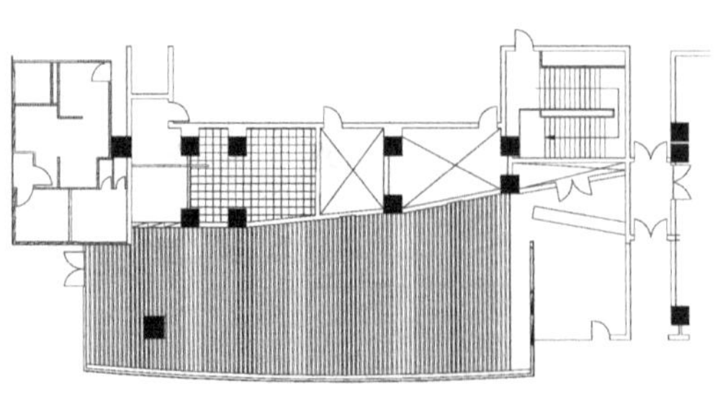

图 8-57 填充厨房区域

3．布置灯具

灯饰有纯为照明或兼作装饰用两种，在安装的时候，浅色的墙壁，如白色、米色，能反射多达 90%的光线；而颜色深的背景，如深蓝、深绿、咖啡色，只能反射 5%～10%的光线。

一般室内装饰设计，墙壁最好用明朗的颜色，照明效果较佳，不过，也不是说凡深色的背景都不好，有时为了实际需要，强调浅颜色与背景的对比，另外打投光灯在咖啡器皿上，更能使咖啡品牌显眼突出或富有立体感。

咖啡馆灯光的总亮度要低于周围，以显示咖啡馆的特性，营造一种优雅休闲的环境，这样，才能使顾客循灯光进入温馨的咖啡馆。但如果光线过于暗淡，会使咖啡馆显出一种沉闷的感觉，不利于顾客品尝咖啡。

其次，光线可以用来吸引顾客对咖啡的注意力。灯暗的吧台，咖啡会显得古老而神秘。

另外咖啡制品，本来就是以褐色为主，深色的、颜色较暗的咖啡，都会吸收较多的光，所以若使用较柔和的日光灯照射，整个咖啡馆的气氛就会舒适起来。

下面具体讲述咖啡吧中灯具的具体布置。

（1）单击“绘图”工具栏中的“插入块”按钮，插入“源文件/图块/软管射灯”图块，如图 8-58 所示。

（2）单击“绘图”工具栏中的“插入块”按钮，插入“源文件/图块/嵌入式格栅射灯”图块，如图 8-59 所示。

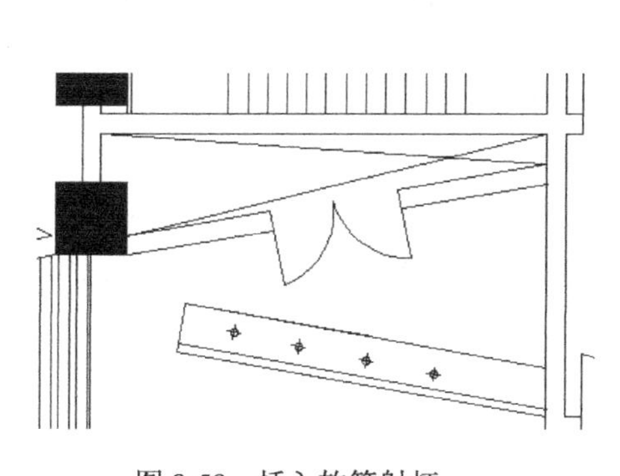

图 8-58　插入软管射灯

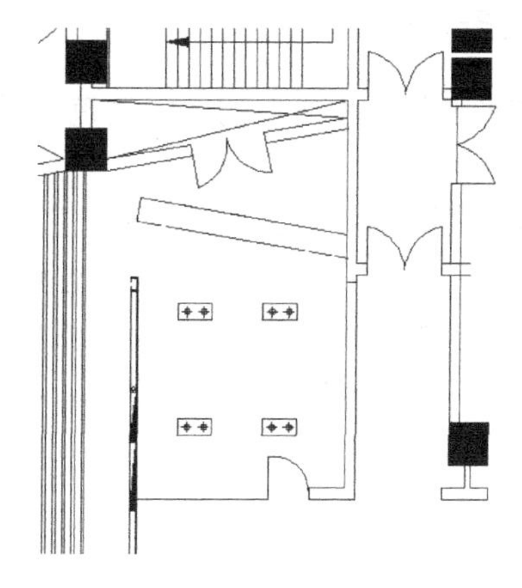

图 8-59　插入嵌入式格栅射灯

（3）单击“绘图”工具栏中的“插入块”按钮，插入“源文件/图块/装饰吊灯”图块，如图 8-60 所示。

（4）单击“绘图”工具栏中的“插入块”按钮，插入“源文件/图块/射灯”图块，如图 8-61 所示。

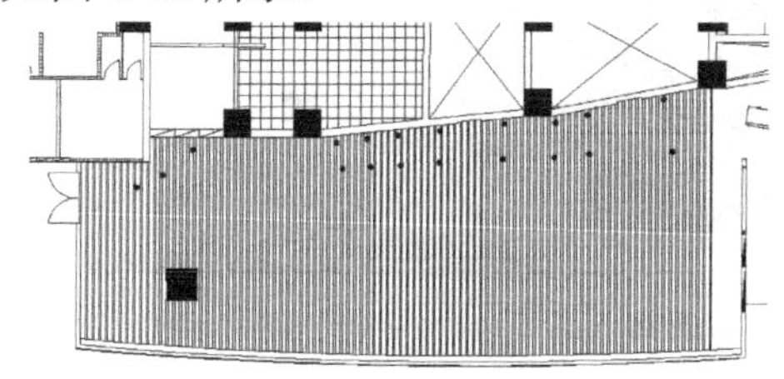

图 8-60　插入装饰吊灯

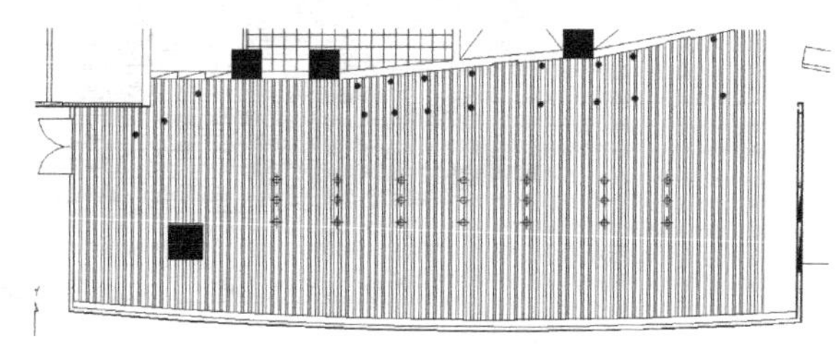

图 8-61　插入射灯

（5）在命令行中输入 QLEADER 命令，为咖啡厅顶棚添加文字说明，如图 8-62 所示。

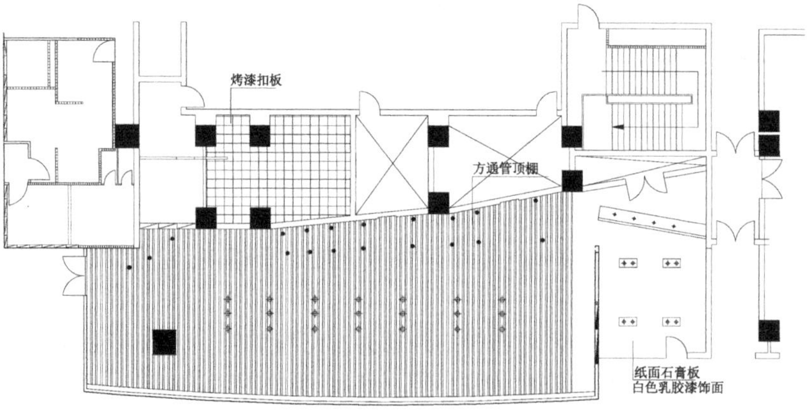

图 8-62　添加文字说明

任务三　绘制咖啡吧地坪平面图

【任务背景】

咖啡吧是一种典型的休闲建筑，所以其室内地坪设计比较考究，要从中折射出一种安逸舒适的气氛。

本任务采用深灰色地新岩和条形木地板交错排列（平面造型可以相对新奇），中间间隔以下置 LED 灯的喷砂玻璃隔栅，通过地坪灯光的投射，与顶棚灯光交相辉映，使整个大厅显得朦胧迷离，如梦如幻，同时又使深灰色地新岩和条形木地板界限分明，几何图案美感得到了进一步强化。门厅采用深灰色地新岩，厨房采用防滑地砖配以不锈钢格栅地沟，是突出实用性的简化处理，如图 8-63 所示。

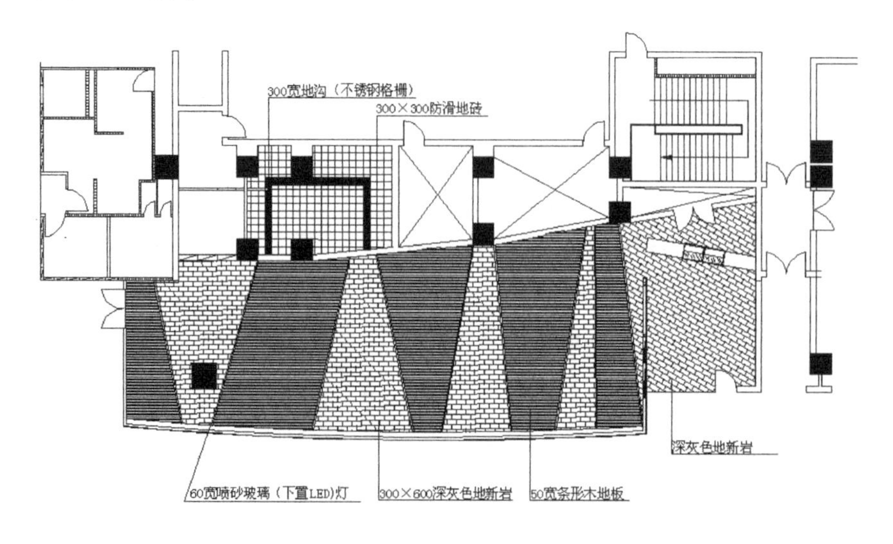

图 8-63　咖啡吧地坪平面图

【操作步骤】

（1）单击“绘图”工具栏中的“直线”按钮，绘制一条直线，单击“修改”工具栏中的“偏移”按钮，将绘制的直线向外偏移60mm，结果如图8-64所示。

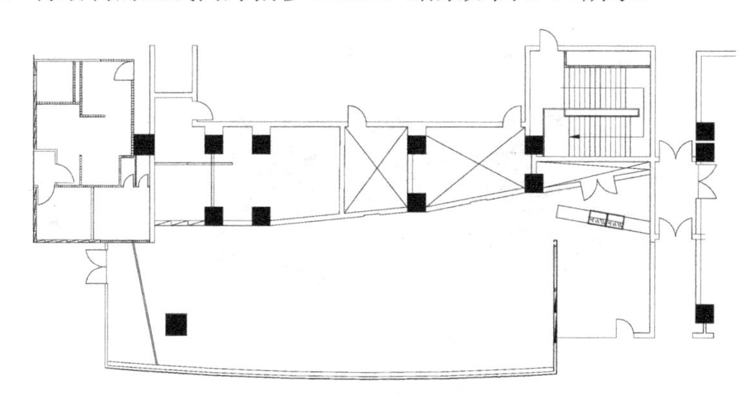

图8-64　绘制喷砂玻璃

（2）利用上述方法完成所有喷砂玻璃的绘制，如图8-65所示。

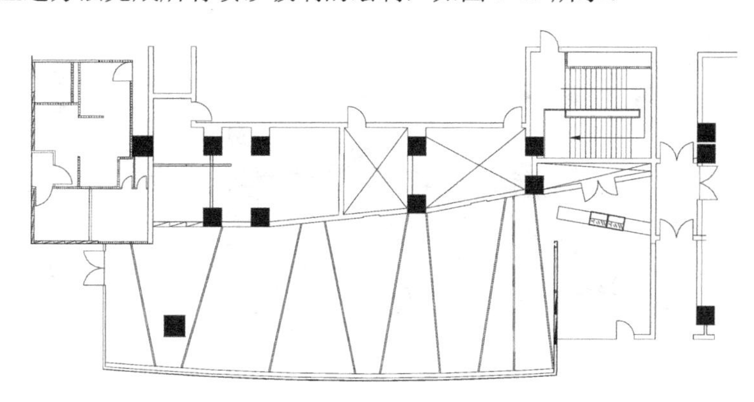

图8-65　绘制所有喷砂玻璃

（3）单击“绘图”工具栏中的“图案填充”按钮，打开【图案填充和渐变色】对话框。设置图案为“ANSI31”，角度为-45°，比例为20，为图形填充条形木地板，结果如图8-66所示。

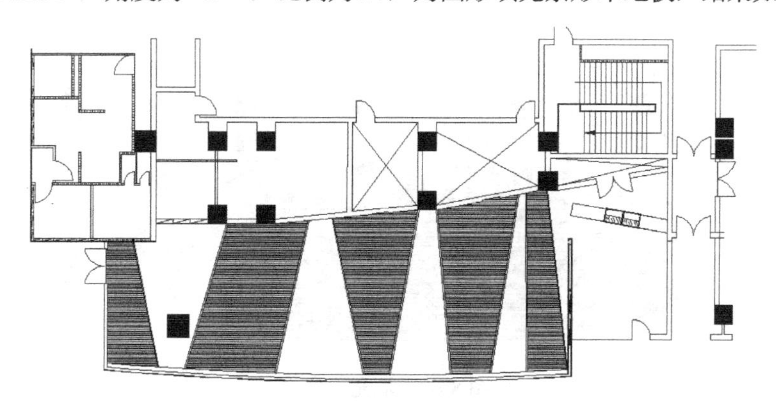

图8-66　填充条形木地板

（4）单击“绘图”工具栏中的“图案填充”按钮，打开【图案填充和渐变色】对话框。设置图案为“AR-B816”，角度为1，比例为1，为图形填充地新岩，结果如图8-67所示。

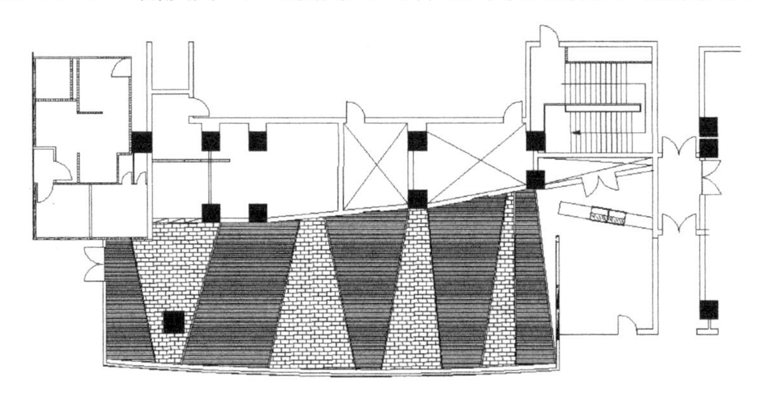

图8-67 填充地新岩

（5）单击“绘图”工具栏中的“图案填充”按钮，打开【图案填充和渐变色】对话框。设置图案为“AR-B816”，角度为1，比例为1，为前厅填充地砖，如图8-68所示。

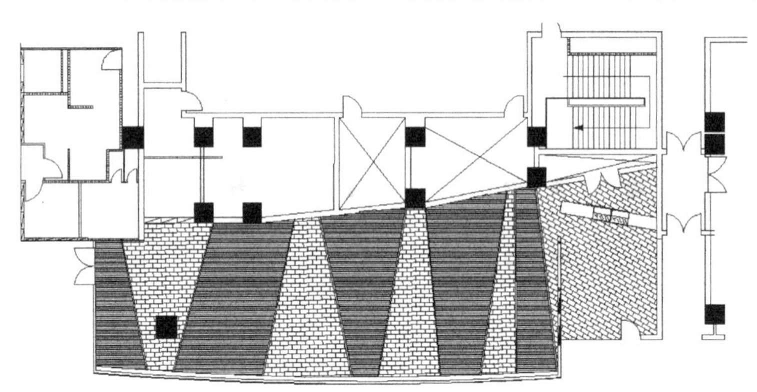

图8-68 填充前厅

（6）单击“修改”工具栏中的“偏移”按钮，选择厨房水平直线，连续向下偏移300mm，选择厨房竖直墙线，连续向内偏移300mm，结果如图8-69所示。

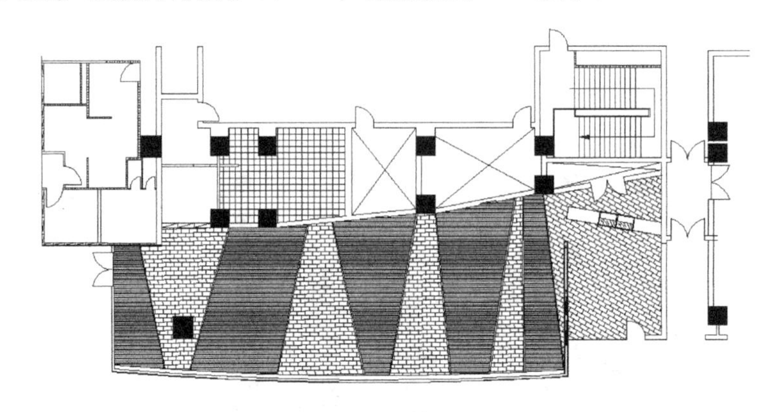

图8-69 填充厨房

（7）单击“绘图”工具栏中的“直线”按钮，在厨房地坪上绘制300mm的宽地沟，并单击“绘图”工具栏中的“图案填充”按钮，填充地沟区域，如图8-70所示。

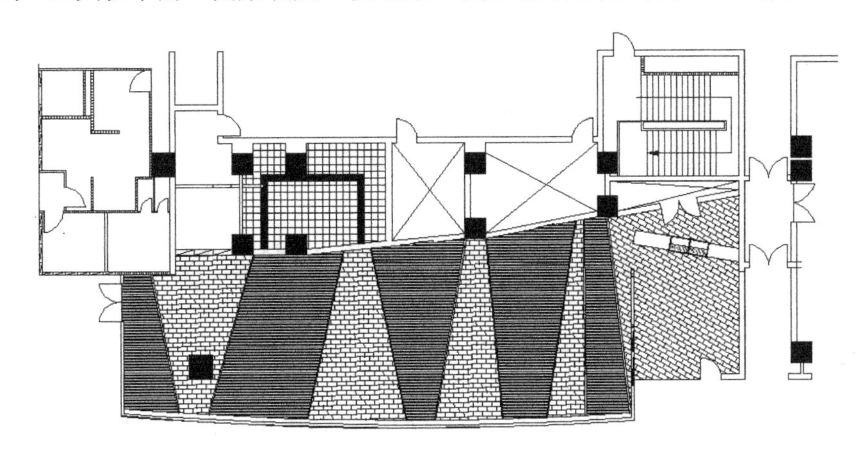

图8-70　填充地沟图形

（8）在命令行中输入QLEADER命令，为咖啡厅地坪添加文字说明，如图8-71所示。

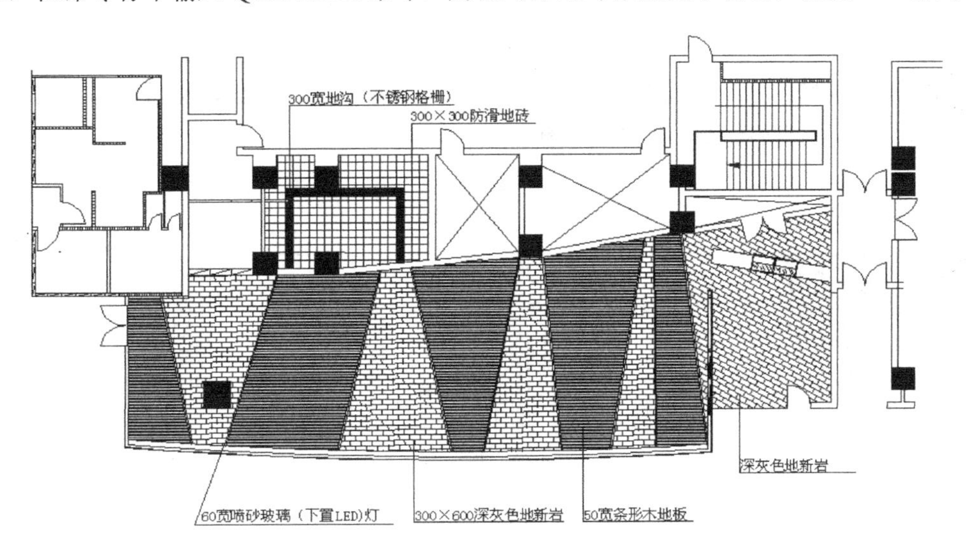

图8-71　添加文字说明

注意

室内工程制图可能会涉及诸多特殊符号，特殊符号在单行文本输入与多行文本输入下有很大的不同，其中字体文件的选择特别重要。在多行文字中插入符号或特殊字符的步骤如下。

（1）双击多行文字对象，打开在位文字编辑器。

（2）在展开的工具栏上选择“符号”选项。

（3）选择“符号”子菜单中的某符号，或选择“其他”选项，打开【字符映射表】对话框，在【字符映射表】对话框“字体”下拉列表中选择一种字体，然后选择一种字符，并使用以下方法之一插入字符。

a——若插入单个字符，将选定字符拖动到编辑器中；

b——若插入多个字符，单击“选择”按钮，将所有字符都添加到“复制字符”文本框中。选择了所需的字符后，单击“复制”按钮。在编辑器中右击，在弹出的快捷菜单中选择“粘贴”选项，完成字符的插入。

关于特殊符号的运用，用户可以适当记住一些常用符号的 ASCⅡ代码，同时也可以试着从软键盘中输入，即右击输入法工具条，弹出相关字符的选项。

任务四　绘制咖啡吧 A 立面图

【任务背景】

A 立面图是咖啡厅内部立面图，可以在此立面进行休闲设计，用以渲染舒适安逸的气氛。其主体为振纹不锈钢和麦哥利水波纹木贴皮交错布置。在振纹不锈钢装饰区域可以布置墙体电视显示屏，用以播放一些音乐和风景影像，再配置一些绿色盆景或装饰古董，文化气息扑面而来、浪漫情调浓郁。在麦哥利水波纹木贴皮装饰区域配置一些卡坐沙发，整个布局显得和谐舒适。

本任务绘制咖啡吧 A 立面图的绘制思路如下：先绘制立面墙体，然后分部分绘制立面家具，最终得到整个咖啡吧立面结构，如图 8-72 所示。

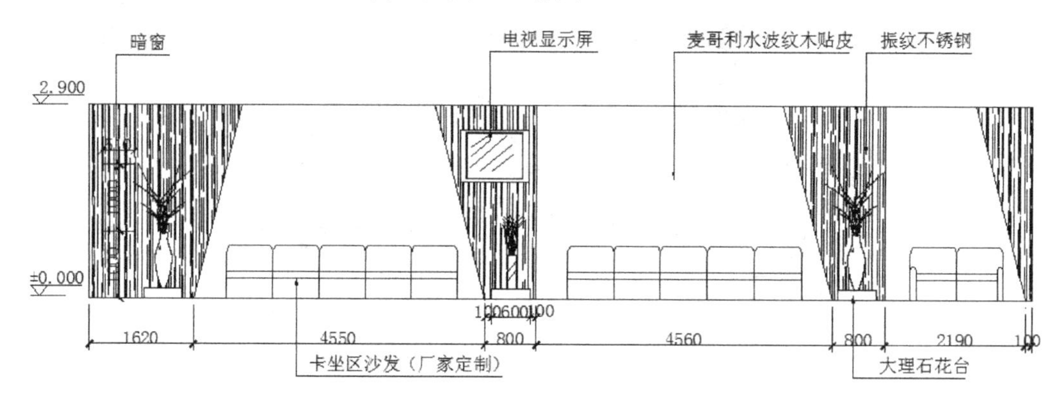

图 8-72　咖啡吧 A 立面图

【操作步骤】

1. 绘制立面图

（1）单击“图层”工具栏中的“图形特性管理器”按钮，新建“立面”图层，将其设置为当前图层，图层设置如图 8-73 所示。

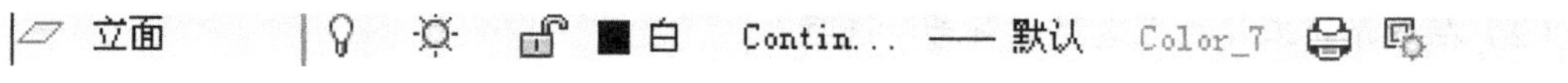

立面　白　Contin...　—— 默认　Color_7

图 8-73　台阶图层设置

（2）单击“绘图”工具栏中的“矩形”按钮，绘制 14620mm×2900mm 的矩形，如

图 8-74 所示。

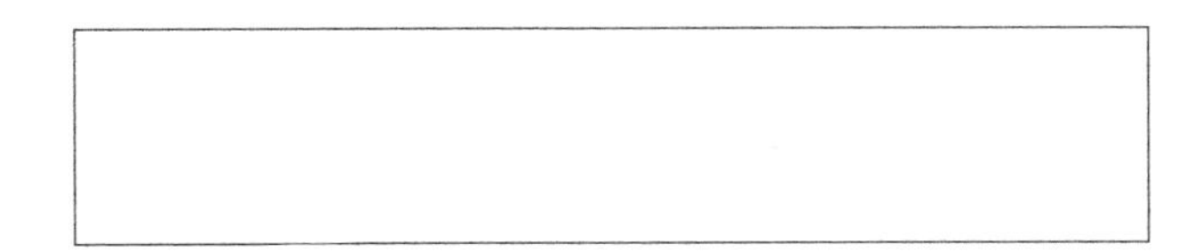

图 8-74　绘制矩形

（3）单击“修改”工具栏中的“分解”按钮，将刚刚绘制的矩形分解。

（4）单击“修改”工具栏中的“偏移”按钮，将最左端竖直线依次向右偏移 1620mm、4550mm、800mm、4560mm、800mm、2190mm 和 100mm，结果如图 8-75 所示。

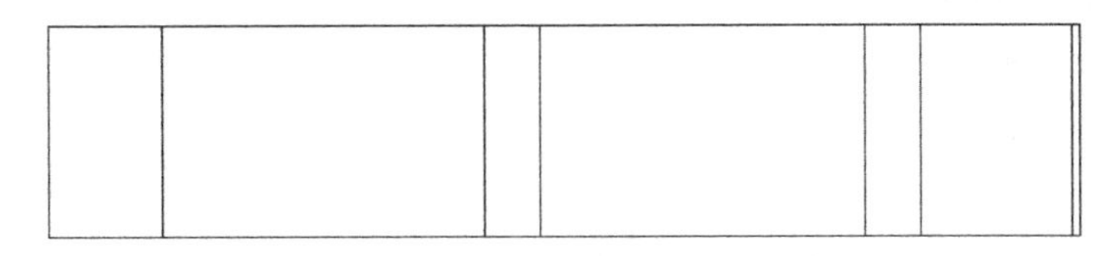

图 8-75　偏移直线

（5）单击“修改”工具栏中的“旋转”按钮。将偏移的直线以下端点为旋转基点，分别旋转-15°、15°、15°和 15°，然后单击“修改”工具栏中的“延伸”按钮，延伸旋转后的直线，结果如图 8-76 所示。

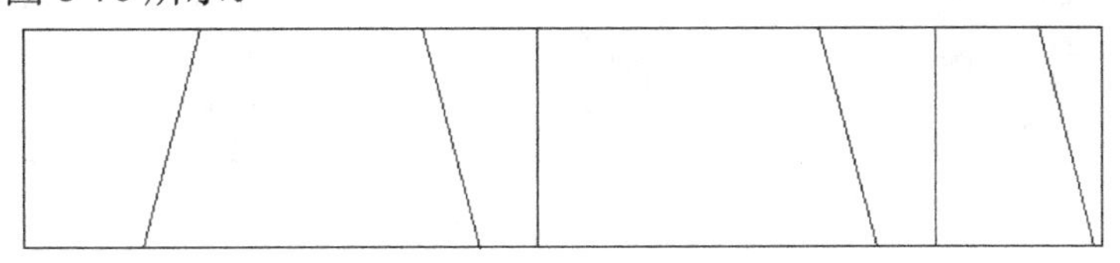

图 8-76　旋转并延伸直线

（6）单击“绘图”工具栏中的“图案填充”按钮。设置填充图案为“AR-RROOF”，角度为 90°，比例 5，填充图形，如图 8-77 所示。

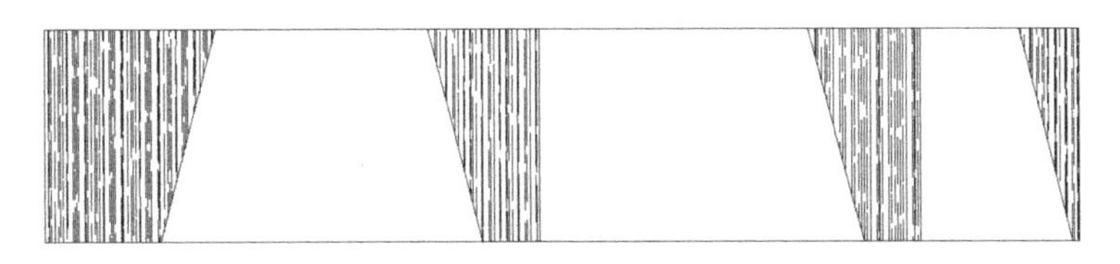

图 8-77　填充图案

（7）单击“绘图”工具栏中“矩形”按钮，绘制一个 720mm×800mm 的矩形，如图 8-78 所示。

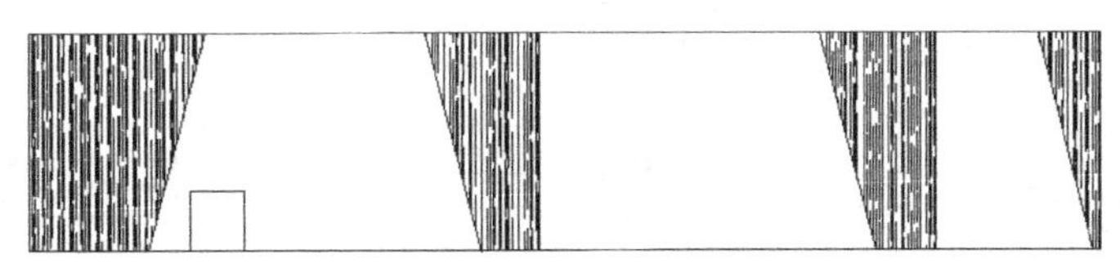

图 8-78　绘制矩形

（8）单击“修改”工具栏中的“分解”按钮，将绘制的矩形分解。

（9）单击“修改”工具栏中的“偏移”按钮，选择分解矩形的最上边依次向下偏移 400mm、100mm 和 300mm，如图 8-79 所示。

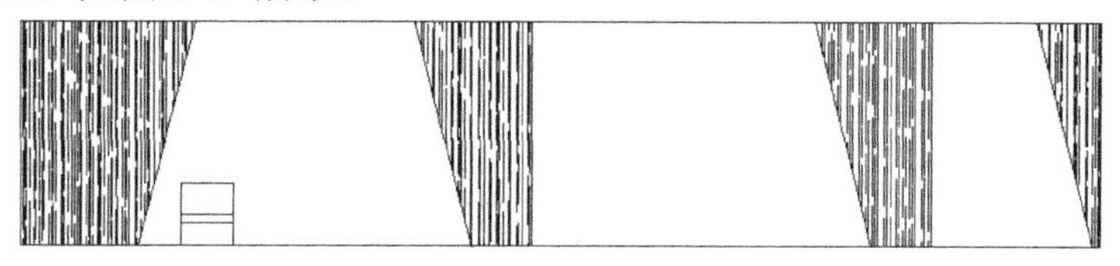

图 8-79　偏移直线

（10）单击“修改”工具栏中的“圆角”按钮，选择矩形上边进行圆角处理。圆角半径为 100mm，如图 8-80 所示。

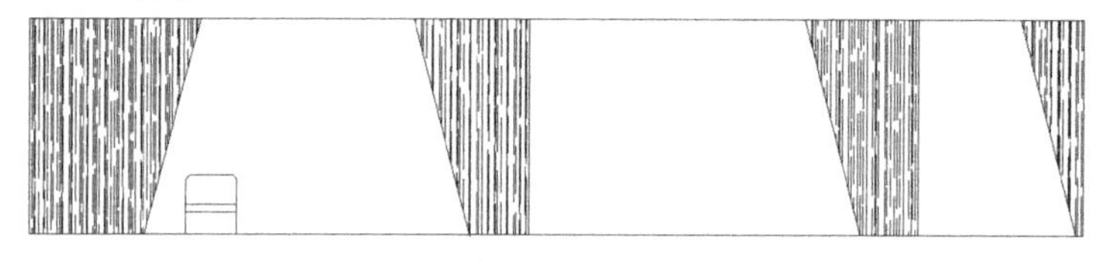

图 8-80　圆角处理

（11）单击“修改”工具栏中的“复制”按钮，选择图形进行复制，如图 8-81 所示。

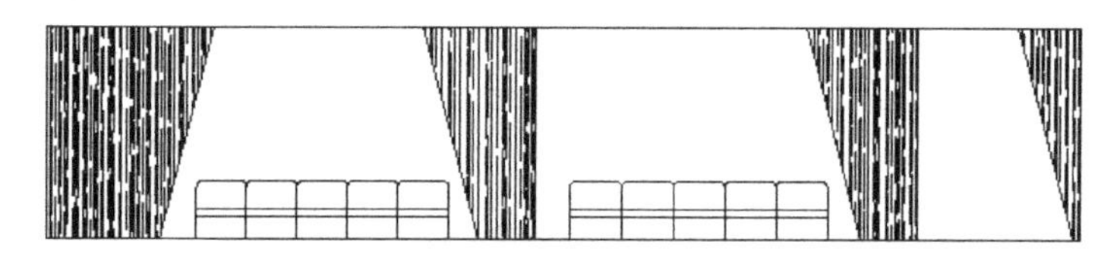

图 8-81　复制图形

（12）两人沙发的绘制方法与五人沙发的绘制方法基本相同。不再详细阐述，结果如图 8-82 所示。

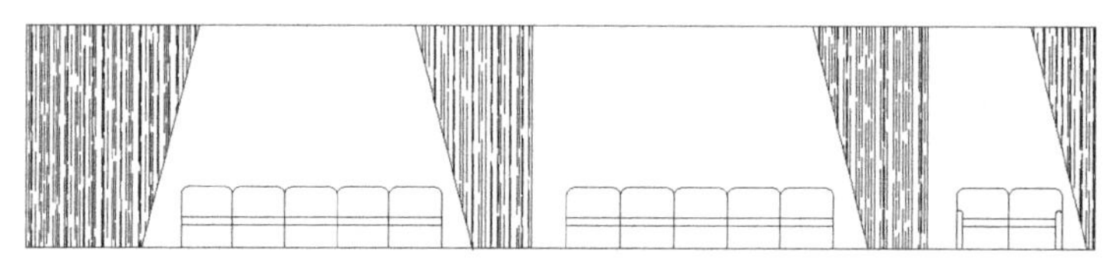

图 8-82　绘制其他图形

（13）单击“绘图”工具栏中的“矩形”按钮，绘制一个 500mm×150mm 的矩形。

（14）单击“修改”工具栏中的“分解”按钮，将图形中的填充区域分解。

（15）单击“修改”工具栏中的“修剪”按钮，修剪花台区域，如图 8-83 所示。

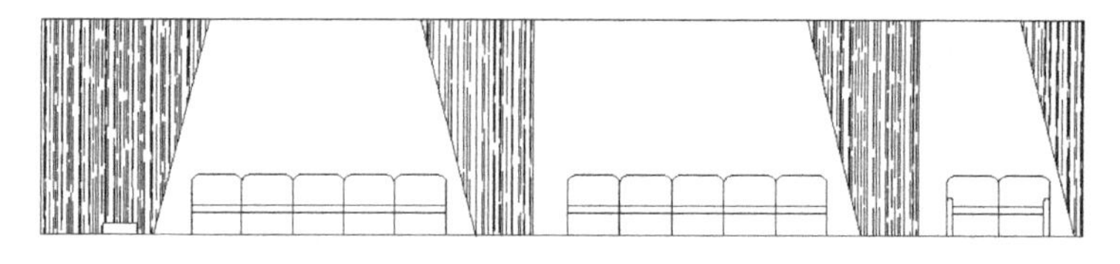

图 8-83　绘制花台

（16）使用相同的方法绘制剩余花台，并单击“绘图”工具栏中的“插入块”按钮，在花台上方插入装饰物，并单击“修改”工具栏中的“修剪”按钮，将插入图形内的多余线段修剪掉，如图 8-84 所示。

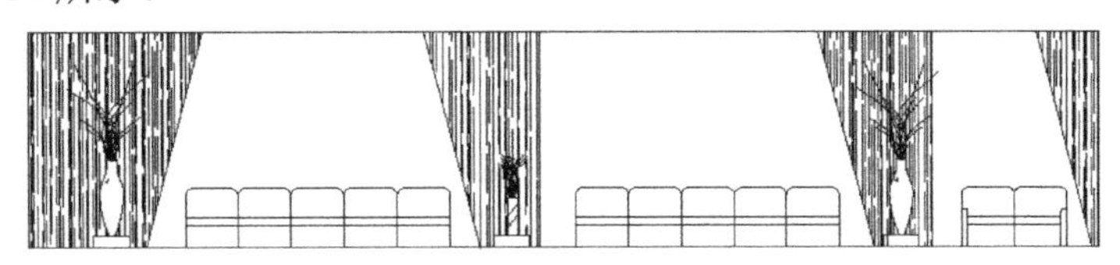

图 8-84　插入装饰物

（17）单击“绘图”工具栏中的“插入块”按钮。在图形中适当的位置插入“电视显示屏”，并单击“修改”工具栏中的“修剪”按钮，修剪插入图形内的多余线段，如图 8-85 所示。

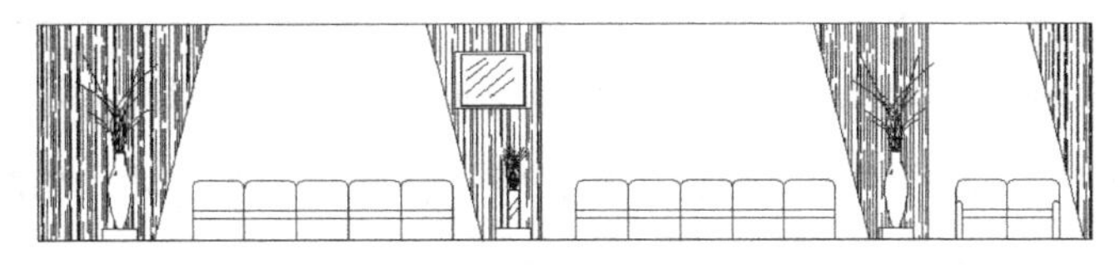

图 8-85　修剪图形

（18）单击“绘图”工具栏中的“矩形”按钮，绘制一个矩形作为暗窗，如图 8-86 所示。

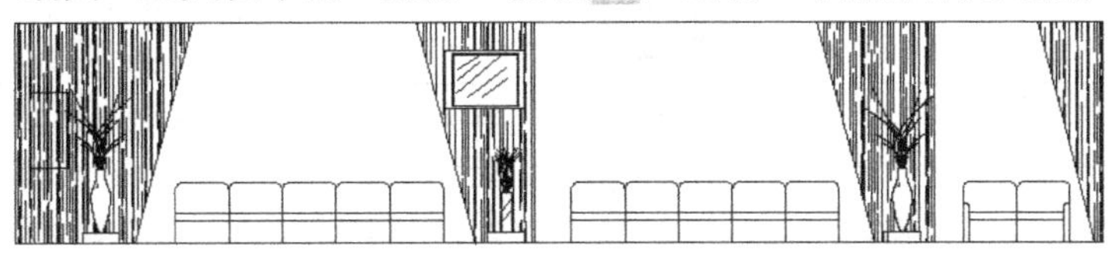

图 8-86　绘制暗窗

2．标注尺寸

（1）单击“图层”工具栏中的“图形特性管理器”按钮，将“标注”图层设置为当前图层。

（2）单击“标注”工具栏中的“标注样式”按钮，打开【标注样式管理器】对话框。

（3）单击“新建”按钮，打开【创建新标注样式】对话框，输入新样式名为“立面”。

（4）单击“继续”按钮，打开【新建标注样式：立面】对话框，各选项卡的参数设置如图 8-87 所示。设置完参数后，单击“确定”按钮，返回【标注样式管理器】对话框，将“立面”样式置为当前样式。

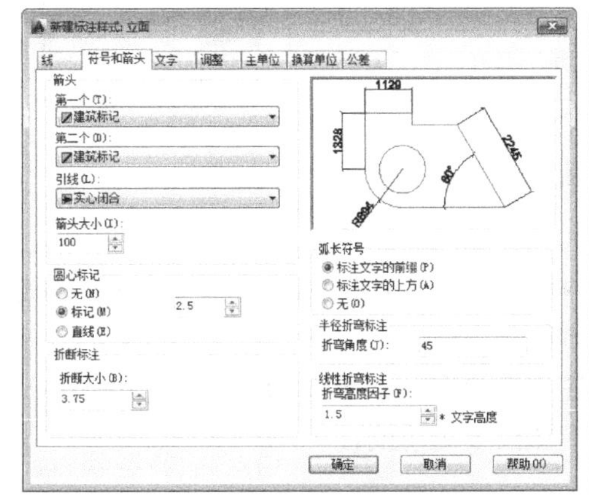

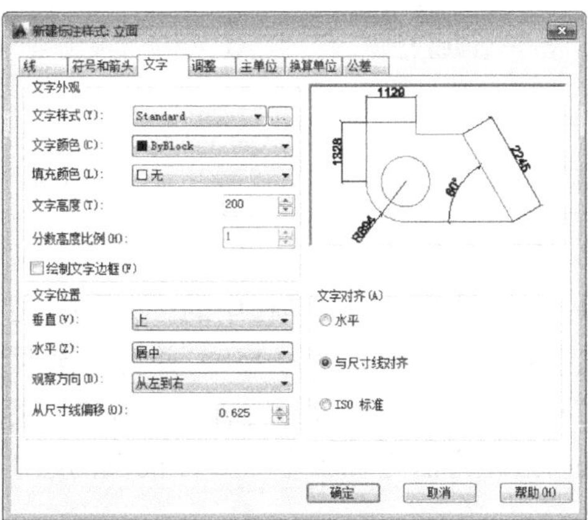

图 8-87　【新建标注样式：立面】对话框各选项卡参数设置

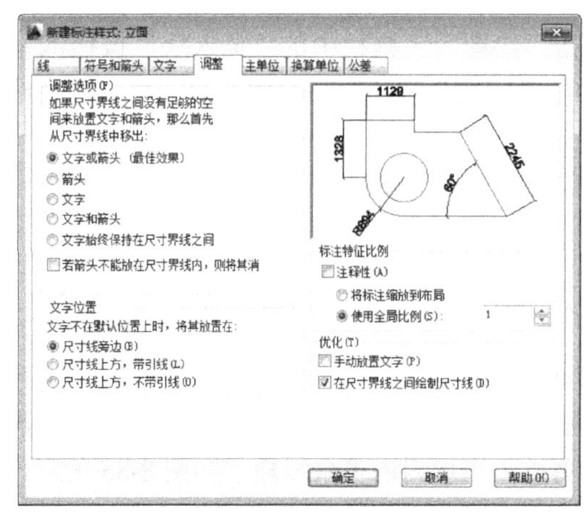

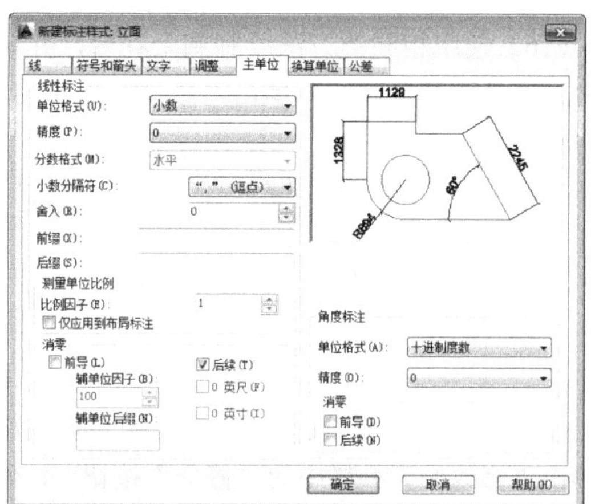

图 8-87 【新建标注样式：立面】对话框各选项卡参数设置（续）

（5）单击“标注”工具栏中的“线性”按钮，标注立面图尺寸，如图 8-88 所示。

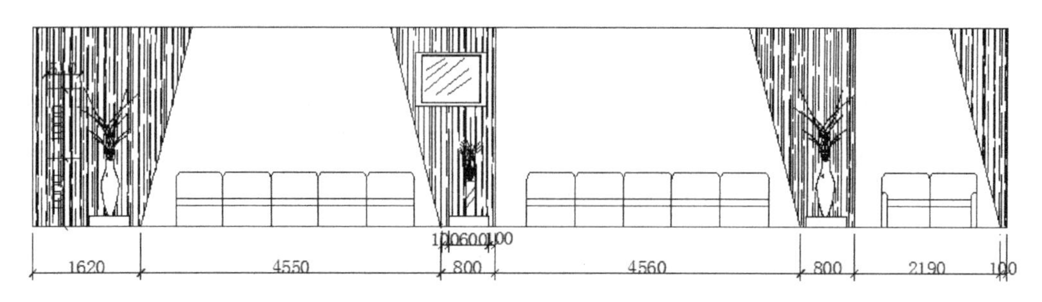

图 8-88 标注立面图尺寸

（6）单击“绘图”工具栏中的“插入块”按钮，在图形中的适当位置插入“标高”，如图 8-89 所示。

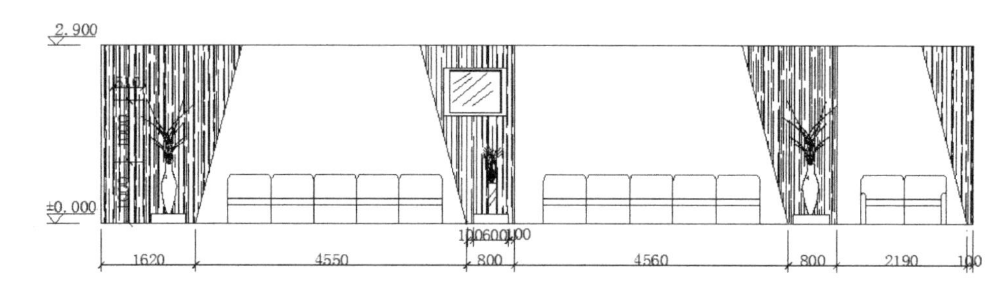

图 8-89 插入标高

3．标注文字

（1）单击“文字”工具栏中的“文字样式”按钮，打开【文字样式】对话框，新建“说明”文字样式，设置高度为 150，并将其置为当前。

（2）在命令行中输入 QLEADER 命令，标注文字说明，如图 8-90 所示。

利用上述方法完成咖啡吧 B 立面图的绘制，如图 8-91 所示。

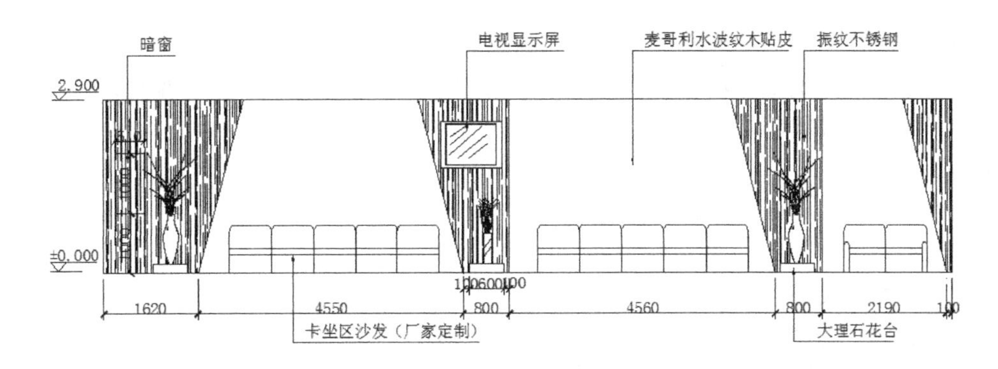

图 8-90　标注文字说明

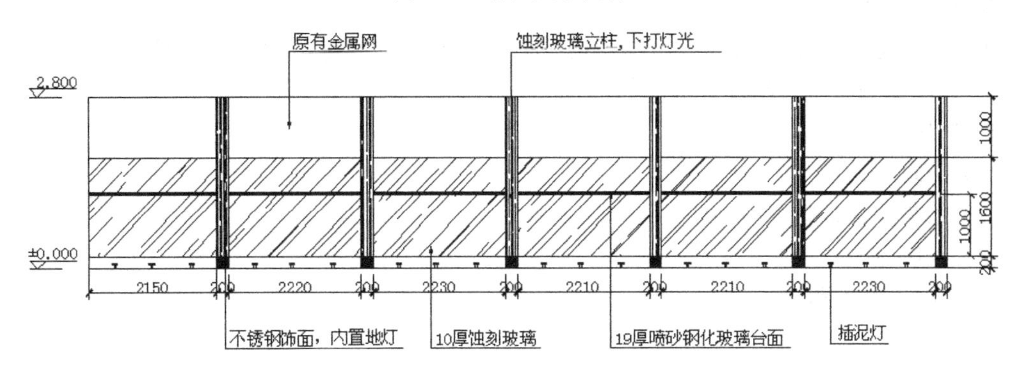

图 8-91　咖啡吧 B 立面图

任务五　上机实验 8

实验 1　绘制如图 8-92 所示的餐厅装饰平面图。

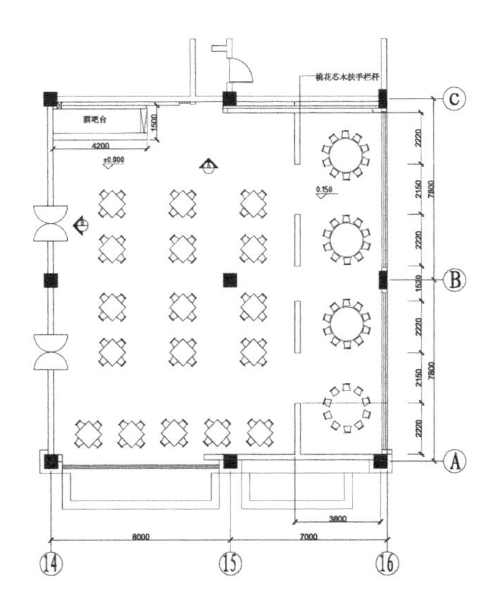

图 8-92　餐厅装饰平面图

◆ 目的要求

本实验采用的实例是人流较小、相对简单的宾馆大堂餐厅，它属于小型建筑。该宾馆设有大堂、服务台、雅间、阳台、卫生间等等。

◆ 操作提示

（1）绘制平面。

（2）绘制室内装饰。

（3）布置室内装饰。

（4）添加尺寸文字标注。

实验 2　绘制如图 8-93 所示的餐厅顶棚平面图。

◆ 目的要求

在实验顶棚图绘制的过程中，按室内平面图修改、顶棚造型绘制、灯具布置、文字尺寸标注、符号标注及线宽设置的顺序进行。

◆ 操作提示

（1）整理平面图形。

（2）绘制暗藏灯槽。

（3）绘制灯具。

（4）添加尺寸标注。

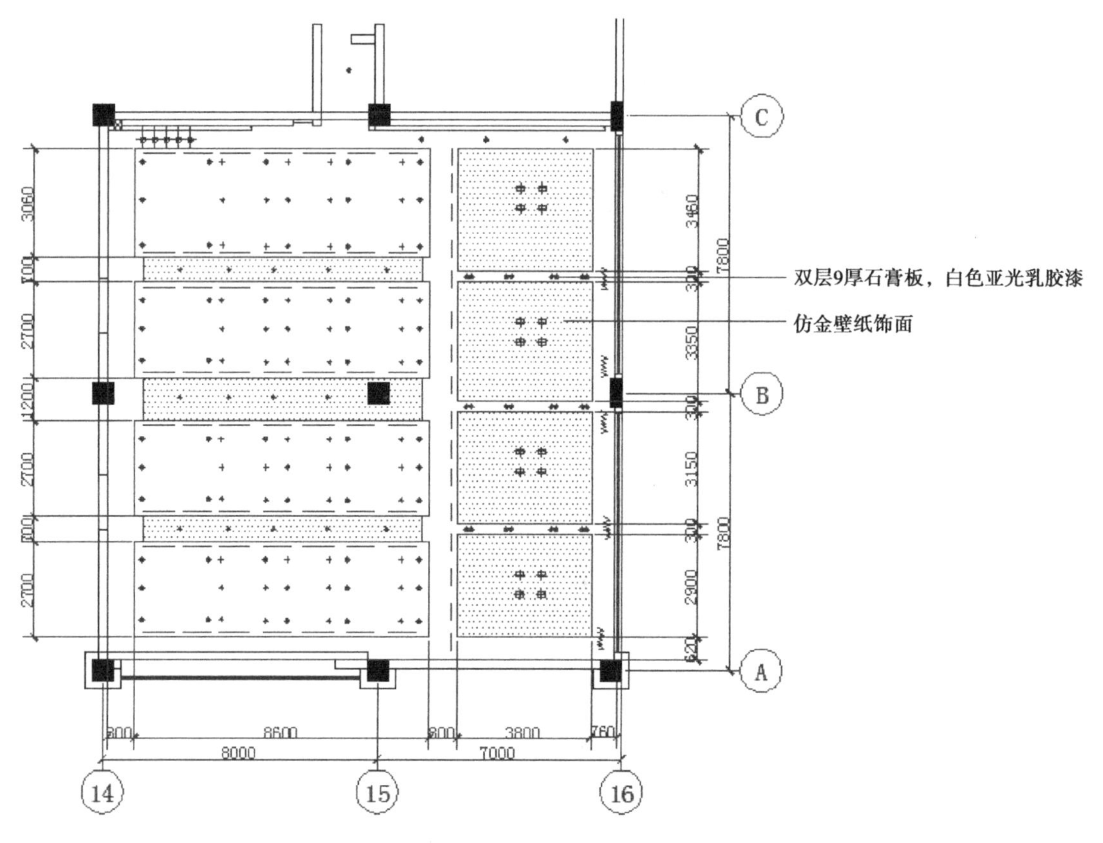

图 8-93　餐厅顶棚平面图

实验 3　绘制如图 8-94 所示的餐厅 A 立面图。

◆ 目的要求

首先根据绘制的宾馆大堂餐厅平面图绘制立面图轴线，然后绘制立面墙上的装饰物，最后对所绘制的立面图进行尺寸标注和文字说明。

◆ 操作提示

(1) 绘制 A 立面。

(2) 添加尺寸和标注。

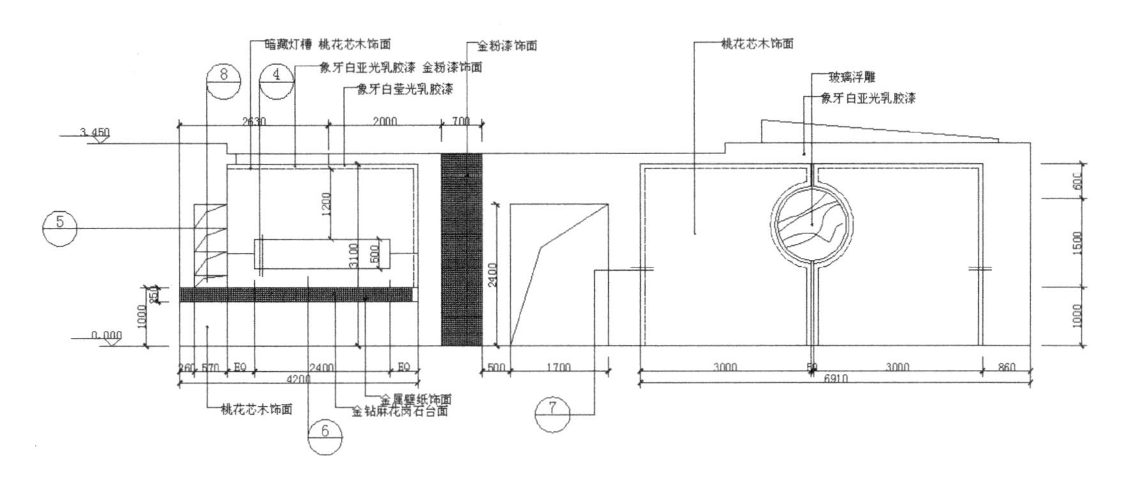

图 8-94　餐厅 A 立面图